FOOD CHEMISTRY

이해하기 쉬운

식품화학

머리말

식품 과학의 주요 측면인 식품화학food chemisrty은 식품의 구성 및 특성과 취급, 가공 및 저장 중에 발생하는 화학적 변화를 다룬다. 식품화학자들은 일반적으로 식품 매트릭스의 재료 특성 및 화학적 반응성의 분자 결정 요인을 식별하고 식품의 제조, 가공 및 저장 안정성을 개선하는 데 효과적으로 적용되는 방법에 관심이 많다. 식품은 다양한 유기화합물로 이루어져 있어 화학반응과 생화학반응이 일어나면 품질과 성분의 변화를 일으킬 수 있다. 식품 원재료에 산미료, 킬레이트제, 향미제 또는 항산화제와 같은 승인된 화학물질과 저장 및 유통 기간을 연장시키기 위해 방부제를 첨가하기도 한다. 한편, 달걀이 화학반응에 의해 달걀 내 단백질에서 바람직하지 않은 포도당과 같은 반응물이 생성되어 이를 제거하야 할 때도 있다. 이렇듯 다양한 식품의 개발을 위해 원재료에 첨가하거나 제거해야 하기 때문에 식품이 갖는 화학적 구조 및 특성을 이해하는 것이 반드시 필요하다. 또한 식품을 구성하는 성분과 유기화학적, 분자 구조적 그리고 화학적 본질을 이해해야 한다. 따라서 이 책에서는 수분, 탄수화물, 단백질, 지질, 비타민 및 무기질뿐 아니라 맛, 향기, 식품의 색, 갈변, 물성 및 유독성분 등에 관해 저술하여 식품화학을 공부하는 학생들에게 식품의 화학적 본질을 이해하도록 하였다.

각 장의 저자들은 현재 대학에서 식품화학을 강의하면서 각계 분야의 전문가로 연구하고 활동하는 교수이며, 향후 업데이트되는 새로운 식품에 대한 정보와 화학적 지식은 더 추가해 나갈 것이다. 끝으로 이 책이 출판될 수 있도록 도움을 주신 출판사에도 깊은 감사를 드린다.

저자 일동

차례

03 탄수화물

04 지질

12 식품의 맛

13 식품의 물성

FOOD CHEMISTRY

FOOD CHEMISTRY

chapter 01

식품화학의 이해

학습목표

1. 식품화학의 정의를 설명할 수 있다.
2. 식품의 구성성분에 대해 설명할 수 있다.
3. 식품화학적 지식의 활용 범위에 대해 설명할 수 있다.
4. 식품화학과 관련된 학문 분야를 설명할 수 있다.

chapter

01

식품화학이란 식품을 이루고 있는 성분들의 화학적 특성을 다루는 학문이다. 사람의 입을 통해 섭취하기 전까지 식품에 관련된 모든 화학적 특성들을 식품화학에서 다루고 있다. 식품화학에서 다루는 범위는 식품 재료의 수확부터 가공, 조리, 저장 중에 일어나는 변질 및 숙성 등에 대한 내용을 포함하여 식품에서 일어나는 모든 화학적인 반응을 포함한다.

1. 식품화학의 정의

'식품'이란 의약으로 섭취하는 것을 제외한 모든 음식물을 의미한다(식품위생법 제2조). 사람들은 다양한 기능적 기대를 가지고 식품을 섭취하고, 이와 같은 기대는 경제 상황이나 사회적 환경에 따라 변화되며, 이와 같은 식품의 기대를 반영하여 식품을 3가지 기능으로 분류한다. 식품의 1차 기능은 신체의 발육과 유지에 필요한 에너지와 영양소를 제공하여 생명 유지에 필수적인 역할을 한다. 1차 기능은 식품 내 영양소가 생체에 작용하는 기능으로 영양성nutritionl function이라고도 한다. 최근 우리나라는 오히려 과잉으로 섭취한 영양소가 문제되고 있으나, 아직까지도 경제 사정이나 식량 사정이 좋지 않은 나라에서는 1차 기능을 강조하고 있다. 식품의 2차 기능은 식품 성분의 특이 구조가 맛, 향기 및 물성 등 감각에 미치는 기능을 의미하고 식품의 수용성acceptability을 결정하며 기호적 만족감을 주는 기능이다. 식품의 3차 기능은 식품에 있는 건강에 좋은 기능성 성분, 즉 생리활성 성분이 함유되어 있어 생체 리듬과 기능을 조절해 줌으로써 질병 예방과 건강 향상에 도움을 준다. 식품의 기능은 사회 및 경제 상황에 따라 다양한 양상을 띠고 있으며, 앞으로도 식품의 기능은 계속적으로 사회의 변화와 함께 발전할 것이다. 식품의 기능이 어떤 방향으로 변하여도 기능을 나타내는 주체는 식품을 구성하고 있는 물질들이며 이들간 화학반응과 구성하는 물질들의 특성과 관련이 있다.

'식품화학'이란 식품을 구성하고 있는 성분들의 화학적 특성을 다루는 학문으로, 위에서 설명한 것과 같이 각각의 성분들과 구성성분 간 결합하는 화학적 특성에 의해 식품의 기능을 설명할 수 있다.

식품 성분의 화학적 특성과 관련된 학문 분야에는 식품화학과 식품생화학이 있다. 두 학문 분야에서 다루는 내용의 차이를 어떻게 구분할 수 있을까? 가장 간단한 방법은 식품의 섭취를 기준으로 한다. 즉, 사람의 입을 통해 식품을 섭취하기 전 조리, 가공, 저장 시 일어나는 모든 화학적 특성을 식품화학에서 다루고, 입을 통해 식품을 섭취한 후에 일어나는 모든 화학적 반응은 식품생화학에서 다룬다고 하는 것이 가장 간단하고 정확할 것이다. 식품생화학은 식품을 섭취한 후 우리 몸 안에서 어떻게 분해되고 어떻게 몸 속을 이동하여 전달되며, 어떻게 에너지가 생기고 어떻게 배설되며, 어떻게 다시 우리 몸 속에서 필요한 탄수화물과 지방, 단백질로 만들어지는지에 대한 화학반응과 관련된 학문 분야이다. 반면에 식품화학은 사람이 식품을 섭취하기 전까지의 식품 원재료와 관련된 화학적 반응이다. 그 범위는 식품 재료의 수확에서 가공, 조리 및 저장 후 섭취하기 전까지 식품 안에서 일어나는 모든 반응들과 식품을 구성하고 있는 영양성분 및 그 외의 성분들에 대한 화학적 반응을 포함한다.

2. 식품의 구성성분

식품은 일반성분과 특수성분으로 구성되어 있다그림 1-1. 수분은 모든 식품에 기본적으로 존재하고, 그 자체로 영양소는 아니지만 건강을 위해서 반드시 필요하다. 식품의 일반성분은 6대 영양소라 하여 그 기능에 따라 크게 두 가지로 분류된다. 탄수화물, 단백질, 지질은 열량을 내는 영양소이고, 비타민, 무기질, 물은 영양소들의 대사를 조절해 주는 조절 영양소이다. 특수성분에는 색, 향, 맛, 효소, 독성물질 등 미량의 성분 등이 포함된다.

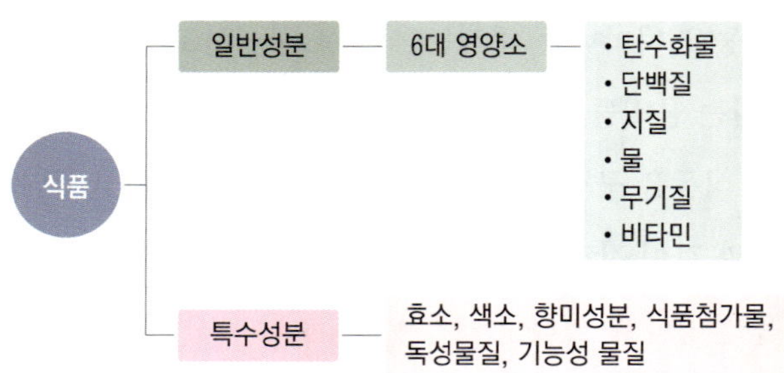

그림 1-1 | 식품을 구성하는 성분의 분류

3. 식품화학의 주요 영역

식품화학에서는 식품 재료의 수확 또는 도살 후 섭취하기 전까지 저장, 가공, 조리 과정에서 일어나는 식품 성분의 모든 화학적 특징과 변화를 다룬다표 1-1.

표 1-1 | 식품화학에서 다루는 주요 반응의 예들

저장	조리	가공
• 비효소적 갈변반응 • 효소적 갈변반응 • 지질의 산화 • 지질의 가수분해 • 향기성분의 변화 • 색소의 변화 • 독성물질의 생성	• 비효소적 갈변반응 • 효소적 갈변반응 • 지질의 산화 • 지질의 가수분해 • 비타민의 파괴 • 단백질의 변성 • 향기성분의 변화 • 색소의 변화 • 독성물질의 생성	• 비효소적 갈변반응 • 효소적 갈변반응 • 지질의 산화 • 지질의 가수분해 • 비타민의 파괴 • 단백질의 변성 • 향기성분의 변화 • 색소의 변화 • 독성물질의 생성

우선 식물성 식품 재료의 재배와 수확 과정에서 여러 당류와 녹말의 합성, 저장 과정에서의 탄수화물의 분해, 조리와 가공 과정에서 탄수화물의 호화와 노화, 갈변반응, 비타민이나 무기질의 손실 또는 파괴, 색과 향, 조직감의 변화에 대한 내용을 포함하고 있다. 또한 동물성 식품 재료의 도살 후 육조직의 변화, 저장 중 육색의 변화, 지방의 산화와 가수분해, 단백질의 변성, 육색 변화 방지를 위한 처리방법 등에 대한 화학반응을 포함한다.

4. 식품화학적 지식과 관련된 분야

식품화학은 식품을 구성하는 성분들의 화학적 특징과 반응에 대한 내용을 다루기 때문에 식품에 관련된 여러 학문과 식품의 생산, 저장·가공 공정과 소비, 그리고 이와 관련한 각종 정책 결정까지 식품에 관련된 거의 모든 부분과 연관되어 있다그림 1-2.

먼저 학문적인 면에서, 식품화학은 식품가공학과 식품저장학에 가장 직접적으로 관련되어 식품화학적 지식을 사용하여 효율적인 식품 가공방법과 저장방법을 개발하고 결정하는 데 중요한 역할을 한다. 또한 식품화학에서 다루는 식품 성분과 특성은 미생물의 생육에 많은 영향을 미쳐 식품미생물학과 밀접한 관련이 있다. 더 나아가 적극적으로 미생물을 식품의 가공에 이용할 경우 식품화학적 정보들이 중요한 역할을 한다. 식품위생학에서는 식품에 존재하는 위해물질과 식품의 가공·저장 중 생성되는 위해물질에 대한 내용을 다루고 있어 식품을 위생적으로 취급하고 섭취하는 데 중요한 정보를 제공한다. 또한 식품의 위생적 취급을 규정하는 식품위생법규에는 식품의 위생에 관련된 위험물질의 농도나 첨가량 등이 포함된다. 영양학, 식품생화학, 조리학에서 다루는 식품의 섭취와 조리 시 식품 성분이 분해, 전달, 이동, 합성되는 메커니즘은 식품 성분의 구조와 특성에 대한 식품화학적 지식이 기초가 되고 있다. 이와 같이 식품과 관련된 모든 분야의 학문에 식품화학적 지식이 중요한 역할을 한다.

식품의 생산과 저장, 조리 및 가공 중 변색이나 향미의 변화, 식품 성분의 분해와 소실, 유해 화합물의 생성 등 식품에서 일어나는 모든 반응을 식품화학적 지식으로 이해할 수 있다는 것은 이미 설명하였다. 생산된 식품을 소비자에게 유통하는 단계에서도 식품 성분의 화학적 정보는 유통기간을 예상하고 변질없이 유통하기 위한 여러 운반장치의 개발과 사용에도 영향을 미친다. 아울러, 식품 원료의 생산, 저장, 가공, 조리, 유통을 규제하는 여러 정책의 수립과 운영에도 식품화학적 지식이 반영되어 결정된다.

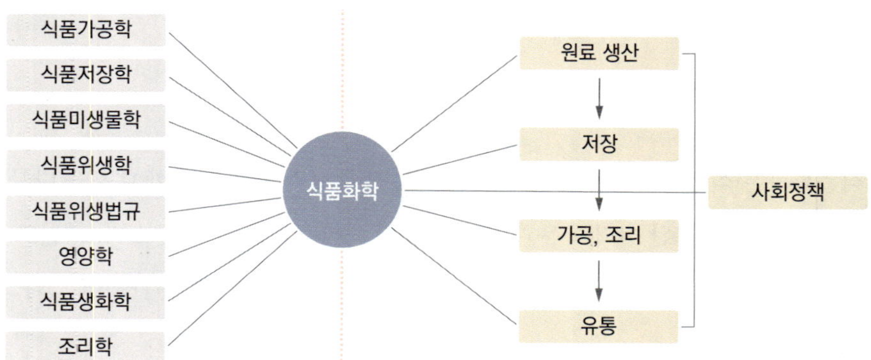

그림 1-2 | 식품화학과 관련된 분야들

FOOD CHEMISTRY

chapter

02

수분

학습목표

1. 수분의 구조 및 특성을 설명할 수 있다.
2. 식품에 함유되어 있는 수분의 형태에 대하여 설명할 수 있다.
3. 수분의 함량과 수분활성도의 차이를 설명할 수 있다.
4. 수분이 식품의 화학적 변화에 미치는 영향을 설명할 수 있다.

chapter 02

수분은 식물, 동물, 미생물을 비롯한 모든 생명체에 가장 많은 비율로 함유되어 있다. 대부분의 식품 원료는 식물성과 동물성이며, 수분 함량은 대단히 높다. 사람의 신체도 많은 양의 수분으로 구성된다. 수분 자체는 체내에서 열량을 제공하지 않지만 신체 내 에너지 공급과 유지를 위해 반드시 필요한 탄수화물, 지질, 단백질, 비타민과 무기질의 흡수와 이동, 대사에 중요한 역할을 한다. 수분은 식품의 저장성과도 밀접히 관련이 있다. 식품의 부패는 식품 내 미생물의 증식과 관련 있고, 미생물의 증식은 식품 내 수분에 의해 좌우된다. 식품의 화학적 변질을 일으키는 여러 화학반응의 속도는 수분 함량에 따라 달라진다. 또한 수분은 식품의 물성에 많은 영향을 미친다. 즉, 식품의 점성이나 점탄성, 눅눅함, 바삭거림 등의 특성에 영향을 미쳐 식품의 기호도를 결정하는 중요한 요인이다.

1. 식품 속 수분의 이해

수분은 동물, 식물뿐 아니라 미생물에 이르기까지 모든 생명체의 생존과 생리활동을 유지하는 데 필수적이고, 탄수화물, 단백질, 지질, 비타민, 무기질의 세포 내 흡수와 이동에 중요한 역할을 한다. 사람은 체중의 약 60% 이상이 수분으로 단일 화합물로는 가장 많은 비율을 차지한다. 따라서 체내 수분의 양을 일정하게 유지하기 위해서 기본적으로 음료의 형태로 가장 많이 섭취하여야 하며, 실제로 수분은 거의 모든 식품에서 가장 많은 비율을 차지한다.

식품 내 수분은 고체, 액체, 기체의 3가지 상狀으로 존재하며 식품의 형태(외관)와 가공 특성을 결정한다. 예를 들어, 빙과류의 수분은 고체 상태로 존재하며 형태를 유지하고, 건조식품 제조 시 식품 중 수분은 기체로 증발되어 가공되지만 다시 수분을 흡수하여 복원된다. 우유나 음료 중 수분은 액상식품을 형성하는 데 관여하며, 양갱과 젤리 등을 제조 시 수분 함량은 식품의 형태와 물리적 특성을 결정하는 데 큰 역할을 한다.

식품 내 수분은 용매로 작용하며, 식품의 구조, 외관, 향미, 조직감에 영향을 줄 뿐만 아니라 조리, 가공, 저장 등에도 중요한 역할을 한다. 특히 식품의 저장수명shelf-life은 수분 함량보다는 수분활성도에 영향을 받는다.

2. 식품의 수분 함량

식품에 함유된 수분은 체내에서 영양적 가치는 없지만 영양소와 산소를 필요한 세포에 전달하여 신체의 모든 시스템을 정상적으로 작동하게 하는 가장 중요한 영양물질이다.

식품 중 수분의 함유 정도에 따라 식품의 형태와 물성이 달라져 식품의 외관과 품질에도 영향을 미친다. 예를 들어, 과채류와 같은 신선식품의 수분 감소와 밀가루, 곡류, 과자류 등 건조식품 내부로 수분의 흡수는 식품의 품질을 저하시킨다. 또한 식품의 수분은 여러 영양성분의 용매로 작용하여 체내에서 흡수와 전달에 중요한 역할을 한다. 식품 중 수분은 화학적 변질과 미생물학적 변화에도 영향을 끼쳐 식품의 품질 및 저장에 영향을 미친다.

일반적으로 식품 내 수분 함량은 식품 질량당 함유된 수분량의 백분율%로 나타낸다표 2-1. 곡류, 분유, 국수, 두류 및 견과류 등 건조식품의 수분 함량은 약 12% 이하이며, 달걀, 육류, 채소, 과일, 두부 등 신선식품의 수분 함량은 70% 이상이다. 백분율로 나타낸 수분 함량은 식품 내 수분의 형태를 고려하지 않고 단순히 양만을 의미하고, 식품의 성질이나 저장 또는 변질 등에 대한 제한적인 정보만 제공한다. 따라서 식품에 포함된 수분의 형태를 고려하여 수분활성도water activity, A_w의 개념이 도입되었다.

표 2-1 | 각종 식품의 수분 함량

식품	수분 함량(%)	식품	수분 함량(%)
쇼트닝	0	치즈	22~79
땅콩, 깨, 호두	<5	밥	63.6
분유	2~3	달걀	75.9
곡류	9~15	육류, 생선	65~80
국수	10.6	삶은 감자	79.5
두류(건조)	8~12	두부	81.2
버터, 마가린	17	우유	87.4
식빵	34.8	배추김치	92.8
잼	24	버섯	>90
백설기	41.4	채소, 과일	90~96

자료: 농촌진흥청 국립농업과학원, 2020

3. 수분의 구조와 특성

물H_2O은 비슷한 분자량의 메탄CH_4, 암모니아NH_3, 헵탄C_7H_{16}과 비교해 녹는점, 끓는점, 융해열과 기화열이 매우 다른 독특한 물리적 특성을 나타낸다표 2-2. 녹는점은 어떤 물질이 고체에서 액체가 되는 온도이며, 융해열은 그때에 필요한 에너지를 말한다. 물이 비슷한 분자량의 다른 화합물에 비하여 녹는점과 융해열이 매우 높은 것은 더 많은 에너지를 필요로 한다는 것이다. 또한 끓는점은 액체인 물질이 기체로 상이 변할 때의 온도이며, 이때 필요한 에너지가 기화열이다. 표 2-2에 제시한 물의 높은 끓는점과 기화열은 물이 액체에서 기체로 변할 때 분자량이 비슷한 다른 물질들보다 훨씬 많은 에너지를 필요로 하는 증거이다. 이와 같은 현상의 이유는 무엇일까?

표 2-2 | 물 분자와 유사한 분자량을 가진 화합물의 성질

화합물	분자식	분자량	녹는점(℃)	끓는점(℃)	융해열(cal/g)	기화열(cal/g)
메탄	CH_4	16	-184	-161	0.95	8.17
암모니아	NH_3	17	-78	-33	5.65	23.35
물	H_2O	18	0	100	6.02	44.0
헵탄	C_7H_{16}	100.2	-90	98	14.2	36.0

어떠한 물질이 고체에서 액체로, 액체에서 기체로 상이 변한다는 것은 물질 내 분자들간의 결합 상태의 변화를 의미한다. 즉, 고체상 물질의 분자들이 단단히 결합되어 있는 상태가 느슨하게 일부 끊어져야 액체상으로 변하고, 다시 액체상에서 서로 결합되어 있는 물질 간의 결합이 더 끊어져서 느슨하게 되어야 기체상으로 변한다. 따라서, 물이 다른 화합물보다 녹는점, 끓는점, 융해열, 기화열이 높은 것은 물 분자끼리 단단하게 결합되어 결합을 끊는 데 훨씬 많은 에너지가 필요하다는 것이다.

그렇다면, 이 4가지 화합물은 분자량이 16~20으로 거의 비슷한데 왜 물만 이렇게 물리적 특성이 다를까? 이와 같은 이유는 물분자의 화학적·구조적 특성 때문이다.

1) 물의 화학구조

물H_2O의 화학구조는 그림 2-1과 같다. 물의 구성원소 중 산소O는 가장 바깥쪽의 전자궤도에 6개의 전자를 갖는다. 주기율표의 2주기에 해당하는 원소인 산소는 가장 바깥쪽 전자궤도에 8개의 전자가 있을 때 가장 안정하여(옥테트 규칙octet rule) 8개의

전자를 가지려는 방향으로 반응이 진행된다. 산소는 부족한 2개의 전자를 수소와 공유결합하여 8개의 전자를 채운다그림 2-1(a).

따라서, 물 분자H_2O는 산소 1개와 수소 2개가 공유결합 2개로 연결된 화학구조로 표시되지만, 실제로는 2개의 공유결합 반대편에 보이지 않는 2개의 비공유전자쌍이 위치하여 입체적으로 공간을 차지한다. 따라서, 각각의 물 분자는 산소 1개와 수소 2개가 180°로 결합되지 않고 104.5°의 각도를 유지하는 정사면체 구조를 이룬다 그림 2-1.

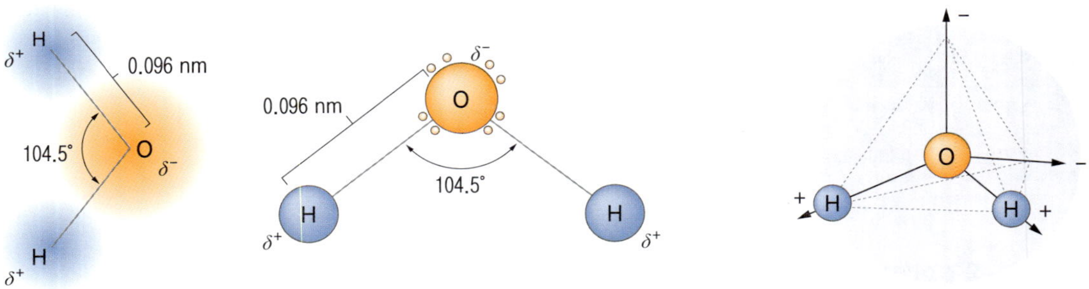

(a) 물 분자의 모형

(b) 물 분자의 사면체 구조

그림 2-1 | 물의 화학구조

이와 같은 물 분자의 형태학적 특징과 전하적 특징은 매우 중요한 의미를 가진다. 앞서 언급한 바와 같이 물 분자는 1개의 산소이온O^{2-}과 2개의 수소이온$2H^+$이 결합되어 전기적으로 중성을 띤다. 하지만 실제로 물 분자의 산소원자는 부분적으로 음성δ^-을, 수소원자들은 부분적으로 양성δ^+을 띠는데 그 이유는 산소원자와 수소원자의 전기음성도 차이에서 생긴 것이다. 전기음성도란 각 원자의 핵$^+$이 주변의 전자e^-를 당기는 힘이다. 즉, 물 분자 내 산소는 수소에 비하여 전기음성도가 훨씬 커서 전자를 끌어당기는 힘이 수소보다 강하다. 따라서, 물 분자는 전체적으로는 중성이지만 부분적으로는 산소가 수소 주변의 전자까지 자신 쪽으로 끌어당겨 음성인 전자의 농도가 산소원자 쪽이 부분적으로 높아져서 물 분자 내 산소원자는 전기적으로 음성δ^-을, 수소원자는 전기적으로 양성δ^+을 띤다. 물분자의 전하는 식품에서 다른 영양소들과의 결합을 좌우하며 이로 인하여 식품의 물리화학적 특성에 영향을 미친다.

2) 물의 화학적 특성

104.5°로 굽은 형태와 부분적으로 전하를 띠는 물의 구조는 물 분자 간의 결합 특성그림 2-2을 좌우한다. 물 분자 간의 결합은 부분적으로 음성을 띤 산소원자와 이웃한 물 분자의 부분적으로 양성을 띤 수소원자가 결합하여 수소결합을 이룬다그림 2-2(a). 이러한 물 분자 간의 수소결합이 모든 물 분자 사이에 이루어진다그림 2-2(b). 따라서, 표 2-2와 같이 물이 분자량이 비슷한 다른 물질보다 녹는점, 끓는점, 융해열, 기화열이 매우 높다. 그 이유는 물 분자가 굽은 형태이기 때문에 전기음성적으로 양성과 음성의 부분적 전하를 내며, 물 분자들 사이에 많은 수소결합으로 단단히 결합되어 있어 이 결합을 끊고 다른 상으로 변화하는 데 훨씬 더 많은 에너지가 필요하다.

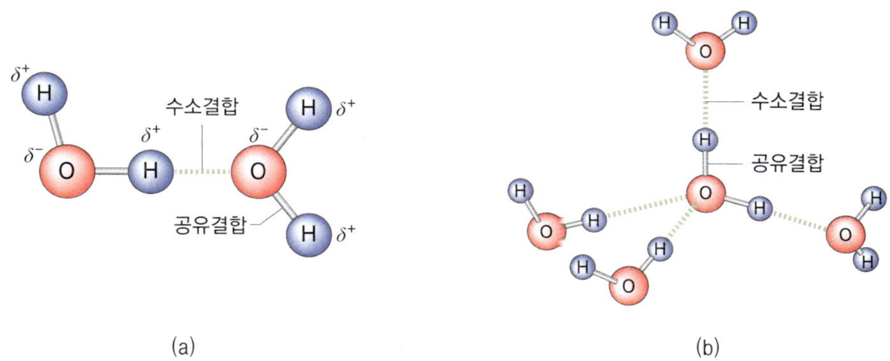

그림 2-2 | 물의 결합 구조

이러한 물 분자의 화학구조적 특성은 물 분자 간 결합뿐 아니라 식품의 물리화학적 특성을 결정짓는 데에도 관여한다. 그 특성 중 하나로 물은 이온화되는 물질을 잘 용해시킨다. 그림 2-3처럼 염화나트륨NaCl은 수용액 내에서 쉽게 양이온Na^+과 음

물 분자가 굽은 모양이 아니었다면?

만약 물 분자가 극성이 없고 굽은 형이 아니며 직선상의 곧은 구조를 가지고 있다면, 물은 아주 낮은 영하의 온도에서 끓어 우리가 사는 세상에서 물은 모두 기체가 되어 사라지게 된다. 강이나 바닷물을 물론이고, 생명체의 몸 안에 있는 물도 모두 기체가 되어 사라져버릴 것이다.

자료: 한국수자원공사, K-water 물 정보포털 '물의 성질'

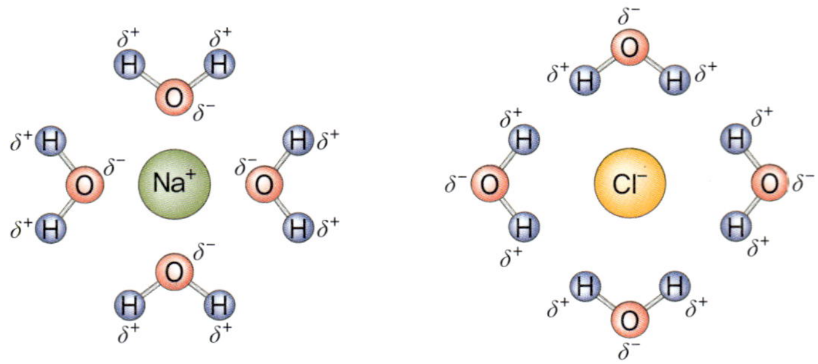

(a) 이온화된 용질과 물 분자와의 상호작용

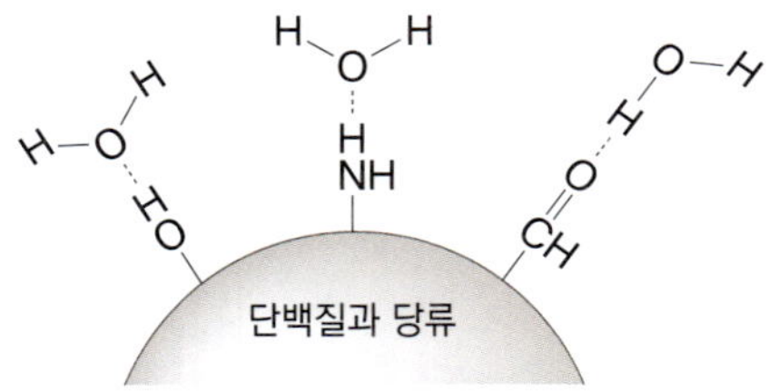

(b) 물 분자와 식품 성분과의 상호작용

그림 2-3 | 식품 성분과 물의 결합 구조

자료: 조신호 외, 2017 일부 수정

이온 Cl^-으로 이온화된다. 염화나트륨(소금)이 물에 잘 용해되는 이유는 양전하를 가지는 Na^+와 음전하를 가지는 Cl^-이 물의 음전하를 띤 산소와 양전하를 띤 수소와 쉽게 결합되기 때문이다.

영양소 중에서 물에 쉽게 용해되는 영양소는 탄수화물과 단백질이고, 지질은 물에 잘 용해되지 않는다. 지질은 화학구조상 양성 또는 음성으로 이온화되는 작용기가 거의 없지만 탄수화물과 단백질 구조 내 하이드록시기 -OH, 알데하이드기 -CHO, 케톤기 C=O, 카복실기 -COOH, 아미노기 $-NH_2$ 등이 물에 이온화되기 쉬운 작용기가 많기 때문에 물 분자와 전기적으로 결합하기 쉬워서 잘 용해된다. 따라서, 식품 내 물이 여러 물질의 용매로 작용하는 것은 물 분자의 형태적, 전하적 특성 때문이다.

4. 식품에 존재하는 물의 형태

물은 식품 내에서 자유수, 준결합수, 결합수의 형태로 존재한다. 식품 내에서 용적수라고도 하는 자유수는 식품 성분과 결합되어 있지 않고 자유롭게 이동한다. 결합수는 단분자층, 즉 한 겹으로 직접 식품 성분과 접촉하여 단단하게 결합되어 있다. 준결합수는 결합수이지만 직접 물과 단단하게 결합되어 있지 않고 식품 및 결합수와 여러 층으로 결합되어 있다그림 2-4.

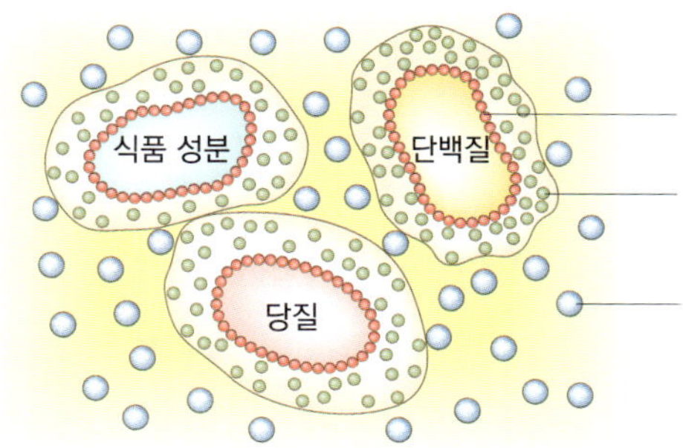

그림 2-4 | 자유수와 결합수의 결합 형태

식품 내 자유수는 0°C 이하에서 얼고 100°C에서 끓으며, 가열하면 쉽게 증발한다. 각종 물질을 용해시켜 용매로 작용하고, 미생물의 생육과 화학반응에도 참여한다. 하지만 결합수는 0°C 이하에서 얼지 않고 100°C에드 끓지 않으며 쉽게 증발되지도 않는다. 각종 물질에 대한 용매로 작용하지도 않고, 미생물의 생육에도 이용되지 않으며 화학반응에도 참여하지 않는다.

식품에 존재하는 수분은 같은 양이더라도 자유수와 결합수의 함유 비율에 따라 식품의 저장 특성에 차이가 난다. 예를 들어, 같은 양의 수분이 함유되어 있어도 자유수로 존재하는 수분이 많으면 미생물이 이용할 수 있는 수분의 양이 많아 부패가 신속하게 진행되며, 가수분해반응이나 각종 효소반응이 촉진되어 화학적 변질이 촉진된다. 하지만, 같은 양의 수분이 식품 내에 존재하더라도 자유수의 비율이 낮고 결합수의 비율이 높다면 미생물에 의한 부패가 지연되며, 여러 화학반응이 일어나는 속도가 낮아 식품의 저장성 향상을 기대할 수 있다.

표 2-3 | 자유수와 결합수의 특성

자유수	결합수
• 0°C 이하에서 동결된다. • 100°C 이상 가열 시 증발된다. • 용질(염류, 당류, 수용성 단백질 등)에 대해 용매로서 작용할 수 있다. • 미생물 번식에 이용될 수 있다. • 압착하거나 건조 시 제거된다. • 화학반응에 참여한다.	• -18°C 이하에서도 얼지 않는다. • 100°C 이상 가열 시 제거되지 않는다. • 용질(염류, 당류, 수용성 단백질 등)에 대해 용매로 작용하지 않는다. • 미생물 증식에 이용되지 못한다. • 압착하거나 건조 시 제거되지 않는다. • 화학반응에 참여할 수 없다.

5. 수분활성도와 수분 평형

1) 수분활성도

수분활성도water activity, A_w는 식품에 함유되어 있는 자유수의 양을 반영한다. 수분활성도는 밀폐된 공간 안에서 같은 온도, 같은 질량의 순수한 물의 수증기압P_0에 대한 식품의 수증기압P의 비P/P_0이다. 수분의 양이 많은 액상식품은 물에 각종 영양성분이 함유되어 있으므로 이 식품의 수증기압은 순수한 물의 수증기압보다 작아 수분활성도는 1보다 작고, 식품에 포함된 영양성분의 양과 종류에 따라 식품마다 다른 값을 갖는다. 만약 해당 식품이 물이라면 수분활성도는 1이다. 따라서, 물을 제외한 모든 식품의 수분활성도는 항상 1보다 작다.

자유수와 결합수로 표현되는 식품 내 수분 형태 중 증발하여 수증기압을 결정하는 수분의 형태는 결합수가 아닌 자유수이다. 즉, 수분활성도는 그 식품이 가지고 있는 자유수의 양이다.

$$\text{수분활성도}(\mathrm{A_w}) = \frac{P}{P_0}$$

이와 같이 수분활성도는 수증기압으로 결정되며 식품 내에 존재하는 수분의 형태를 추정할 수 있다. 반면에 식품 내 수분의 질량 백분율로 나타낸 수분 함량%은 자유수와 결합수의 형태를 고려하지 않는 식품 내 수분량만을 나타낸 것이다.

수분활성도는 식품에 같은 양의 수분이 함유되어 있더라도 함유되어 있는 물질의

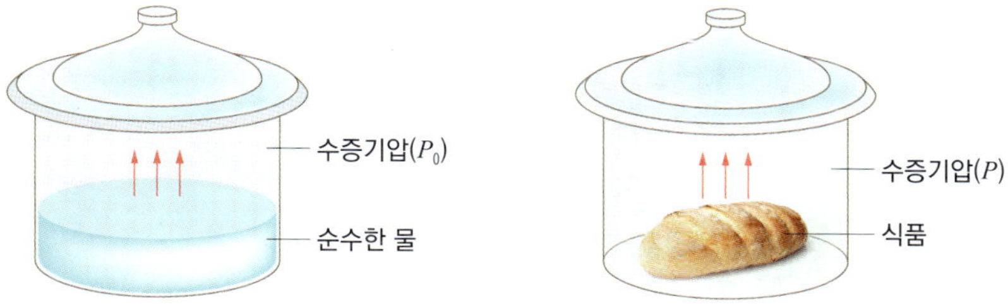

순수한 물이 증발하여 용기 내 수증기압은 P_0가 된다.

식품 중의 물(자유수)이 증발하여 용기 내 수증기압은 P가 된다.

$$\text{식품의 수분활성도}(A_W) : \frac{P}{P_0} < 1$$

그림 2-5 | 식품의 수분활성도

자료: 정현정 외, 2015

종류와 양에 의해 결정되며, 만약 식품이 수용액일 경우는 다음과 같은 관계식으로 계산할 수 있다. 물의 몰수를 M_W, 용질의 몰수를 M_S라고 하면, $A_W = \frac{P}{P_0} = \frac{M_W}{M_W + M_S}$의 관계식을 갖는다.

예를 들어 물 40%, 소금 10%가 함유된 식품의 수분활성도를 앞의 식으로 계산하면,

$$A_W = \frac{\frac{40}{18}}{\frac{40}{18} + \frac{10}{36}} = \frac{2.222}{2.222 + 0.277} = 0.889$$

으로 이 용액의 수분활성도는 0.889가 된다.

$CaCl_2$, NaCl, sucrose 용액의 농도에 따른 수분활성도의 변화를 **표 2-4**에 나타내었다. 식품의 가공과정에서 소금과 설탕을 첨가하면 식품 중 수분활성도가 낮아져

중간수분식품

식품의 수분활성도가 낮으면 저장성은 증가하나, 기호적드가 떨어질 뿐만 아니라 저장성에도 문제가 발생한다. 최근에는 식품의 수분만 제거하거나 글리세롤, 설탕, 당알코올 및 올리고당 등의 수분조절제를 첨가하여 저장성과 조직감을 좋게 한 중간수분식품, 즉 약식, 잼, 젤리, 건조과일, 양갱 및 훈제품 등이 출시되고 있다. 0.65~0.9의 중간수분식품의 수분활성도에서는 세균의 생육은 억제되고 물을 첨가하지 않아도 충분한 가소성을 가지고 있다.

표 2-4 | 용질의 몰 농도에 따른 수분활성도의 변화

수분활성도(A_w)	sucrose의 농도	NaCl의 농도	$CaCl_2$의 농도
0.995	0.272	0.150	0.101
0.990	0.534	0.300	0.251
0.980	1.03	0.607	0.418
0.960	1.92	1.20	0.770
0.940	2.72	1.77	1.08
0.920	3.48	2.31	1.34
0.900	4.11	2.83	1.58
0.850	5.98	4.03	2.12
0.800	-	5.15	2.58

표 2-5 | 식품의 수분활성도와 수분 함량

수분활성도(A_w)	설탕(%)	소금(%)	식품(수분 함량, %)
1.0	10 25 ⋮ 40 54	1 3 ⋮ 7 13	채소, 과일, 어패류(85~98) 육류, 달걀(72~78), 밥(65) 치즈(40) 잼(28) 햄, 소시지(55~65)
0.9		16 19	소금 절인 생선(60) 양갱(60)
0.8			코다리(55) 꿀(16) 케이크(25)
0.7			젤리(18) 캐러멜(8)
0.6			밀가루(14), 쌀(14), 콩(10) 멸치(16)
0.5			건국수(12)
0.4			비스킷(1) 초콜릿(1)
0.3			녹차(4), 탈지분유(4)

미생물에 의한 부패를 억제할 수 있다. 식품의 수분활성도를 낮추고자 할 때 염류 또는 당의 농도를 높인다. 식품 내 자유수의 양을 줄이면 수분활성도가 낮아진다.

2) 수분 함량과 대기의 수분 평형

식품 내 수분 함량은 그 식품이 위치하는 공간의 상대습도에 따라 변하여 상대습도와 평형을 이룬다그림 2-6. 즉, 습도가 높은 장소에 있는 식품은 대기 중 수분이 식품으로 흡수되어 식품 내 수분 함량과 대기중 습도가 평형을 이룬다. 또한, 수분이 많은 사과를 습도가 낮은 곳에 두면 사과의 수분이 대기중으로 증발되어 대기 중 낮은 습도와 평형 상태를 이룬다. 대기 중 습도는 평형을 이루는 상태로 존재하며, 수분이 높은 채소를 습도가 낮은 공간에 방치할 경우 채소의 수분이 증발하여 대기 중 낮은 습도와 평형을 이룬다. 따라서, 식품의 수분활성도와 그 식품이 위치하는 공간의 상대습도와의 관계를 다음과 같이 표시할 수 있다.

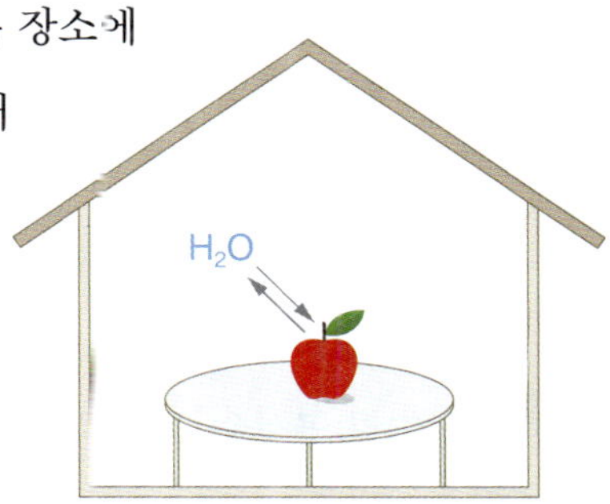

그림 2-6 | 식품과 주변 대기의 수분 평형

$$\text{평형상대습도ERH} = \frac{P}{P_0} \times 100 = A_w \times 100$$

식품 내 수분과 평형을 이룬 상대습도를 평형상대습도equilibrium relative humidity, ERH라고 하고 위와 같은 관계를 갖는다. 상대습도relative humidity는 특정한 온도의 대기 중에 포함되어 있는 수증기 압력을 그 온도의 포화수증기 압력으로 나눈 것으로, 식품의 수분활성도 개념과도 유사하다.

$$\text{상대습도(\%)} = \frac{\text{현재 수증기량}}{\text{포화수증기량}} \times 100$$

따라서 식품의 수분활성도에 100을 곱하면, 그 식품이 위치하고 있는 공간의 평형상대습도와 같다.

6. 등온탈흡습곡선

1) 등온탈흡습곡선의 의미

식품을 밀폐된 공간에 두고 일정 온도로 유지한 다음 대기 중 상대습도%를 변화시키면서 식품 내 수분 함량을 측정하여 그 관계를 그래프로 표시하면 그림 2-7과 같다. 식품 주변 대기 중의 상대습도를 높이면서 그린 상관관계 곡선을 그 식품의 등온흡습곡선이라고 하고, 주변 대기 중의 상대습도를 낮추면서 식품의 수분 함량과의 관계를 그린 곡선을 그 식품의 등온탈습곡선이라고 한다. 등온탈흡습곡선은 그 모양과 기울기가 식품마다 그리고 온도에 따라 달라지지만 전체적인 모양은 역 S자형이다.

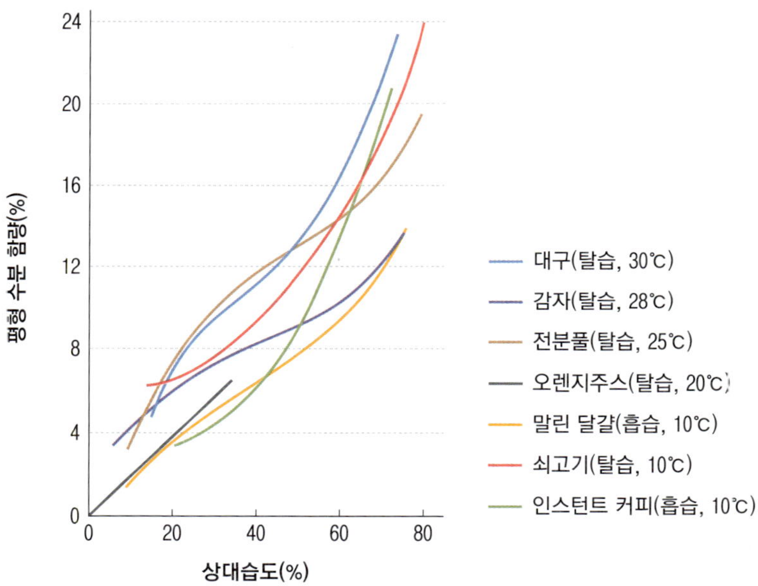

그림 2-7 | 여러 식품의 등온탈흡습곡선

또한, 동일한 상대습도 조건에서 식품의 탈습과정에서는 흡습과정보다 식품 내 평균 수분 함량이 더 높다. 이와 같이 식품의 등온흡습곡선과 등온탈습곡선은 일치하지 않고 그림 2-8과 같은 관계를 보이는데, 이를 이력현상hysteresis이라고 한다. 또

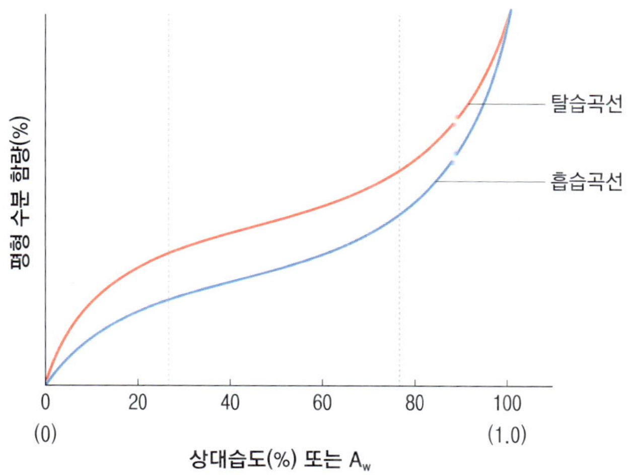

그림 2-8 | 식품의 등온탈흡습곡선 [X축 수분활성도(A_w)로 이중표시 가능]

한, 등온탈흡습곡선의 X축은 상대습도%를 의미하는데, 앞서 상대습도와 수분활성도와의 관계를 설명한 바와 같이 상대습도 대신에 수분활성도A_w로 바꾸어도 무방하다.

2) 등온탈흡습곡선의 영역

식품의 등온탈흡습곡선은 두 군데의 변곡점이 있는데, 변곡점을 기준으로 그림 2-9와 같이 I, II, III 영역으로 구분된다. I 영역에서 식품의 수분은 수분활성도가 0.25 이하로 낮은 상태로 식품 성분과 강하게 결합하고 있다. 흔히 단분자막 수분 함량BET monolayer moisture content이라고 하며 용매로 작용할 수 없는 수분이다. 식품 중 물 분자는 카복실기, 아미노기와 같은 작용기와 극성으로 이온결합한 상태이다. 따라서, I 영역 내 수분은 온도를 낮추어도 얼지 않으며 가열에 의해 제거되기 어렵고, 미생물의 생육이나 용매 또는 화학반응에 이용되기 어렵다.

II 영역 내 수분은 식품 성분과 주로 수소결합으로 비극성 결합 상태이다. II 영역에 해당하는 식품의 수분활성도는 약 0.2~0.8 정도이며, 수분은 단분자층 수분에 흡착된 다분자층의 결합 상태이다. 즉, 이온화되지 않은 극성기나 수소결합, 비극성으로 결합된 준결합수의 형태로 식품 성분 간 결합력은 결합수보다 약하다. 이 영역

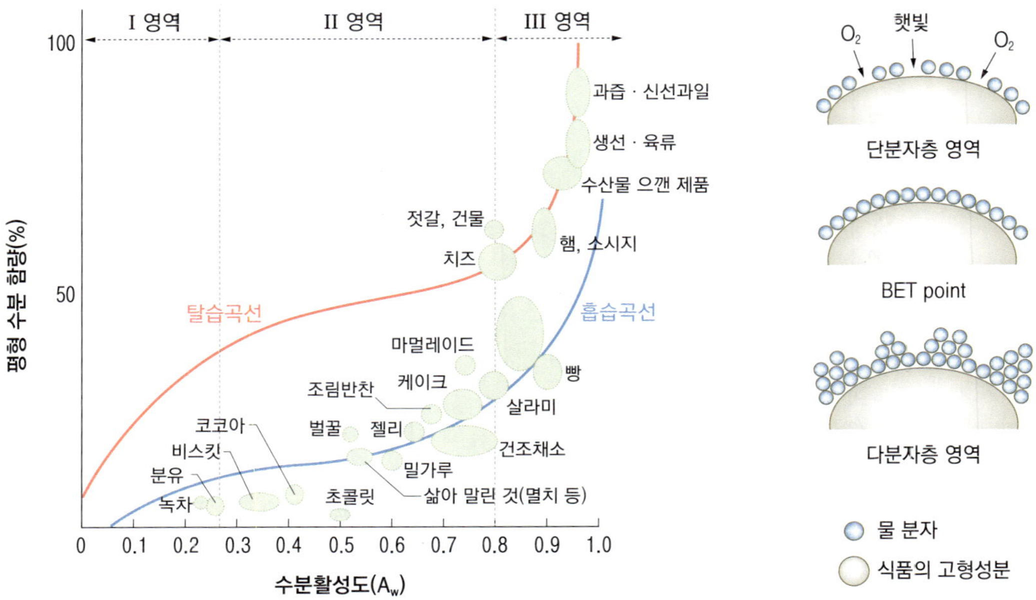

그림 2-9 | 식품의 등온탈흡습곡선의 영역과 수분의 결합 형태

*BET : Brunauer, Emmett, Teller의 각자 이름을 따서 BET식이라 명명

의 수분은 결합수와 자유수의 중간적 특성을 지닌다.

III 영역 내 수분은 등온탈흡습곡선의 기울기가 크고, 수분활성도가 0.8 이상이다. 식품의 다공질 구조, 특히 모세관에 존재하는 수분의 형태로 자유수, 모세관수라고도 한다. 이 영역의 수분은 순수한 물의 물리화학적 특성을 나타낸다. 즉, 용매로 작용하고 화학반응에 참여하며, 미생물 생육에도 이용될 수 있다. 또한 식품 내에서 이동을 하고 증발과 동결이 가능한 형태이다. 95% 이상의 수분을 가진 식품으로 채소, 과일, 육류 등 대부분의 신선식품이 포함된다.

7. 수분활성도와 식품의 품질

식품 중 수분 함량을 백분율로 표시할 경우 얻을 수 있는 정보는 식품 내 수분 함량에 대한 것만을 알 수 있다. 하지만, 식품 중 수분 함량을 수분활성도로 표시할 경우, 식품에 함유된 수분의 함량뿐 아니라 식품 내 수분의 결합 상태를 유추하여 식품의 저장기간, 변패, 변질 속도를 예측할 수 있다. 그림 2-10에 수분활성도에 따른 식품 내 여러 가지 반응속도를 나타내었다.

예를 들어, 식품의 부패는 식품에 존재하는 미생물의 종류와 생육 가능성에 따라 다르게 진행되는데 이때 수분활성도에 의해 결정된다. 그림 2-10과 표 2-6에서 나타낸 바와 같이, 일반 세균이 생장 가능한 수분활성도 범위는 약 0.9 이상이다. 즉, 수분활성도가 약 0.9 이하에서는 세균이 생육하기 어려워 세균에 의한 부패를 막을 수 있다. 또한, 수분활성도가 일반 효모는 약 0.88 이상, 일반 곰팡이는 약 0.8 이상에서만 생육이 가능하다. 다시 말하면, 식품의 수분활성도를 0.8 이하로 유지하면 세균, 효모, 곰팡이에 의한 부패가 잘 일어나지 않는 환경이 된다. 하지만, 호염성 세균류는 0.75~0.80, 내건성 곰팡이류는 0.65~0.75, 고삼투압성 효모류는 0.60~0.65의 수분활성도에서 생육이 가능하다. 해당 식품으로는 0.75~0.80 정도의 수분활성도를 가지는 잼, 마멀레이드, 마시멜로, 당을 입힌 과일에서는 일반 세균이 아닌 호염성 세균에 의해서 부패할 수 있으며, 0.65~0.75 정도의 수분활성도를 가진 압착귀리나 캔디류, 젤리, 견과류, 건조과일 등은 내건성 곰팡이에 의해 부패가 일어난다.

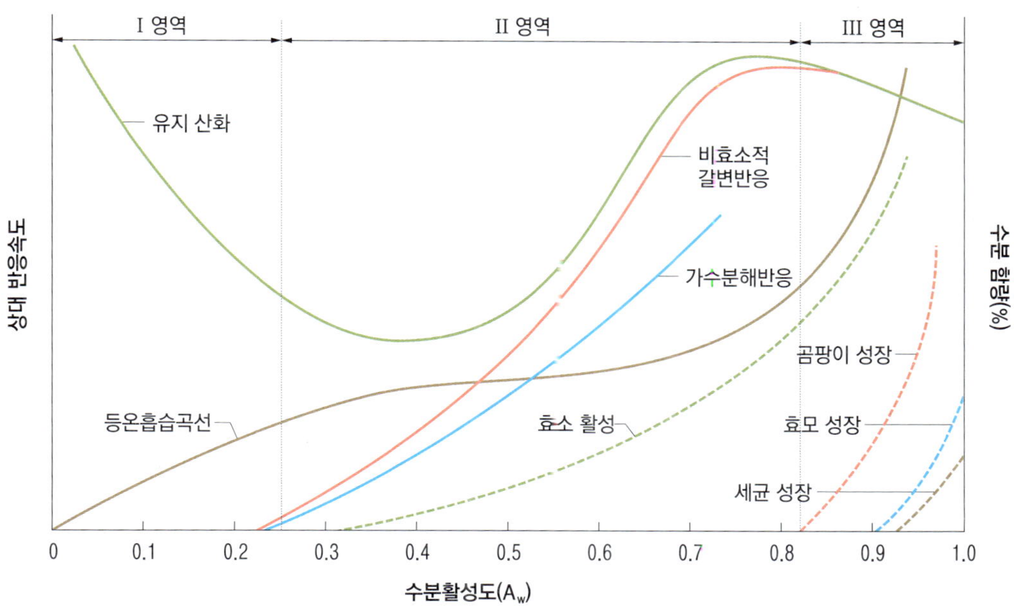

그림 2-10 | 식품의 수분활성도와 식품의 변화속도

표 2-6 | 수분활성도와 미생물의 성장

수분활성도 범위	최저 수분활성도에 의해 저해되는 미생물	관련 식품
1.00~0.95	세균류(*Pseudomonas, Escherichia, Proteus, Shigella, Kiebsiella, Bacillus, Clostridium perfringens*), 일부 효모(yeasts)	신선식품, 과일통조림류, 채소류, 육류, 생선류, 빵류, sucrose 약 40%(w/w) 또는 NaCl 7% 함유 식품
0.95~0.91	세균류(*Salmonella, Vibrio parahaemolyticus, C. botulinum, Serratia, Lactobacillus, Pedioccocus*), 일부 곰팡이류, 효모류(*Rhodotorula, Pichia*)	치즈류, 가공육(햄), 일부 농축 과일주스, sucrose 55%(w/w) 또는 NaCl 12% 함유 식품
0.91~0.87	다수의 효모(*Candida, Torulopsis, Hansenula*), *Micrococcus*	발효소시지(salami), 케이크류, 건조치즈, 마가린, sucrose 65%(w/w), 또는 NaCl 15% 함유 식품
0.87~0.80	대부분의 곰팡이(mycotoxigenic penicillia), *Staphylococcus aureus*, 대부분의 *Saccharomyces* (*bailii*), *Debaryomyces*	대부분의 농축 과일주스, 감비 농축우, 초콜릿시럽, 과일시럽, 밀가루, 쌀, 15~17% 수분 함유 콩류
0.80~0.75	대부분의 호염성 세균, mycotoxigenic asperigilli	잼, 마멀레이드, marzipan(과자류), 일부 마시멜로, 당의(糖衣) 과일
0.75~0.65	내건성 곰팡이류(*Aspergilius dhevalieri, A. candidus, Wallemia sebi*), *Saccharomyces bisporus*	10% 수분 함유 압착귀리, nougat(캔디류), 마시멜로, 젤리, 일부 건조과일, 견과류
0.65~0.60	고삼투압 효모류(*Saccharomyces rouxii*), 일부 곰팡이류(*Aspergilius echinulatus, Monascus bisprus*)	수분 15~20% 함유 건조과일류, 캐러멜, 꿀
0.50	미생물이 증식하지 못함	수분 12% 함유 파스타 수분 10% 함유 향신료
0.40	미생물이 증식하지 못함	수분 5% 함유 달걀분말
0.30	미생물이 증식하지 못함	수분 3~5% 함유 쿠키류, 크래커류
0.20	미생물이 증식하지 못함	수분 2~3% 함유 전지분유 수분 5% 함유 채소류 및 콘플레이크

자료: 김건희 외, 2018

식품 내 각종 효소의 활성은 수분활성도 0.3부터 증가되어 식품의 숙성과 변질에 관여한다. 식품 내 유지의 산화반응은 0.2~0.3의 수분활성도에서 가장 낮고, 0.4 이상의 수분활성도에서 산화반응 속도가 증가한다. 하지만, 0.2 이하의 수분활성도에서는 오히려 유지의 산화속도는 증가하는데, 식품 표면에 완전히 물 분자가 덮여 있지 않은 상태이기 때문에 빠른 지방 산패가 일어난다. 지방 산패는 수분활성도가 낮을수록 잘 일어난다. 지방을 많이 함유하고 있는 식품의 경우 지나치게 수분활성도를 낮추면 지방의 산패는 더욱 잘 일어난다. 그 이유는 보호막이 없어서 산소가 직접 닿기 때문이다. 따라서 지방이 있을 때는 단분자층 영역까지 건조하는 것을 피해야 한다. 비효소적 갈변반응은 수분활성도 약 0.2 이상부터 시작되어 약 0.8 정도에서 최대의 반응속도를 나타내며, 0.8 이상의 수분활성도에서는 점점 그 반응속도가 저하된다. 그 이유는 높은 수분활성도로 반응물의 농도가 희석되기 때문이다.

FOOD CHEMISTRY

FOOD CHEMISTRY

chapter

03

탄수화물

학습목표

1. 탄수화물의 정의에 대해 설명할 수 있다.
2. 탄수화물을 분류할 수 있다
3. 탄수화물의 구조에 대해 설명할 수 있다.
4. 다당류의 구조와 특성에 대해 설명할 수 있다.

chapter 03

탄수화물은 인류가 태초부터 식량원으로 자연스럽게 활용한 물질로, 자연이 인간에게 준 가장 좋은 선물이다. 빛은 지구에 도달하여 식물을 키우고, 그 식물은 광합성을 통해 영양소를 만들어 인간들에게 탄수화물을 제공하여 에너지를 생산하게 한다.

지구에서 재배면적이 가장 넓고 다양한 자원에서 얻을 수 있는 탄수화물은 가장 오랜 역사를 가진 영양소로 생물계에서 가장 풍부하며 중요한 물질이자 가장 값싼 에너지 물질로 1 g이 4 kcal를 내며 그 구성원소는 탄소C, 산소O, 수소H이다.

1. 탄수화물의 정의

탄수화물carbohydrate은 탄소의 수화물이라는 의미로 오랜 동안 인류에게 가장 친숙한 식량원이며 식물의 광합성에 의해 형성된다. 우리가 일상적으로 섭취하는 쌀, 밀, 옥수수 및 감자 등의 곡류는 탄수화물의 주요 급원이다.

C, H, O로 이루어진 화합물인 탄수화물은 일반식이 $C_n(H_2O)_n$ ($n > 3$) 또는 $(CH_2O)_n$ ($n > 3$)으로 표시되는 화합물로 분자 내에 하이드록시기-OH 한 개 이상, 알데하이드기-CHO 또는 케톤기-CO고 구성되며, 단맛이 있어 당질糖質이라고 한다.

2. 탄수화물의 분류, 구조 및 특성

탄수화물은 기본적으로 탄소 구조물로, 이 탄소와 결합하는 분자의 길이에 따라 단당류, 이당류를 포함한 소당류, 다당류 및 당유도체로 분류한다표 3-1.

탄소 골격을 몇 개 가지고 있는가에 따라 삼탄당, 사탄당, 오탄당 및 육탄당으로 부르며, 이것들은 탄수화물의 가장 기본인 단당류 그룹이다. 단당류가 2개 이상 만나 이루어진 당은 대개 단당류 2~8분자로 이루어진 올리고당류라고도 하는 소당류, 그 이상 단당류가 수십 또는 수백만 개로 이루어진 단당류의 집합체는 다당류라 하며 식물체의 저장영양소 형태인 녹말starch이 대표적이다.

이 외에도 산화·환원 작용, 기능기의 결합 및 비당류의 결합 등으로 생성된 당도 있다. 대표적으로 당알코올, 아미노당, 배당체 등이 있으며, 당뇨환자를 위해 단맛은 있으나 열량은 적은 기능성 저열량 감미료로 각광받고 있는 소비톨, 자일리톨, 아스파탐 등 당유도체가 있다.

1) 탄수화물의 여러 가지 특성

탄수화물은 포도당으로 이루어져 있는데 그 구성당이 포도당glucose 한 분자로 이루어진 당으로 더 이상 분해할 수 없는 상태인 당을 단당류라 하고, 탄수화물 중 가장 간단한 탄수화물로 탄소 수에 따라 삼탄당, 사탄당, 오탄당, 육탄당으로 구분

표 3-1 | 탄수화물의 분류 및 종류

당 분류		종류
단당류	삼탄당	글리세르알데하이드glyceraldehyde 다이하이드록시아세톤dihydroxyacetone
	사탄당	트레오스threose
	오탄당	데옥시리보스deoxyribose 리보스ribose 자일로스xylose 아라비노스arabinose
	육탄당	포도당glucose 과당fructose 갈락토스galactose 마노스mannose
소당류	이당류	서당sucrose 엿당maltose 젖당lactose 트레할로스trehalose
	삼당류	라피노스raffinose
	사당류	스타키오스stachyose
다당류	단순다당류	녹말starch 덱스트린dextrin 셀룰로스cellulose 이눌린inulin 글리코젠glycogen
	복합다당류	펙틴pectin 헤미셀룰로스hemi-cellulose 당유도체sugar derivatives 당알코올sugar alcohol 소비톨sorbitol 자일리톨xylitol 마니톨mannitol

되며 일반적으로 식품에서는 오탄당, 육탄당이 특히 중요하다.

탄수화물의 명명법은 글리세르알데하이드glyceraldehyde, 글리코젠glycogene도 있으나, 글루코스glucose(포도당), 프럭토스fructose(과당), 슈크로스sucrose(서당) 등과 같이 대부분의 당을 나타내는 접미사는 -ose로 끝난다. 일반적으로는 IUPAC 명명법보다는 관용명을 사용한다.

IUPAC(International Union of Pure and Applied Chemistry) 국제 순수 응용화학 연합

표 3-2 | 탄수화물의 특성에 따른 분류

구분				예
탄소 수	3	삼탄당triose	$C_3H_6O_3$	글리세르알데하이드, 다이하이드록시아세톤
	4	사탄당tetrose	$C_4H_8O_4$	에리트로스erythrose, 트레오스
	5	오탄당pentose	$C_5H_{10}O_5$	리보스, 데옥시리보스, 자일로스, 아라비노스
	6	육탄당hexose	$C_6H_{12}O_6$	포도당, 과당, 갈락토스, 마노스
카보닐기의 종류	알도스aldose			알데하이드기를 갖는 탄수화물 - 리보스, 글루코스, 갈락토스, 마노스
	케토스ketose			케톤기를 갖는 탄수화물 - 리불로스ribulose, 과당, 자일로스, 타가토스tagatose
구성당의 수	단당류monosaccharide			포도당, 과당, 리보스 등
	이당류disaccharide			서당, 젖당, 엿당, 셀로바이오스cellobiose 등
	소당류oligosaccharide			라피노스, 멜레아토스melleatose, 스타키오스 등
	다당류polysaccharide			녹말, 덱스트린, 글리코젠 등
인체 내 소화 여부	소화성digestible carbohydrate			인체 내 효소에 의해 소화, 흡수됨 - 녹말, 글리코젠 등
	비소화성non-digestible carbohydrate			인체 내 분해효소가 없어 소화, 흡수 안 됨 - 식이섬유dietary fiber, 이눌린, 펙틴, 한천agar 등

자료: 조신호 외, 2017

탄수화물은 분류방법이 다양한데 탄소 사슬의 탄소 수, 알데하이드나 케톤의 작용기, 구성당의 수, 인체 내 소화 여부 등에 따라 분류하기도 한다표 3-2.

단당류의 분자 구성 탄소 중 하나는 반드시 카보닐기의 탄소, 특히 알데하이드나 케톤 작용기로 구성되어 있다.

일반적으로 탄수화물의 일반식은 $(CH_2O)_n$ $(n > 3)$으로 표시하며, 카보닐기 〉CO를 분자 내에 함유하고 있는데 카보닐기에 따라 그 명칭을 다르게 부른다. 카보닐기가 알데하이드기-CHO인 것은 알도스aldose, 케톤기-C=O인 것은 케토스ketose라 한다.

가장 간단한 알도스는 탄소원자가 3개로 이루어지고 하이드록시기-OH(수산기 또는 알코올기, 이하 하이드록시기로 일괄 통칭함)와 알데하이드기를 가진 글리세르알데하이드glyceraldehyde이며, 가장 간단한 케토스는 탄소원자 3개에 하이드록시기와

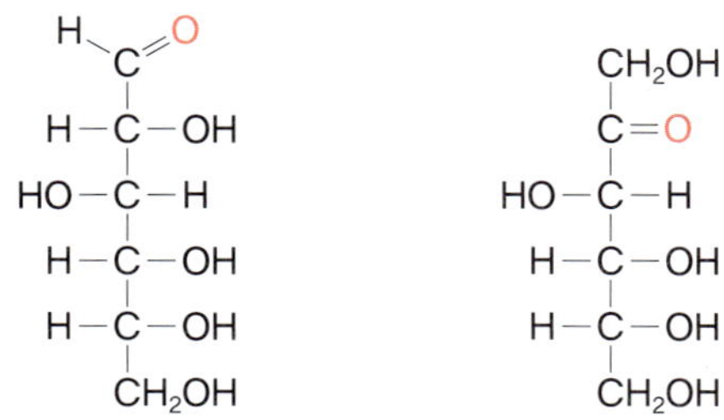

알도스 케토스

그림 3-1 | 알도스와 케토스

케톤기를 가진 다이하이드록시아세톤dihydroxyacetone이다.

글리세르알데하이드는 1개의 비대칭탄소(부제탄소 또는 입체중심탄소)를 가지고 있어 광학적으로 활성인 거울상 이성질체enantiomer가 존재하며, 비대칭탄소에 붙어 있는 하이드록시기-OH가 오른쪽에 있는 것을 Ddextro형, 왼쪽에 있는 것을 Llevo형으로 정의한다그림 3-2. 이후 이성질체에서 자세히 설명하기로 한다.

D-글리세르알데하이드 L-글리세르알데하이드

그림 3-2 | D형과 L형 글리세르알데하이드

앞서 설명했듯이 탄수화물은 탄소가 기본골격으로 그 탄소 수에 따라 다른 당류로 구분하며 기본골격이 되는 탄소는 결합 가지 4개를 가지고 있고, 그 각각의 가지에 서로 다른 4개의 원자나 원자단을 가진 탄소를 비대칭탄소chiral carbon(부제탄소 asymmetric carbon)라 부른다.

비대칭탄소를 함유한 탄수화물은 그 분자식이 같더라도 특성이 달라지고, 비대칭탄소에 붙은 하이드록시기의 위치가 서로 다른 경우 이성질체라 부르며 이들은 서로 거울을 보고 있는 쌍둥이와 같아 거울상의 관계를 나타내기도 한다(거울상 이성질체). 이성질체 수는 비대칭탄소 수에 영향을 받아 비대칭탄소가 n개 있으면 가능한 이성질체는 2^n개가 된다. 예를 들어, 비대칭탄소가 2개이면 $2^2=4$로 입체이성질체는 4개이고, 비대칭탄소가 4개이면 $2^4=16$으로 입체이성질체는 16개가 된다.

(1) 이성질체

분자량과 화학구조식은 같으나 원자의 공간 배열이 달라 성질이 서로 다른 분자로, 우리가 거울을 볼 때 거울 속에 또 다른 내가 들어 있고, 다만 팔의 위치만 다른 것과 같은 상태(거울을 보고 있는 쌍둥이)의 구조물을 입체이성질체, 특히 거울상 입체이성질체enantiomer라 한다.

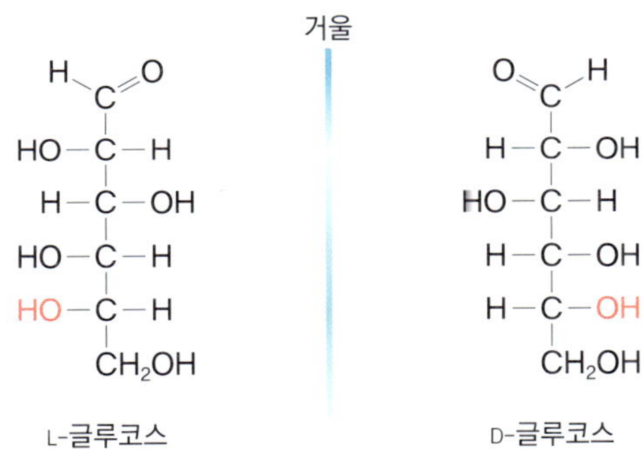

그림 3-3 | 거울상 이성질체

비대칭탄소가 2개 이상일 때 거울상 이성질체가 아닌 한 쌍의 입체이성질체가 존재하는데 이를 부분입체이성질체diastereomer라 하며 거울상 이성질체와는 용해도, 녹는점, 화학반응성 등이 다르다.

삼탄당의 D-형과 L-형 입체 배위 결정은 비대칭탄소에 붙은 하이드록시기의 위치에 의해 결정되며, 탄소 수가 많아지면 카보닐기에서 가장 먼 비대칭탄소에 결합된 하이드록시기-OH의 위치에 의하여 결정된다. 즉, 거울상 입체이성질체에서 비대칭탄소에 결합한 특정 작용기의 위치가 오른쪽이면 Ddextro형, 왼쪽이면 Llevo형으로 구분하고, 부분입체이성질체에서는 알데하이드기나 케톤기에서 가장 멀리 떨어진 탄소에 결합한 하이드록시기-OH의 위치에 따라 D형, L형이 결정되며, 특히 한 개의 부제탄소에 결합한 하이드록시기의 배위만 다른 이성질체를 에피머epimer라 부른다.

카보닐기(carbonyl group)란?

유기화합물에서 흔한 작용기로 산소원자와 이중결합으로 결합된 탄소원자가 있는 작용기를 의미한다. 알데하이드기(-CHO), 케톤기(-CO), 카복실기(-COOH), 에스터기(-COO) 등이 카보닐기에 해당한다.

알데하이드기	케톤기	카복실기	에스터기
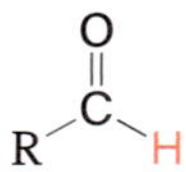	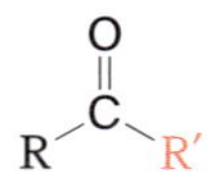	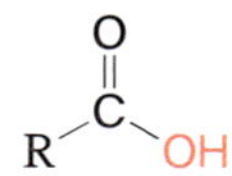	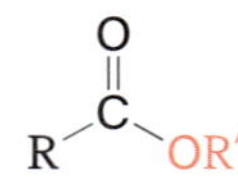

자료: 조신호 외, 2017

알도헥소스, 즉 육탄당은 4개의 비대칭탄소를 가지고 있어 D형 8개와 L형 8개의 16개의 입체이성질체가 존재한다. 우리가 가장 잘 알고 있는 포도당, 갈락토스, 마노스도 이들 중의 하나이다.

D-포도당과 D-갈락토스는 4번 탄소에 붙은 하이드록시기의 배열만 다르기 때문에 에피머이며, D-포도당과 D-마노스도 에피머 관계이다. 그러나 D-갈락토스와 D-마노스는 부분입체이성질체이나 2번 탄소와 4번 탄소의 하이드록시기의 위치가 서로 다르므로 에피머는 아니다.

이성(체)화에 의해 포도당, 과당, 마노스는 서로 전환될 수 있다.

단당류를 탄소의 사슬 구조식으로 나타내는 방식은 독일의 유기화학자 피셔E. Fisher가 알아내 그의 이름을 따 피셔식 또는 사슬 구조식이라 부른다. 그런데 이 피셔식만으로는 당을 설명할 수 없는 현상이 발견되어 다른 방식으로 해석할 필요가

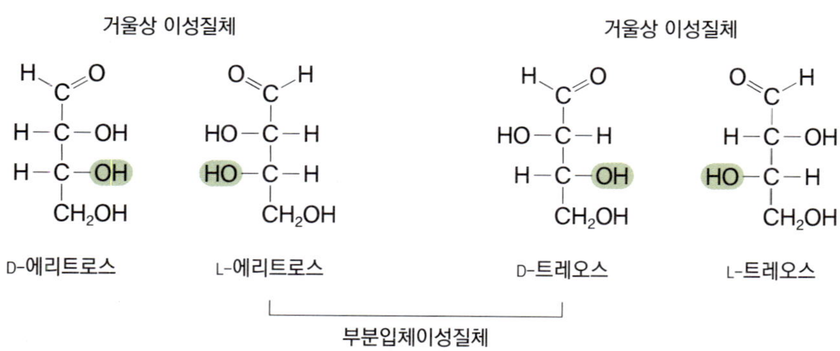

그림 3-4 | 사탄당의 D형과 L형 이성체

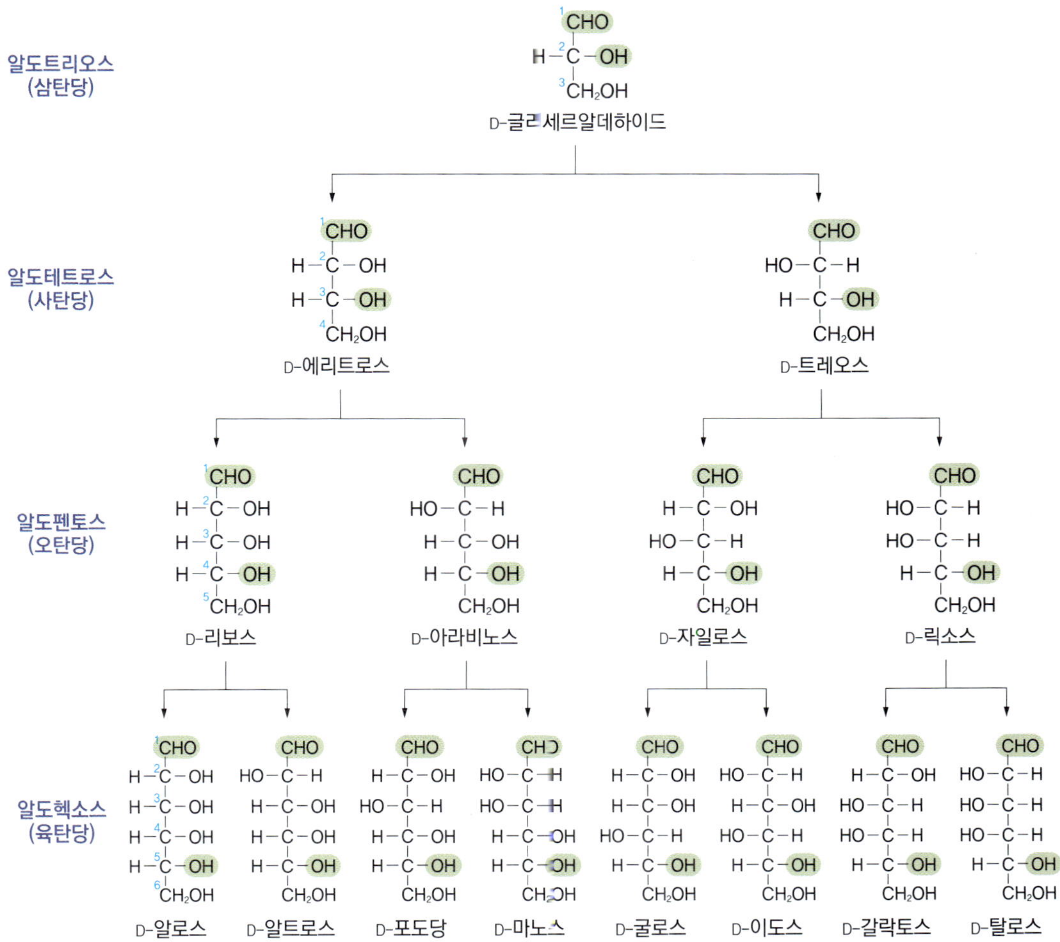

그림 3-5 | 알도스 계열 단당류

생겼다.

포도당은 알데하이드기를 소유한 알도스이나 알데하이드 화합물로서의 성질이 매우 약해 알도스의 일반적인 성질을 거의 나타내지 않는다. 이는 피셔의 사슬 구조만으로는 설명할 수 없고 결정형의 개념 안에서 설명이 된다.

단당류의 분자 내 카보닐기(알데하이드-CHO 또는 케톤기-C=O)와 특정 위치의 하이드록시기 간 신속하고 가역적인 친핵성 첨가반응인 알코올반응이 일어나 산소를 매개로 하는 고리 구조로 변하며 이를 고리 구조 또는 하워스형 구조라 한다.

그림 3-6 | 케토스 계열 단당류

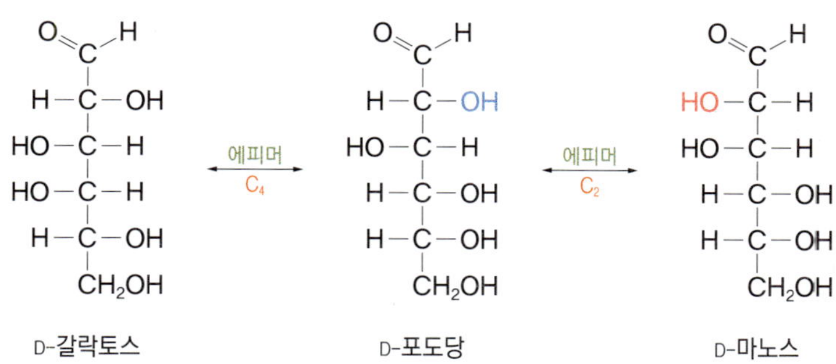

그림 3-7 | 에피머

이성질체 종류 및 정의

- 구조이성질체 : 같은 분자식을 가지나 구조식이 다른 화합물
- 부분입체이성질체 : 거울상 이성질체가 아닌 입체이성질체로 하나 이상이 비대칭탄소(키랄탄소)에서 하이드록시기의 배열이 다른 입체이성질체
- 에피머 : 단지 하나의 비대칭탄소(키랄탄소)에서 하이드록시기의 배열이 다른 부분입체이성질체
- 아노머 : 아노머 탄소인 헤미아세탈이나 헤미케탈 탄소의 하이드록시기의 배열이 다른 탄수화물 에피머. 아노머 탄소에서 고리화반응을 통해 생성되는 부분입체이성질체

이는 카보닐기와 하이드록시기가 결합하여 글루코사이드성 하이드록시기인 헤미아세탈hemiacetal(또는 헤미케탈hemiketal)을 형성하기 때문으로, 육탄당의 경우 5번 탄소의 하이드록시기가 포도당 분자 1번 탄소의 알디하이드기와 반응하여 결합하고, 1번 탄소가 비대칭탄소(키랄탄소)가 되며 산소를 매개로 육각형의 환(고리)으로 놓인다. 오탄당은 4번 탄소의 하이드록시기가 관여하여 고리 구조를 형성하게 된다.

헤미아세탈성 하이드록시기는 다른 탄소원자에 결합된 하이드록시기보다 반응성이 크다.

고리 구조에는 육각형의 피라노스pyranose와 오각형의 푸라노스furanose가 있으며, 알도스인 포도당은 피라노스를, 케토스인 과당은 푸라노스를 형성한다.

포도당이 사슬상에서 고리형이 되면 1번 탄소는 새롭게 비대칭탄소가 되며 이를 아노머 탄소anomer carbon라 부른다. 이 1번 탄소에 붙는 하이드록시기-OH와 수소-H가 어떻게 배열되느냐에 따라 이성질체가 존재하게 되고 이 이성질체를 아노머anomer라 부르며 α, β형으로 구별한다. 접두어 α, β는 상대적 배열의 표기법이며, 아노머는 단지 하나의 탄소의 배열만이 다르기 때문에 또한 에피머이기도 하다.

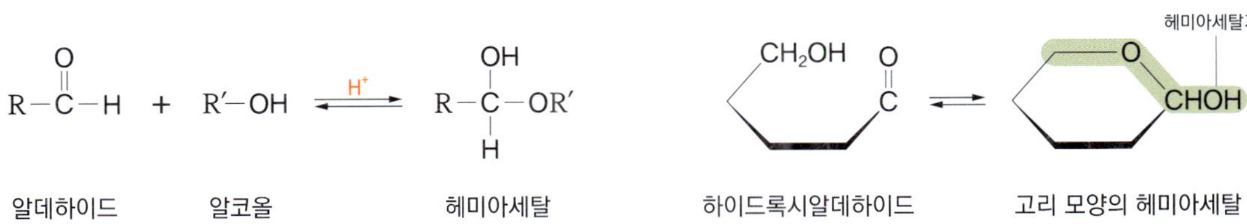

그림 3-8 | 단당류의 고리화반응

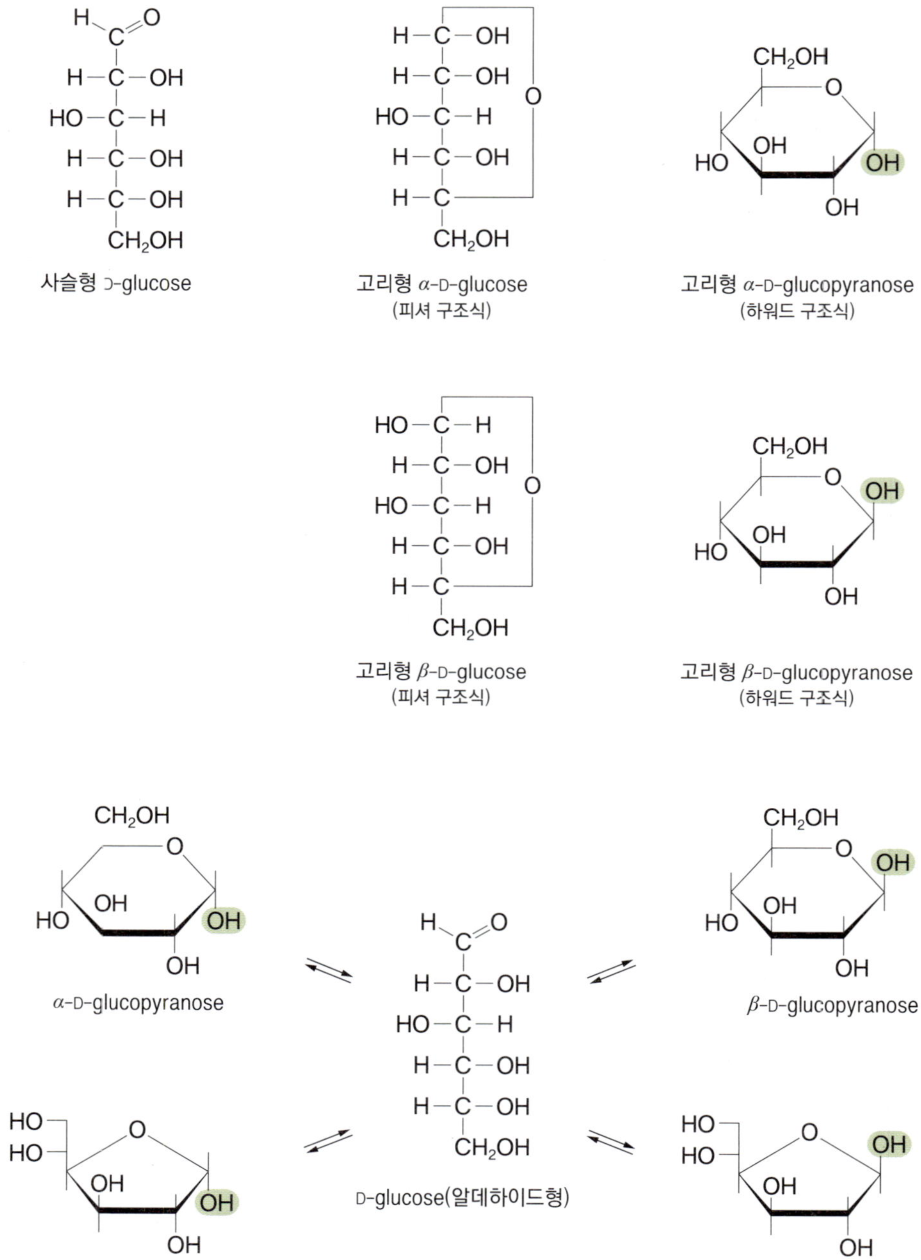

그림 3-9 | 포도당의 사슬 및 고리 구조

피라노스 또는 푸라노스 고리를 포함하는 면을 기준으로 하이드록시기의 위치가 아래쪽에 있을 때를 α-아노머, 위쪽에 있을 때를 β-아노머라 부르며 각각 특유의 선광도를 나타낸다.

포도당의 경우 1번 탄소의 하이드록시기가 2번 탄소의 방향과 같은 아래쪽을 향하면 알파-포도당α-glucose, 2번 탄소의 알코올기와 반대로 위로 향하게 되면 베타-포도당β-glucose이라 하며 이 두 형태의 포도당은 서로 아노머 관계이다.

과당의 경우에는 2번 탄소의 하이드록시기가 아래쪽을 향하면 알파-과당α-fructose, 위로 향하면 베타-과당β-fructose이라 한다.

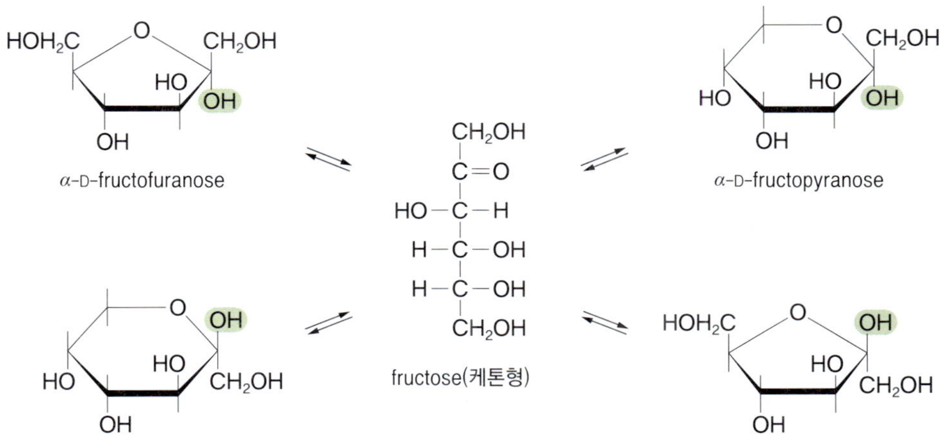

그림 3-10 | 과당의 사슬 및 고리 구조

(2) 변선광

광학이성질체의 수용액에 편광을 쪼이면 일정한 방향으로 편광을 회전시키는 특성이 나타난다. 이러한 특성은 이성질체마다 편광의 회전방향 및 회전각도가 달리 나타나기 때문에 그 물질을 특징짓는 척도가 되고 온도, 압력, pH 등에 따라 달라진다. 이를 변선광mutarotation(또는 변광성)이라 부르고, 편광을 비췄을 때 오른쪽으로 회전시키는 특성을 우선성(+), 왼쪽으로 회전시키는 특성을 좌선성(-)이라 한다. 즉, 알데하이드형을 중개로 α형과 β형이 상호 전환되어 선광도가 변하는 현상을 변선광이라 하며, 이러한 현상은 초기에 한 가지 아노머 형태만을 포함하는 용액이 평형

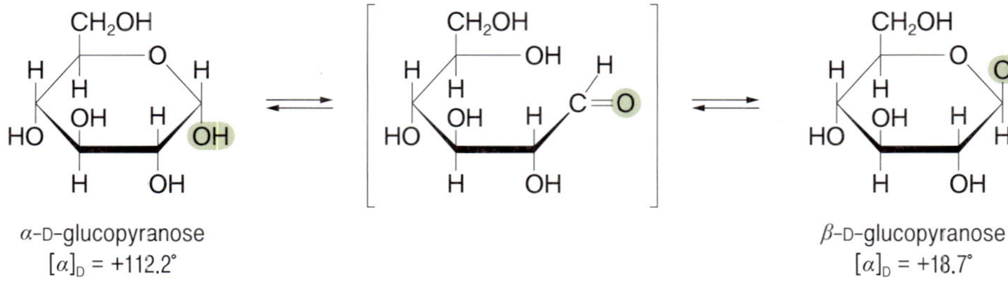

그림 3-11 | 변선광

을 일으켜 똑같은 양의 α형과 β형의 피라노스 혼합물로 되기 때문에 나타난다.

또한 광학이성질체는 각각 편광을 회전시키는 고유의 비선광도를 나타낸다.

당류는 수용액 중에서 시간이 경과함에 따라 고리 구조의 당이 여러 가지 형태의 고리 구조 이성질체로 변하기 때문에 변선광이 발생하며, 헤미아세탈이나 헤미케탈을 갖는 모든 당은 변선광을 나타낸다. 단, 슈크로스(서당)는 아노머 그룹을 가지고 있지 않아 변선광을 나타내지 않는다.

(3) 환원성

단당류는 알칼리 수용액에서 불안정한 환원성을 나타낸다.

고리 구조에서 아노머 탄소에 결합되어 있는 하이드록시기는 다른 탄소의 하이드록시기와는 달리 반응성이 강해 쉽게 글루코사이드 결합을 형성하며, 물 분자 하나를 잃고 중합되어 다양한 종류의 당류를 형성한다. 이 하이드록시기를 글루코사이드성 하이드록시기(헤미아세탈 또는 헤미케탈 하이드록시기)라 하며, 단당류와 이당류에서는 이 글루코사이드성 하이드록시기가 당 분자 내에 존재하면 환원당reducing sugar, 존재하지 않으면 비환원당non-reducing sugar이라 한다.

일반적으로 단당류는 모두 환원당이다. 이당류 중 슈크로스sucrose와 트레할로스를 제외하고는 모두 환원당이다. 슈크로스는 포도당과 과당이 중합되는 과정에서 글루코사이드성 하이드록시기를 사용하여 더 이상 분자 내에 존재하지 않기 때문에 비환원당이며, 이런 이유로 감미료의 표준물질로 사용한다. 한편 글루코사이드성 하이드록시기가 당 외의 다른 화합물의 하이드록시기와 결합한 경우를 배당체

glycoside라 한다.

(4) 산화

알도스는 산화되어 카복실산을 형성하는데 이러한 성질을 이용하여 환원당의 존재 유무를 결정짓는 각종 반응이 일어나게 되는 진단시약[Tollen 시약(은경반응), Fehling 시약, Benedict 시약 등]이 있다. 당 유도체 부분에서 좀 더 자세히 설명하기로 한다.

2) 단당류의 화학적 구조 및 특성

(1) 오탄당

자연계에서 주로 다당류나 핵산의 구성성분으로 존재하며 자연계에 유리 형태는 거의 존재하지 않는다. 자일로스xylose는 주로 저칼로리 감미료로 최근에 많이 사용되고 있으며 리보스ribose는 생체 내에서 매우 중요한 물질이다. 이 외 아라비노스arabinose가 있다.

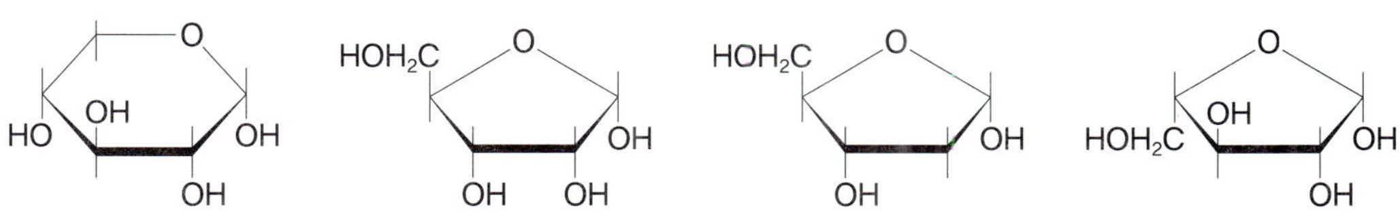

D-자일로스 D-리보스 D-데옥시리보스 L-아라비노스

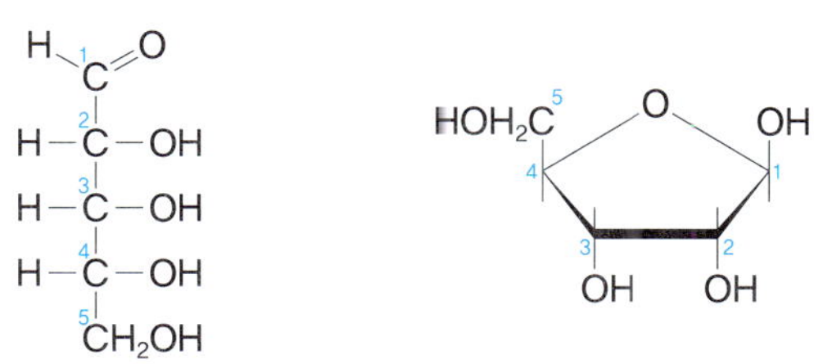

열린 사슬 구조의 피셔 투영식 하워스 구조식

그림 3-12 | 오탄당 및 리보스의 고리 구조로의 변화

자료: 이수정 외, 2019; 김채린 외 공역, 1998

(2) 육탄당

6개의 탄소로 구성된 당으로 일반적으로 자연식품에 많으며 포도당, 과당, 갈락토스, 마노스 등 식품 성분으로서 중요한 당이다.

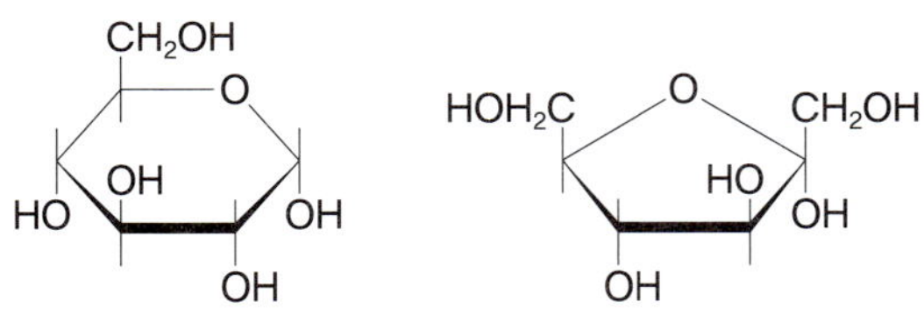

D-포도당 D-과당 D-갈락토스 D-마노스

그림 3-13 | 육탄당

① 포도당glucose

식물체에 널리 분포하는 당으로 포도 등 과일에 많이 들어 있다. 사람의 혈액에는 약 0.1% 정도가 혈당의 형태로 들어 있으며, 동물의 체내에서는 글리코젠**glycogen**이라는 에너지원의 형태로 저장된다. 포도당은 다당류인 녹말과 섬유질의 구성성분일 뿐 아니라 이당류를 구성하며 배당체를 형성하는데 관여한다.

포도당의 단맛은 슈크로스**sucrose**를 100으로 했을 때 50~75 정도이며, α형 포도당이 β형 포도당보다 단맛이 강하고 안정적이다.

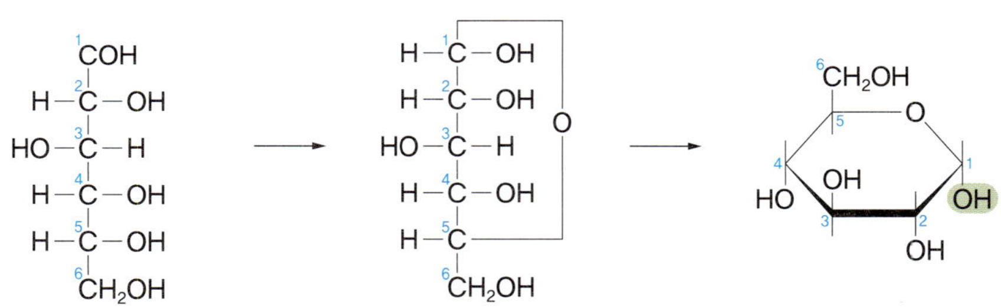

α-D-포도당의 사슬 구조 (피셔 구조식) α-D-포도당의 고리 구조 (하워스 구조식)

그림 3-14 | 포도당

② 과당fructose

과당은 벌꿀에도 많이 함유되어 있으며, 특히 과일에 많이 존재한다. 과당은 돼지감자나 다알리아 뿌리를 구성하는 이눌린의 주요 성분이다.

과당은 흡습성이 커서 결정화되기 어려우며 α, β 두 가지 이성질체가 있고 β형이 α형보다 감미도가 조금 높다. 천연 당류 중 가장 단맛이 강하여 슈크로스를 100으로 했을 때 120~173 정도이며, 주로 감미료로 이용된다.

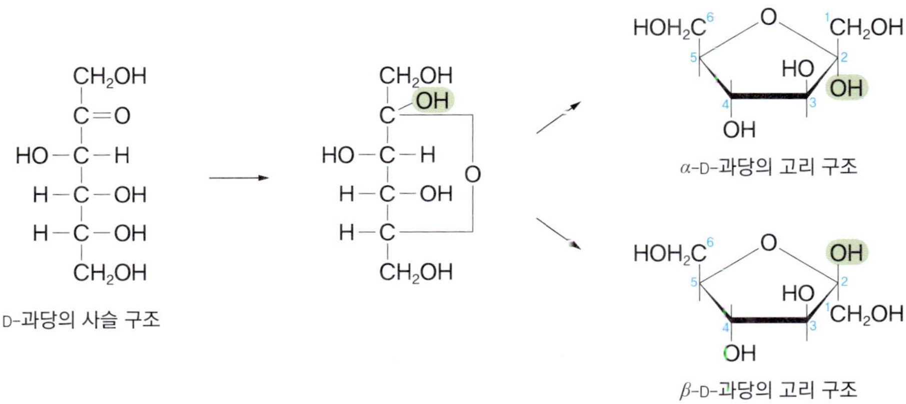

그림 3-15 | 과당

③ 갈락토스galactose

갈락토스는 인체 내에서 영양소와 결합하여 뇌와 신경조직의 구성성분이며, α형과 β형의 이성질체가 존재한다. 유당(젖당)의 구성당으로 포도당과 에피머 관계이며 포도당의 4번 탄소의 하이드록시기 위치만 다르다.

단맛은 슈크로스를 100으로 했을 때 30 정도이다.

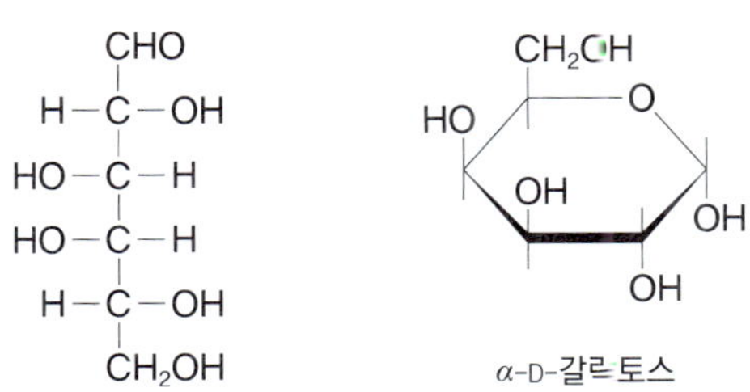

그림 3-16 | 갈락토스

④ 마노스mannose

곤약의 주성분인 만난의 구성당으로 자연 상태에서는 거의 유리되지 않으며 α, β형 2개의 이성질체가 존재한다. 박테리아, 효모, 버섯, 고산식물 및 감자나 백합 뿌리 등에 만난과 갈락토만난의 형태로 다량 함유되어 있다.

포도당과 2번 탄소의 하이드록시기의 위치만 다른 에피머 관계이다. 그러나 갈락토스와는 에피머 관계가 아니다.

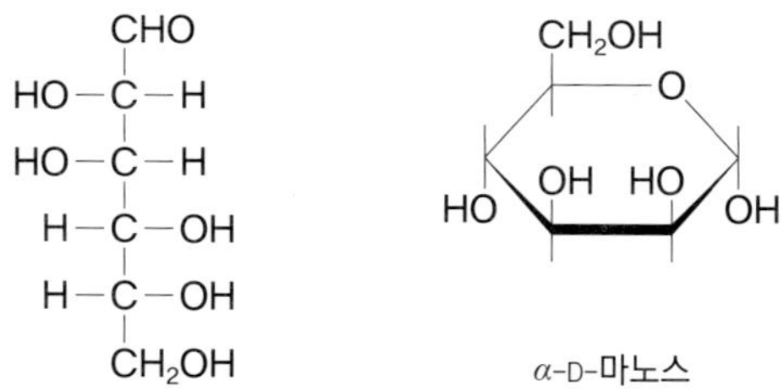

그림 3-17 | 마노스

3) 소당류의 화학적 구조 및 특성

소당류oligosaccharide는 단당류 2개 이상이 글루코사이드 결합으로 이루어진 당으로 대개 포도당 2~10개로 구성되어 있으며, 이당류, 삼당류, 사당류 등이 있다.

(1) 이당류

이당류는 2개의 단당류가 한 분자의 물이 빠지면 서로 산소를 다리로 하여 글루코사이드 결합을 하는데 그 종류는 서당(설탕, 슈크로스sucrose), 엿당maltose, 젖당lactose, 트레할로스trehalose 등이 있다.

① 엿당maltose

두 분자의 α-포도당이 1번 탄소의 하이드록시기와 4번 탄소의 하이드록시기가 결합(α-1,4 결합)하여 한 분자의 물이 빠지면 α-1,4 글루코사이드 결합으로 연결되어 이루어진 당으로, 주로 엿기름에 많이 들어 있어 엿당이라 한다.

1번 탄소의 하이드록시기가 유리 상태로 있으므로 환원력이 있어 환원당이며, 효

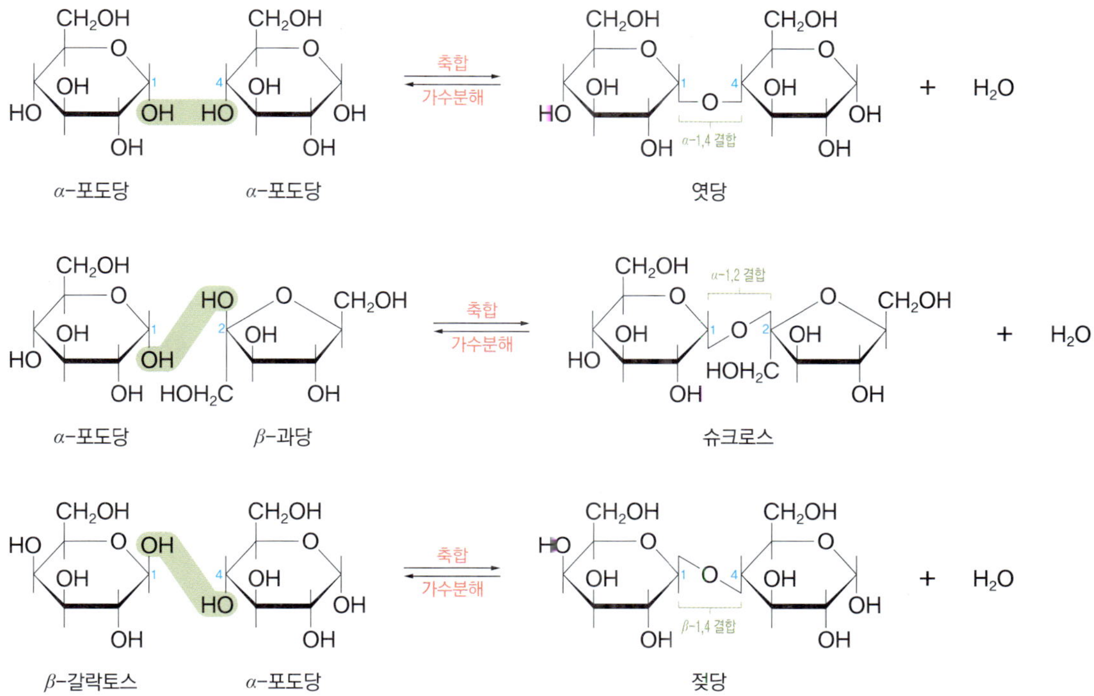

그림 3-18 | 이당류

소(말테이스maltase)에 의해 분해되면 두 분자의 포도당으로 분해된다. 단맛은 슈크로스를 100으로 했을 때 50~60 정도이다.

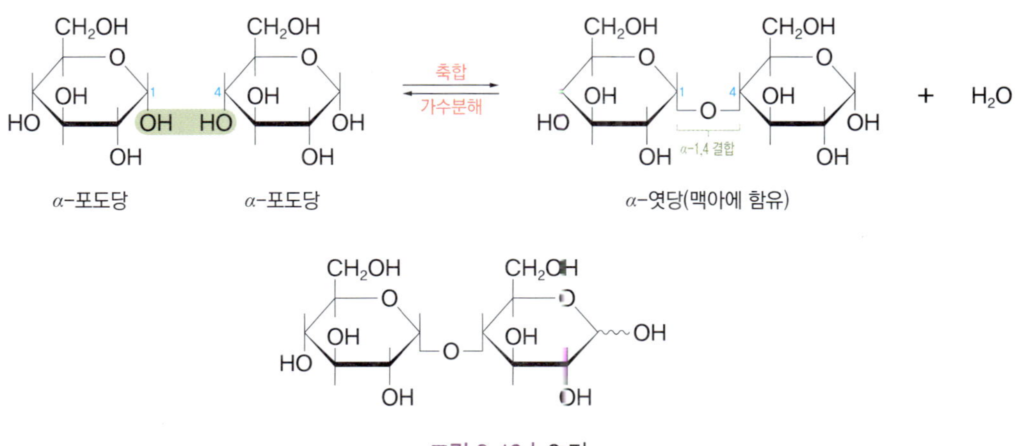

그림 3-19 | 엿당

② 슈크로스sucrose

서당, 자당, 설탕 등으로 부르며 α-포도당 1번 탄소의 하이드록시기와 과당 2번 탄소의 하이드록시기가 결합(α-1,2 결합)하여 만들어진 당으로 유리된 하이드록시기가 없으므로 비환원당으로 변선광도 나타내지 않고 이성질체도 없어 단맛의 표준 물질로 사용된다.

사탕수수, 사탕무 등에 풍부하며 식물계에 널리 분포한다. 슈크레이스sucrase에 의해 분해되어 포도당과 과당으로 가수분해된다. 꿀 속의 슈크로스는 효소에 의해 분해되어 전화당이 된다.

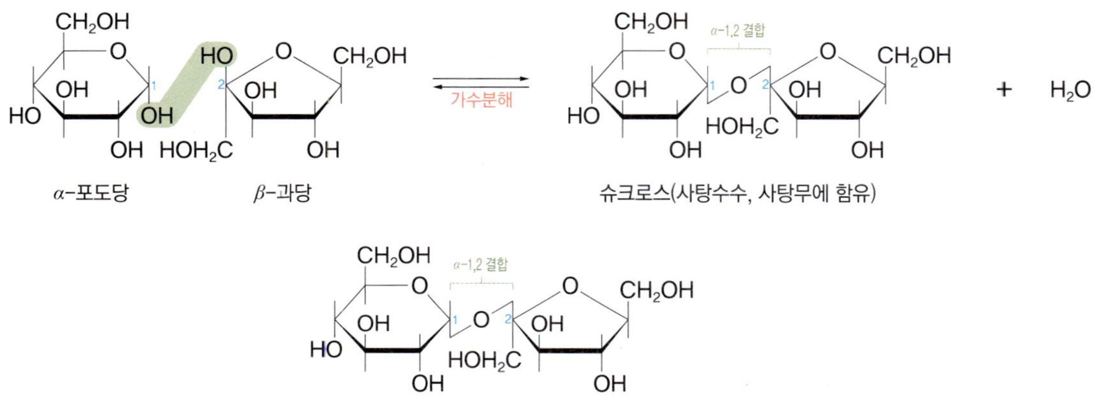

그림 3-20 | 슈크로스

③ 젖당lactose

동물의 젖에 존재하며 식물체에는 없는 당으로 β-갈락토스 한 분자와 α-포도당 한 분자가 β-1,4 결합한 형태이다. 젖당은 동물체의 성장과 뇌신경조직 형성에 중요한 기능을 하며, 장내 유산균의 증식을 도와 장을 청소하고 편안하게 하는 정장작용을 한다. 또 젖산균의 번식으로 인한 체내 산도를 약산성으로 하여 Ca 흡수를 도우므로 어린이의 골격 형성에도 도움을 준다. 단맛은 서당의 감미도를 100으로 했을 때 16 정도이다.

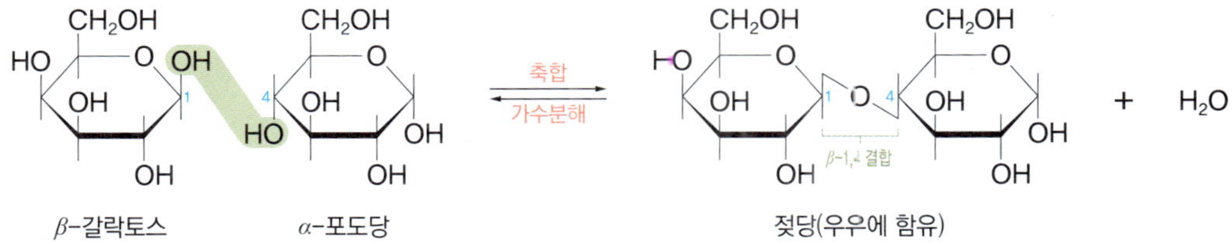

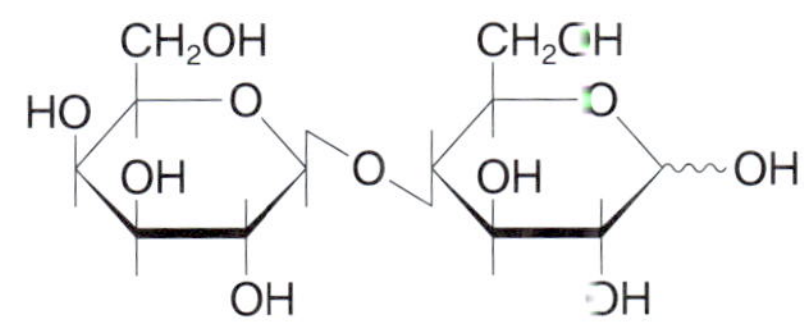

그림 3-21 | 젖당

④ 트레할로스trehalose

버섯, 효모 등에 존재하는 당으로 포도당 두 분자가 α-1,1 결합하여 이루어진 당이다. 슈크로스와 같이 환원성 말단과 환원성 말단이 결합함으로써 환원성을 나타내지 않는 비환원당이 된다.

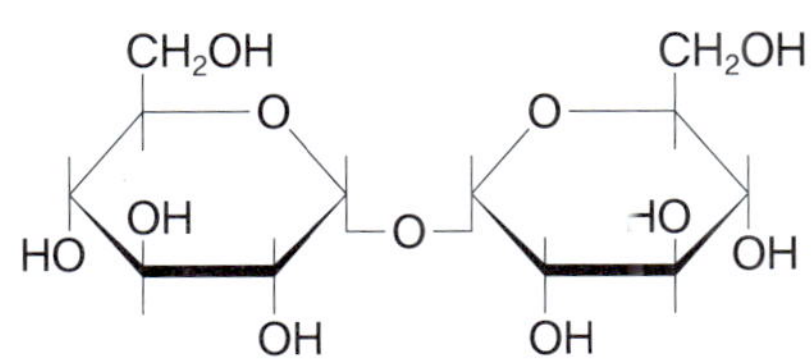

그림 3-22 | 트레할로스

⑤ 셀로바이오스cellobiose

셀룰로스의 부분적 가수분해에 의해 생성되는 이당류인 셀로바이오스는 엿당과 비슷하게 포도당 두 개로 구성되어 있으나, 엿당이 α-1,4 글루코사이드 결합인데

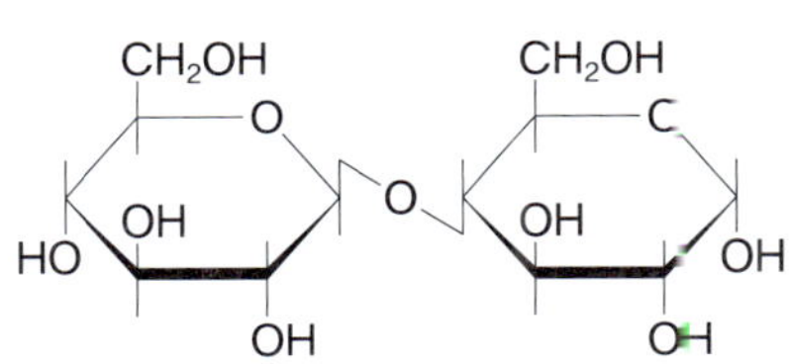

그림 3-23 | 셀로바이오스

반하여 β-1,4 글루코사이드 결합으로 연결된 환원당이다.

(2) 삼당류 및 사당류

① 라피노스raffinose

갈락토스, 포도당, 과당으로 이루어진 삼당류인 라피노스는 비환원당으로 식품의 뿌리나 종자에 많이 함유되어 있다.

② 스타키오스stachyose

라피노스에 또 한 분자의 갈락토스가 α-1,6 결합하여 생성된 사당류로 비환원당이다. 대두에 많이 들어 있으며 장내 세균에 의해 발효되어 가스를 형성한다.

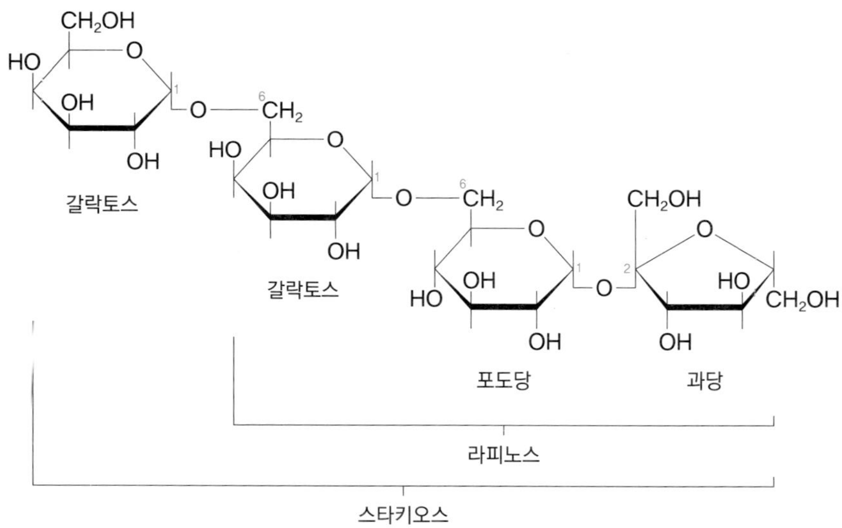

그림 3-24 | 라피노스와 스타키오스

4) 다당류의 화학적 구조 및 특성

대부분의 탄수화물은 수많은 다당류 또는 그 유도체가 결합하여 생성된 물질로 분자량이 매우 크며, 그 구성당이 어떻게 이루어져 있는가에 따라 단순다당류, 복합다당류로 분류한다.

단순다당류는 한 가지의 단당류로 이루어진 물질로 녹말, 섬유소, 글리코젠 등이 있고, 복합다당류는 두 가지 이상의 다른 다당류로 이루어졌으며 펙틴, 헤미셀룰로스 등이 속한다. 한편으로는 그 근원물질에 따라 동물성 다당류와 식물성 다당류로 분류하기도 한다.

다당류는 동식물의 형태 유지 기능 및 에너지 저장의 역할을 담당하고, 식물체의 셀룰로스와 갑각류의 키틴 등은 형태 유지기능의 대표적 물질이며, 녹말 및 글리코겐은 에너지 저장 형태의 대표적 물질이다.

(1) 녹말starch

대표적 식물성 저장탄수화물인 녹말은 수백 개 이상의 포도당이 결합하여 이루어진 물질이다. 녹색식물의 광합성에 의하여 만들어져 뿌리나 종실에 저장되어 에너지원으로 이용된다.

물에 녹이면 가라앉는다 하여 전분澱粉이라고도 하며 녹말이라 부른다. 용어에서 알 수 있듯이 녹말은 물에 녹지 않으며 물보다 비중이 크고, 물과 함께 가열 시 물을 함유하며 팽윤하여 풀이 되어(호화) 점성을 갖게 된다.

식물체에 따라 녹말의 구조와 크기는 다양하며, 아밀로스와 아밀로펙틴이 α-1,4 결합하여 형성된 녹말은 호화, 노화, 호정화 등의 특성이 있다.

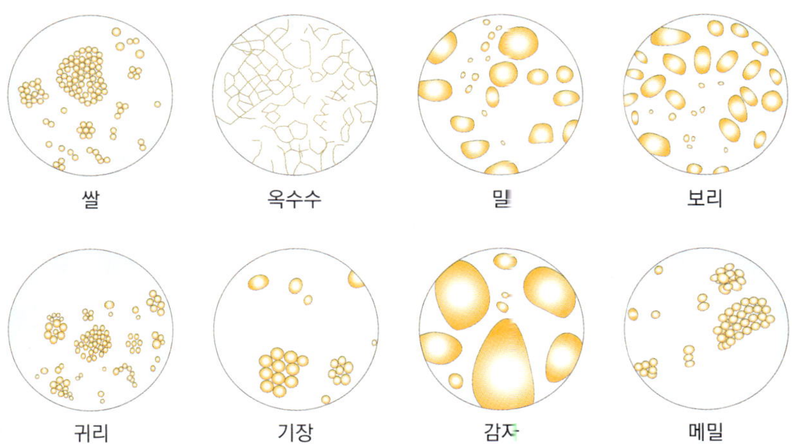

그림 3-25 | 각종 식품의 녹말 입자 모양

① 아밀로스amylose

포도당의 1번 탄소의 하이드록시기와 다른 포도당의 4번 탄소가 서로 결합한 α-1,4 결합이 반복적으로 이루어진 직선상의 쇠사슬 모양으로 중합한 고분자 물질로 단순다당류의 대표적 물질이며 중요한 에너지원이다.

포도당은 대부분 6~8분자마다 한 번씩 회전하여 나선상 구조를 이루며, 이로 인하여 나선상의 내부 공간에 요오드 등 분자가 들어가 포접화합물을 형성하여 특유의 정색반응을 나타내는데 이는 찹쌀과 멥쌀을 확인하는 데 중요한 특성이 된다.

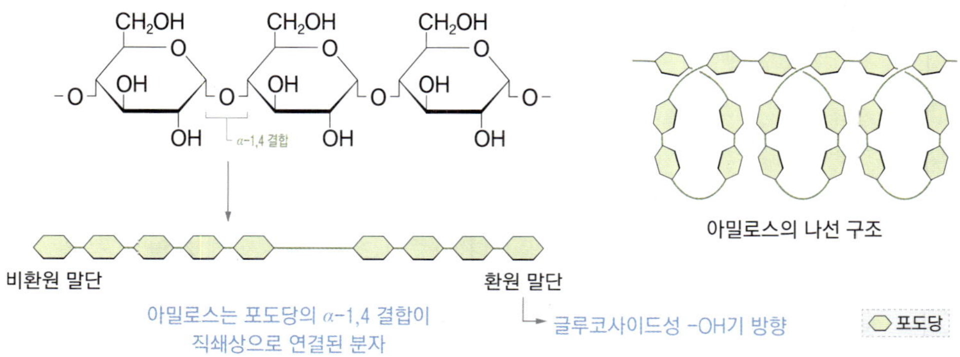

그림 3-26 | 아밀로스의 분자구조

② 아밀로펙틴amylopectin

수십~수백만 개의 포도당이 α-1,4 결합으로 이루어진 아밀로스 사슬의 중간중간에 포도당이 α-1,6 결합에 의하여 가지를 친 구조로 그 모양이 마치 잎이 다 떨어진 나뭇가지와 같다.

아밀로스에 비하여 노화 속도가 느리며 일반적으로 찹쌀녹말(아밀로펙틴)의 함량이 높은 녹말은 노화가 느리며 요오드 녹말반응에서 적자색을 나타낸다. 한편 아밀로스는 청색을 나타내어 찹쌀녹말과 멥쌀녹말 확인실험에 많이 이용된다.

③ 녹말의 특성

녹말을 가수분해하면 다양한 분자량을 가진 중간 분해물들이 형성되는데 이를 덱스트린dextrin이라 부른다. 더욱 분해하면 올리고당류, 이당류를 거쳐 단당류로 분

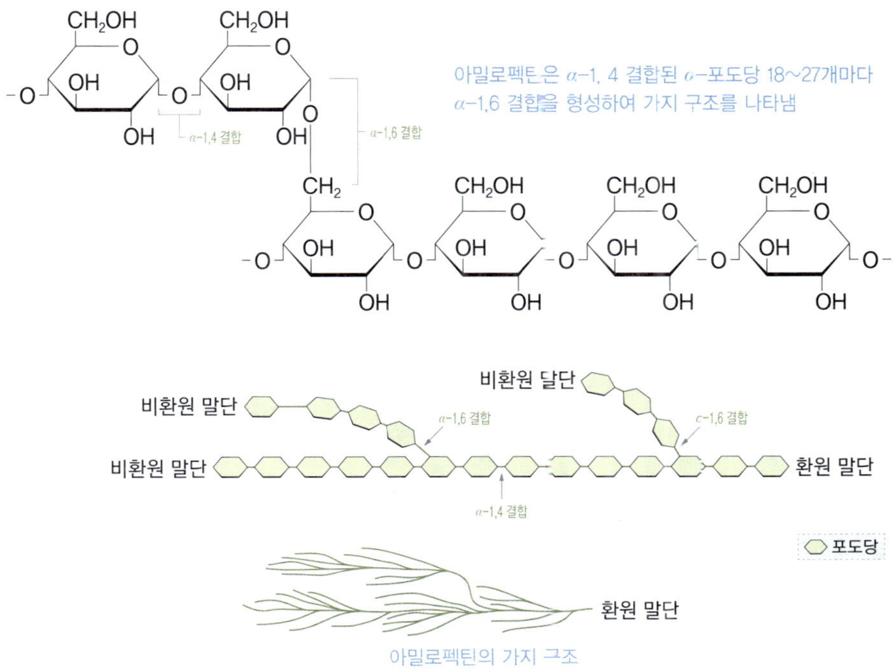

그림 3-27 | 아밀로펙틴의 분자구조

해된다. 녹말을 가수분해하는 효소에는 그 분해방식에 따라 여러 종류가 있다.

가. 효소에 의한 가수분해

녹말은 효소에 의해 가수분해되어 포도당으로 나뉘며 이는 소화·흡수 단계로 설명할 수 있다.

- α-아밀레이스 : 동·식물체에 많이 분포하며 포도당 중합물질들의 α-1,4 결합을 무작위로 가수분해한다 α-1,6 결합은 잘 분해하지 못하는 경향이 있으며 지속적으로 분해하여 녹말용액의 점도를 크게 감소시키므로 액화효소라 부른다. 동물체의 타액, 췌장액에 존재한다.
- β-아밀레이스 : 주로 식물체에 존재하고 녹말 분자의 비환원 말단에서부터 α-1,4 결합을 엿당maltose 단위로 가수분해하며 단맛을 증가시키므로 당화효소라 부른다. 엿기름 등에 존재한다.
- 글루코아밀레이스 : 비환원 말단에서 포도당 단위로 잘라내어 대부분 포도당으로 분해한다. 곰팡이에 많다.

표 3-3 | 녹말분해효소의 종류와 작용

효소	작용
α-아밀레이스	• 녹말의 α-1,4 결합을 무작위로 가수분해함 • 타액, 췌장액, 발아 종자, 미생물 등에 존재함 • 아밀로펙틴에서 α-아밀레이스가 작용하지 못하고 남은 부분을 α-아밀레이스 한계 덱스트린limit dextrin이라고 함 • 녹말을 가수분해하여 용액 상태로 만드므로 액화효소라고 함
β-아밀레이스	• 녹말액 α-1,4 결합을 엿당 단위로 말단에서부터 가수분해함 • 감자, 곡류, 콩류, 엿기름, 타액에 존재함 • 아밀로펙틴에서 β-아밀레이스가 작용하지 못하고 남은 부분을 β-아밀레이스 한계 덱스트린이라고 함 • 녹말을 가수분해하여 엿당과 포도당의 생성을 증가시켜 단맛을 높이므로 당화효소라고 함
글루코아밀레이스	• 녹말의 α-1,4 결합과 α-1,6 결합을 말단부터 포도당 단위로 가수분해함 • γ-아밀레이스라고도 함 • 동물의 간조직과 미생물에 존재함 • α-1,4 결합만으로 구성된 아밀로스는 모두 분해하며, 아밀로펙틴은 80~90% 분해함 • 고순도의 결정포도당을 생산하는 데 이용됨

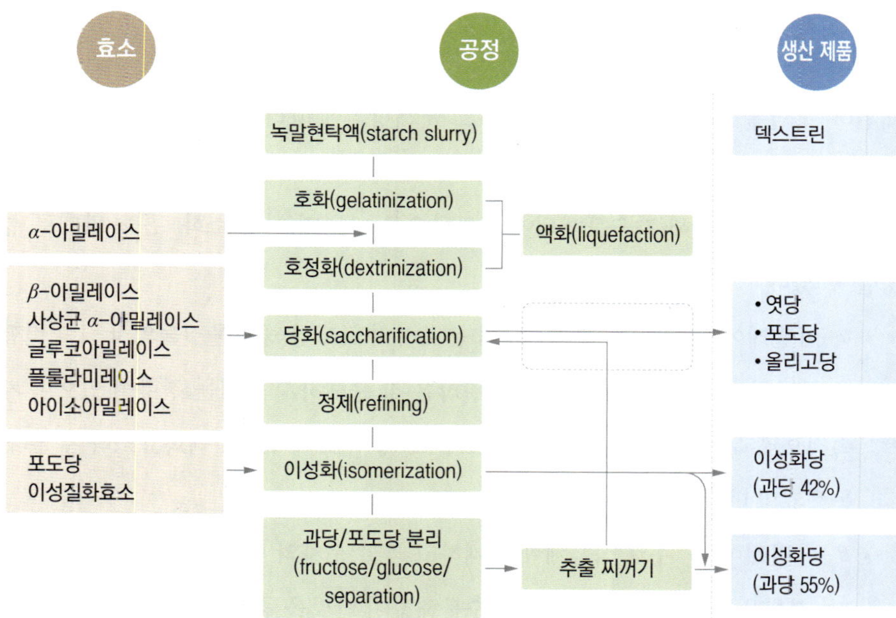

그림 3-28 | 전분당 공업에서의 효소와 그 생산 제품들

• 가지제거효소debyanching enzyme : 소화액 중에 존재하며 α-1,6 결합만을 가수분해하는 효소로 아이소아밀레이스iso-amylase가 대표적이다.

대표적 녹말분해효소의 특징과 작용을 살펴보면 표 3-3과 같다.

나. 호화

녹말 입자는 분자 간에 서로 강하게 결합되어 규칙적인 구조(미셀micelle)를 갖고 있는데 이 상태를 생녹말이라 한다. 생녹말을 물과 함께 가열하면 녹말의 종류에 따라 다르지만 일반적으로 60~80°C에서 녹말의 구조가 흐트러지는데 이를 녹말의 호화gelatinization라 하며 이 상태의 녹말을 α-starch, 즉 호화녹말이라 한다.

녹말의 호화는 물에 녹말 입자가 풀어지기 시작하는 가역적 변화인 수화hydration, 미셀 구조가 깨지는 팽윤swelling, 호화온도에 도달하여 녹말 입자가 붕괴되고 비가역적으로 형태를 잃게 되어 투명한 호화용액인 풀(교질colloid용액)이 형성되는 3단계를 거친다.

녹말의 호화는 녹말의 종류, 수분 함량, pH, 온도 그 외 염류 등에 영향을 받는다.

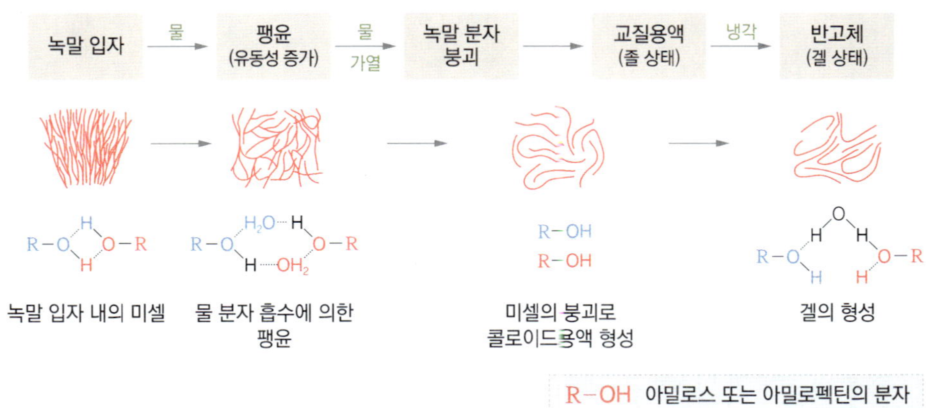

그림 3-29 | 녹말 호화과정

자료: 조신호 외, 2017

표 3-4 | 녹말의 호화에 영향을 미치는 요인

종류	요인
녹말의 종류	• 입자의 크기가 작은 녹말(쌀, 수수 등)이 입자의 크기가 큰 녹말(감자, 고구마 등)보다 호화 온도가 높음 • 아밀로펙틴의 함량이 높을수록 호화속도는 느림
수분 함량	• 물 분자가 녹말 입자 안으로 흡수되면 녹말 입자가 팽윤되므로 수분 함량이 높으면 호화가 촉진됨
pH	• 녹말 분자들 사이의 수소결합은 산·알칼리에 의해서 크게 영향을 받는데, 특히 알칼리성일수록 호화는 촉진되고 노화는 지연됨
온도	• 호화 최적온도는 녹말의 종류나 수분의 양에 따라 60°C 전후이며, 온도가 높으면 호화 시간은 단축됨
염류	• 염류는 수소결합에 영향을 주므로 거의 대부분의 염류는 녹말의 호화를 촉진함. 그러나 황산염은 호화를 억제시킴

다. 노화

호화되었던 녹말 입자들이 다시 규칙적인 미셀 구조를 형성하는 것을 β-starch라 하며 이 과정을 노화retrogradation, 또는 β화라 한다.

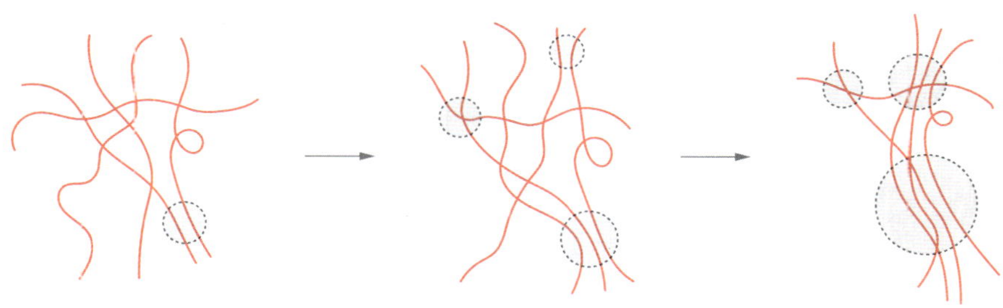

그림 3-30 | 녹말의 노화

노화에 영향을 미치는 요인을 살펴보면 호화에 영향을 미치는 요인과 같이 녹말의 종류, 수분 함량, pH, 온도, 염류에 의해 영향을 받는다. 대부분 호화의 요인들이 노화에도 영향을 미치게 된다표 3-5.

녹말식품의 노화를 억제시키려면 수분과 온도에 유의하여 저장하며, 첨가물을 넣으면 노화가 더디게 일어난다표 3-6.

표 3-5 | 녹말의 노화에 영향을 주는 요인

종류	요인
녹말의 종류	• 녹말 입자의 크기가 작으면 쉽게 노화됨
수분 함량	• 녹말의 수분 함량이 30~60%에서 노화가 잘 일어남
pH	• 일반적으로 산성에서는 노화가 촉진되나 강산성일 때는 노화가 지연됨
온도	• 0~5°C의 냉장온도에서 α-녹말의 교질구조가 불안정해지기 때문에 노화가 잘 일어남
염류	• 황산염을 제외한 무기염류는 노화를 억제함 • 음이온은 $CNS^- > PO_2^- > CO_3^{2-} > I^- > NO_3^-$ 순으로, 양이온은 $Ba^{2+} > Sr^{2+} > Ca^{2+} > K^+ > Na^+$ 순으로 호화를 촉진하려고 노화를 억제함

표 3-6 | 노화 억제법과 응용 식품의 예

방법		응용 식품의 예
수분 (15% 이하)	고온(80°C 이상)	α화미, 쿠키, 비스킷, 과자, 건빵, 라면
	급속냉동(0°C 이하)	냉동쌀밥, 냉동면
온도	보온(60°C 이상)	보온밥솥의 밥
첨가물	다량의 당 첨가	양갱(설탕이 탈수제로 작용하여 노화를 억제함)
	유화제 첨가	빵(녹말 콜로이드용액의 안정도를 증가시켜 노화를 억제함)

라. 녹말의 X선 회절도

녹말 입자의 내부에는 무정형 영역과 규칙적으로 배열되어 있는 결정성 영역이 있다. 이 영역들로 인하여 녹말 입자별로 X선을 조사하면 생녹말 또는 호화녹말에 따라 서로 다른 형태를 나타낸다.

회절도는 녹말의 종류에 따라 A, B, C의 세 가지로 구분된다그림 3-31.

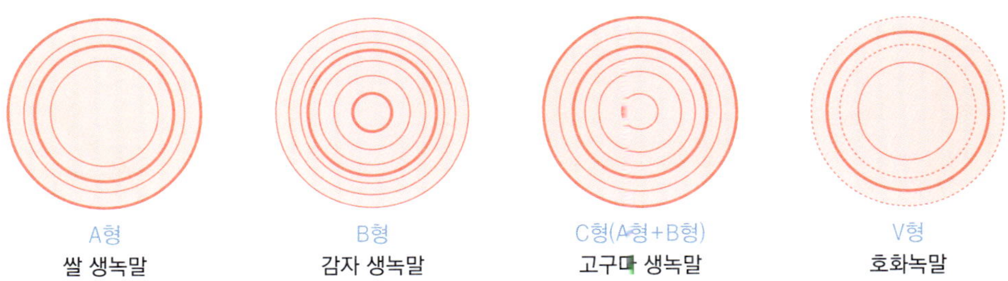

그림 3-31 | 녹말의 X선 회절도

생녹말 β-starch은 결정성 영역이 뚜렷한 동심원륜으로 회절도를 보이고, 호화 녹말은 동심원륜의 형태가 생녹말과는 다른 회절도가 나타난다.

마. 호정화

빵과 뻥튀기는 제조 시 원료에 수분 첨가 없이 160~170°C의 고온으로 가열하면 녹말 분자의 가수분해 또는 열분해가 일어나 가용성 녹말 분해가 일어나고 더 나아가 덱스트린이 생성되는데 이 과정을 호정화dextrinization라 한다. 이때 생성된 덱스트린은 물에 잘 녹고 효소작용을 받기 쉬워 소화가 잘 되며 점결제, 제지, 직물 등 공업적으로 널리 사용되고 있다

덱스트린은 녹말이 분해되는 중간분해산물로 녹말과는 달리 단맛이 있으며 겔을 형성하지 못한다. 녹말을 산, 열 또는 효소로 가수분해하면 엿당이 되고 다시 분해되어 포도당이 된다. 이때 가수분해 도중에 분해를 정지시키면 가수분해 중간산물이 생성되는데 이를 덱스트린dextrin이라 한다. 요오드 정색반응에 의해 그 분해 정도를 알 수 있으며 크기, 분자량 및 중합도에 따라 분류하고, 가용성 전분, 아밀로덱스트린, 에리트로덱스트린, 아크로모덱스트린, 말토덱스트린 등으로 감소된다.

미생물에 의해 생산되는 덱스트린인 사이클로덱스트린은 식품의 냄새성분을 포집할 수 있는 덱스트린으로 포도당이 α-1,4 결합으로 결합하고 고리를 이루며 포도당의 수에 의해 α, β, γ 세 종류로 구분된다.

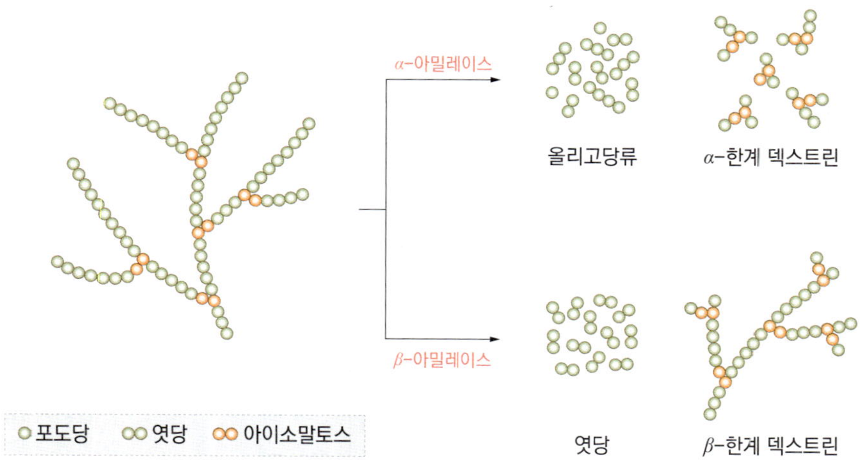

그림 3-32 | 덱스트린

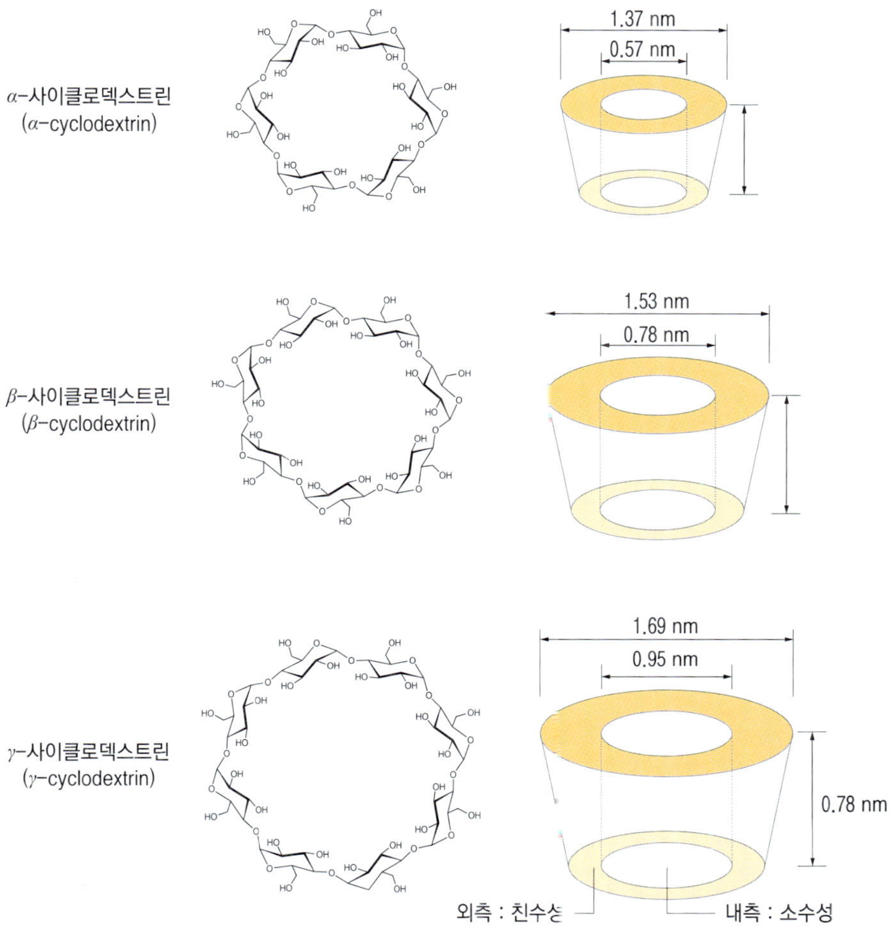

그림 3-33 | 사이클로덱스트린

자료: 조신호 외, 2017

(2) 글리코겐

글리코겐glycogen은 동물의 체내에 저장되는 주요 에너지 저장원인 당으로 동물성 녹말이라고도 부르며 약 9,000개 이상의 포도당으로 구성되어 있다. 간과 근육에 저장되었다 필요 시 포도당으로 분해되어 혈당 유지를 위해 사용되며 근육활동에 필요한 에너지를 제공한다. 굴에도 많이 들어 있다.

글리코겐은 8~12개의 포도당 단위마다 가지를 가지며 분자량은 27만~100만으로, 아밀로펙틴의 구조와 비슷하나 아밀로펙틴에 비해 더 많은 가지를 가진다.

무미, 무취로 냉수에도 녹아 콜로이드용액을 형성하며 호화, 노화의 특성이 없는 것이 또 다른 특징이다.

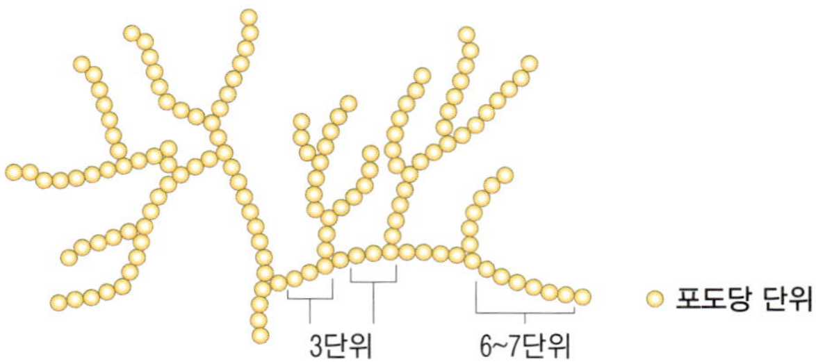

그림 3-34 | 글리코젠

(3) 셀룰로스

자연계에 가장 널리 분포되어 있는 셀룰로스cellulose는 식물 세포벽의 구성성분으로 식물 조직을 견고하게 만들어 주는 구조다당류이며, 녹말처럼 단순다당류이다. 식물의 종류에 따라 함량은 다르다.

셀룰로스는 녹말과는 달리 포도당이 β-1,4 결합으로 연결된 긴 직쇄상의 분자 구조이다. 사람은 인체 내에 셀룰로스분해효소인 셀룰레이스cellulase가 없어 소화가 되지 않아 영양적 가치는 없으나, 장을 자극하여 변을 잘 보게 하므로 비만 예방에 도움을 주고, 혈관 내 콜레스테롤을 낮추는 등의 효능으로 건강기능식품의 소재로 이용되고 있다.

(4) 펙틴질

식물체의 세포벽이나 세포간질에 많이 존재하는 다당류인 펙틴pectin은 세포를 서로 결착시켜 주는 시멘트와 같은 역할을 하는 기능성 물질로, 과일과 채소류의 저장 중 신선도에 영향을 미친다.

그 기본단위는 갈락투론산으로 과일이 숙성함에 따라 프로토펙틴, 펙틴산, 펙틴, 펙트산으로 변한다.

펙틴의 기본은 갈락토스의 우론산인 갈락투론산D-galacturonic acid이 α-1,4 결합한 직쇄상의 다당류로 이를 펙트산pectic acid이라 하며, 펙틴분해효소에 의하여 펙

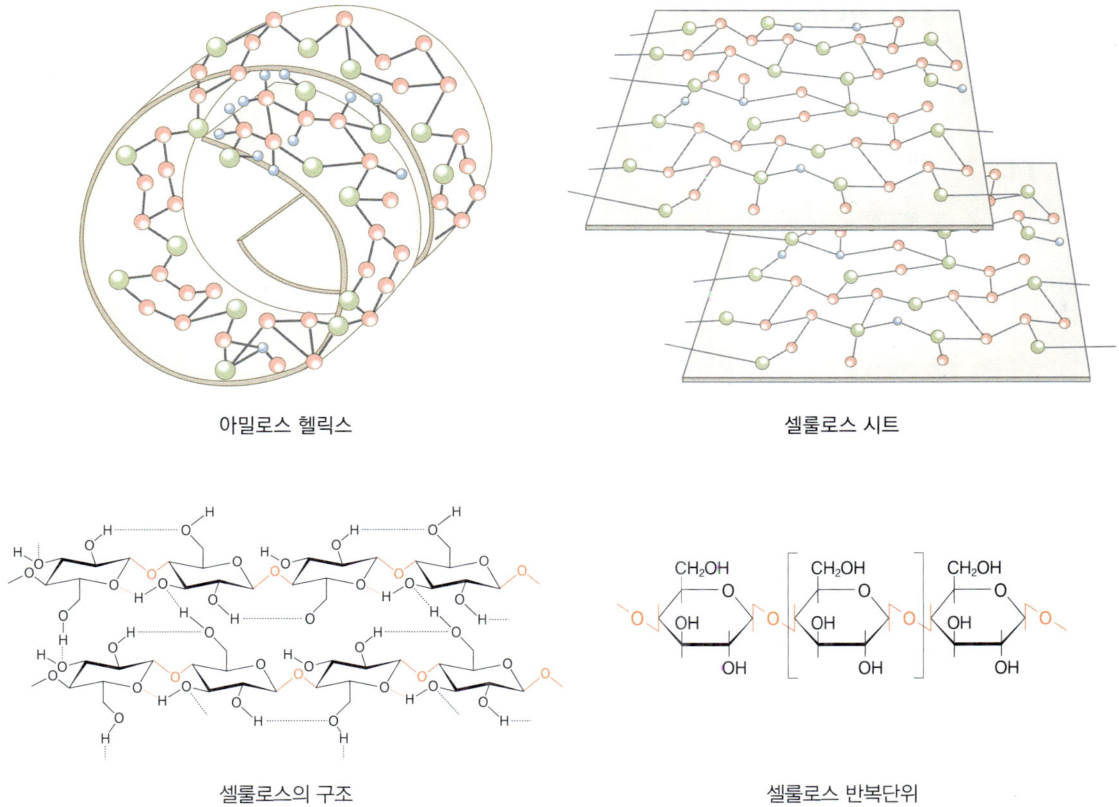

그림 3-35 | 셀룰로스

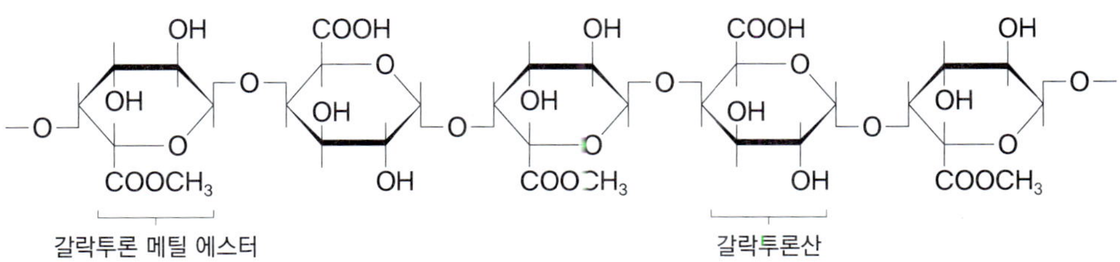

그림 3-36 | 펙틴

트산의 카복실기가 부분적으로 메틸에스터화-$COOCH_3$되어 펙틴산pectinic acid이 된다. 이 펙트산과 셀룰로스가 결합한 형태인 프로토펙틴, 펙트산, 펙틴산을 펙틴질이라 하며 잼이라 젤리 제조 시 매우 중요한 성분이다.

과일이 과숙되면 펙트산이 폴리갈락투로네이스에 의해 가수분해되어 저분자화되

표 3-7 | 펙틴질의 종류와 특징

<table>
<tr><th>종류</th><th colspan="2">특징</th></tr>
<tr><td>프로토펙틴
(protopectin)</td><td colspan="2">• 덜 익은 과일에 있음
• 불용성으로 겔 형성능력이 없음
• 과일·채소가 익어감에 따라 프로토펙티네이스에 의해 가수분해되어 수용성 펙틴과 펙틴산이 됨</td></tr>
<tr><td>펙틴산
(pectinic acid)</td><td rowspan="2">• 성숙한 과일에 있음
• 수용성으로 겔 형성능력 지님</td><td>분자 속에서 메틸에스터(-$COOCH_3$) 형태로 존재하지 않는 카복실기(-COOH)가 중성염이나 산성염 또는 그들의 혼합물로 존재</td></tr>
<tr><td>펙틴
(pectin)</td><td>펙틴산, 펙틴산의 중성염과 산성염 또는 그 혼합물에 대한 총칭</td></tr>
<tr><td>펙트산
(pectic acid)</td><td colspan="2">• 과숙한 과일에 있음
• 수용성이나 찬물에 녹지 않으며, 겔 형성능력 없음
• 분자 속의 카복실기가 전혀 메틸에스터의 형태로 되어 있지 않으며, 중성염이나 산성염 또는 그들의 혼합물로 존재함</td></tr>
</table>

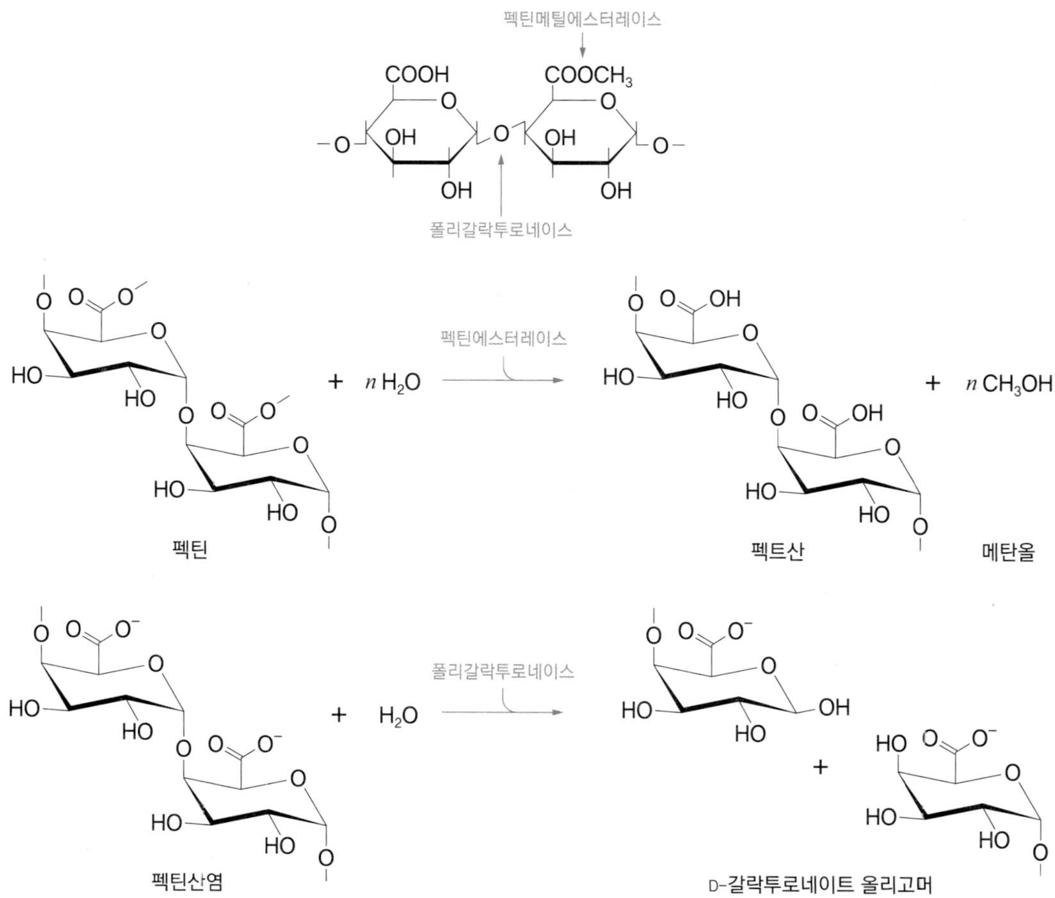

그림 3-37 | 펙틴분해효소의 작용

어 겔 형성능은 저하되고 형태가 물러진다. 감의 숙성과정을 생각해 보면 펙틴질의 변화과정을 잘 이해할 수 있다.

펙틴산이 많은 고메톡시펙틴에 산과 당을 가하면 쉽게 겔화되어 잼이나 젤리, 마멀레이드 등을 제조할 수 있다. 현재 식품공업에서 다양하게 활용되고 있으며 특히 2018년 후반부터 식품산업에서 젤리 붐이 일며 주목받는 원료가 되었다. 펙트산이 많은 저메톡시펙틴은 당이 없어도 Ca^{2+} 이온과 Mg^{2+} 이온 등 금속이온을 첨가하면 이온결합에 의해 가교가 만들어져 겔을 형성한다.

(5) 이눌린

과당이 β-1,2 결합으로 이루어진 저장다당류로 돼지감자, 백합 뿌리 등에 주로 함유되어 있다. 인체 내 소화효소에 의해 분해되지 않아 혈당 상승을 억제하거나 콜레스테롤 저하 효과로 최근 몇 년 사이에 기능성 물질로 관심을 받고 있다.

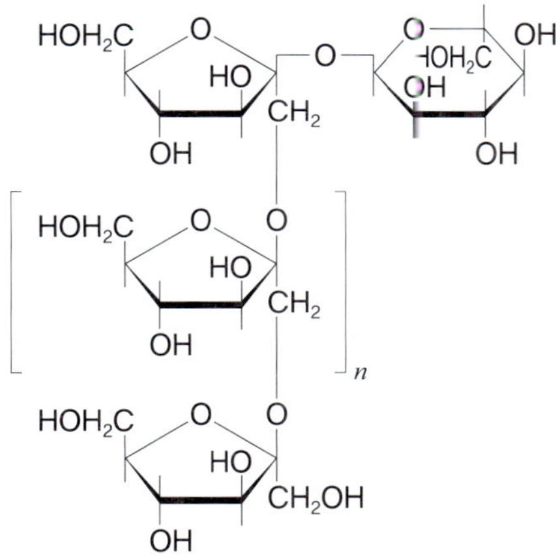

그림 3-38 | 이눌린

(6) 베타-글루칸

같은 종류의 단당류로만 구성된 단순다당류로 가수분해하면 D-포도당만 생성하는 것을 글루칸glucan이라 한다. 이 중 베타-글루칸β-glucan은 포도당이 β-1,4 결합과 β-1,3 결합하여 이루어진 포도당의 중합체로 주로 보리, 버섯류에 많이 들어 있다. 베타-글루칸은 혈당을 낮추고 콜레스테롤 수치를 저하시키며 면역력을 증강시킨다 하여 최근 식품시장에서 건강기능성 성분으로 그 활용도가 증가하였다.

(7) 검류

수용성 다당체로 식품공업에서 주로 증점제로 활용되고 있다.

최근 해조 검류의 기능성이 알려지면서 활용도가 높아지고 있는 물질로, 갈조류인 다시마와 미역에서 알긴산을, 홍조류에서 한천과 카라기난을 추출하여 활용된다. 한편 갈락토스와 마노스가 결합하여 이루어진 갈락토만난인 구아검 등도 활용도가 높아지고 있다.

(8) 키틴

키틴은 새우, 게 등 갑각류 껍질 성분으로 단백질 및 무기염류와 결합하여 단단한 구조를 만든다. 셀룰로스와 비슷한 구조이나 포도당이 아닌 *N*-아세틸글루코사민 *N*-acetyl-glucosamine이 β-1,4 결합으로 이루어진 단순다당류로 직쇄상 분자라는 점이 다르다.

강알칼리로 처리 시 아세틸기acetyl group를 제거하면 염기성 다당류인 키토산chitosan으로 된다.

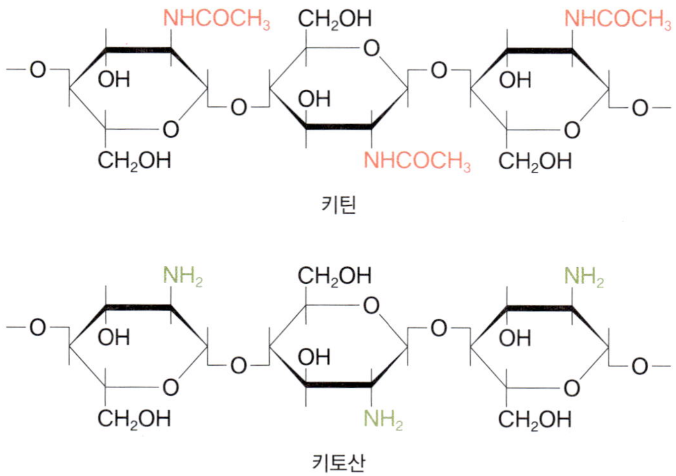

그림 3-39 | 키틴과 키토산

5) 당알코올과 당 유도체

알도스는 알데하이드기와 하이드록시기를 가지고 있어 반응조건이 적절할 경우 이 작용기들은 산화되어 카복실산으로 될 수 있으며 알데하이드는 하이드록시기보다 쉽게 산화된다. 1번 탄소의 알데하이드기가 산화되어 카복실기를 가진 단당류를 알돈산aldonic acid 또는 글루콘산gluconic aacid이라 한다.

한편, 강한 산화제로 알도스를 처리하면 알데하이드기와 6번 탄소의 CH_2OH가 산화되어 카복실기가 된다. 1번 탄소와 6번 탄소가 카복실산으로 변화된, 즉 디카복실산이 된 것을 알다르산aldaric acid 또는 사카린산(글루코사카린산)이라 하고, 6번 탄소의 CH_2OH가 산화되어 카복실기가 되면 우론산(또는 글루쿠론산)이라 한다.

단당류는 산화되어 알돈산, 알다르산, 우론산이 되기도 하고, 1번 탄소의 알데하이드기-CHO가 환원되어 당알코올로 된다.

단당류의 알데하이드기-CHO가 환원되어 하이드록시기로 변환된 화합물인 당알코올은 식물, 해조 등과 자연계에 많이 존재하고, 기능성 감미료의 주재료로 활용된다. 그 종류는 소비톨, 자일리톨, 마니톨 등이다.

기능성 감미료로 인기가 높은 이유는 열량은 적으면서 감미도는 설탕의 몇 백 배에서 몇 만 배로 당뇨환자용 식품의 원료, 다이어트용 식품의 원료로 식품 가공분야에서 이용되고 있다.

단당류의 기본구조는 유지하면서 구조의 일부가 변화된 당을 당 유도체라 하며, 2번 탄소의 하이드록시기가 아미노기-NH_2로 치환된 것을 아미노당, 고리 구조에서 1번 탄소의 하이드록시기가 싸이올기-SH로 치환된 것을 유황당(싸이오당)이라 한다.

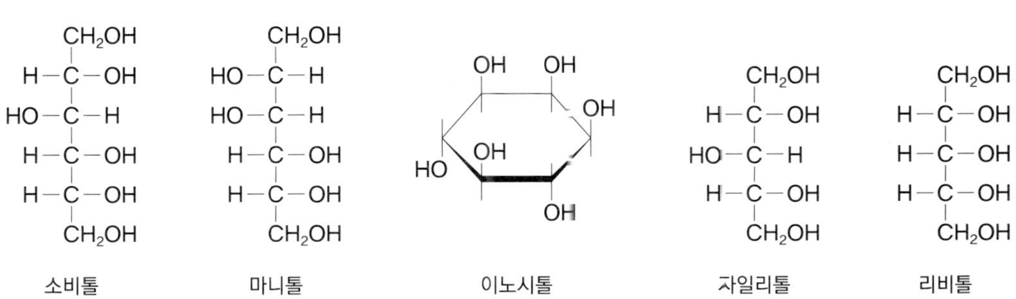

그림 3-40 | 당알코올의 종류와 구조

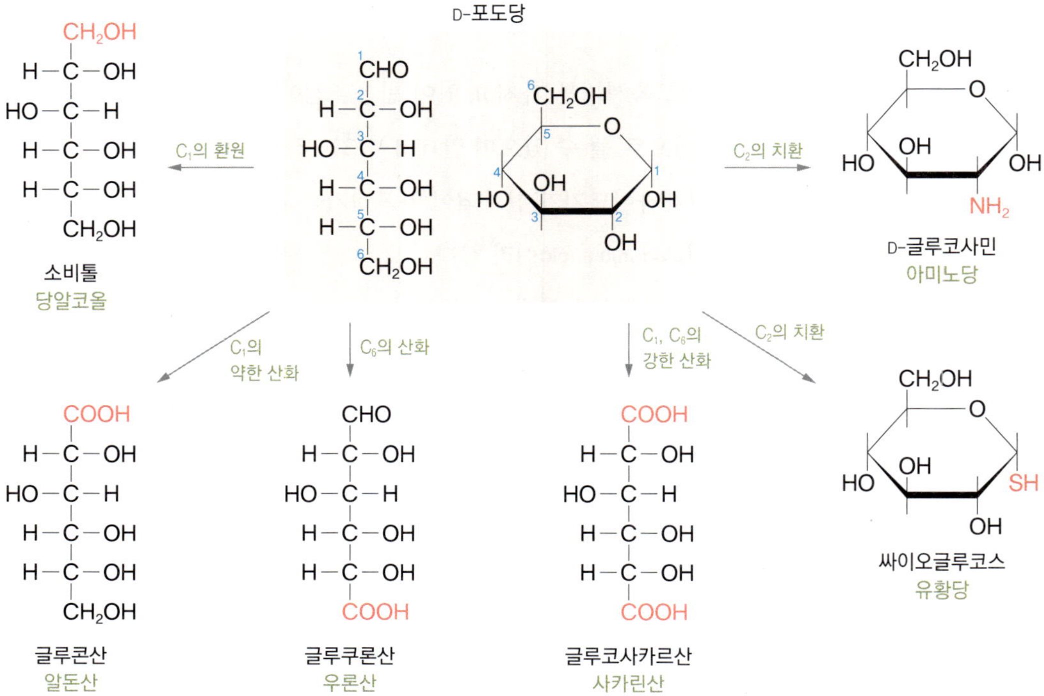

그림 3-41 | 다양한 포도당 유도체들

FOOD CHEMISTRY

chapter

04

지질

학습목표

1. 지질과 지방산의 종류와 구조를 설명할 수 있다.
2. 지질 식품의 종류와 특성을 설명할 수 있다.
3. 지질의 물리적 · 화학적 성질과 산패에 대해 설명할 수 있다.
4. 동물성 지질과 식물성 지질의 종류와 특성을 설명할 수 있다.
5. 산화방지제의 종류와 작용 메커니즘에 대해 설명할 수 있다.

chapter

04

지질lipid은 생물학 및 생화학에서 비극성 용매에 용해되는 생체 분자들을 말한다. 지질은 비극성 용매에는 녹고, 극성 용매인 물에는 녹지 않는 물질이다. 지질은 자연적으로 생성되며 그 종류는 지방, 왁스, 스테로이드, 지용성 비타민(A, D, E, K), 모노글리세라이드, di-, tri- 글리세라이드, 인지질 등이다. 지질은 에너지 저장, 신호 전달, 세포막의 구성성분으로 작용할 뿐 아니라 화장품과 식품산업에서 다양하게 사용하고 있다.

1. 지질

지질은 중성지방이라고도 하며 상온에서 액체인 것을 유oil, 고체인 것을 지fat라 한다. 자연계에 존재하는 지질은 글리세롤glycerol에 3분자의 지방산이 에스터ester 결합된 트라이글리세라이드triglyceride의 형태이다. 결합된 3분자의 지방산이 같은 종류면 단순지방산simple glyceride이라고 하고, 다른 종류의 지방산이 결합하면 복합지방산mixed glyceride이라 한다그림 4-1.

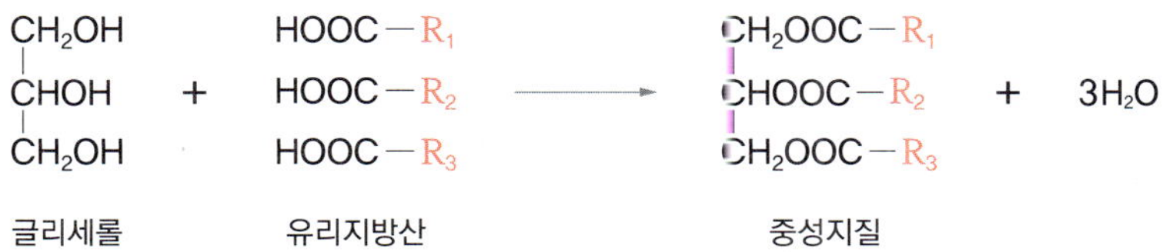

단순지방산 : R_1, R_2, R_3가 모두 같은 경우
복합지방산 : R_1, R_2, R_3가 같지 않은 경우

그림 4-1 | 단순 또는 복합 지방산의 구조

자연계에 존재하는 지질은 여러 종류의 지방산으로 구성된 트라이글리세라이드를 주성분으로 하는 혼합물이다. 이들의 서로 다른 특성은 공통 성분인 글리세롤이 아니라 구성하는 지방산에 따라 다르게 나타난다.

지질은 탄소C, 수소H, 산소O로 구성되어 있지만 화학구조는 매우 다양하다. 지질은 극성 용매인 물에 녹지 않고 에터, 석유 에터, 클로로폼, 아세톤, 벤젠, 헥산 등의 비극성 유기용매에 잘 녹는다. 대부분 탄화수소 사슬로 이루어져 있으나 다양한 구조의 지질도 있다.

2. 지방산

자연계에 존재하는 지방산의 일반적인 구조는 말단에 한 개의 카복실carboxyl기를 가지며, R-COOH로 표기하고 대부분 탄소 수가 4~30개인 직쇄상 결합 형태이다. 일반적으로 저급지방산은 탄소 수가 4~6개, 중급지방산은 탄소 수가 8~12개,

고급지방산은 탄소 수가 14개 이상이다표 4-1. 지질의 분자구조 내 이중결합이 없으면 포화지방산, 이중결합이 있으면 불포화지방산이라 한다.

표 4-1 | 자연계에 존재하는 지방산들

일반명		탄소 수	구조	녹는점(℃)
포화 지방산	미리스트산myristic	14	$H_3C(CH_2)_{12}COOH$	54
	팔미트산palmitic	16	$H_3C(CH_2)_{14}COOH$	63
	스테아르산stearic	18	$H_3C(CH_2)_{15}COOH$	70
불포화 지방산	팔미톨레산palmitoletic	16	$H_3C(CH_2)_5CH\overset{cis}{=}CH(CH_2)_7COOH$	-0.5
	올레산oleic	18	$H_3C(CH_2)_7CH\overset{cis}{=}CH(CH_2)_7COOH$	13
	리놀레산linoleic	18	$H_3C(CH_2)_4CH\overset{cis}{=}CHCH_2CH\overset{cis}{=}CH(CH_2)_7COOH$	-5
	리놀렌산linolenic	18	$H_3CCH_2(CH\overset{cis}{=}CHCH_2)_2CH\overset{cis}{=}CH(CH_2)_7COOH$	-10
	아라키돈산arachidonic	20	$H_3C(CH_2)_4(CH\overset{cis}{=}CHCH_2)_3CH\overset{cis}{=}CH(CH_2)_3COOH$	-50

1) 필수지방산

필수지방산essential fatty acid은 체내에서 필요로 하는 양만큼 합성되지 않기 때문에 반드시 외부로부터 공급되어야 한다. 그 종류는 리놀레산linoleic acid, 리놀렌산linolenic acid과 아라키돈산arachidonic acid이다.

2) 포화지방산

포화지방산saturated fatty acid($C_nH_{2n+1}COOH$)은 탄소 수가 4~30개이고, 분자 내에 이중결합이 없는 지방산이다그림 4-2.

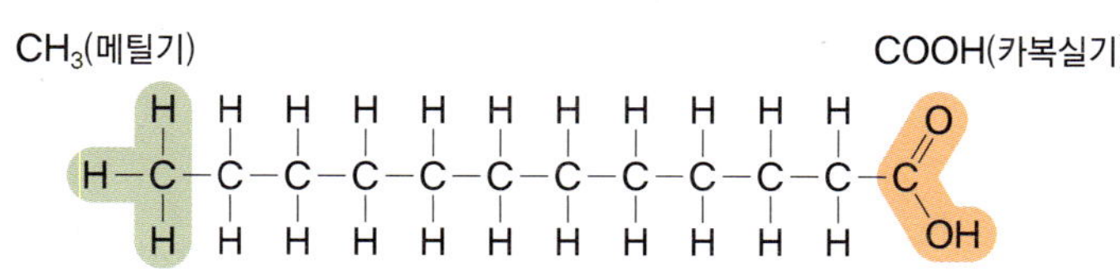

그림 4-2 | 포화지방산의 구조

포화지방산은 불포화지방산에 비해 녹는점이 높고, 산화 안정성이 좋다. 탄소 수가 10개 이하의 지방산은 상온에서 액체지만, 그보다 긴 사슬의 지방산은 고체이다. 포화지방산은 고체지방이라고도 하며 버터, 쇠기름, 돼지기름 등이 있다. 또한 코코넛유, 팜유 등과 같이 식물성 유지에도 함유되어 있다. 팜유와 버터에는 저급지방산이 많고, 왁스에는 탄소 수가 26개 이상인 고급지방산이 많다. 지방산의 탄소 수가 증가할수록 녹는점은 높아진다. 표 4-2는 주요 포화지방산의 종류 및 특성이다.

표 4-2 | 주요 포화지방산의 종류 및 특성

지방산의 종류	탄소 수: 이중결합 수	분자식	소재	녹는점 (℃)
뷰티르산butyric acid	4:0	$CH_3(CH_2)_2COOH$	버터, 코코넛유	-7.9
카프로산caproic acid	6:0	$CH_3(CH_2)_4COOH$	버터, 코코넛유	-3.4
카프릴산caprylic acid	8:0	$CH_3(CH_2)_6COOH$	버터, 코코넛유	16.7
카프르산capric acid	10:0	$CH_3(CH_2)_8COOH$	버터, 코코넛유	31.6
라우르산lauric acid	12:0	$CH_3(CH_2)_{10}COOH$	코코넛유, 팜핵유	44.2
미리스트산myristic acid	14:0	$CH_3(CH_2)_{12}COOH$	코코넛유, 팜핵유, 동·식물유	53.9
팔미트산palmitic acid	16:0	$CH_3(CH_2)_{14}COOH$	동·식물유, 특히 팜유	63.1
스테아르산stearic acid	18:0	$CH_3(CH_2)_{16}COOH$	천연유지, 특히 쇠기름	69.6
아라키드산arachidic acid	20:0	$CH_3(CH_2)_{18}COOH$	동·식물유, 땅콩기름	76.1
베헨산behenic acid	22:0	$CH_3(CH_2)_{20}COOH$	땅콩기름, 경화어유	80.5
리그노세르산lignoceric acid	24:0	$CH_3(CH_2)_{22}COOH$	땅콩기름, 뇌당지질	84.7
세로트산cerotic acid	26:0	$CH_3(CH_2)_{24}COOH$	밀랍	87.7
몬탄산montanic acid	28:0	$CH_3(CH_2)_{26}COOH$	밀랍	90.9
멜리스산melissic acid	30:0	$CH_3(CH_2)_{28}COOH$	밀랍	93.6

3) 불포화지방산

불포화지방산unsaturated fatty acid은 분자 내에 이중결합을 1개 이상 갖는 지방산으로 포화지방산에 비해 구조적으로 불안정하고, 산화되기 쉬우며 녹는점이 낮다그림 4-3. 불포화지방산의 종류는 이중결합 수에 따라 달라지지만 자연계에 존재하는 불포화 지방산은 종류에 따라 이중결합 위치는 일정하다.

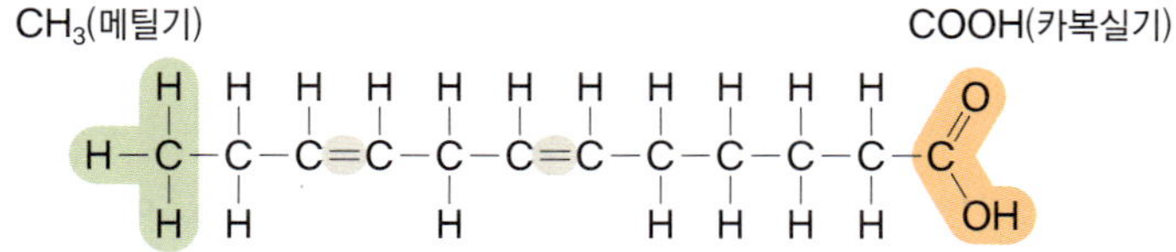

그림 4-3 | 불포화지방산의 구조

불포화지방산은 상온에서 주로 액체 상태이다. 그 종류는 콩기름, 미강유, 옥수수유 및 채종유와 같은 식물성 기름이다. 이중결합을 갖는 불포화지방산을 고도불포화지방산이라 한다. 식용유지는 주로 올레산, 리놀레산, 리놀렌산으로 각각의 구조에 이중결합을 가지며그림 4-4, 팔미트산과 스테아르산은 소량 함유되어 있다. 불포화지방산은 이중결합이 많을수록 산화에 불안정하여 산화되기 쉽고 녹는점이 낮다. 이중결합의 수가 같더라도 시스*cis*형이 트랜스*trans*형보다 녹는점이 낮다.

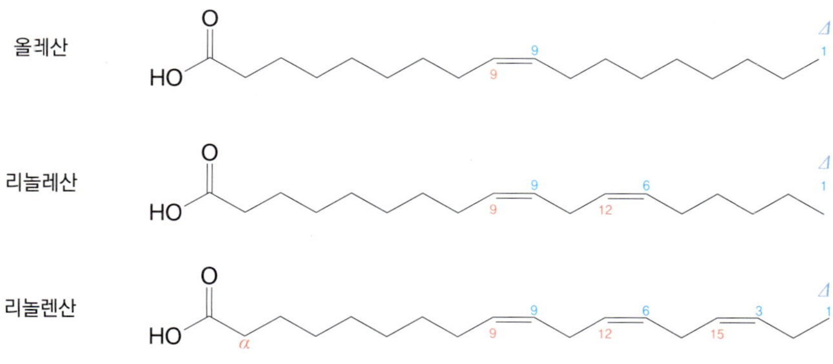

그림 4-4 | 올레산, 리놀레산 및 리놀렌산의 구조

동물성 기름은 주로 팔미트산과 스테아르산으로 구성되며, 고래기름과 같은 어유에 에이코사펜타엔산EPA과 도코사헥사엔산DHA 등이 함유되어 있다. 표 4-3은 대표적인 불포화지방산의 종류 및 특성이다.

표 4-3 | 주요 불포화지방산의 종류 및 특성

지방산의 종류	탄소 수 : 이중결합 수 (이중결합 위치)	분자식	소재	녹는점 (℃)
미리스톨레산 myristoleic acid	14:1 (Δ9)	$CH_3(CH_2)_3CH=$ $CH(CH_2)7COOH$	어유, 고래기름	-4.0
팔미톨레산 palmitoleic acid	16:1 (Δ9)	$CH_3(CH_2)_5CH=$ $CH(CH_2)_7COOH$	정어리류	0.5
올레산 oleic acid	18:1 (Δ9)	$CH_3(CH_2)_7CH=$ $CH(CH_2)_7COOH$	동식물유지	13.0
리놀레산 linoleic acid	18:2 (Δ9,12)	$CH_3(CH_2)_4(CH=CHCH_2)_2$ $(CH_2)_6COOH$	식물유, 반건성유	-5.0
리놀렌산 linolenic acid	18:3 (Δ9,12,15)	$CH_3CH_2(CH=CHCH_2)_3$ $(CH_2)_6COOH$	식물유, 건성유	-11.0
아라키돈산 arachidonic acid	20:4 (Δ5,8,11,14)	$CH_3(CH_2)_4(CH=CHCH_2)_4$ $(CH_2)_2COOH$	간유, 난황유	-49.5
에이코사펜타엔산 eicosapentaenoic acid	20:5 (Δ5,8,11,14,17)	$CH_3CH_2(CH=CHCH_2)_5$ $(CH_2)_2COOH$	어유	-54.0
에루스산 erucic acid	22:1 (Δ13)	$CH_3(CH_2)_7CH=$ $CH(CH_2)_{11}COOH$	유채유(40~57%)	34.7
도코사헥사엔산 docosahexaenoic acid	22:6 (Δ4,7,10,13,16,19)	$CH_3CH_2(CH=CHCH_2)_6$ $(CH_2)COOH$	어유	-44

Δ : 말단 카복실기로부터 이중결합 위치, ω(오메가) : 말단 메틸기로부터 이중결합 위치

4) 오메가 지방산

오메가-3 지방산omega(ω)-3 fatty acids 또는 n-3 지방산n-3 fatty acid은 말단 메틸기로부터 3번째 탄소원자에 이중결합이 있는 다가불포화지방산이다. 오메가-3 지방산은 자연계에 널리 분포되어 있으며, 동물의 지질 대사에 중요하게 작용한다. 오메가-3 지방산은 식물성 기름에서 발견되는 α-리놀렌산ALA, 해양 생물의 기름에서 발견되는 에이코사펜타엔산EPA과 도코사헥사엔산DHA이다. 해양 조류 및 해양 식물성 플랑크톤은 오메가-3 지방산의 주요 공급원이다. α-리놀렌산을 함유하고 있는 식물성 기름의 일반적인 공급원으로는 호두, 식용 종자, 클라리세이지 씨앗 기름, 조류 기름, 아마인유, 사차인치 기름, 에키움 기름, 삼씨기름 등이 있다. 반면에 EPA, DHA와 같은 동물성 오메가-3 지방산의 공급원은 어유와 크릴 기름 등이다.

oleic acid (C18:2, ω-9)

오메가-9 지방산

linoleic acid (C18:2, ω-6)

오메가-6 지방산

α-linolenic (C18:3, ω-3)

오메가-3 지방산

그림 4-5 | 오메가 지방산류의 구조

3. 지질의 분류

1) 구조에 따른 분류

지질은 일반적으로 구조와 성질에 따라 분류한다표 4-4. 또한 알칼리에 가수분해

표 4-4 | 지질의 분류 및 종류

분 류	종류	
단순지질 simple lipids	중성지방fat & oil, triglyceride	
	왁스waxes	• 진정 밀랍true waxes • 콜레스테롤 에스터 • 비타민 A 에스터 • 비타민 D 에스터
복합지질 conjugated lipids, compounds lipids	인지질phospholipid, phosphatide 세레브로시드cerebroside(좁은 의미의 당지질) 설포리피드sulfolipid	
유도지질 derived lipids	지방산	
	알코올류	• 지방족 알코올 • 스테롤 • 비타민 A
	탄화수소	• 지방족 탄화수소 • 카로티노이드 • 스쿠알렌
	비타민 D, 비타민 E, 비타민 K	

되는 지방과 가수분해되지 않는 지방으로 분류되고 알칼리에 가수분해되는 지방을 비누화물, 가수분해되지 않는 지방을 비非비누화물이라 한다. 비누화물에는 트라이아실글리세롤, 왁스, 인지질, 당지질 및 콜레스테롤 에스터 등이 포함된다. 비非비누화물에는 스테롤, 고급알코올, 탄화수소 및 지용성 색소와 비타민 등이 포함된다.

(1) 단순지질

지방질lipids 중에서 지방산과 알코올만으로 구성된 에스터형 지방질이며, 유지fats and oils와 왁스waxes가 해당된다. 단순지질은 지방산과 각종 알코올의 에스터를 말한다.

① 중성지방

트라이이글리세라이드triglyceride, triacylglycerol, TG라고도 하며, 지방산이 1분자의 글리세롤과 에스터 결합한 것이다그림 4-6.

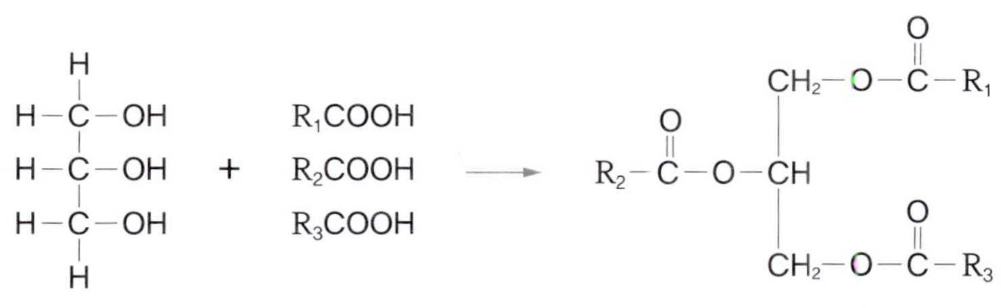

그림 4-6 | 중성지방산의 구조

R_1, R_2, R_3는 지방산 잔기를 의미함. 탄소의 번호 체계는 1 또는 α, 2 또는 β, 3 또는 α'로 표시함

동물의 저장지방과 식사로 섭취되는 지질은 중성지방이다. 한 분자의 글리세롤에 지방산이 1개 에스터 결합 시 모노아실글리세롤mono-acylglycerol, MG, 2개 에스터 결합 시 다이아실글리세롤diacylglycerol, DG, 3개 에스터 결합 시 트라이아실글리세롤triacylglycerol, TG이라 한다그림 4-7.

자연계에 존재하는 대부분의 지질은 트라이아실글리세롤 형태로 중성지방neutral fats이라고도 한다. 유지를 가수분해하면 지방산이 생성되는데, 이때 유지 전체의

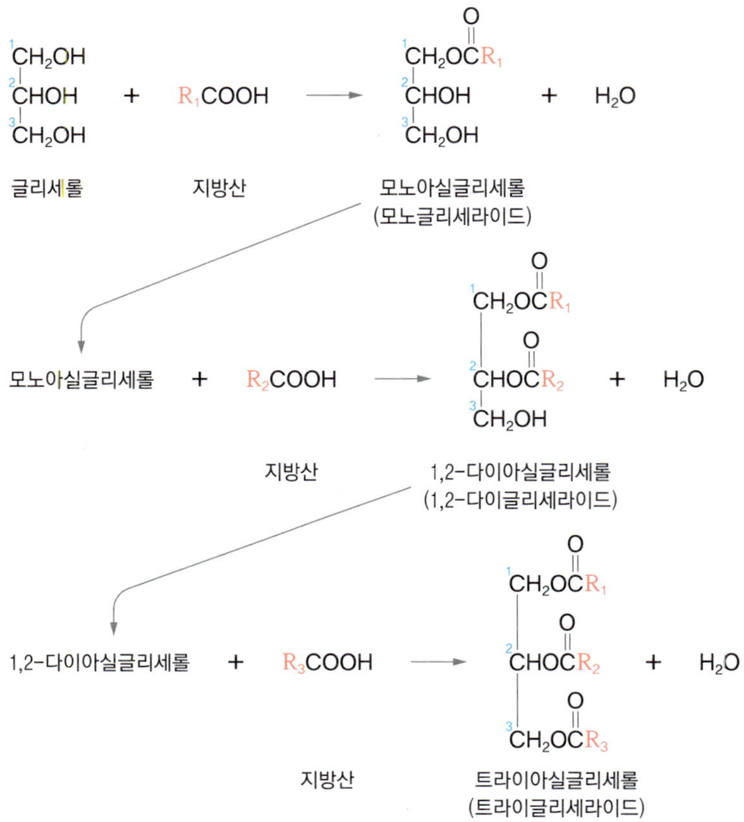

그림 4-7 | 트라이아실글리세롤의 단계적 합성

지방산이 글리세롤에 단계적으로 첨가되어 트라이아실글리세롤을 합성함. R_1, R_2, R_3는 다양한 길이의 지방족 포화 또는 불포화 탄화수소임

지방산 중 10% 이상을 차지하는 지방산을 구성하는 주요 지방산이라 한다. 식물성 유지의 주요 지방산은 올레산, 리놀레산과 스테아르산이고, 동물성 유지의 주요 지방산은 팔미트산과 올레산 및 스테아르산이다표 4-5.

② 왁스류

왁스류는 고급지방산과 고급 1가 또는 2가 알코올이 에스터 결합을 하고 있다그림 4-8.

곤충은 두꺼운 왁스층을 가지고 있어서 수분 증발을 막아주고, 사과나 배 등의 표면에 자연 피막을 형성한다. 특히 왁스는 광택제, 화장품, 공업용으로 사용된다. 동

표 4-5 | 식물성 유지 및 동물성 유지의 지방산 조성

(단위: %)

	지방산의 종류	탄소 수: 이중결합 수	콩기름	옥수수유	참기름	해바라기 씨유	땅콩 기름	유채유	팜유
식물성 유지	미리스트산	14:0	0.4	0.1		0.5	0.4		1.1
	팔미트산	16:0	7~14	8~19	9.9	3~10	6.0~16	3.0	45.1
	팔미톨레산	16:1	0.	0.5	0.3	1.0	1.0		0.1
	스테아르산	18:0	1.4~5.5	0.5~4.0	5.2	1.0~10	1.3~6.5	0.8	4.7
	올레산	18:1	19~30	19~50	41.2	14~65	35~72	13.1	38.8
	리놀레산	18:2	44~62	34~62	43.2	20~75	13~45	14.1	9.4
	리놀렌산	18:3	4.0~11	2.0	0.2	0.7	1.0	9.7	0.3
	에이코사논산	20:0	1.0	1.0		1.5	1.0~3.0		
	에이코사엔산	20:1	1.0	0.5		0.5	0.5~2.1	7.4	0.2
	도코사노산	22:0		0.5		1.0	1.0~5.0		
	에루스산	22:1				0.5	2.0	50.7	
	테트라코사노산	24:0		0.5		0.5	0.5~3.0		
	테트라코사엔산	24:1				0.5			
	U/S 비율*		5.6	6.4	5.9	9.0	3.3	24.0	1.0

	지방산의 종류	탄소 수: 이중결합 수	닭기름	버터	돼지기름	쇠기름
동물성 유지	뷰티르산	4:0		3.1		
	카프로산	6:0		2.2		
	카프릴산	8:0		1.2		
	카프르산	10:0		2.2		
	라우르산	12:0	0.2	3.8		
	미리스트산	14:0	1.3	8.5	1.0	3.0
	미리스톨레산	14:1	0.2			3.0
	팔미트산	16:0	23.2	24.3	28.0	29.0
	팔미톨레산	16:1	6.5	2.5	4.0	10.8
	스테아르산	18:0	6.4	11.9	13.0	20.0
	올레산	18:1	41.6	31.3	46.0	42.0
	리놀레산	18:2	18.9	2.4	6.0	2.0
	리놀렌산	18:3	1.3	1.1	0.8	0.5
	U/S 비율*			0.3	1.6	0.9

*포화지방산 함량에 대한 불포화지방산 함량의 비율

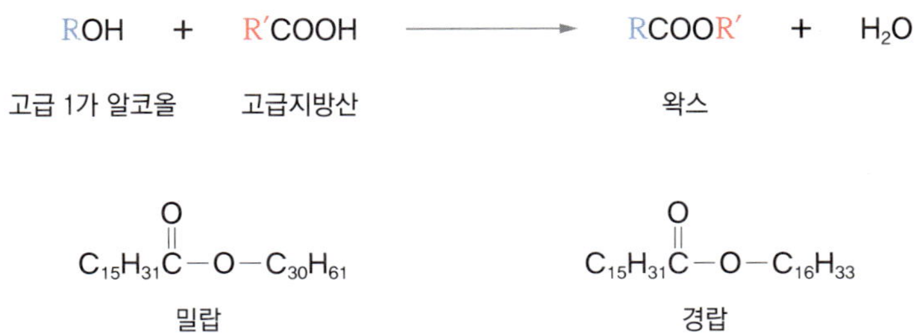

그림 4-8 | 왁스류의 구조

물성 왁스는 벌집의 밀랍bee wax과 고래기름의 경랍supermolceti wax이다. 식물성 왁스의 종류는 칸데릴라 잎이나 줄기의 칸데릴라 왁스, 카페니카 세리페라*Capernica cerifera* 잎 표면의 카나우바 왁스Carnauba wax 등이다.

(2) 복합지질

복합지질complex lipid의 구조는 단순지질에 다른 원자단이 결합되어 있는 화합물이다.

① 인지질

인지질phiospholipid은 세포막의 주요 성분이고 특히 뇌, 신장, 난황, 콩에 많이 함유되어 있다. 인지질은 분자 내 비극성인 지방족 탄화수소와 극성인 인산기로 양극성을 띠어 유화제로 널리 사용된다. 인지질의 기본골격은 포스파티드산phosphatidic acid 유도체로 글리세롤 내 첫 번째와 두 번째의 OH기가 지방산과 에스터 결합되어 있고, 세 번째 OH기는 인산H_3PO_4과 결합하여 포스파티드산을 형성한다. X의 위치에 이노시톨inositol이 결합하면 리포시톨lipositol, phophatidyl inositol이다그림 4-9. 인지질은 글리세로인지질glycerophospholipid과 스핑고인지질sphingophospholipid로 분류된다. 글리세로인지질은 글리세롤 기본골격에 지방산, 인산염, 알코올이 결합된 것이며, 레시틴과 세팔린이 포함된다. 스핑고인지질은 스핑고신sphingosine 기본골격에 지방산, 인산, 알코올이 결합되어 있으며 스핑고마이엘린이라 한다.

가. 레시틴

포스파티드산의 X 위치에 콜린cholin이 결합하면 레시틴lecithin, phophatidyl cholin이

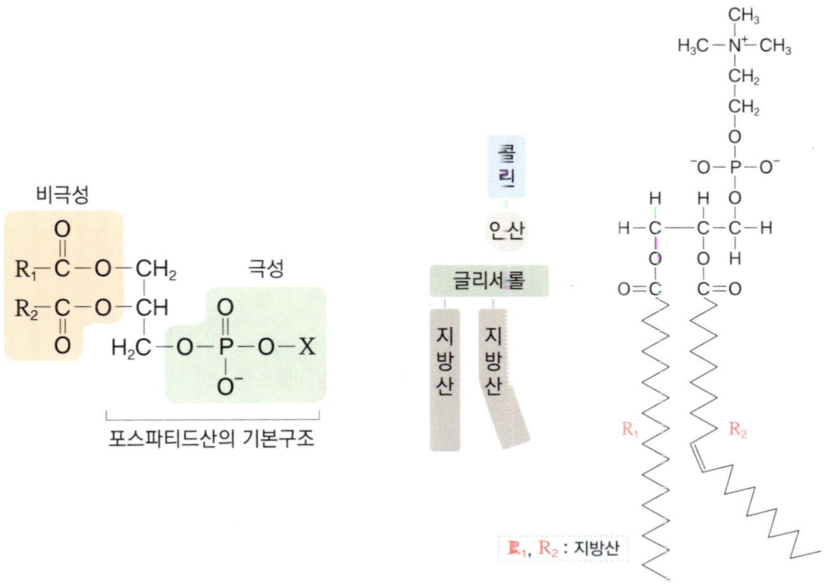

그림 4-9 | 인지질의 기본구조

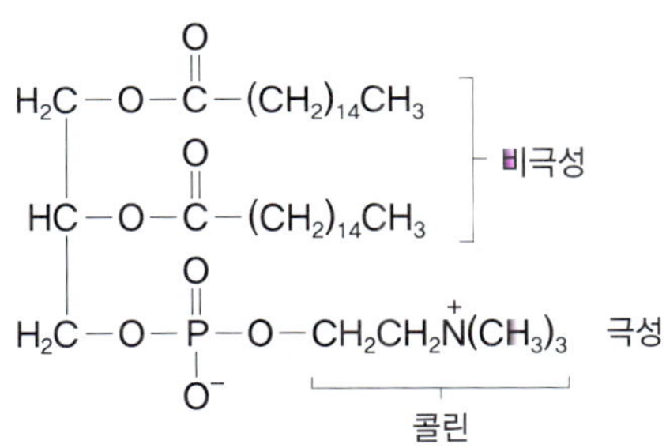

그림 4-10 | 레시틴(phophatidyl choline)의 구조

된다그림 4-10. 레시틴은 식물 종자 또는 동물 원료에서 얻어지며, 주성분은 인지질이고, 유화제로 사용된다. 어원은 그리스어의 난황lecithos에서 유래하였고, 알코올과 에터에 용해되며 물과는 에멀전을 형성한다. 가수분해하면 콜린, 인산, 글리세롤과 지방산이 생성되는데 그 종류는 스테아르산, 팔미트산, 올레산, 리놀레산 등이다.

나. 세팔린

세팔린cephalin, phosphatidyl ethanolamine은 포스파티드산의 X 위치에 에탄올아민 ethanolamine이 결합된 구조이다. 세린이 붙으면 포스파티딜 세린이 되며 이들의 성

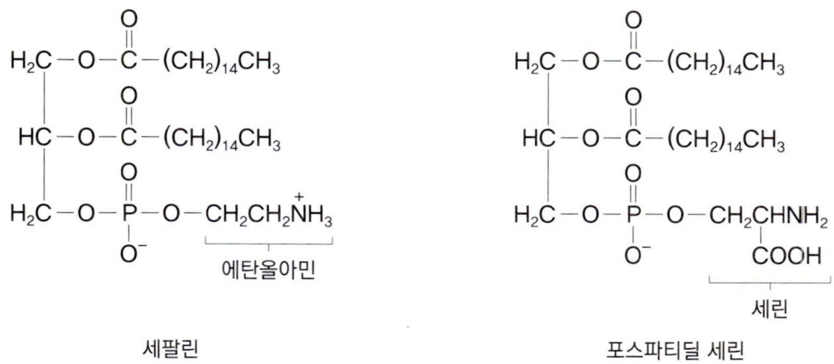

그림 4-11 | 세팔린 및 포스파티딜 세린의 구조

질은 레시틴과 유사하다그림 4-11. 이들은 뜨거운 에터나 알코올에는 잘 녹으나 아세톤에는 잘 녹지 않는다. 뇌와 혈장 속, 난황, 콩의 배젖에도 많이 들어 있다. 세팔린은 레시틴과 유사한 극성지질이나 유화력은 레시틴보다 약하다.

다. 스핑고리피드

스핑고리피드sphingolipid(스핑고지질)는 스핑고신sphingosine이 긴 탄소 사슬을 뼈대로 형성된 지질이다. 스핑고리피드의 구조는 18개의 탄소를 가진 아미노 알코올인 스핑고신sphingosine, 2-amino-4-trans-octadecene-1,3-diol이 기본이다. 스핑고신은 불포화 탄화수소 사슬 구조를 가지고 있고, 세라마이드ceramide와 글리코스핑고리피드glycosphingolipid는 이들 화합물의 *N*-아실*N*-acyl 유도체이다그림 4-12. 스핑고신의 뼈대는 에탄올아민ethanolamine, 세린serine 또는 콜린과 같은 전하를 띤 머리 그

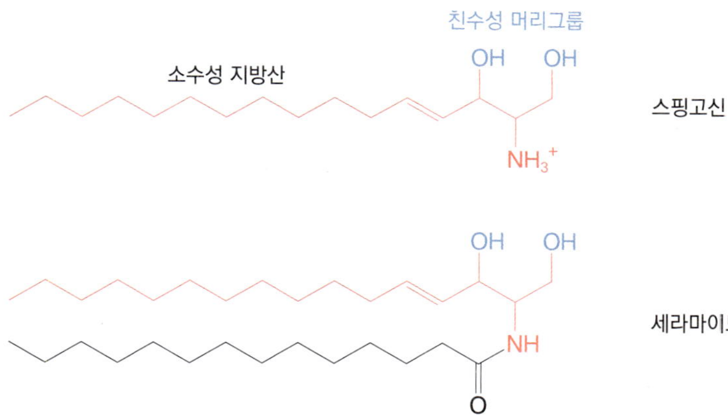

그림 4-12 | 스핑고리피드의 구조 및 종류

룹에 연결되어 있다. 또한, 아실기acyl group는 뼈대에 아마이드 결합amide linkage으로 연결되어 있다.

라. 스핑고마이엘린

스핑고마이엘린sphingomyelin은 스핑고신과 지방산, 인산 및 콜린으로 구성되어 있는데그림 4-13 이를 가수분해하면 스핑고신 : 지방산 : 인산 : 콜린이 1 : 1 : 1 : 1로 분해된다. 분자 내에 스핑고신을 함유하는 지방질을 스핑고리피드sphingolipid라 한다. 스핑고리피드는 식물계에는 존재하지 않고 동물의 뇌와 신경조직 중 지방질에 존재하며, 스핑고마이엘린과 같이 인산기를 포함하고 있는 것과 세레브로사이드cerebroside와 같이 인산기를 포함하지 않는 것으로 구분한다. 스핑고마이엘린을 구성하는 지방산은 주로 리그노세르산lignoceric acid이며, 그 외에 너본산nervonic acid, 스테아르산, 팔미트산 등이다.

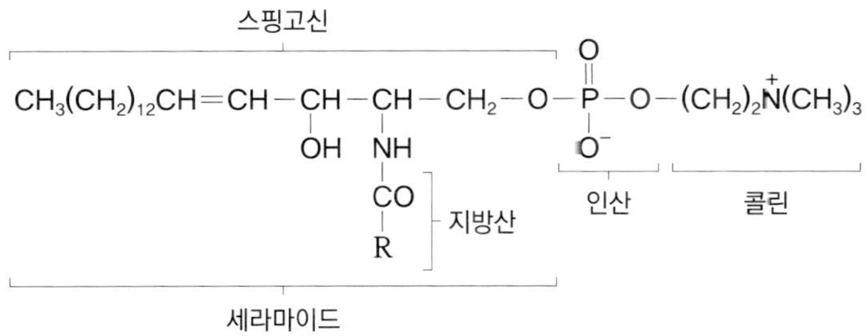

그림 4-13 | 스핑고마이엘린의 구조

② 당지질

당지질glycosphingolipid은 지질lipid에 탄수화물이 결합된 것이다. 지질은 주로 글리세롤이거나 스핑고신으로 각각 글리세로당지질glycero glycolipid 또는 스핑고당지질sphingoglycolipid이라 한다그림 4-14.

당지질의 지질 부분은 소수성hydrophobic으로 세포막의 막지질에 고정anchorage되고, 탄수화물 부분은 친수성hydrophilic으로 극성을 띠면서 수용성 환경에서 다른 물질과 신호를 주고받는 역할을 한다. 당지질의 당은 주로 갈락토스이고, 여기에 고급지방산과 스핑고신이 결합되어 뇌와 신경조직에 분포한다. 식물계에는 존재하지

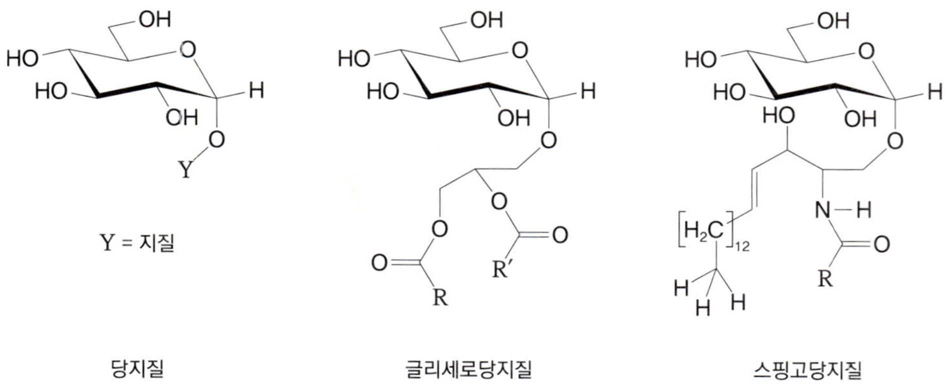

그림 4-14 | 당지질의 구조

않고, 대표적인 당지질에는 세레브로사이드와 강글리오사이드ganglioside가 있다.

가. 세레브로사이드

동물의 뇌, 비장 등의 지방조직에 분포하며 스핑고신, 지방산과 당으로 구성된다. X 위치에 주로 갈락토스가 결합되나 포도당, 유당 및 자당이 결합할 수도 있다그림 4-15.

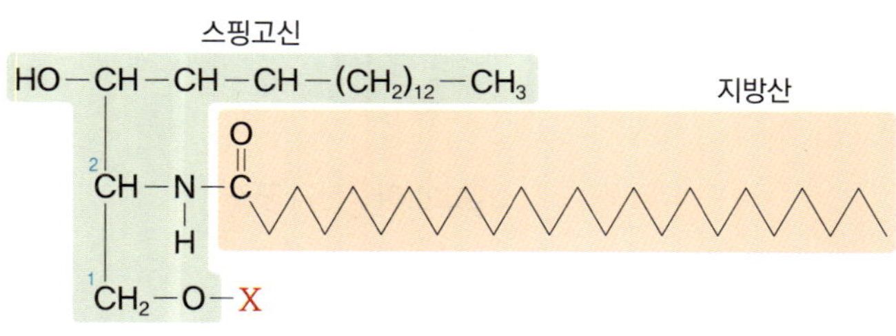

그림 4-15 | 세레브로사이드의 구조

나. 강글리오사이드

강글리오사이드는 1분자의 지방산에 스핑고신, 탄수화물, 질소로 결합되어 있고, 시알산을 1개 또는 그 이상 가지고 있는 당지질로 뇌와 신경 조직에 분포하며, 비장이나 적혈구에도 함유되어 있다.

③ 지단백질

지질은 물에 녹기 어려워 액체인 혈액을 통해 체내로 운반되어야 하기 때문에 단백질과 결합한다. 지단백질lipoproteins은 밀도에 따라 다음과 같이 분류한다그림 4-16.

즉, 단백질과 결합한 지단백은 중성지방, 인지질, 콜레스테롤 및 그 에스터 화합물을 함유하며 가용 상태이므로 지질이 단백질로 둘러싸인 형태로 혈액을 통해 필요한 세포로 이동한다.

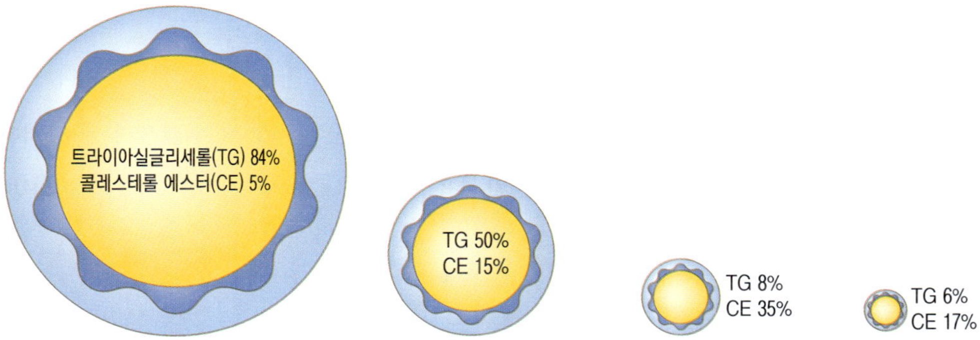

카일로미크론	VLDL	LDL	HDL
인지질(PL) 8%	PL 18%	PL 25%	PL 28%
아포단백질(APO) 2%	APO 10%	APO 25%	APO 28%
콜레스테롤(C) 2%	C 6%	C 7%	C 5%
< 1.006	1.006~1.019	1.019~1.05	1.030~1.21

그림 4-16 | 밀도에 따른 지단백질의 분류

가. 카일로미크론chylomicron

소장에서 생성되고 식이로 섭취되는 중성지질을 운반하는 지단백으로 중성지질이 많고 밀도가 가장 낮다. 공복 상태에서는 존재하지 않으나, 생성 후 분해되는 속도는 빠르다.

나. VLDLvery low density lipoprotein

주로 간에서 생성되고 간에서 합성되는 중성지질을 조직으로 운반하는 지단백으로 밀도는 두 번째로 낮다.

다. LDLlow density lipoprotein

주로 혈액 내에서 전환되고 CE(콜레스테롤 에스터, 인지질)가 가장 많은 지단백이다. LCATlecithin cholesterol acyltransferase 작용에 의해 HDL로부터 CE를 받아서 조직으로 운반한다.

라. HDLhigh density lipoprotein

주로 간에서 생성되고 조직에서 간으로 콜레스테롤을 운반하는 항동맥경화성 지단백이다.

(3) 유도지질

단순지질과 복합지질에서 유도된 분해물이며, 지용성 용매에 용해된다. 유도지질의 종류는 지방산과 글리세롤 각종 알코올, 콜레스테롤, 스핑고신, 지용성 비타민, 스테로이드 등이다.

① 스테롤류

스테롤sterols은 3개의 육면체 고리와 하나의 오면체 고리로 구성된 구조로 스테로이드 핵을 갖는다그림 4-17. 스테롤류는 고급알코올로 비누화되지 않는 것이 특징이다. 스테롤은 동물성 스테롤과 식물성 스테롤로 분류되는데, 동물성 스테롤 중에서 가장 대표적인 것이 콜레스테롤이다. 콜레스테롤cholesterol은 스테로이드 핵의 3번 탄소에 OH기를 갖고, 5번과 6번 탄소에 이중결합, 17번 탄소에 탄소 수가 8개인 곁사슬side chain을 갖는다. 콜레스테롤의 분자식은 $C_{27}H_{45}O$로, 동물성 식품에만 존재하고 생명을 유지하는 데 필수적이다. 식물성 스테롤에는 에르고스테롤, 시토스테롤, 스티그마스테롤 등이 있다그림 4-17. 가장 많은 β-시토스테롤sitosterol은 식물성 스테롤의 일종으로, 콜레스테롤의 구조와 비슷하다. 하얗고 소수성을 띠며, 특이한 냄새가 난다. β-시토스테롤은 식물계에 널리 분포하며, 종자에 많이 함유되어 있다.

② 탄화수소류

탄화수소류hydrocarbons는 탄소와 수소로만 이루어진 유기화합물의 총칭으로 일반식은 CH이다. 유기화합물의 골격으로, 대부분의 화합물은 탄화수소의 수소를 다

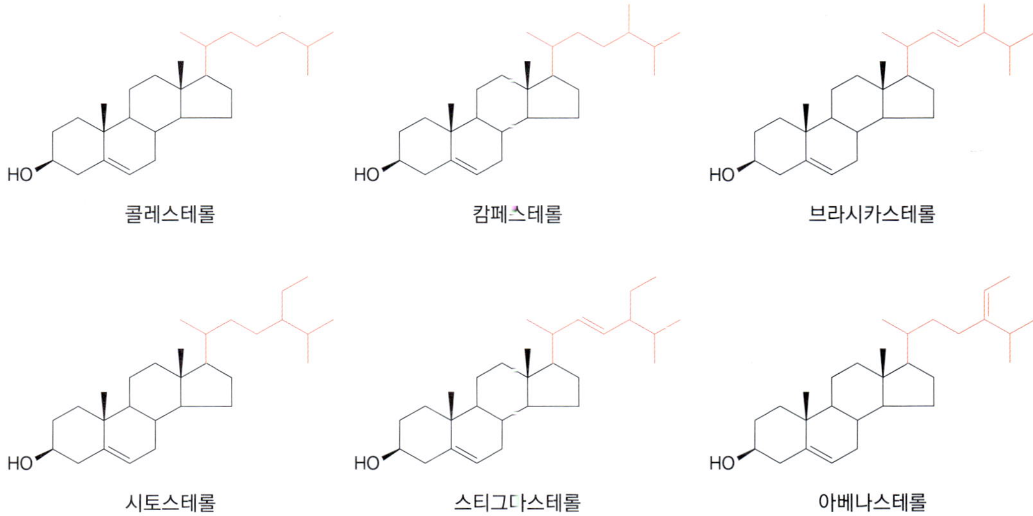

그림 4-17 | 동·식물성 스테롤류의 구조

른 원자 또는 다른 기로 치환한 것이다. 탄화수소는 탄소 골격의 형상에 따라 사슬 또는 고리, 포화/불포화, 지방족/방향족으로 분류한다.

종류는 메테인이나 에테인(기체 분자), 석유나 벤젠(액체 분자), 나프탈렌(고체 분자)이 있는데, 모두 물에 녹기 어렵고 에터 등 유기용매에 녹기 쉽다. 탄화수소의 종류는 천연가스, 석유, 천연고무, 식물에 함유되는 터펜류 등이다. 동물성 탄화수소는 상어의 간유 속에 있는 비고리식 트라이터펜인 스콸렌 등이다. 스콸렌 $C_{30}H_{50}$은 상어와 같은 물고기의 어유에서 발견되는 대표적인 불포화탄화수소로 6개의 아이소프렌isoprene 단위를 갖는다그림 4-18.

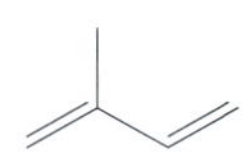

그림 4-18 | 아이소프렌의 구조

4. 유지의 물리화학적 성질

1) 물리적 성질

(1) 녹는점

유지는 구성 지방산의 종류에 따라 녹는점(융점)melting point이 달라지는데, 탄소

수와 이중결합이 증가할수록 녹는점이 낮아진다. 일반적으로 포화지방산의 녹는점은 탄소 수가 증가할수록 높아지지만, 불포화지방산은 이중결합의 수가 증가할수록 녹는점은 낮아진다. 따라서 비교적 포화지방산을 많이 함유한 동물성 유지는 상온에서 고체 상태, 비교적 불포화 지방산을 많이 함유한 식물성 유지는 상온에서 액체 상태이다.

표 4-6 | 유지의 녹는점

유지의 종류	녹는점(℃)	유지의 종류	녹는점(℃)
쇠기름	40~50	트라이스테아린(tristearin)	71.5
돼지기름	36~46	트라이팔미틴(tripalmitin)	66.5
닭기름	33~40	트라이올레인(triolein)	-6.0

(2) 동질이상현상

유지는 굳을 때 분자의 구성 형태에 따라 여러 가지 모양의 결정이 형성되는데 그 모양에 따라 녹는점과 안정도에 차이가 생긴다. 녹는점이 가장 낮은 것을 α형이라 하며 결정이 미세하고 크림 상태를 보인다. 녹는점이 높은 것을 β형이라 하며 결정이 크고 면이 거칠고 중간 상태의 것을 β′형이라 한다. 한 분자의 트라이아실글리세롤이 2개 이상의 결정 구조를 갖는 현상을 동질이상polymorphism이라 한다. 이러한 결정형이 쇼트닝과 마가린의 물성, 초콜릿과 버터크림 제조 시 크림성에 영향을 미친다. 동질이상형의 단면 구조는 그림 4-19와 같다.

α형에서 사슬 축은 불규칙하고 결정은 육각형hexagonal이며, β′에서는 서로 반대 방향으로 되어 있고 결정은 삼사결정계triclinc이다. 동일 트라이글리세라이드tri-

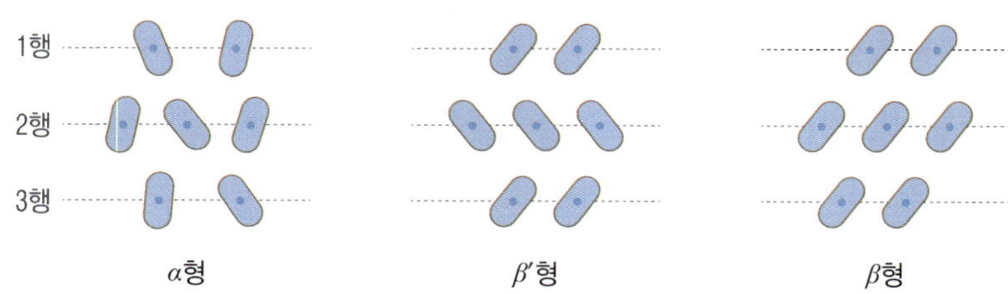

그림 4-19 | 동질이상형의 단면 구조

glyceride 내에서 녹는점은 $\beta > \beta' > \alpha$의 순이다.

(3) 용해성solubility

유지는 물에는 잘 녹지 않으나 벤젠benzene, 에터ether, 클로로폼chloroform, 사염화탄소CCl_4 등의 유기용매에는 잘 녹는다. 유지가 물에 용해되지 않는 것은 지방산의 카복실기가 글리세롤의 수산기와 에스터 결합으로 소수성이기 때문이다. 한편 유지의 용해도는 동일한 용매일 때 저급지방산과 불포화지방산이 많을수록 증가한다.

(4) 비중

유지의 비중specific gravity은 유지 중 불포화지방산과 저급지방산이 많을수록 증가한다. 같은 유지라도 고체 및 액체와 같이 상태에 따라 비중의 차이가 크기 때문에 한 유지 속의 고체성분과 액체성분의 비율을 결정하는 데 사용된다. 유지의 비중 범위는 일반적으로 0.910~0.970이다.

표 4-7 | 유지의 비중

종류	비중(15.0°C)	존류	비중(15.0°C)
불건성유	0.913~0.925	식물유	0.915~0.975
반건성유	0.921~0.936	동물유	0.915~0.964
건성유	0.923~0.943	어유	0.915~0.938

(5) 발연점, 인화점, 연소점

유지의 발연점smoking point은 유지를 고온으로 가열 시 표면에서 엷은 푸른 연기thin blue smoke가 발생할 때의 온도이다. 연기의 성분은 지방산, 알데하이드aldehyde, 케톤ketone, 아크롤레인acrolein 등이다. 튀김할 때, 기름에 이 연기들이 흡수되면 좋지 못한 맛이나 냄새를 내므로 발연점이 높은 유지를 사용하는 것이 좋다. 일반적으로 유지 중에 유리지방산의 함량이 높고 저급지방산이 많을수록, 노출된 표면적이 클수록, 이물질이 많을수록, 반복적으로 사용할수록 발연점은 낮아진다.

인화점flash point은 유지를 가열할 때 발생한 연기가 공기와 섞여서 점화되는 온도이며, 일반적으로 발연점이 높으면 인화점도 높다.

연소점fire point은 유지가 계속해서 연소를 지속하는 온도이며, 유지의 발연점과 인화점이 높을수록 대부분의 유지는 연소점도 높다.

일반적으로 유지의 발연점, 인화점, 연소점은 유지 가공 시 정제 정도와 순도, 유지의 내력, 유지 내 유리지방산 함량 등에 의해 영향을 받는다.

표 4-8 | 유지의 발연점, 인화점, 연소점(℃)

유지	발연점	인화점	연소점
피마자유(정제)	200	298	335
옥수수기름(조제)	178	294	346
옥수수기름(정제)	227	326	359
아마인유(조제)	163	287	353
아마인유(정제)	160	309	360
올리브유(조제)	199	321	361
콩기름(조제,expeller 추출)	181	296	351
콩기름(조제, 용매 추출)	210	317	354
콩기름(정제)	256	326	356

(6) 점도

유지는 공기 중 산소와 반응하여 중량이 증가하며, 알데하이드나 케톤을 형성하고 중합하여 점도viscosity는 증가한다. 따라서 유지의 점도는 비교적 높은 온도에서 가열하는 튀김기름의 품질 척도로 사용된다. 유지의 점도는 포화지방산이 많을수록, 지방산의 길이가 길수록 증가한다.

표 4-9 | 유지의 점도

종류	점도(40°C)
야자유	115
참기름	139
땅콩유	171

(7) 굴절률

일반적인 유지의 굴절률refractive index 범위는 1.45~1.75이다. 유지 내 불포화지방산이 많을수록, 구성하는 지방산의 탄소 수가 증가할수록 굴절률도 증가한다. 한편 유지의 유리지방산이 증가하면 유지의 굴절률은 감소한다. 따라서 유지의 굴절률은 유지의 품질을 평가할 때 사용된다.

2) 화학적 성질

(1) 산가

산가acid value는 유지 1 g 중에 함유되어 있는 유리지방산을 중화하는 데 필요한 KOH의 mg수로 지방산에 존재하는 유리지방산의 양을 측정함과 동시에 품질의 척도가 된다. 그 이유는 유지는 저장, 산패 등의 원인으로 가수분해를 일으켜 유리지방산을 생성하기 때문이다. 신선한 유지는 유리지방산의 함량이 적으며 산패에 의해 증가한다. 일반적으로 식용유의 산가는 1.0 이하이다. 산가가 1.0 이상이면 식용유로 부적합하다. 유지의 산가는 정제가 불충분했을 때, 사용횟수가 많을 때, 기름이 오래되었을 때 증가한다.

표 4-10 | 유지의 산가

유지	산가	유지	산가
쇠기름	0.25	아마인유	1~3.5
버터	0.45~35.4	올리브유	0.3~1.0
피마자유	0.12~0.8	야자유	10
닭기름	1.2	땅콩유	0.8
코코넛유	2.5~10	평지씨유	0.36~1.0
간유	5.6	참기름	9.8
옥수수기름	1.37~2.02	콩기름	0.3~1.8
면실유	0.6~0.9	해바라기씨유	11.2
돼지기름	1.56	고래기름	1.9

(2) 비누화가(검화가)

유지는 산, 알칼리, 라이페이스, 과열증기에 의해 분해된다. 특히 유지가 알칼리에 의해서 가수분해되는 것을 비누화라고 하는데, 이때 지방산의 알칼리 금속염, 즉 비누가 생성된다그림 4-19. 비누화가saponification value는 유지 1 g을 완전히 비누화하는 데 필요한 KOH의 mg수로 저급지방산이 많을수록 비누화가가 높다. 보통 유지의 비누화가는 180~200 정도이다.

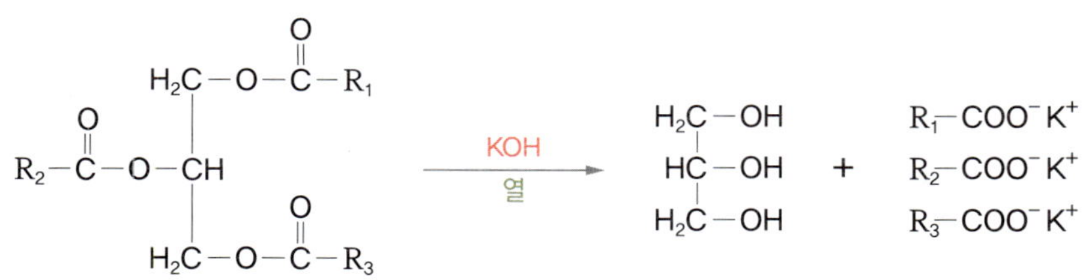

그림 4-20 | 유지의 비누화

표 4-11 | 유지의 비누화가

유지	비누화가	유지	비누화가
쇠기름	196~200	아마인유	188~195
버터	210~230	올리브유	185~196
피마자유	175~183	야자유	200~205
닭기름	193~204.6	땅콩유	186~194
코코넛유	253.4~262	평지씨유	168~179
옥수수유	187~193	콩기름	189~193.5
면실유	194~196	해바라기씨유	188~193
돼지기름	195~203	참기름	188~193

(3) 요오드가

요오드가iodine value는 유지를 구성하고 있는 지방산에 함유된 이중결합의 수를 나타내는 수치이다. 유지 중 불포화지방산의 이중결합에는 수소H_2나 요오드I_2가 쉽게 첨가될 수 있다. 이때 유지 100 g에 흡수되는 요오드의 g수를 요오드가라 한다. 따라서 요오드가는 지방산의 불포화도를 나타내는 값이며, 불포화지방산이 많을수록 요오드가가 높다. 요오드가가 130 이상인 식물유지를 건성유, 100~130의 것을 반건성유, 100 이하인 것을 불건성유라고 한다.

또한, 유지의 불포화도를 측정하는 값으로 로단가rhodan value, thiocyanogen value가 있다. 이것은 유지 100 g에 첨가되는 로단, 즉 사이오시아노겐$(SCN)_2$의 양을 당량의 요오드의 g으로 환산하여 표시한 값이다.

표 4-12 | 유지의 요오드가

유지	요오드가	유지	요오드가
쇠기름	35.4~42.3	아마인유	175~202
버터	26~38	올리브유	79~88
피마자유	84	호두기름	139~150
닭기름	66~71.5	땅콩유	88~98
코코넛유	6.2~10	평지씨유	94~105
간유	137~166	참기름	103~117
옥수수유	111~128	콩기름	122~134
면실유	103~111.3	해바라기씨유	129~136
돼지기름	62.5~79	고래기름	90~146

(4) 라이헤르트-마이슬가

라이헤르트-마이슬가Reichert-Meissl value는 유지의 휘발성 지방산 중에서 수용성인 것의 양을 나타내는 척도이다. 유지 5 g을 비누화한 후 산성 조건에서 유지를 증류해 유출된 수용성 휘발성 지방산을 중화하는 데 필요로 하는 0.1N KOH의 mL수를 말한다. 즉, 이 값은 수용성 휘발성 지방산의 양을 나타내며, 수용성 휘발성 지방산은 뷰티르산butyric acid, C_4, 카프로산caproic acid, C_6 등이다. 보통 유지는 이 값이 1 정도로 적으나 버터는 22.4~44.7 정도로 높다. 마가린은 0.5~5.5로 버터와 인조버터를 구별할 때 사용한다.

표 4-13 | 라이헤르트-마이슬가

유지의 종류	라이헤르트-마이슬가
버터	22~34
코코넛야자유	6~8
팜유	0.2~0.4
야자유	5~7

(5) 폴렌스케가 & 키르슈너값

폴렌스케가Polenske value는 유지 속의 휘발성은 있으나 물에 녹지 않는 지방산의 함량을 나타내는 값으로, 유지 5 g을 검화한 다음 증류하여 얻은 물에 불용성 휘발성 지방산을 중화하는 데 필요로 하는 0.1N KOH의 mL수이다. 휘발성이 있으면서 물에 녹지 않는 지방산에는 카프릴산caprylic acid, C_8, 카프르산capric acid, C_{10}, 라우르산lauric acid, C_{12} 등이 있다.

키르슈너값Kirschner value은 유지 중 뷰티르산의 함량만을 나타낸 값이다. 수용성 휘발성 지방산 중 뷰티르산-Ag염만 수용성이고, 다른 지방산들과 Ag염들은 불용성이 되는 성질을 이용하여 측정하는 방법이다. 유지방의 키르슈너값은 19~26 정도로 높으며, 버터의 순도나 위조 여부를 확인하는 데 사용된다.

표 4-14 | 식용유지의 폴렌스케가 및 키르슈너값

유지의 종류	폴렌스케가	키르슈너값
버터	2~4	20~26
코코넛야자유	12~18	1~2
팜유	0.2~0.6	-
야자유	10~12	0.5~1.0

(6) 아세틸가

아세틸가acetyl value는 유지에 포함된 하이드록시기-OH의 양을 나타내는 지표로 유지의 신선도를 측정하는 수치이다. 아세틸가는 유지에 먼저 무수초산acetic anhydride

을 반응시켜 유지의 유리수산기를 모두 아세틸화한 후, 아세틸화한 유지 1 g을 가수분해할 때 생성된 초산을 중화하는 데 필요한 KOH의 mg수이다.

(7) 헤너값

헤너값Hehner value은 굳기름 또는 기름 속에 포함된 물에 녹지 않는 지방산의 총량을, 그 굳기름 또는 기름의 전량에 대한 백분율로 나타낸 수이다. 따라서 헤너가는 유지를 검화한 후 형성된 비누(지방산의 알칼리염)를 무기산으로 분해할 때 물에서 분리되는 지방산의 양이다. 헤너값의 정량방법은 일정량의 유지를 검화하여 물에 녹지 않는 부분을 여과 및 분리하고, 100~105°C에서 건조한 후 측정하여 그 중량을 계산하여 백분율%로 표시한다. 일반적으로 유지의 헤너가는 95% 내외이며, 우유지방은 87~90%, 코코넛기름은 82~90%로 낮으나 쇠기름은 96~97%, 돼지기름은 97% 정도로 높다.

(8) 과산화물가

유지의 자동산화는 과산화물의 생성에서 시작되므로 과산화물가peroxide value는 유지의 초기 산패 정도를 나타내는 값이다. 유지는 자동산화 과정을 통해서 하이드로퍼옥시드 등의 과산화물을 생성시키는데, 생성된 유지 중 과산화물과 요오드화칼륨이 반응하면 요오드를 유리하므로, 유리한 요오드를 0.01N $Na_2S_2O_3$의 용액으로 적정하여 소비된 0.01N $Na_2S_2O_3$ mL수를 2배한 것이 과산화물가이다. 유지의 산화에 의해 변하는 화학적 변수로는 과산화물가 외에도 TBA가thiobarbituric acid value와 카보닐가carbonyl value가 있으며, 유지 산화의 진행 정도를 알아보는 데 도움이 된다.

(9) 경화유

경화유hardening of oil는 지방족 기름 속에 함유되어 있는 액체 상태의 불포화지방산에 수소를 첨가하여 고체 상태의 포화지방산으로 만든 기름이다그림 4-21. 수소 첨가에 의해 불포화지방산은 녹는점이 높은 포화지방산으로, 액체지방은 고체지방으로 변한다. 경화유는 니켈Ni을 촉매로 정제유지에 수소를 첨가하여 160~180°C의

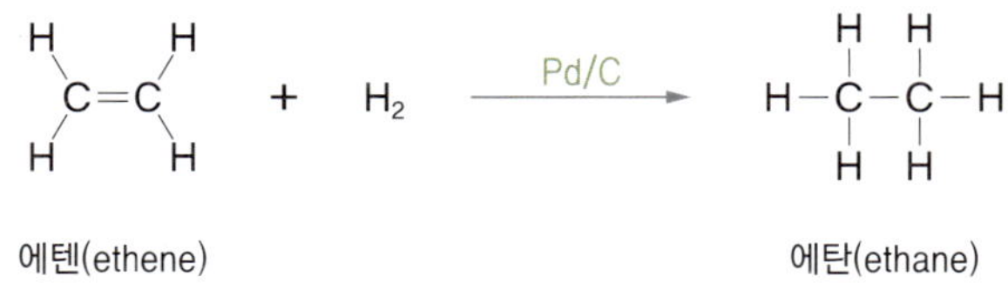

그림 4-21 | 수소화과정

온도에서 6~12기압으로 반응시킨다. 경화유 제조 시 어유 외에도 콩기름, 면실유, 채종유, 땅콩유, 야자유 등을 원료로 마가린을 제조한다그림 4-22.

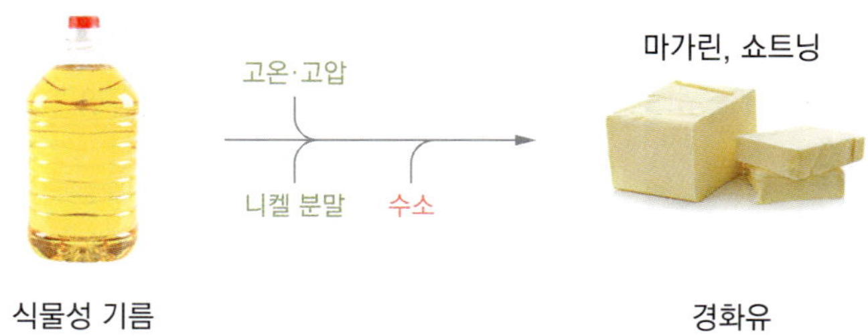

그림 4-22 | 경화유 제조방법

액체 상태인 식물성 기름에 고온과 고압을 처리해 주면서 촉매작용을 하는 니켈 분말과 함께 수소를 넣으면 불포화지방의 수소가 비어 있던 탄소 고리 부분에 인위적으로 넣어 준 수소가 달라붙어 고체 경화유가 됨

(10) 에스터 교환반응transesterification

높은 산도의 지방은 이용에 제한을 받기 때문에 이용도를 높이기 위해서는 에스터화 및 에스터 교환법을 사용한다. 지방산이 트라이아실글리세롤에 무작위로 결합되어 있어서 유지의 물리적 성질에 영향을 끼친다. 이때 유지의 녹는점 변화, 산화 안정성 향상 및 물성 개선을 목적으로 에스터 교환반응을 이용해 유지를 가공한다. 산과 알코올 또는 페놀에서 에스터를 생성하는 반응을 에스터화라고 한다. 이는 가역반응이며, 많은 양의 에스터를 얻기 위해 촉매제를 첨가한다. 에스터화 반응은 유기산을 산 촉매하 에서 알코올과 반응시키면 물과 R-COOR′가 생성되는 반응이다 그림 4-23. 에스터를 합성하는 방법에는 여러 가지가 있으나 유기산과 알코올을 직접 반응시키는 에스터화 반응이 가장 기본이다.

$$RCOOH + ROH \rightleftharpoons RCOOR' + H_2O$$

그림 4-23 | 에스터 교환반응

에스터 교환반응은 쇼트닝 제조 시 사용된다. 되지기름은 트라이아실글리세롤의 2번 탄소 위치에 팔미트산이 결합되어 있으며, 포화지방산을 2개 가지고 있어 점도나 제빵 적성은 좋지 않지만 가소성 범위 등이 개선되어 좋은 쇼트닝을 만들 수 있다. 팔미트산이 많은 팜유도 에스터 교환반응으로 샐러드유를 제조할 수 있다.

5. 유지의 산패

유지는 산소, 빛, 열, 수분 등과의 작용으로 색깔이 변하고 불쾌한 냄새를 내며 맛이 나빠지기도 하는데 이와 같은 현상을 산패 또는 변패라고 한다. 산패는 지방질 성분이 산소를 흡수하여 산화되는 산화적 산패(자동산화 및 가열산화)와 물, 산, 알칼리 및 효소에 의해 산화되는 비산화적 산패로 분류한다표 4-15.

표 4-15 | 지방의 산패 분류 및 특징

분류		특징
산화적 산패	자동산화	• 자유라디칼에 의한 연쇄반응으로 진행 • 온도, 빛, 수분은 산화속도 촉진 • 상온에서 공기 중의 산소에 의해 서서히 산화 • 산소와 결합 후 과산화물 형성
	가열산화	• 공기 존재하에 가열 시 발생 • 자동산화보다 매우 산화속도가 빠름 • 유리지방산이 생성되고, 중합반응이 일어나 점성 증가
	효소적 산패	• 식물체인 콩류 또는 곡류에 존재 • 리폭시게네이스(lipoxygenase), 리포하이드로퍼옥시데이스(lipohydroxydase)에 의한 산화
비산화적 산패	가수분해산화	• 유제품의 불쾌한 냄새와 맛 생성 • 글리세롤과 유리지방산으로 가수분해 • 물, 산, 알칼리, 지방분해효소 등에 의한 산화
	기타	• 외부 냄새를 흡수하여 이취가 남 • 미생물 작용에 의해 생성된 케톤이 원인이 되는 이취

1) 산화적 산패

산화적 산패는 유지의 불포화지방산이 공기 중 산소에 의해 서서히 산화되어 불쾌한 냄새나 맛을 형성하는 것이며, 보편적으로 일어나는 현상이다. 산화적 산패는 생화학적 산패와 비생화학적 산패가 있다. 생화학적 산패는 리폭시데이스lipoxydase와 리포하이드로퍼옥시데이스lipohydroperoxidase 또는 헴 화합물, 엽록소와 같은 생화학적 물질에 의해 지방의 산화가 촉진된다. 비생화학적 산패는 유지가 대기 중의 산소를 자연발생적으로 흡수하고, 흡수된 산소는 유지를 산화시켜 과산화물을 형성한다.

산화적 산패의 종류는 다음과 같다.

① 자동산화autoxidation : 유지에 열을 가하지 않아도 자연적으로 공기 중 산소를 흡수하여 일어난다.

② 광산화photooxidation : 광선에 의해 활성화된 광감체photosensitizer가 공기 중의 산소(삼중항 산소triplet oxygen, $^3O_2$)를 활성이 강한 일중항 산소 분자singlet oxygen, $^1O_2$로 전환되고 이 일중항 산소 분자가 유지를 산화시킨다.

③ 가열산화thermal oxidation : 유지를 높은 온도(140~200°C)에서 가열했을 때 일어난다.

(1) 자동산화에 의한 산패

유지는 공기와 접촉이 있는 한 자연발생적으로 산소를 흡수하고, 흡수된 산소가 유지를 산화시켜 산화 생성물을 형성하여 산패가 된다. 즉, 유지는 공기 중의 산소와 작용으로 산화되어 중량이 증가하기 시작하며, 알데하이드와 케톤을 생성하여 산패를 일으키는 동시에 중합체를 형성하여 점도와 비중이 증가하는데 이것이 유지의 자동산화이다.

일반적으로 유지가 산소를 흡수하는 속도는 처음 어느 기간 동안 거의 일정하나, 어느 기간이 지난 후에는 매우 급격하게 증가된다.

산소 흡수속도가 매우 적은 기간을 그 유지의 유도기간induction period이라고 한다. 이 유도기간이 지나면 유지의 산소 흡수속도가 급증하여 산화 생성물이 증가하고, 유지의 여러 가지 화학적·물리적 변화가 초래되어 산패가 촉진된다. 또한, 유지의 산소 흡수속도는 유지의 불포화도에 가장 큰 영향을 받는다. 유지의 불포화도가 클수록 산화속도가 증가한다그림 4-24. 같은 탄소 수이지만 불포화도가 다른 지방산들의 산화속도와 유도기간을 비교하면 표 4-16과 같다. 유도기간에 영향을 주는 요인은 유지의 저장온도, 유지의 불포화도, 항산화제와 산화촉진제의 존재 여부 등이다.

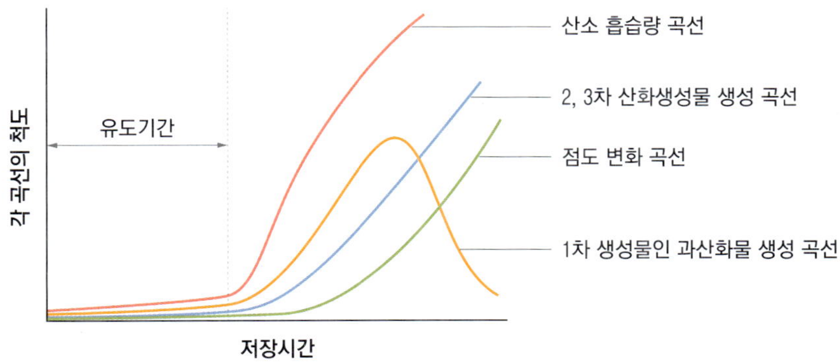

그림 4-24 | 유지의 자동산화 과정을 나타내는 곡선

표 4-16 | 지방산의 상대적인 산화속도와 유도기간의 비교(25℃)

지방산 종류	allyl기의 수	유도시간(시간)	상대적 산화속도
18:0	0		1
18:1(Δ9)	1	32	10
18:2(Δ9,12)	2	19	1,200
18:3(Δ9,12,15)	3	134	2,500

(2) 자동산화의 메커니즘

자동산화 과정은 처음 유리라디칼이 형성되는 초기반응단계를 거쳐 전파·연쇄반응단계, 과산화물 분해단계를 거쳐 종결반응에 도달한다.

① 초기단계

유지는 가열에너지, 기계적 에너지, 광에너지, 화학에너지, 금속 촉매제 등에 의해 산패 초기단계에 진입한다. 분자 내에 공유결합을 하고 있는 수소가 떨어져 나가면서 유리라디칼(R·)이 형성되거나 생성된 하이드로과산화물hydroperoxide로부터 각

$$RH \xrightarrow{\Delta} R\cdot + H\cdot$$ (유리라디칼의 생성)

$$RH + {}^{1}O_2 \text{ (일중항 산소)} \longrightarrow ROOH$$ (하이드로과산화물의 생성)

$$ROOH \xrightarrow{\text{촉매(전이금속)}} \cdot OH + RO\cdot$$ (alkoxy 라디칼의 생성)

$$ROOH \xrightarrow{\text{촉매(전이금속)}} \cdot OH + ROO\cdot$$ (과산화 라디칼의 생성)

그림 4-25 | 유지의 자동산화 초기반응

종 라디칼이 생성된다. 또한 유지 내 존재하는 금속이온, 과산화효소 및 미량의 물질 등이 가열이나 빛에 의해 활성화되어 유리라디칼의 생성을 촉진시킨다그림 4-25.

② 전파단계

이중결합을 가진 유지 분자는 생성된 유리라디칼과 공기 중 산소와 결합하여 과산화라디칼이 되고, 이것은 또 다른 유지에서 수소를 떼어내어 하이드로과산화물과 유리라디칼을 생성하는데 이러한 반응은 연속적으로 진행된다. 지방산 분자에서 수소가 이탈되는 데 필요한 에너지는 표 4-17과 같다.

하이드로과산화물로부터 쉽게 유리라디칼이 생성되므로 하이드로과산화물이 생성되는 즉시 산화반응은 연속적으로 진행된다. 자동산화 과정에서 과산화물이 생성

표 4-17 | olefin(지방족 불포화탄화수소) 화합물과 과산화물로부터 노란색 수소를 떼어내는 데 필요한 해리에너지

화합물	⊿E(kcal/mole)
H−CH=CH₂ → $\mathbf{H}-CH=CH_2$	103
$\mathbf{H}-CH_2-CH_2-CH_3$	100
$CH_3-CH(\mathbf{H})-CH=CH-CH_2-$	77
$-CH=CH-CH(\mathbf{H})-CH=CH-$	65
$\mathbf{H}OO-R$	90

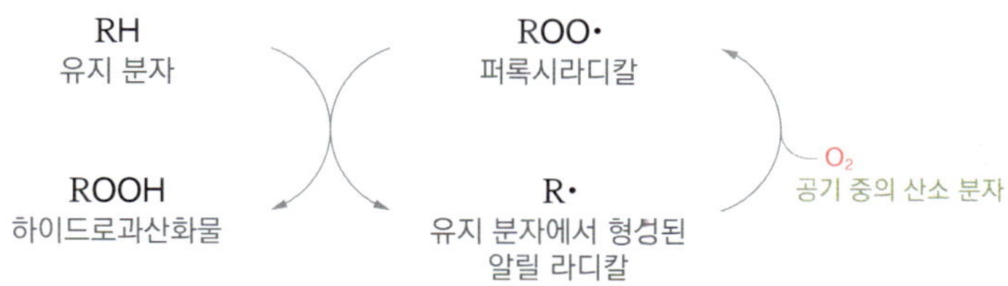

그림 4-26 | 유지의 자동산화 연쇄반응

되기 위해서는 유지로부터 수소원자가 이탈되어 유리라디칼이 생성되어야 하는데그림 4-26, 일반적으로 단일 알릴기보다는 1,4-펜타디엔이 더 과산화물이 생기기 쉽다.

가. 하이드로과산화물의 분해

일단 생성된 하이드로과산화물은 불안정하여 자동산화의 후반기에는 다음과 같이 분해되어 유리라디칼이 생성되며 이러한 산화반응을 더욱 촉진시킨다그림 4-27. 전파반응은 지방산의 이중결합이 거의 없어질 때까지 일어난다. 자동산화 과정의 전반기에 과산화물은 축적되다가 다시 분해되어 탄소 수가 적은 각종 휘발성 화합물들로 전환되어 이취를 낸다. 따라서 자동산화 후반기에 과산화물은 감소되고, 휘발성 카보닐 화합물은 증가한다. 이들 카보닐 화합물들은 비교적 휘발성이 크고, 유지에 좋지 않은 맛과 냄새를 내며 산패의 직접적인 원인으로 작용한다. 또한 중합된 화합물 등은 유지의 점도를 증가시키고, 비타민 A 및 카로틴류를 파괴시켜 영양가가 저하된다. 중합된 유지는 체내에서 흡수율이 감소되고 이용률을 저하시킨다.

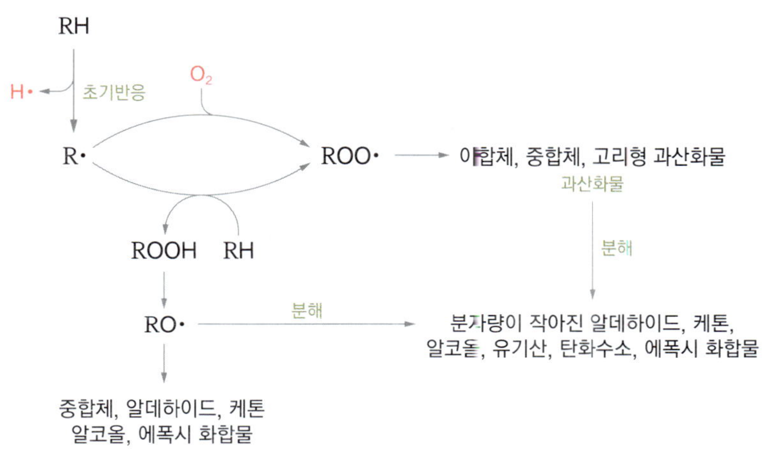

그림 4-27 | 자동산화반응과 과산화물의 분해

③ 종결단계

전파단계에서 생성된 각종 라디칼들은 중간산화물과 서로 결합하여 이합체dimer, 삼합체trimer 등의 중합체polymer를 형성한다. 이들은 다시 고분자 화합물을 형성하여 색은 검게 변하고 점성은 증가한다. 이 중합체는 반응성이 상실되어 연쇄적으로 일어나던 반응이 종결된다. 자동산화 과정의 후반기에는 축적된 과산화물 함량과 요오드가의 감소가 일어나는 반면, 점도와 산가는 증가한다.

$$R\cdot + R\cdot \longrightarrow R-R \text{ (산소의 양이 적을 때)}$$

$$ROO\cdot + ROO\cdot \longrightarrow ROOR + O_2 \text{ (산소의 양이 많을 때)}$$

$$RO\cdot + RO\cdot \longrightarrow ROOR \text{ (산소의 양이 많을 때)}$$

그림 4-28 | 유지의 자동산화 종결반응

(3) 가열산화

유지는 산소의 공급이 전혀 없는 상태에서 가열할 때에도 여러 가지 화학적 변화가 일어난다. 유지를 공기 없이 가열 시 유지 내 에스터 결합의 가수분해, 이중결합의 공액화, 중합반응, 유지 내 C-C 결합의 분열로 분자의 분해, 탈수소, 탈수, 탈탄산, 탈수소 및 고리 형성, 방향족 화합물 등이 생성된다.

① 유리지방산의 생성

유리지방산은 수분이 존재할 때는 물론, 수분이 존재하지 않아도 생성되며, 트라이글리세라이드에서 다이글리세라이드, 모노글리세라이드, 글리세롤 순으로 가수분해된다. 물이 없는 상태에서 에스터 결합의 분해는 탄소 수가 적은 지방산들이나 불포화지방산들의 함량이 큰 유지에서 잘 일어난다.

② 카보닐 화합물의 생성

지방산 구조 중 C-C 결합의 분해로 탄소 수가 더 적은 지방산, 카보닐 화합물들, 락톤류 등이 생성된다. 불포화지방산은 가열 중 이중결합 다음 위치의 C-C 공유결합의 분열로 라디칼이 생성된다.

이러한 라디칼은 활성이 매우 크므로 탈수소반응 등에 의해서 각종 카보닐 화합물, 탄소 수가 적은 불포화지방산 에스터, 유리지방산과 락톤류 등을 생성한다. 한편, 라디칼은 재결합하여 중합체를 형성하고, 자동산화 과정 중 연쇄반응을 일으킨다.

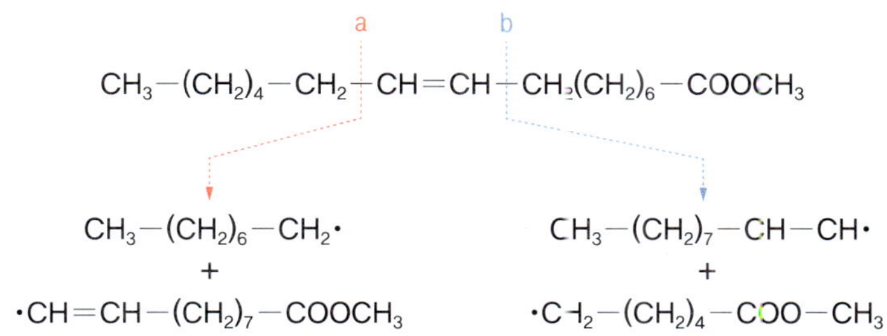

그림 4-29 | Methyl oleate를 가열할 때 생성되는 유리라디칼

③ 가열중합반응

유지는 가열 시 중합반응을 일으켜 이중체, 삼중체 등의 중합체를 만든다. 이와 같은 가열중합반응은 아마인유, 콩기름과 같은 불포화도가 큰 유지에서 잘 일어난다. 가열에 의한 중합반응은 유리라디칼의 재결합으로 일어난다.

고온에서 가열된 유지는 중합체로 점도가 급격히 증가한다. 유지를 140~200°C의 고온으로 가열 시 산화되는데 이를 가열산화라고 한다. 가열산화 과정은 가열반응과 산화반응이 동시에 일어나므로 가속화된 자동산화 이외에 많은 반응과 복잡한 변화가 일어나 식품의 향미, 외관, 영양가 감소 및 독성을 일으키기도 한다.

(4) 산화효소에 의한 산패

지방산을 산화시키는 효소는 리폭시게네이스lipoxygenase와 리포하이드로퍼옥시데이스lipohydroperoxidase이다. 이들 효소는 곡류, 콩류, 동물조직에 분포한다. 리폭시게네이스는 불포화지방산을 산화시켜 과산화물을 생성하는 반응을 촉매한다. 리포하이드로퍼옥시데이스는 과산화물의 분해를 촉매하는 효소이다. 그중 리폭시게네이스는 *cis* 1,4-펜타디엔-CH=CH-CH_2-CH=CH-에 작용하기 때문에 리놀레산, 리놀렌산, 아라키돈산은 분해되지만 올레산에는 작용하지 않는다. 이 효소에 의해 생성된 라디칼은 비타민과 단백질은 파괴시키고 이취를 생성하여 식품의 품질을 저하시켜 가공과정에서 산화방지제 등을 첨가하거나 가열 처리로 효소를 불활성화시켜야 한다.

(5) 광산화에 의한 산화

공기 중 산소는 에너지가 바닥 상태에 있는 삼중항 산소triplet oxygen, $^3O_2$를 말하며, 라디칼이 생성된 유지 분자와 결합하는 산소로 자동산화에 관여한다. 그러나 2개의 전자가 서로 반대의 스핀으로 되어 있어 정전기적 반발이 크기 때문에 들뜬 상태로 된 산소인 일중항 산소singlet oxygen, $^1O_2$는 유지 분자가 라디칼을 생성하지 않고도 반응하기 때문에 바닥 상태의 삼중항 산소보다 반응속도가 약 1,500배 이상 빠르다. 일중항 산소는 식품 중에 감광체photosensitizer가 존재 시 빛을 쬐이면 삼중항 산소에서 일중항 산소로 변한다. 식품 내 감광체는 클로로필chlorophyll, 페오피틴pheophytin, 헤모글로빈hemoglobin, 미오글로빈myoglobin, 리보플라빈riboflavin 등이다. 합성색소인 적색3호(에리트로신erythrosin) 색소도 감광체로 작용한다.

2) 비산화적 산패

(1) 가수분해에 의한 산패

유지는 물과 접촉하는 동안 트라이아실글리세롤triacylglycerol이 산, 알칼리, 효소에 의해 글리세롤과 유리지방산으로 가수분해된다. 또한 동·식물 조직 중에 존재하는 트라이글리세라이드triglyceride가 라이페이스lipase와 같은 가수분해효소에 의해 분해되어 산패된다.

가수분해에 의한 유지의 산패는 비교적 수분 함량이 많은 낙농제품에서 문제가 된

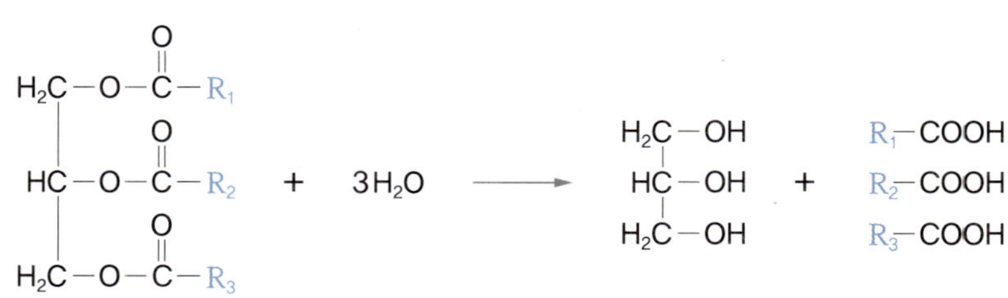

그림 4-30 | 트라이글리세라이드의 가수분해

다. 우유는 수분 함량 약 87~88%, 지방 함량 약 3.6%로 다량의 물 속에 소량의 지방질이 분산되어 있는 수중유적oil in water, O/W형의 유탁액이다. 따라서 우유 중의 지방은 물과 접촉하는 면이 많기 때문에 가수분해에 의한 산패가 일어나기 쉽다. 수분 함량이 15~16%인 버터와 30~40%인 치즈도 산패되기 쉽다. 우유 및 유제품은 저급지방산 함량이 많아 가수분해 시 뷰티르산, 카프르산, 카프릴산 등의 저급 휘발성 유리지방산이 생성되어 독특한 불쾌취를 낸다. 유지의 가수분해효소인 라이페이스의 활성은 매우 강하며, 조제유 중에는 지방분해효소가 다량 함유되어 있어 라이페이스에 의한 지방질의 가수분해로 산패가 일어나기 쉽다. 한편, 미강유, 팜유, 올리브유 등의 식물성 유지는 착유할 때 식물 조직이 파괴되면서 라이페이스가 함께 추출되어 가수분해 산패가 일어나기 쉽다. 어유도 체내 라이페이스 효소의 활성이 강해 조제 어유나 어류 조직에서 가수분해에 의한 산패가 쉽게 일어난다.

(2) 변향에 의한 산패

유지는 산패가 일어나기 전에 풋내와 같은 이취를 발생하는데 이를 변향flavor reversion이라 한다. 변향과 산패는 구별하기 어렵다. 변향은 산화 분해로 주로 저급 알데하이드가 생성되는 것이고 이들이 더 산화되면 저분자량의 알데하이드나 유기산이 생성되는데 이 단계를 산패라 한다. 콩기름이나 리놀렌산을 함유한 유지를 산화시킨 것에서 알데하이드나 케톤이 검출되었고 이들이 풋내와 비린내의 원인이 된다. 따라서 변향의 주요 원인은 레놀렌산으로 알려져 있다.

6. 유지 산화에 미치는 요인

1) 산화촉진제

산화촉진제는 유지나 지방질 식품의 유도기간을 단축시킨다.

(1) 저장 또는 가열 온도

유지의 산화는 저장 또는 가열온도 상승에 의해서 촉진되며 그 온도계수는 2 정도이다.

(2) 금속 또는 금속이온

금속과 금속 이온들은 유지의 자동산화 과정의 제1단계에서 생성된 하이드로과산화물과 같은 과산화물의 분해를 촉진시켜 유리라디칼이 생성되고, 연쇄반응(전파반응)도 활발하게 일어난다. 산화촉진제는 Cu, Co, Fe, Mn, Ni, Sn 등이다. 특히 하이드로과산화물의 분해는 금속에 의해 촉진되며, Cu > Mn > Fe > Ni > Sn 순으로 강하게 작용한다.

(3) 광선

유지의 산패는 짧의 파장의 광선과 자외선 부근에서 강하게 촉진된다. 400~500 nm 파장의 자외선과 청색 및 자색의 가시광선은 물론 형광등, 백열등, 살균등 등의 광선들도 자동산화를 촉진시킨다. 광선은 유도기를 단축시키고 과산화물의 분해를 촉진시킨다.

(4) 수분

유지 중 극미량의 수분도 자동산화의 초기반응을 촉진시키며 산화촉진제로 작용한다. 식품 내 유지 함량이 BET 단분자막 형성 수분 함량 또는 그보다 많을 때 유지의 산패는 억제되며, 식품의 수분 함량이 BET 단분자막 형성 수분 함량보다 적을 때 식품 내 유지의 산패는 빠르게 진행된다.

(5) 유리지방산

식품에 존재하는 유리지방산은 자동산화 과정 중 산패되어 품질 저하의 원인이 된다.

2) 산화방지제 종류

(1) 천연 산화방지제

천연 산화방지제는 생물이 자기 자신 내에 있는 지방질의 산화를 막기 위해 존재한다. 식물성 유지에 더 많으며 동물성 유지에는 매우 적다. 불포화도가 높은 식물성 유지가 포화도가 높은 동물성 유지보다 산화 안정성이 높은 것은 이러한 이유 때문이다. 따라서 불포화도가 높은 식물성 유지가 포화도가 높은 동물성 유지보다 산화 안정성이 높은 것도 이 때문이다. 식물에서 잘 채유한 정제하지 않은 유지가 정제유보다도 산화 안정성이 높은 이유는 정제과정 중 제거되지 않은 천연 산화방지제 때문이다.

① 토코페롤

토코페롤tocopherol은 비타민 E로 영양적으로도 중요하며, 자연계에 가장 널리 분포하는 식물성 유지의 주요 산화방지제이다. 토코페롤 동족체별 산화 방지 활성은 $\delta > \gamma > \beta > \alpha$의 순이다.

$$ROO\cdot + \underset{\text{토코페롤}}{TH_2} \longrightarrow ROOH + TH\cdot$$

그림 4-31 | 토코페롤의 라디칼 제거작용

② 세사몰

세사몰sesamol은 참깨에서 기름을 추출하는 동안 참깨 중 세사몰린이 세사몰로 전환되어 생성된 천연 항산화제이다그림 4-32.

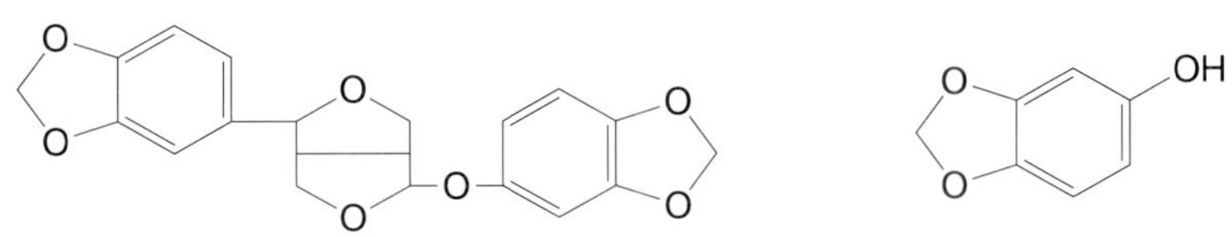

세사몰린 세사몰

그림 4-32 | 세사몰린과 세사몰의 구조

③ 고시폴

고시폴gossypol은 면실의 핵 중에 약 0.6% 함유하는 성분이다. 산화방지제의 활성이 크지만 독성이 있으므로 면실유 제조 시 반드시 제거해야 한다.

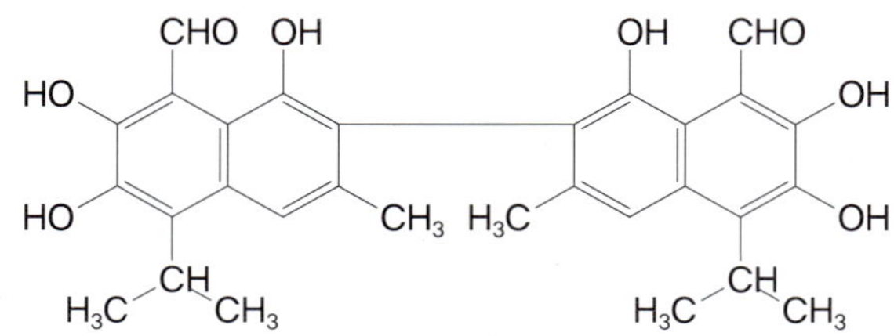

그림 4-33 | 고시폴의 구조

④ Gum guaiac

Gum guaiac은 열대지방 나무에서 얻을 수 있는 수지성 물질이다. 항산화성은 이 수지 내에 있는 구아이아콜guaiacol, guaiaretic acid 등 페놀 물질 때문이며 식물성 유지보다 동물성 유지에 효과적이다. Gum guaiac은 적갈색이고, 유지에는 극미량이 용해되어 있으며 때로는 이취를 낸다.

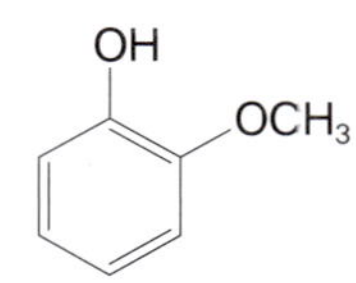

그림 4-34 | 구아이아콜의 구조

⑤ 콩의 항산화 성분

콩의 항산화 성분은 아이소플라본isoflavone 계통의 페놀성 화합물로 아이소플라본 구조의 7번 고리에 포도당이 단일 결합한 배당체로 존재한다. 배당체의 형태가 아글리콘보다 100배 많다. 제니스테인genistein과 다이드제인daidzein이 플라보노이드의 90%를 차지한다. 글리시테인glycitein과 이의 배당체는 날콩이나 건조한 콩에만 있다.

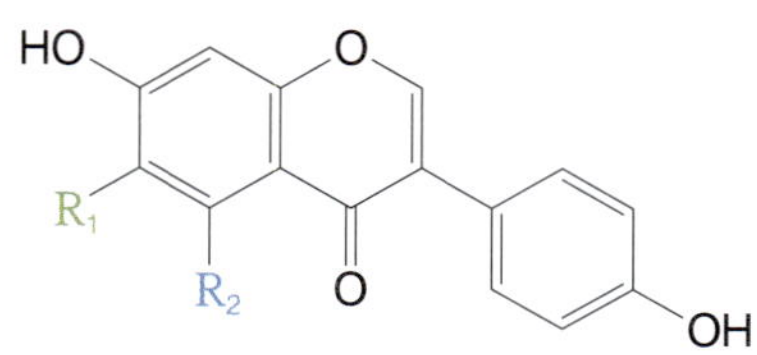

	R_1	R_2	
제니스테인	H	OH	
다이드제인	H	H	
글리시테인	OCH_3	H	7-O-글루코사이드

그림 4-35 | 콩의 항산화 성분의 구조

⑥ 향신료와 허브

오랜 옛날부터 지방질 식품을 보존하기 위하여 향신료를 이용해 왔다. 향신료의 종류로는 로즈마리, 실비아, 세이지 등이며, 이들에는 항산화력이 매우 큰 성분을 함유하고 있다. 이 외에도 계피, 생강, 고추, 후추 등에도 존재한다.

로즈마리에는 로즈마놀rosemanol, 카노솔carnosol, 로즈마리퀴논rosemariquinone 등의 항산화 성분이 있다. 자연계에 널리 존재하는 수용성 색소 성분인 플라보노이드 계통인 퀘세틴querecetin, 미리세틴myricetin 등도 항산화력이 큰 것으로 밝혀졌는데 이들의 공통적인 분자 구조는 다음과 같다그림 4-36.

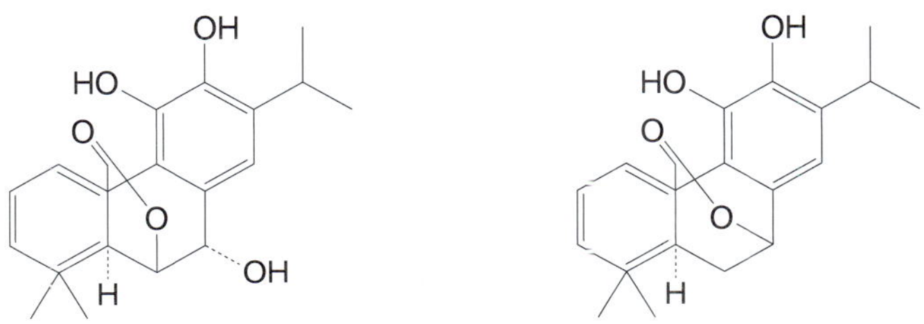

로즈마놀 카노솔

그림 4-36 | 로즈마놀과 카노솔의 구조

(2) 합성 산화방지제

합성 산화방지제는 구조에 따라 페놀계 산화방지제, 아민계 산화방지제 등으로 분류할 수 있으며, 실제로 이용되는 것은 페놀계 산화방지제이다. 합성 산화방지제의 종류는 프로필갈레이트propylgallate, PG, 터셔리 부틸히드로퀴논*tert*-butylhydroquinone, TBHQ, BHAbutylated hydroxy anisole, BHTbutylated hydroxy toluene 등이다그림 4-37.

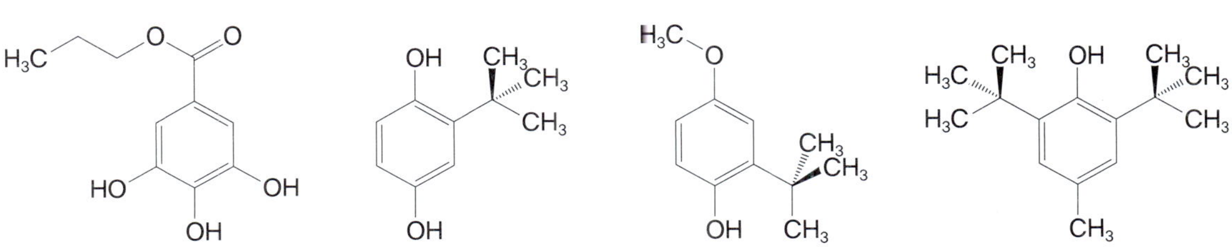

PG TBHQ BHA BTH

그림 4-37 | 합성 산화방지제 구조

3) 산화방지제의 작용 메커니즘

(1) 반응 메커니즘

산화방지제(항산화제)는 산화 개시단계를 지연시키거나 산화속도를 늦추기 때문에 유도기간을 연장시킬 뿐이지 완전히 산화를 억제시키는 것은 아니다. 항산화성을 가진 천연 및 합성 산화방지제는 많으나 식품에 이용할 수 있는 것은 안전성이 인정된 단일 또는 다중 폴리페놀 화합물이다. 자동산화 개시단계에서 항산화제는 유리라디칼의 생성을 저해하거나 전파를 막아 자동산화반응을 지연시킬 수 있다.

산화방지제(AH)는 수소 공여체이거나 유리라디칼의 수용체이고, 유리라디칼 수용체(RH)는 유리라디칼(R·)보다는 과산화라디칼(ROO·)과 반응을 더 잘한다그림 4-38.

전파단계	$ROO\cdot + RH \longrightarrow ROOH + R\cdot$
산화방지제 반응	$ROO\cdot + AH \longrightarrow ROOH + A\cdot$

그림 4-38 | 산화방지제 작용 메커니즘

산화방지제의 효율은 A-H 결합력을 감소시킬수록 증가한다. 생성된 산화방지제의 유리라디칼은 새로운 유리라디칼을 만들지 않아야 한다. 이러한 면에서 페놀성 산화방지제는 항산화성의 좋은 조건을 가지고 있다. 이들은 수소 또는 전자 공여체이고, 라디칼 중간체는 공명현상으로 비교적 안정하다.

(2) 상승작용

산화방지제를 혼합하면 각각의 항산화력을 합한 것보다 높은 활성을 나타내는 상승작용이 일어난다. 두 종류의 상승작용이 있는데, 하나는 혼성 유리라디칼 수용체 작용이고, 다른 하나는 금속킬레이트제이다. 예를 들면 아스코르브산은 전자 공여체, 금속킬레이트제, 산소 제거제로 작용한다.

혼성 유리라디칼 수용체 작용은 산화방지제를 AH, 상승제를 BH로 표시하면 그 작용은 그림 4-39와 같다.

금속킬레이트제 작용은 지방산염으로 존재하는 미량의 금속을 일부 불활성화시

$$ROO\cdot + AH \longrightarrow ROOH + A\cdot$$

$$A\cdot + BH \longrightarrow B\cdot + AH$$

그림 4-39 | 산화방지제와 상승제 작용 메커니즘

킨다. 산화방지제의 항산화 활성이 금속킬레이트제의 존재로 증가하면 금속킬레이트제는 상승제로 작용하였다. 대표적인 금속킬레이트제는 구연산, 인산, 중합인산염, 아스코르브산 등이다.

7. 유지의 산패 측정방법

유지의 산패는 1차적으로 유지에 흡수된 산소나 산화물의 양을 측정할 수 있고, 2차적으로 과산화물의 분해산물을 측정할 수 있다. 분해산물은 종류가 매우 다양하고, 분해 생성물의 생성반응들이 여러 가지 변수에 의해 영향을 받으므로 한 가지 종류의 분해산물만 측정하는 것은 오류를 범할 수 있다. 그러므로 목적에 따라 다양한 측정방법과 올바른 해석을 해야 한다.

1) 과산화물값

과산화물은 자동산화의 주요 개시산물이다. 과산화물값peroxide value은 유지 1 kg 중에 함유된 과산화물의 mmol수 또는 당량수로 표시한다. 과산화물의 측정은 요오드 적정법, 즉 산화된 유지와 KI를 반응시켜 생성된 I_2를 NaS_2O_3로 측정하는 법과 Fe^{2+}을 Fe^{3+}로 산화시킬 때 색의 변화를 측정하는 싸이오시안법이 이용된다.

산화과정 중에 과산화물은 최고값에 도달한 후 감소한다. 산패된 지 오래된 유지는 과산화물값이 낮게 측정된다. 정확도는 실험과정의 방법과 실험온도에 따라 영향을 받는다. 산소의 흡수량이나 생성된 과산화물의 양은 유지의 조성, 산화방지제, 금속이온, 산화 조건에 따라 다를 수 있다. 과산화물값은 산화 초기에 생성되는 과산화물을 측정함으로써 유지의 유도기간을 측정하는 데 이용한다.

2) TBA값

지방 산화를 평가하는 데 가장 널리 사용하는 방법 중의 하나로 유지 1kg 중에 함유되어 있는 말론알데하이드malonaldehyde, $CH_2(CHO)_2$의 mg수이다. 이 방법은 TBA 두 분자가 불포화지방산의 산화 생성물인 말론알데하이드 한 분자와 축합하여 붉은 색소를 생성하는 데 근거를 두고 있다. Dienal은 붉은 색소를 생성하지만 alkanal, alkenal 등은 노란 색소를 생성하므로 파장 450 nm 및 530 nm에서 흡광도를 모두 측정하는 것이 바람직하다. TBA값은 과산화물값보다 재현성이 낮은 경우가 많으나 산화가 진행됨에 따라 과산화물값과는 달리 TBA값이 계속 증가한다. TBA값은 한 가지 유지로 된 시료를 여러 가지 산화단계에서 비교할 때 가장 유용하다.

3) 총카보닐 화합물 측정

유지나 지방질 식품이 산패하면 과산화물을 거쳐 많은 종류의 카보닐 화합물이 생성되는데, 그 함량을 측정함으로써 산패 정도를 측정할 수 있다. 측정방법은 알데하이드와 케톤 화합물이 2,4-dinitrophenyl hydrazine과 작용하여 붉은 색소의 2,4-dinitrophenol hydrazone을 비색 정량한다. 카보닐 화합물 중에는 비휘발성인 고분자가 비교적 많다. 저분자량의 카보닐 화합물은 휘발성이 크므로 유지의 향기와 직접적인 관계가 있다. 저분자의 카보닐 화합물을 증류하고 회수한 후, 적절한 시약으로 반응시키거나 크로마토그래피법으로 정량할 수 있다. Headspace 분석법에 의한 hexanal의 정량법도 이용된다.

4) Anisidine 값

아세트산 존재하에 *p*-anisidine은 알데하이드와 반응하여 황색 색소를 생성한다. 알데하이드가 이중결합을 가지고 있으면 파장 350 nm에서의 흡광도가 증가하므로 anisidine값은 주로 2-alkenal 양의 추정치가 된다. 총 산화total oxidation값 또는 산화값은 과산화물값과 과산화물의 분해산물인 anisidine값으로 유지의 산화 정도를 평가하는 데 이용된다.

5) Kreis 시험

산업적으로 지방질의 산화를 평가하는 데 이용하는 가장 오래된 방법이다. 이 방법은 산화 생성물 중 카보닐 화합물이 phloroglucinol과 반응하여 적색으로 정색되는 것이다. 이 방법은 산화 생성물이 없는 신선한 유지도 Kreis 시약과 반응하여 정색이 되는 경우가 있고, 실험하는 사람에 따라 다른 결과가 나오기 때문에 주로 정성시험에 이용한다.

6) 자외선 분광광도법

유지가 산화되면 1,4-pentadiene 형태의 이중결합이 공액이중결합으로 변한다. 공액이중결합은 파장 234 nm, 공액 triene은 파장 268 nm에서 높은 흡광도를 나타낸다. 이 흡광 정도는 산화 초기단계를 제외하고는 산화 정도와 잘 일치되지 않는 단점이 있다.

7) Oxirane 시험

Epoxide 함량을 추정하는 것으로 oxirane기와 수소할로겐 화합물 첨가반응에 기초한다. 이 반응은 감수성이 낮고 특이성이 없다. 또한 수소 할로겐 화합물은 β-불포화 카보닐 화합물이나 공액이중결합 화합물과도 반응한다. 반면 epoxide기와 피크르산과의 반응을 기초로 한 비색법은 수소할로겐 화합물의 첨가방법보다 감수성이 높고 단점도 적은 편이다.

8) 요오드값

유지의 자동산화 과정 중에 이중결합이 산화에 의해서 감소하는 경향이 있어 때로는 요오드의 변화로 산화 정도를 추정할 수 있다.

9) 형광법

유지 산화과정 중 생성된 카보닐 화합물이 유리아미노기를 가진 성분과 상호작용하여 형광물질이 생성된다. 형광법은 비교적 감수성이 높은 편이므로 생체조직의 산화 정도를 추정할 때 유용하다.

10) 크로마토그래피법

여러 가지 크로마토그래피 기술 중 얇은 막 크로마토그래피thin layer chromatography, TLC, 고성능 액체 크로마토그래피high performance liquid chromatography, HPLC, 가스 크로마토그래피gas chromatography, GC 등이 지방질의 산화 정도를 측정하는 데 이용된다. 이 방법은 자동산화 중 생성된 전형적인 산화 생성물 pentane, hexanal과 같은 휘발성 물질 또는 극성 중합체 등의 특이성분을 분리하고 정량한다.

11) 관능검사

식품에서 산패취의 최종시험은 관능검사로 잘 훈련된 검사원에 의하여 규정된 방법으로 진행된다.

12) 샬 오븐 시험

유지 산패의 신속측정법 중 하나로 시료를 65°C에 저장하면서 산패가 검출될 때까지 정기적으로 관능검사나 과산화물값을 측정하여 유도기간을 측정한다.

13) 활성산소법

유지 산패의 신속측정법으로 유지를 97°C의 물 중탕에서 2.33 mL/sec 속도로 일정하게 공기를 불어 넣어 산패를 촉진시킨다. 일정한 시간 간격으로 유지의 과산화물값을 측정하여 유지 산패의 유도기간을 측정한다.

14) 랜시매트법

유지 산패의 신속측정법으로 유지를 100°C로 유지하고, 활성산소법AOM과 같이 공기를 주입시키면서 산화생성물의 생성을 전기전도도로 측정하여 유지의 산패 유도기간을 측정한다.

FOOD CHEMISTRY

FOOD CHEMISTRY

chapter

05

단백질

학습목표

1. 단백질 종류를 분류할 수 있다.
2. 단백질의 일반적인 성질을 설명할 수 있다.
3. 아미노산의 종류와 기본구조 및 특성을 설명할 수 있다.
4. 단백질을 구성하는 아미노산의 1차, 2차, 3차 및 4차 구조를 설명할 수 있다.

chapter

05

단백질protein은 질소N를 함유한 고분자 유기화합물로 생물체를 구성하는 중요한 성분일 뿐만 아니라 효소, 호르몬, 항체, 구조 단백질, 수축성 단백질, 저장 단백질 등으로 세포나 생물체에서 다양하고 핵심적인 기능을 한다. 이러한 다양한 기능은 단백질이 20여 종의 아미노산amino acid이 펩타이드peptide 결합으로 구성되어 있기 때문인데 아미노산의 종류와 수, 배열 순서에 따라 다양한 단백질이 생성된다. 실제로 단백질은 그리스어인 *proteios*(가장 중요한, 첫 번째의, primary, of the first kind)에서 유래되었다.

단백질은 탄소 50~55%, 수소 6~7%, 산소 20~23%, 질소 12~19% 그리고 황 0.2~3.0%로 구성되어 있다. 일반적으로 단백질은 탄수화물이나 지질과는 달리 분자 내에 평균 약 16%의 질소를 함유하고 있어서 식품의 질소량을 측정한 후 질소계수 6.25〔=100/16(단백질의 평균 질소 함량)〕를 곱하여 조단백질crude protein의 양을 계산한다.

1. 아미노산

1) 구조

아미노산은 한 분자 내에 아미노기amino group, $-NH_2$와 카복실기carboxyl group, -COOH를 동시에 가지는 화합물로 아미노기가 결합하고 있는 탄소의 위치에 따라 α-, β-, γ- 아미노산으로 분류된다그림 5-1. 자연계에 존재하는 단백질은 대부분 α-아미노산으로 구성되어 있다.

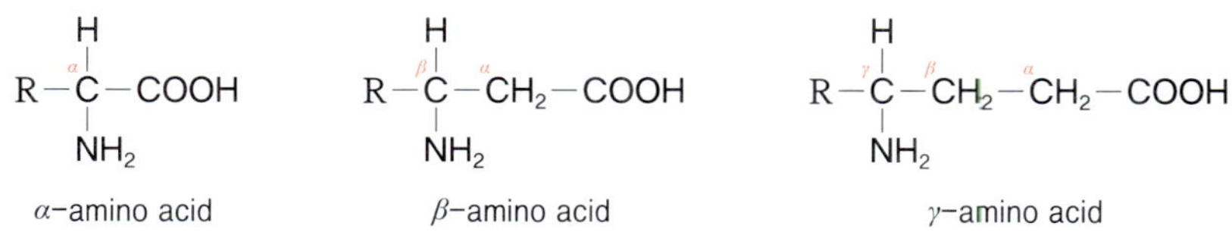

그림 5-1 | 아미노산의 구조

아미노산은 R이 수소인 글리신glycine을 제외하고는 모두 α-탄소에 각각 다른 원자나 기group가 결합되어 있는 비대칭탄소*asymmetric carbon를 가지고 있으므로 D-형과 L-형의 두 가지 입체이성질체가 존재한다그림 5-2.

그림 5-2 | 아미노산의 입체이성질체

2) 종류

(1) 단백질을 구성하는 아미노산

자연계에서 단백질을 구성하는 아미노산은 약 20종이 있다표 5-1. 이 중 트레오닌threonine, 발린valine, 루신leucine, 아이소루신isoleucine, 라이신lysine, 메싸이오닌methionine, 페닐알라닌phenylalanine, 트립토판tryptophan 등 8개 아미노산의 경우 체내에서는 합성되지 않아 식품으로 섭취해야만 하는 필수아미노산essential amino acid이다. 어린이와 청소년, 회복기 환자에게는 추가로 아르지닌arginine과 히스티딘histidine이 필수아미노산에 포함된다.

표 5-1 | 단백질을 구성하는 아미노산의 종류와 구조

분류		아미노산	약어	화학구조	등전점(pI)
중성 아미노산	극성	세린 serine	Ser, S	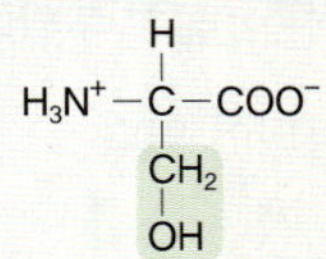	5.7
		트레오닌 threonine	Thr, T	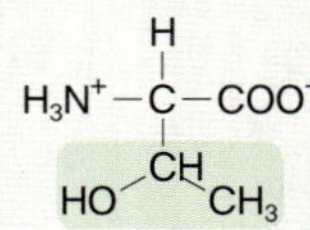	6.5
		타이로신 tyrosine	Tyr, Y	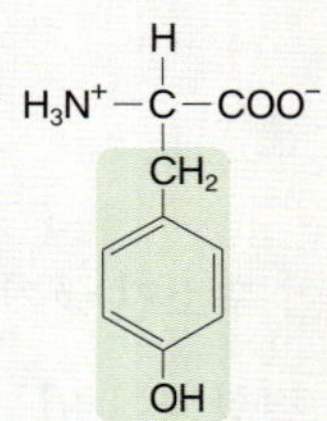	5.7
		아스파라진 asparagine	Asn, N	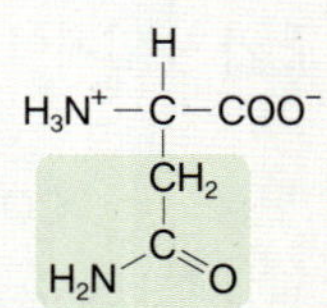	5.4
		글루타민 glutamine	Gln, Q	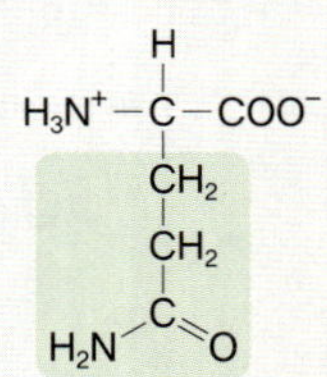	5.7
	비극성	글리신 glycine	Gly, G	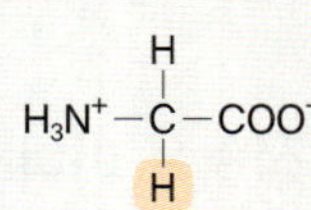	6.0
		알라닌 alanine	Ala, A	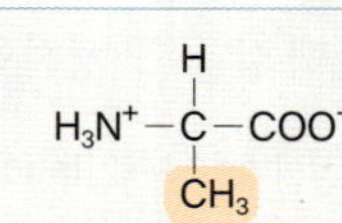	6.0

분류		아미노산	약어	화학구조	등전점(pI)
중성 아미노산	비극성	발린 valine	Val, V	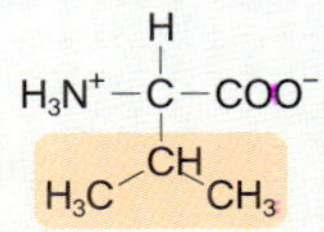	6.0
		루신 leucine	Leu, L	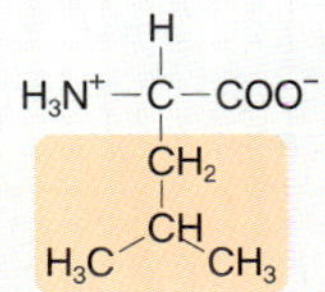	6.0
		아이소루신 isoleucine	Ile, I	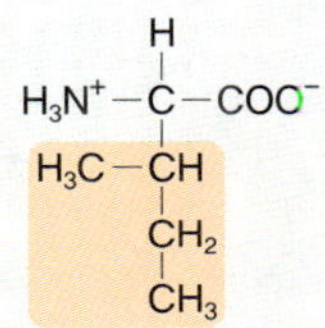	6.1
		프롤린 proline	Pro, P	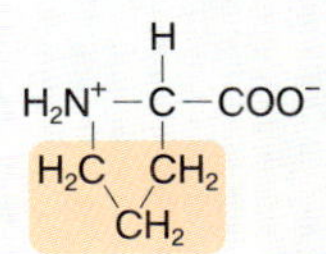	6.3
		시스테인 cysteine	Cys, C	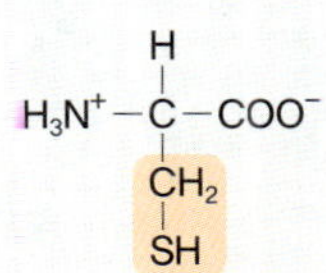	5.0
		메싸이오닌 methionine	Met, M	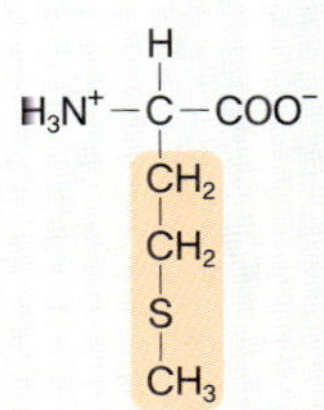	5.8
		페닐알라닌 phenylalanine	Phe, F	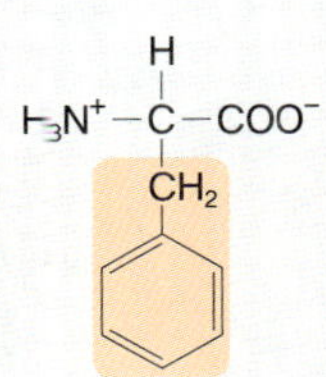	5.5

분류		아미노산	약어	화학구조	등전점(pI)
중성 아미노산	비극성	트립토판 tryptophan	Trp, W	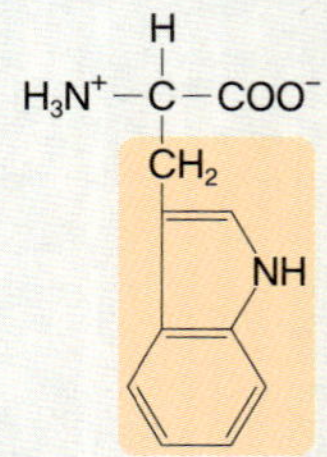	5.9
산성 아미노산		아스파트산 aspartic acid	Asp, D	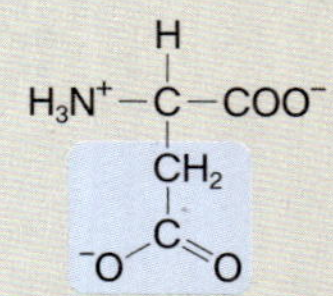	3.0
		글루탐산 glutamic acid	Glu, E	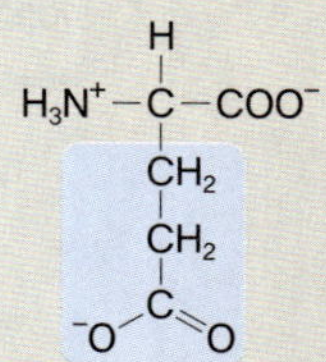	3.2
염기성 아미노산		라이신 lysine	Lys, K	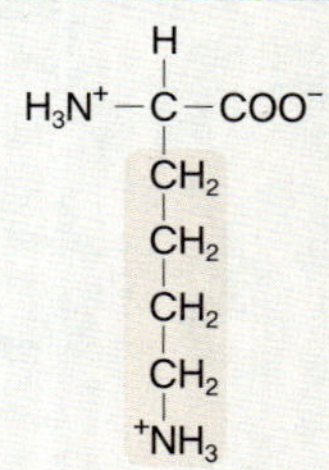	9.8
		아르지닌 arginine	Arg, R	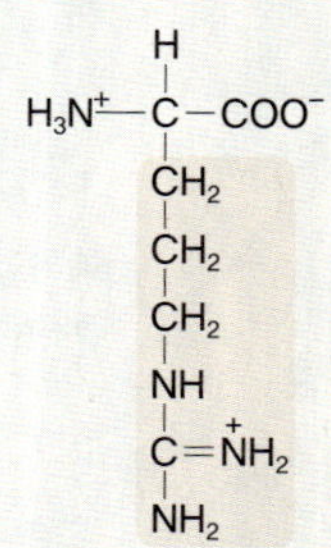	10.8
		히스티딘 histidine	His, H	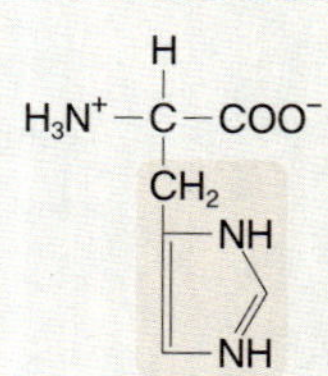	7.6

(2) 단백질을 구성하지 않는 아미노산

아미노산에는 단백질을 구성하지는 않지만 유리 상태나 비타민 등의 구성성분이

표 5-2 | 단백질을 구성하지 않는 아미노산

일반명	화학구조	소재
오니틴ornithine	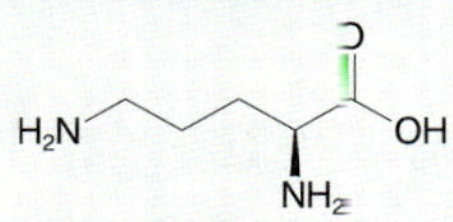	간, 동물, 식물
베타-알라닌β-alanine	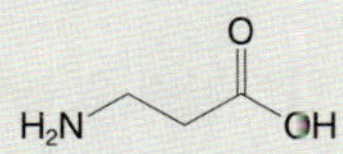	동물 조직, 담즙, 과실
감마-아미노뷰티르산 γ-aminobutyric acid, GABA	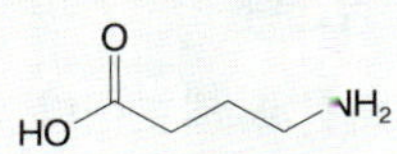	뇌, 감자, 사과
시트룰린citruline	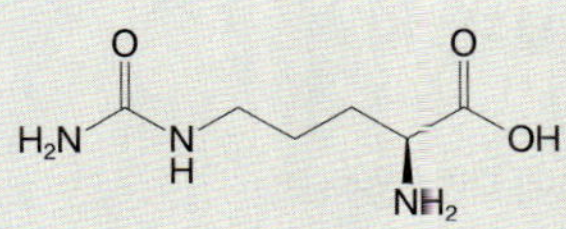	간, 수박
알린alliin	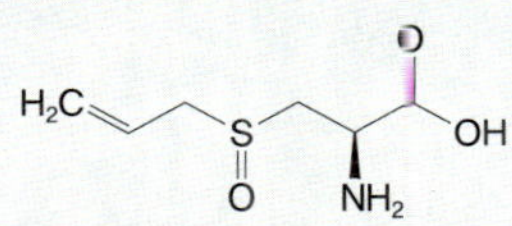	마늘
카나바닌canavanine	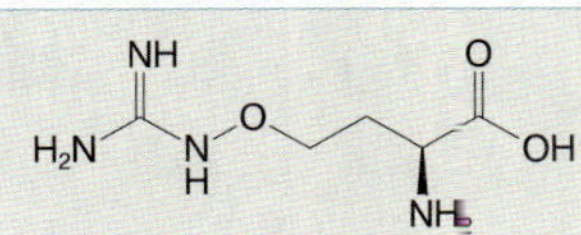	작두
호모세린homoserine	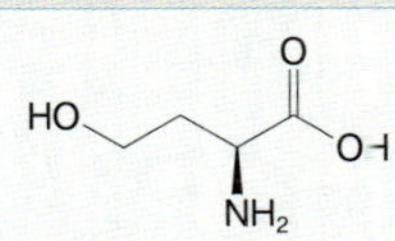	콩류
다이하이드록시페닐알라닌 dihydroxyphenylalanine, DOPA	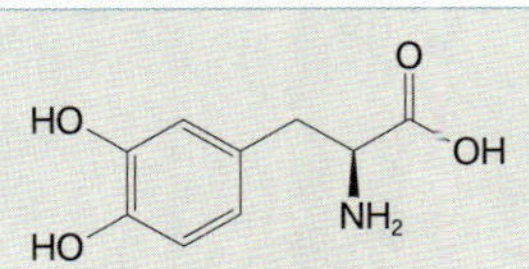	동물, 식물
타우린taurine	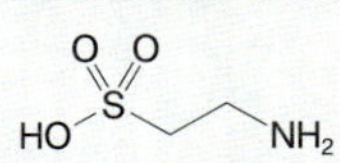	문어, 오징어, 담즙
테아닌theanine	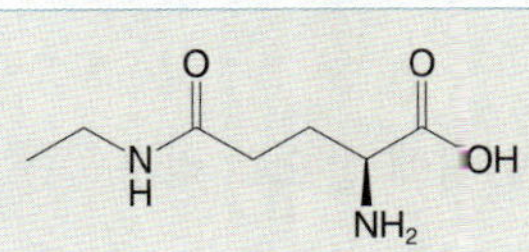	녹차

되는 아미노산이 있다. 표 5-2는 단백질을 구성하지는 않지만 식품과 관계가 깊은 아미노산의 종류들이다.

3) 아미노산의 성질

(1) 용해성

아미노산은 일반적으로 물, 묽은 산과 알칼리, 염류 용액에는 잘 녹는 성질이 있으나 아세톤acetone, 에터ether, 클로로폼chloroform, 헥산hexane 등과 같은 비극성 유기용매와 알코올alcohol에는 녹지 않는다. 반면 프롤린과 하이드록시프롤린hydroxyproline은 알코올에 잘 녹는다.

표 5-3은 아미노산의 물에 대한 용해도이다. 용해도는 pH에 따라 변하며 등전점isoelectric point에서 가장 낮다.

표 5-3 | 아미노산의 물(25℃)에 대한 용해도

아미노산	용해도(g/L)	아미노산	용해도(g/L)
알라닌	167.2	루신	21.7
아르지닌	855.6	라이신	739.0
아스파라진	28.5	메싸이오닌	56.2
아스파트산	5.0	페닐알라닌	27.6
시스테인	277	프롤린	1620.0
글루타민	4.13	세린	422.0
글루탐산	8.5	트레오닌	13.2
글리신	249.9	트립토판	13.6
히스티딘	45.6	타이로신	0.4
아이소루신	34.5	발린	58.1

(2) 양성 전해질

모든 아미노산은 한 분자 내에 산으로 작용하는 카복실기-COOH와 알칼리로 작용하는 아미노기-NH_2를 동시에 갖는 양성 물질amphoteric substance이다. 다시 말해 아미노산은 수용액에서 음이온COO-과 양이온NH_3^+ 전하를 동시에 갖고 있어 외부에서 산을 첨가하면 알칼리(양자 수용체)로 작용하고, 알칼리를 첨가하면 산(양성자 공여체)으로 작용하는 화합물이다. 이러한 물질을 양성 전해질ampholyte 또는 양성 이온zwitterion, dipolarion이라고 한다그림 5-3. 따라서 아미노산 용액을 전기영동장치에 넣고 전류를 통하면 산성 pH에서는 아미노산의 카복실기가 수소 이온을 받아들여 아미노산은 음(−)극으로, 알칼리성 pH에서는 아미노기가 탈수소 이온화가 되어 아미노산이 양(+)극으로 이동한다. 그러나 아미노산은 어떤 특정 pH에서는 양전하와 음전하의 양이 같아져서 하전이 0이 되고 어느 전극으로도 이동하지 않는 현상이 발생한다. 이때의 pH를 등전점isoelectric point, pI이라고 한다. 일반적으로 중성 아미노산은 pH 5~7 부근, 산성 아미노산은 pH 3 부근, 염기성 아미노산은 pH 7~10 부근에서 등전점을 나타낸다. 일반적으로 등전점에서 아미노산은 불안정하여 침전이 되며 이때 흡착력과 기포력은 최대가 되고, 용해도와 점도 및 삼투압은 최소가 된다.

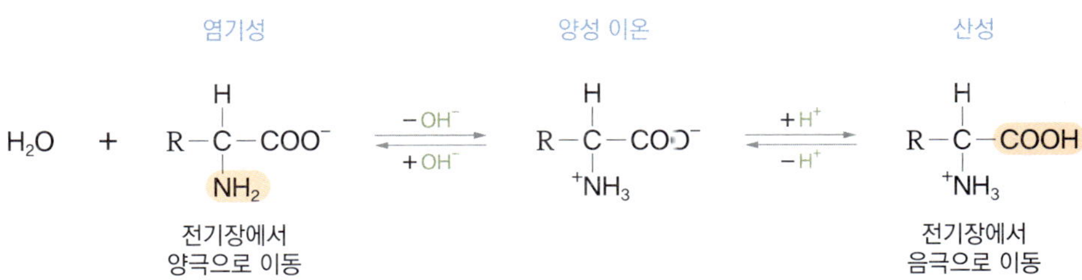

그림 5-3 | 양성이온으로서의 아미노산

(3) 광학적 성질

R이 수소인 글리신을 제외한 모든 아미노산은 비대칭탄소asymmetric carbon원자를 가지고 있으므로 D-형과 L-형의 입체이성질체(광학이성질체optical isomer)가 존재한다. 단백질을 구성하는 아미노산은 대부분이 L-형이고, D-형은 일부 세균이 생산하는 항생물질이나 미생물의 세포벽에 존재한다.

(4) 자외선 흡수성

단백질을 구성하는 아미노산 중 방향족 아미노산인 타이로신tyrosine, 트립토판tryptophan, 페닐알라닌phenylalanine은 자외선을 흡수할 수 있고그림 5-4, 이들은 또한 이 영역에서 형광성을 나타낸다. 대부분의 단백질은 타이로신을 포함하고 있어 타이로신의 최대 흡수파장인 280 nm에서 흡광도를 측정하여 수용액 중의 단백질 함량을 측정한다. 시스틴은 이황화disulfide, -S-S-결합의 존재로 240 nm에서 자외선을 약하게 흡수한다.

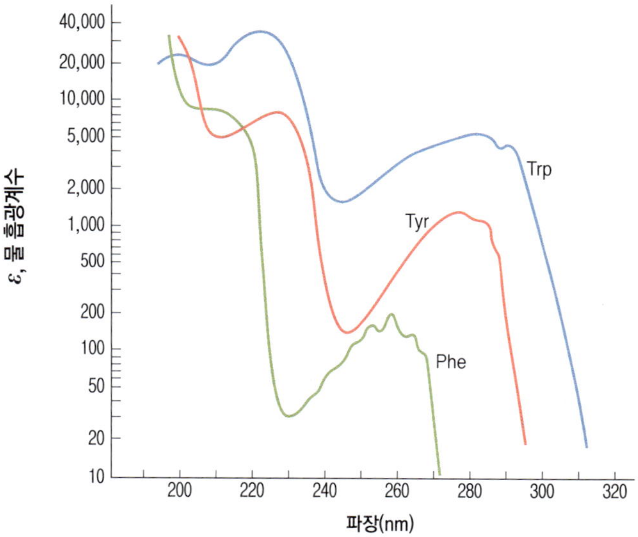

그림 5-4 | 방향족 아미노산의 자외선 흡수 스펙트럼

(5) 맛

일반적으로 단백질은 맛이 느껴지지 않으나 그 분해산물인 아미노산은 단맛, 쓴맛, 신맛, 감칠맛 등 각각 특유의 맛을 가지고 있어 식품의 맛을 내는 데 기여한다표 5-4. 대표적으로 L-글루탐산L-glutamic acid은 감칠맛을 내는데 그 나트륨염인 글루탐산일나트륨monosodium glutamate, MSG은 조미료로 이용되고 있다.

표 5-4 | 각종 아미노산의 맛

아미노산	맛	아미노산	맛
L-glutamic acid	감칠맛	L-histidine	쓴맛
D-glutamic acid	무미	L-alanine	단맛
L-cysteine	유황화합물 맛	L-valine	단맛
L-methionine	유황화합물 맛	L-threonine	단맛
L-glycine	단맛	L-serine	단맛
L-tyrosine	무미	L-proline	달고 신맛
L-tryptophan	쓴맛	L-asparagine	신맛
L-phenylalanine	쓴맛	L-aspartic acid	신맛
L-leucine	쓴맛	L-arginine	쓴맛

(6) 아미노산의 화학적 반응

① 카복실기 제거반응

아미노산은 수산화바륨 $Ba(OH)_2$과 함께 가열하거나 부패 세균이 생성하는 카복실기 제거효소decaboxylase에 의해 카복실기가 제거되어 아민amine과 이산화탄소 CO_2가 생성된다. 히스티딘histidine은 카복실기가 제거되면 히스타민histamine을 생성하는데 이는 동물 체내의 알레르기 반응에 관여한다.

② 아질산과의 반응

아미노산의 아미노기는 아질산 HNO_2과 반응하여 질소 가스를 정량적으로 발생하여 반 슬라이크Van Sylke 아미노태질소 정량법에 이용된다.

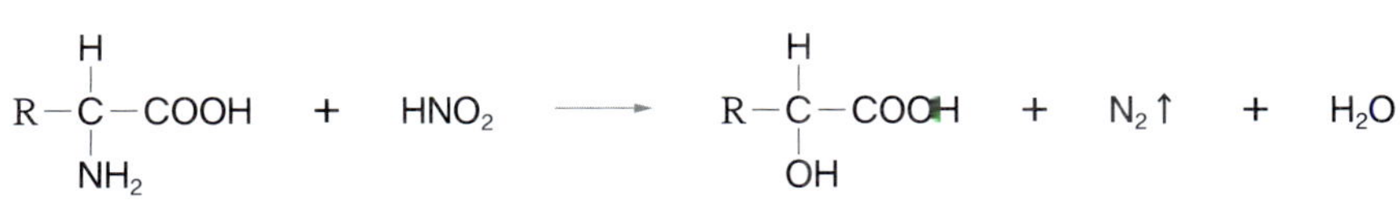

그러나 프롤린, 하이드록시프롤린과는 반응하지 않는다.

③ 알데하이드와의 반응

아미노산의 알파 아미노α-amino기는 알데하이드와 축합하여 시프 염기Schiff base를 형성하는데, 이 반응은 비효소적 갈변반응인 마이야르 반응Maillard reaction의 첫 번째 단계에서 나타난다.

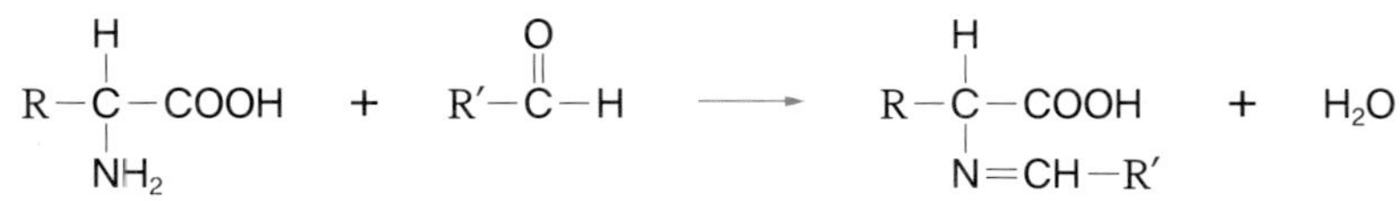

④ 닌하이드린과의 반응

아미노산은 산화제인 닌하이드린ninhydrin과 반응하여 이산화탄소를 발생하면서 아미노산의 카복실기는 알데하이드로, 아미노기는 암모니아로 유리된다. 이때 생성된 암모니아는 산화형 또는 환원형 닌하이드린과 반응하여 570 nm에서 최대 흡수를 나타내는 청자색의 중합화합물을 형성한다. 그러나 프롤린과 하이드록시프롤린은 황색 중합화합물(440 nm에서 최대 흡광도)을, 아스파라진은 갈색 중합화합물을 형성한다. 이 반응은 아미노산의 정성 및 정량 분석에 이용된다.

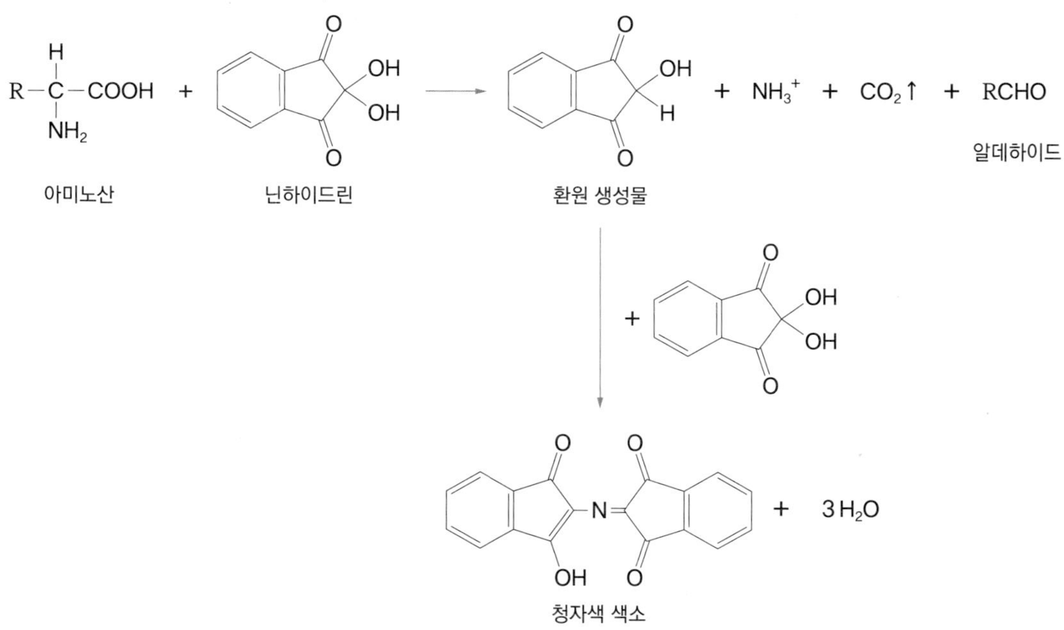

자료: 노봉수 외, 2020

⑤ 2,4-다이니트로플루오로벤젠과의 반응

아미노산의 아미노기는 2,4-다이니트로플루오로벤젠2,4-dinitrofluorobenzene, DNFB과 반응하여 황색의 DNP-아미노산dinitrophenyl-amino acid을 형성한다. 이 반응은 생어Sanger의 DNP법이라 하여 단백질의 아미노산 서열 분석을 위한 폴리펩타이드polypeptide 사슬의 N-말단 아미노산 분석에 이용된다.

자료: 노봉수 외, 2020

2. 단백질의 구조

단백질은 크게 1, 2, 3, 4차 구조로 분류할 수 있다그림 5-5.

1차 구조는 여러 아미노산이 펩타이드 결합에 의하여 한 줄로 연결되어 있는 아미노산의 배열이고, 2차 구조는 α-나선helix 구조와 β-병풍pleated sheet 구조 및 불규칙random coil 구조 등으로 이루어져 있으며, 3차 구조는 2차 구조를 한 펩타이드가 더욱 구부러지거나 중합하여 형성한 입체적인 구조이고, 4차 구조는 3차 구조를

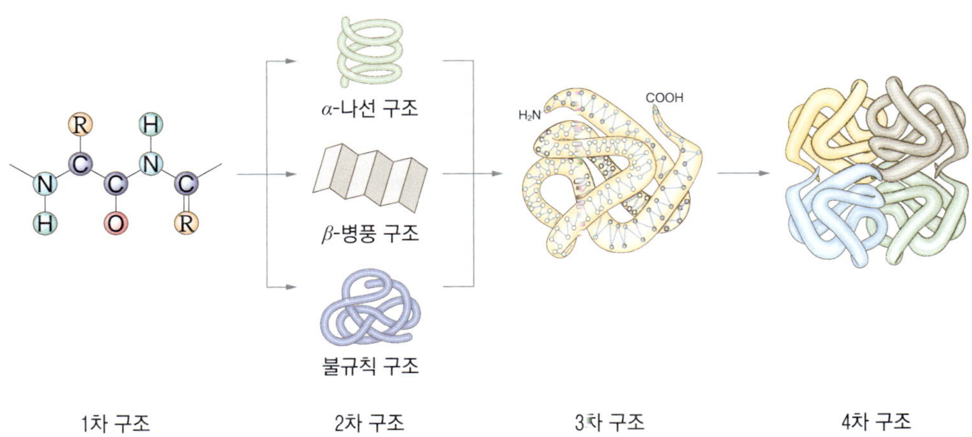

그림 5-5 | 단백질의 구조

이루고 있는 단백질 분자들이 하나의 기능성을 갖도록 서로 화합한 형태를 말한다. 즉, 단백질은 아미노산을 기본단위로 해서 생명 활동을 수행하기 위하여 여러 형태로 모여 고유의 형태를 이루게 된다.

1) 1차 구조

단백질의 1차 구조는 폴리펩타이드의 아미노산 배열 순서를 나타낸 구조를 말한다. 한 아미노산의 카복실기α-carboxyl group와 다른 아미노산의 아미노기α-amino group가 축합하여 아마이드amide 결합-CO-NH-을 형성한 상태를 펩타이드 결합이라고 한다그림 5-6. 펩타이드 결합의 양쪽 끝에는 펩타이드 결합을 형성하지 않는 유리 상태의 아미노기와 카복실기가 존재하고, 아미노기가 유리되어 있으면 N-말단, 카복실기가 유리되어 있으면 C-말단이라고 한다. 펩타이드 결합은 탄소와 질소 사이의 공유 결합과 탄소와 산소 사이의 이중결합으로 이루어진 강한 결합으로 가열, 묽은 산·알칼리 처리에도 분해되지 않는다. 아미노산 두 분자가 펩타이드 결합을 형성한 것을 다이펩타이드dipeptide, 세 분자의 아미노산이 펩타이드 결합을 이룬 것

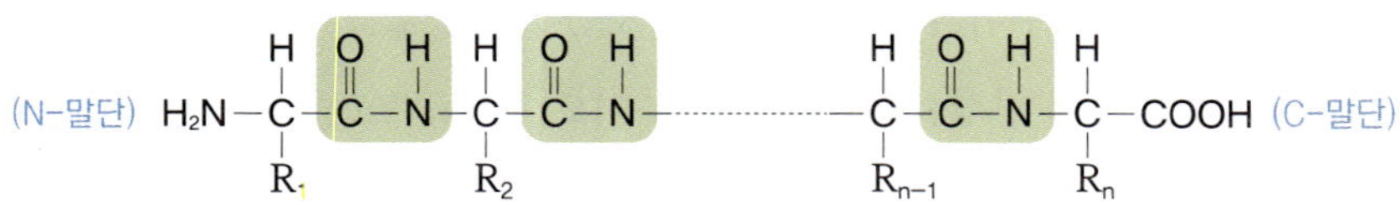

그림 5-6 | 펩타이드 결합

H_2N	1 Glu	Gln	Leu	Thr	Lys	Csy	Glu	Val	Phe	Gln	11 Glu	Len	Lys	Asp	Leu	Lys	Gly	Tyr	Gly	Gly
	21 Val	Ser	Leu	Pro	Glu	Trp	Val	Cys	Thr	Thr	31 Phe	His	Thr	Ser	Gly	Tyr	Asp	Thr	Glu	Ala
	41 Ile	Val	Glu	Asn	Asn	Gln	Ser	Thr	Asp	Tyr	41 Gly	Len	Phe	Gln	Ile	Asn	Asn	Lys	Ile	Trp
	61 Cys	Lys	Asn	Asp	Gln	Asp	Pro	His	Ser	Ser	61 Asn	Ile	Cys	Asn	Ile	Ser	Cys	Asp	Lys	Thr
	81 Leu	Asn	Asn	Asp	Leu	Thr	Asn	Asn	Ile	Met	81 Cys	Val	Lys	Lys	Ile	Leu	Asp	Lys	Val	Gly
	101 Ile	Asn	Tyr	Trp	Leu	Ala	His	Lys	Ala	Leu	101 Cys	Ser	Glu	Lys	Leu	Asp	Gln	Trp	Leu	Cys
	121 Glu	Lys	123 Leu	COOH																

그림 5-7 | 락트알부민의 1차 구조 모식도

자료: Stanciuc & Papeanu, 2010

을 트라이펩타이드tripeptide라 하고, 10분자 이하의 아미노산이 펩타이드 결합을 하고 있는 것을 올리고펩타이드oligopeptide, 그 이상 여러 분자의 아미노산들간 펩타이드 결합을 폴리펩타이드polypeptide라고 한다. 다시 말해 단백질의 1차 구조는 각종 아미노산이 펩타이드 결합에 의해 일차원적으로 이어진 사슬의 형태로 아미노산의 조성과 결합 순서를 나타낸다그림 5-7.

2) 2차 구조

단백질의 2차 구조는 수소결합에 의해 형성되는데 폴리펩타이드 사슬이 오른쪽으로 회전하는 형태인 α-나선 구조와 폴리펩타이드 사슬이 주름 잡힌 모양을 한 β-병풍 구조, 불규칙 구조 등의 형태가 있다.

(1) α-나선 구조

α-나선 구조는 한 폴리펩타이드 내에서 약간 떨어진 아미노산 사이에 규칙적으

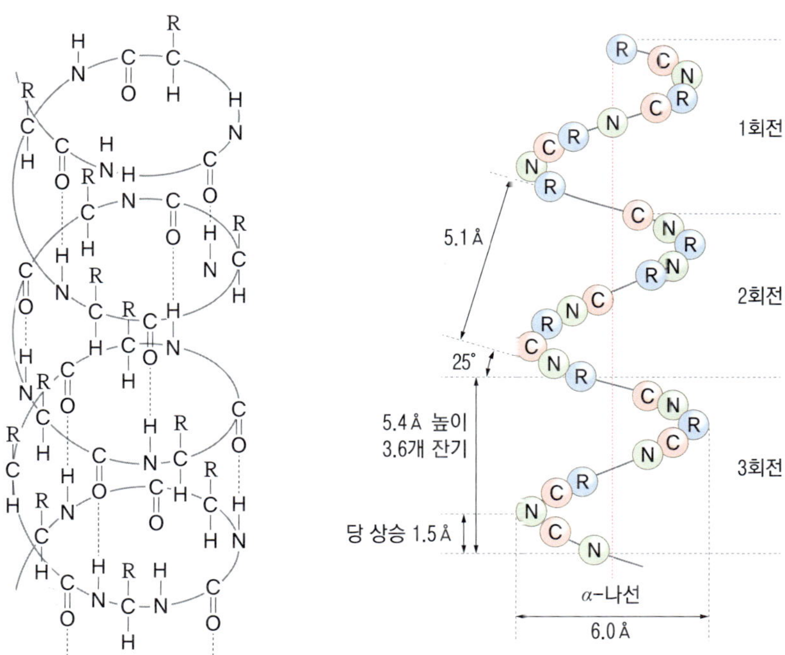

그림 5-8 | 단백질의 α-나선 구조

로 카보닐기>C=O와 아미노기-NH가 수소결합에 의하여 서로 끌어당겨 주 사슬이 나사 모양으로 오른쪽으로 감는 안정한 구조이다. 나선 구조가 최대 안정성을 갖기 위해서는 축을 중심으로 한 번 회전하는데 3.6개의 아미노산 잔기residue와 5.4Å의 상승 높이가 필요하다그림 5-8.

(2) β-병풍 구조

β-병풍 구조(β-구조)는 폴리펩타이드 사슬이 주름을 잡으며 입체적으로 늘어진 구조를 말한다그림 5-9. 이 구조는 두 폴리펩타이드 사슬 사이에 안정한 수많은 수소결합에 의하여 평행parallel(인접한 펩타이드 사슬의 N-말단과 C-말단이 같은 방향)하거나 역평행antiparallel(인접한 펩타이드 사슬의 N-말단과 C-말단이 반대 방향)하는 지그재그 형태를 이루고 있다.

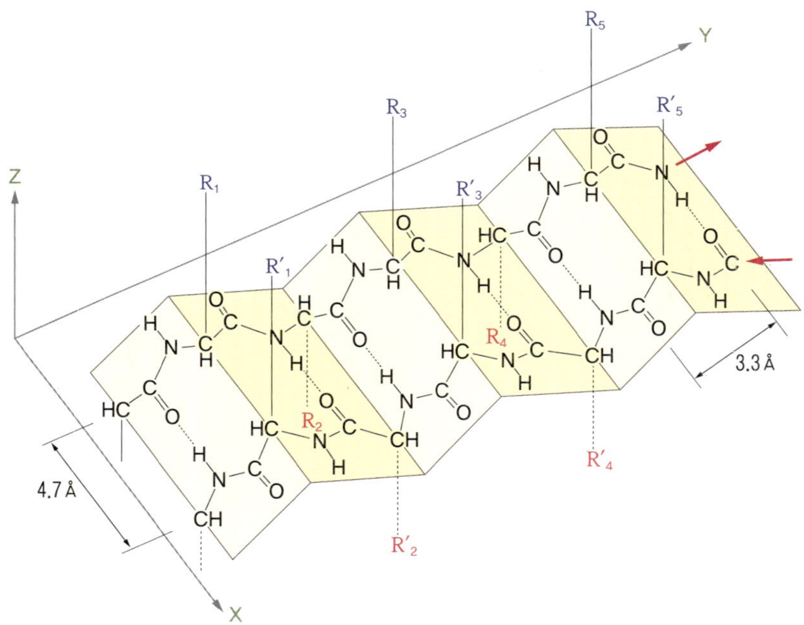

그림 5-9 | 단백질의 β-병풍 구조

(3) 불규칙 구조

불규칙 구조는 α-나선 구조와 β-병풍 구조와 달리 규칙성이 없는 형태이지만 단백질마다 일정 불변의 구조를 하고 있다. 불규칙 구조는 폴리펩타이드 사슬이 흐트러진 실처럼 복잡하게 구부러지고 휘어져 있다.

3) 3차 구조

3차 구조는 1차 구조와 2차 구조를 실질적으로 구성하고 있는 폴리펩타이드 사슬들이 수소결합, S-S 결합, 이온결합, 소수성 결합 등에 의하여 휘어지고 구부러져 구상이나 섬유상의 복잡한 공간 배열conformation을 이룬 것을 말한다그림 5-10. 그러나 펩타이드 사슬 간의 공유결합 이외 결합은 강하지 않기 때문에 가열, pH 변화, 요소, 유기용매, 계면활성제 등에 의해 단백질의 구조가 쉽게 변할 수 있다. 이러한 것을 변성이라고 한다.

대부분의 3차 구조 단백질은 100개 이상의 아미노산 잔기를 포함하고 있다. 수용성 단백질은 일반적으로 소수성 아미노산들이 분자 내부에 위치하고, 극성 아미노산들이 주로 단백질 분자의 표면에 위치하고 있어 물에 잘 녹는다. 그러나 지단백질

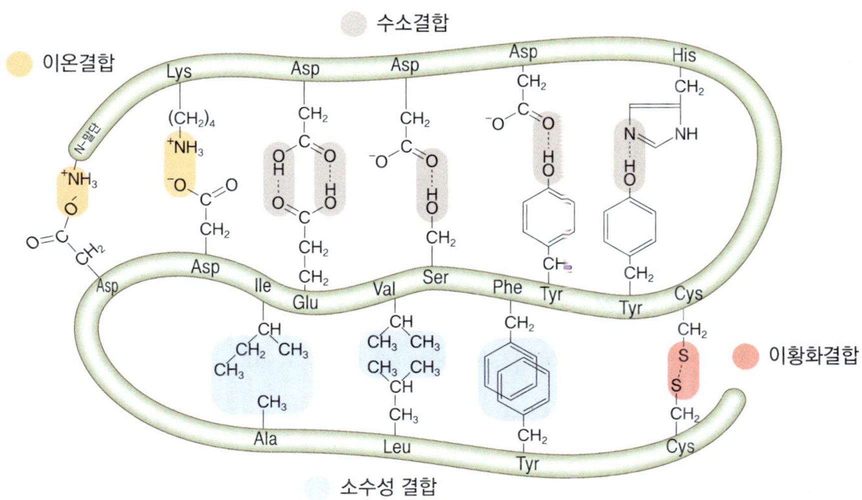

그림 5-10 | 단백질의 3차 구조

단, 이황화결합은 2차 구조의 일부로 알려져 있음

lipoprotein과 같은 물에 녹지 않고 유기용매에 녹는 단백질은 분자 표면에 소수성 아미노산들이 더 많이 분포한 형태이다.

4) 4차 구조

4차 구조는 3차 구조를 가지는 단백질이 회합association에 의하여 뭉쳐서 전체로 하나의 생리기능을 발휘하는 단백질의 집합체를 형성하는 구조를 말한다그림 5-11. 회합의 기초가 되는 하나의 단백질을 소단위subunit 또는 단위체monomer라고 하며, 이들은 회합하여야만 생리기능을 나타내고 기본단위 단독으로는 불활성을 나타낸다. 4차 구조에는 소단위의 수에 따라서 이량체dimer, 삼량체trimer, 사량체tetramer 등 소단위의 수 뒤에 '-mer'로 끝나는 이름을 사용한다.

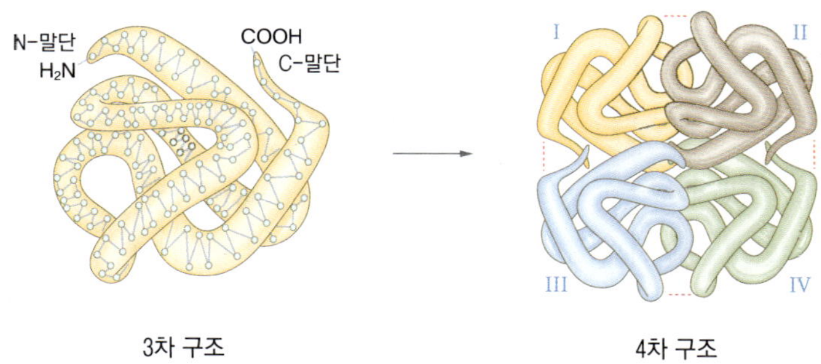

그림 5-11 | 헤모글로빈의 4차 구조

3. 단백질의 분류

단백질은 여러 아미노산들이 펩타이드 결합으로 이루어진 고분자화합물이어서 그 구조 및 형태가 다양하여 여러 관점에서 분류할 수 있다. 일반적으로 단백질의 조성과 용해도solubility에 따라 단순단백질, 복합단백질, 유도단백질로 분류한다.

1) 단순단백질

단순단백질은 아미노산만으로 구성되어 있으며 용매에 따라 용해도 차이로 다음과 같이 나눈다.

(1) 알부민

알부민albumin은 물, 염류 용액, 묽은 산이나 알칼리에 잘 녹으며 가열에 의해 응고된다. 알부민은 다양한 종류의 아미노산을 함유하고 있으나 글리신 함량이 낮고 분자량도 다른 단백질에 비해 적은 편이다. 동·식물계에 널리 분포하며 동물성 알부민으로는 오브알부민ovalbumin(달걀흰자), 락트알부민lactalbumin(우유), 혈청알부민serumalbumin(혈청), 미오겐myogen(근육) 등이 있고, 식물성 알부민으로 루코신leucosin(밀), 리신ricin(피마자), 레구멜린legumelin(완두) 등이 있다.

(2) 글로불린

글로불린globulin은 물에는 잘 녹지 않으나 염류 용액, 묽은 산이나 알칼리 용액에 잘 녹으며 가열에 의해 응고된다. 글로불린은 알부민과 공존하는 경우가 많은데 이 두 단백질의 분리는 물과 황산암모늄$(NH_4)_2SO_4$에 대한 용해도의 차이로 분리된다. 글로불린은 알부민과는 달리 글리신glycine 함량이 높다. 글로불린 또한 동·식물계에 널리 분포하며 동물성 글로불린에는 오보글로불린ovoglobulin(달걀흰자), 리베틴livetin(달걀노른자), 락트글로불린lactglobulin(우유), 혈청글로불린serumglobulin(혈청), 미오신myosin(근육), 피브리노겐fibrinogen(혈장) 등이 있고, 식물성 글로불린에는 글리시닌glycinin(콩), 레규민legumin(완두), 아라친arachin(땅콩), 에데스틴edestin(대마), 투베린tuberin(감자), 메이신maysin(옥수수) 등이 있다.

(3) 글루텔린

글루텔린glutelin은 물과 알코올에는 녹지 않으나 묽은 산이나 알칼리에 잘 녹으며, 가열에 의해 응고되지 않는다. 글루텔린은 글루탐산은 많으나 프롤린은 적다. 식물성 식품에서 많이 발견되는데 특히 곡류의 종자에 많으며, 오리제닌oryzenin(쌀), 글루테닌glutenin(밀), 호르데닌hordenin(보리) 등이 있다.

(4) 프롤라민

프롤라민prolamin은 70~80% 알코올에 녹는 특징이 있고, 다량의 프롤린과 글루탐산을 함유한다. 프롤라민은 식물성 식품에 존재하며 특히 곡류의 종자류에 많고, 글리아딘gliadin(밀), 제인zein(옥수수), 호르데인hordein(보리), 사티빈sativin(귀리) 등이 있다.

(5) 알부미노이드

알부미노이드albuminoid는 물, 묽은 염류, 묽은 산이나 알칼리에 모두 녹지 않는 경단백질이다. 알부미노이드 가수분해효소에 대한 저항력이 있으며 동물의 구조와 결합기능을 하는 섬유상 단백질이 많다. 콜라겐collagen(근육, 연골, 피부 등 결체조직), 케라틴keratin(손톱, 머리털, 뿔), 엘라스틴elastin(혈관, 인대), 피브로인fibroin(명주실) 등이 있다.

(6) 히스톤

히스톤histone은 물, 묽은 염류, 묽은 산 용액에 대한 용해도가 높고, 묽은 암모니아ammonia에 침전되나 가열에 의해 응고되지 않는다. 아르지닌과 라이신을 많이 함유하여 염기성 단백질의 성질을 나타낸다. 주로 동물성 단백질로 존재하여 동물의 체세포나 정자의 핵에 DNA나 단백질과 공존하며, 글로빈globin(적혈구), 싸이머스 히스톤thymus histone(흉선) 등이 있다.

(7) 프로타민

프로타민protamine은 히스톤histone과 용해성은 비슷하나 알칼로이드alkaloid 시약에 침전되지 않는 것이 히스톤과 다르다. 프로타민은 히스톤과 같이 가열에 의해 응고되지 않고, 아르지닌을 다량 함유한 염기성 단백질이다. 프로타민은 어류에 많이 존재하며 살민salmin(연어 정자), 클루페인clupeine(청어 정자), 스콤브린scombrin(고등어 정자), 스투린sturin(철갑상어 정자) 등이 있다.

2) 복합단백질

복합단백질은 단순단백질에 핵산, 당질, 지방질, 색소, 금속이나 인P 등 비단백성 물질(보결분자단prosthetic group)이 결합한 형태이다.

(1) 인단백질

인단백질phosphoprotein은 단백질에 인산이 에스터 결합한 것으로 식물성 식품에는 존재하지 않고 동물성 식품에 많이 존재한다. 카세인(우유), 비텔린vitellin과 비텔레닌vitellenin(달걀노른자) 등이 여기에 속한다.

(2) 당단백질

당단백질glycoprotein은 단백질에 당질이 결합하여 점성을 나타내 점액 단백질 mucoprotein이라고도 불린다. 동·식물 세포와 조직의 보호작용을 하며 장내 윤활작용을 한다. 당단백질 중 아세트산에 의해 침전되는 것을 뮤신mucin, 침전되지 않는 것을 뮤코이드mucoid라고 한다. 달걀흰자에는 오보무코이드ovomucoid와 오보뮤신 ovomucin이, 타액과 점막 분비물에는 뮤신mucine이 존재한다.

(3) 색소단백질

색소단백질chromoprotein은 단백질에 엽록소chlorophyll, 카로티노이드carotenoid, 헴heme, 플라빈flavin 등의 색소가 결합한 것이다. 이들은 식품의 색을 나타낼 뿐 아니라 생체 내에서 중요한 생리작용을 한다. 색소단백질의 종류로는 헤모글로빈hemoglobin(적혈구, 붉은색), 미오글로빈myoglobin(근육, 붉은색), 필로클로린phyllo-chlorine(녹색잎), 로돕신rhodopsin(시홍, 붉은 보라색), 아스타잔틴astaxanthin(갑각류, 붉은색), 오보베르딘ovoverdin(새우류, 청록색), 카탈레이스catalase, 시토크롬cytochrome, 퍼옥시데이스peroxidase 등이 있다.

(4) 금속단백질

금속단백질metalloprotein은 철, 구리, 아연 등과 같은 금속이 단백질에 결합한 형태이다. 동물성 금속단백질로는 페리틴ferritin(철 함유, 간), 헤모시아닌hemocyanin(구리 함유, 연체동물의 혈액), 인슐린insulin(아연 함유, 이자) 등이 있고, 식물성 금속단백질로는 구리 단백질인 폴리페놀 산화효소polyphenol oxidase와 아스코르브산 산화효소ascorbate oxidase 등이 있다.

(5) 지단백질

지단백질은lipoprotein은 단순단백질에 지질이 결합한 것으로 레시틴lecithin과 세팔린cephalin 등 인지질로 이루어진 것이 많다. 지단백질의 종류는 달걀노른자에 리포비텔레닌lipovitellenin과 리포비텔린lipovitelin, 혈액에 리포프로틴lipoprotein 등이다.

(6) 핵단백질

핵단백질nucleoprotein은 단순단백질에 핵산nuceliec acid이 결합한 복합체이다. 단백질 부분은 염기성의 히스톤histone이나 프로타민protamine 등이 있으며, 비단백질 성분으로는 DNAdeoxyribonucleic acid와 RNAribonucleic acid 등이 있다.

3) 유도단백질

유도단백질은 천연단백질native protein이 산, 알칼리, 기타 화학물질 및 효소 등에 의해서 변성denaturation된 것을 말하며, 그 변성 정도에 따라 1차 유도단백질과 2차 유도단백질로 구분한다.

(1) 1차 유도단백질

1차 유도단백질은 천연 단백질이 산, 알칼리, 가열, 광선 및 알코올과의 반응 시 분자량은 변하지 않지만 2차 및 3차 구조만 약간 변하여 성질이 완전히 다르게 변한 것으로 이를 변성 단백질denatured protein이라 한다. 변성 단백질의 종류는 응고 단백질, 젤라틴gelatin, 프로테안protean, 메타프로틴metaprotein 등이 있다. 응고 단백질은 알부민albumin이나 글로불린globulin류의 단백질이 열이나 자외선, 기계적 교반 및 알코올 등에 의해 변성되어 응고한 것이며, 젤라틴은 경단백질scleroprotein에 속하는 콜라겐collagen을 물에 끓여 얻은 것이다. 프로테안류는 수용성 단백질을 산이나 알칼리, 또는 가열 등에 의하여 불용성으로 변화시킨 것이며, 메타프로틴은 열 변성된 알부민이나 글로불린류의 단백질을 묽은 산이나 알칼리에 의해 변성시킨 것이다.

(2) 2차 유도단백질

2차 유도단백질은 천연 단백질이 산, 알칼리 및 효소의 작용으로 가수분해된 것이며, 이를 분해단백질이라고도 한다. 그 종류는 프로테오스proteose, 펩톤peptone, 펩타이드 등이다.

4) 분류

단백질은 구조와 형태에 따라 구상 단백질globular protein과 섬유상 단백질fibrous protein로 분류한다.

(1) 구상 단백질

구상 단백질은 전체적으로 둥근 모양을 하고 있는 단백질로 대부분 물에 잘 용해된다. 그 종류는 알부민albumin, 글로불린globulin, 헤모글로빈hemogolobin, 인슐린insuline, 효소 등이다.

(2) 섬유상 단백질

섬유상 단백질은 수소결합이나 이황화결합-S-S-을 하며 긴 사슬의 폴리펩타이드 결합으로 이루어진 섬유 모양의 규칙적인 배열을 한다. 섬유상 단백질의 종류는 용해도와 탄성력에 따라 수용성과 불용성, 탄성과 비탄성으로 구분한다. 수용성 섬유상 단백질의 종류는 젤라틴gelatin, 미오신myosin, 피브리노겐fibrinogen, 오보글로불린ovoglobulin, 제인zein, 글리아딘gliadin 등이고, 불용성 섬유상 단백질은 털, 머리카락, 뿔, 견사 및 피부 중 콜라겐 등이다. 케라틴keratin은 탄성 단백질, 콜라겐은 비탄성 단백질이다.

4. 단백질의 일반적인 성질

1) 분자량

단백질의 분자량은 수만~수백만에 이르는 고분자화합물로 셀로판이나 동·식물의 세포막 등과 같은 반투막을 통과하지 못하며, 물에 녹으면 콜로이드colloid용액을 형성한다. 단백질은 복잡한 구조 때문에 변성denaturation하지 않고 순수한 상태로는 정제하기가 어려워 분자량을 측정하기 위해 다양한 방법이 사용된다. 단백질의 분자량 측정방법은 침강법, 점도, 삼투압, 광산란법, size exclusion chromatography, SDS-PAGEsodium dodecyl sulfate polyacrylamide gel electro-phoresis 등이 있다.

2) 용해성

단백질의 용해도solubility는 앞서 말했듯이 단백질의 종류에 따라 물, 염류 용액, 묽은 산과 알칼리, 유기용매에 대한 용해성이 다르기 때문에 단백질을 분류하는 기준이 된다. 단백질이 용매에 녹으면 소금이나 설탕용액과 같은 진용액 상태가 아니라 용매 중에 분산되어 점조성이 있는 콜로이드용액 상태가 된다. 단백질은 분자 내에 물과 결합할 수 있는 친수성 기(-COOH, NH_2, -OH, NH_2, $-COO^-$, $-NH_3^+$ 등)들이 물과 수소결합을 하여 수화hydration되어 잘 녹는다. 단백질과 결합할 수 있는 물의 양은 단백질의 농도뿐만 아니라 다른 이온들의 물에 대한 경쟁 및 용액의 pH 등에 따라 결정된다. 대부분의 단백질은 묽은 중성 염류 용액에서 중성염의 해리로 생성된 이온들과 단백질 분자 내 이온화된 작용기와의 반응으로 단백질 분자 사이의 인력을 감소시켜 물에 잘 녹는데 이 현상을 염용salting in이라 한다. 그러나 중성 염류의 농도가 높아지면 염과 단백질이 물에 대하여 경쟁을 하여 오히려 단백질의 용해도가 감소되어 단백질은 침전된다. 이러한 효과를 염석salting out이라고 한다. 염석을 이용하여 단백질을 정제하는 데 사용한다. 일반적으로 황산암모늄이 용해도가 높으면서 단백질 변성을 최소화할 수 있어 단백질을 정제할 때 중성염으로 사용한다.

3) 등전점

단백질은 아미노산과 마찬가지로 양성 전해질이며 단백질 분자 전체의 전하가 0이 되어 전기적으로 중성이 될 수 있는데, 이때 수용액의 pH 값으로 표시되는 지점을 등전점isoelectric point, pI이라고 한다. 등전점에서 단백질은 용해도가 최소로 되어 침전되기 쉽기 때문에 분리 및 정제에 이용된다. 단백질은 등전점에서 흡착성, 기포력, 탁도 및 침전 등은 최대가 되지만 용해도, 삼투압, 점도, 팽윤, 수화, 표면장력 등은 최소로 된다. 식품 단백질의 등전점은 표 5-5와 같다.

표 5-5 식품 단백질의 등전점

식품	단백질	등전점	식품	단백질	등전점
우유	카세인casein	4.6	달걀	오브알부민ovalbumin	4.6
	락트알부민lactalbumin	5.1		콘알부민conalbumin	6.0
	락토글로불린lactoblobulin	4.5~5.5		오보뮤코이드ovomucoid	4.3
육류	미오신myosin	5.4		라이소자임lysozyme	10.7
	미오겐myogen	6.3		오보뮤신ovomucin	4.5~5.0
옥수수	제인zein	5.8		아비딘avidin	9.5

4) 전기이동

단백질은 등전점보다 낮은 pH 용액에서는 +로 하전되어 단백질용액에 전기를 걸으면 음극으로 이동하고, 단백질의 등전점보다 높은 pH에서는 −로 하전되어 양극으로 이동을 한다. 등전점에서 단백질의 하전은 0으로 되어 이동하지 않는다. 이러한 현상을 전기영동electrophoresis이라고 한다. 전기영동의 이동 정도는 전하의 대소, 분자의 크기, 모양 및 수화 등과 관련이 있으며, 이를 이용하여 단백질의 순도 검정뿐만 아니라 분리 및 정제 등도 할 수 있다.

5) 침전성

단백질은 양이온과 음이온을 모두 가지고 있는 양성 화합물이어서 유기 침전제

(트라이클로로아세트산trichloroacetic acid, 피크르산picric acid, 설포살리실산sulfosalicylic acid, 타닌산tannic acid 등), 중금속 염류(수은Hg^{2+}, 카드뮴Cd^{2+}, 납Pb^{2+} 등)나 유기용매(알코올alcohol, 아세톤acetone)에 의해 불용성 염을 형성하여 침전한다.

6) 결정성

단백질은 결정crystal을 형성할 수 있는데 이러한 성질은 단백질의 구조를 연구하는 데 활용된다.

7) 변성

단백질은 입체 구조를 지닌 고분자 화합물이다. 이러한 단백질 분자는 물리적 또는 화학적 요인에 의하여 펩타이드 결합은 영향받지 않으나, 비교적 약한 결합인 수소결합이나 소수성 결합과 같은 단백질의 2차·3차 구조를 유지하는 결합이 끊어져 단백질 본래의 물리적·화학적·생물학적 성질과는 다른 상태로 될 수 있다. 이러한 현상을 변성denaturation이라고 한다. 단백질의 4차 구조만 변화되었을 경우는 소단위subunit의 해리라고 한다.

단백질을 변성시키는 요인은 가열, 동결, 건조, 초음파, 표면장력, 고압 등의 물리적 작용과 산, 알칼리, 염류, 알코올, 계면활성제 등의 화학적 작용 및 효소적 작용 등이 있다.

단백질의 변성은 대부분이 비가역적이나 변성 조건이나 정도에 따라 가역적인 경우도 있다그림 5-12.

(1) 가열에 의한 변성

식품의 조리 및 가공 시에 가장 일반적으로 일어나는 단백질의 변성요인은 가열이다. 단백질을 가열하면 분자 내 입체 구조가 늘어지고 결합력이 약한 분자 내 결합이 풀려 유리활성기의 수가 증가한다. 이 유리활성기의 일부는 분자 내 결합을 하기도 하지만 다른 분자와 새로운 결합을 형성하기도 하여 회합이 일어나고, 그 정도가 커지면 침전된다. 이 현상을 단백질의 열 응고heat coagulation라고 한다. 일반적

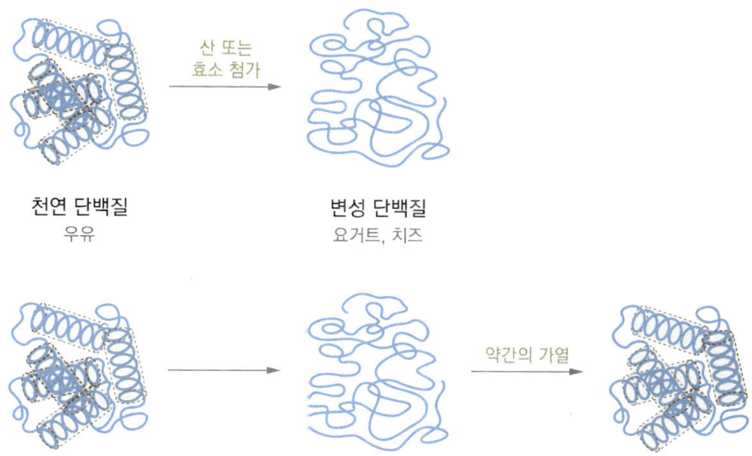

그림 5-12 | 단백질의 변성

으로 가용성 단백질을 가열하면 변성되어 응고하며, 반대로 불용성 단백질을 가열하면 가용성이 되기도 한다. 이러한 예는 육류를 장시간 가열하면 결합조직 내 콜라겐collagen이 변성되어 가용성인 젤라틴gelatin이 생성되는 경우이다.

열 변성에 영향을 주는 요인들은 온도, 수분, pH, 전해질, 당 등이다표 5-6.

표 5-6 | 단백질의 열 변성에 영향을 주는 요인들

요인	작용
온도	단백질의 열 변성은 일반적으로 60~70°C에서 일어나며 온도가 높아질수록 변성속도는 빨라진다. 그러나 급속도로 온도를 올리면 단백질이 응고되는데, 이때 더 높은 응고온도가 요구되기도 한다.
수분	수분이 많이 존재하면 비교적 낮은 온도에서도 열 변성이 일어나는데 이는 가열에 의하여 물의 분자운동이 활발해져서 단백질의 폴리펩타이드 사슬 간의 수소결합을 끊고 물 분자에 둘러싸여 사슬이 풀리게 하거나 새로운 결합의 형성을 돕기 때문이다.
pH	등전점에서 가장 잘 일어난다.
전해질	염화물, 황산염, 젖산염 등의 소량의 전해질이 존재할 때 촉진된다.
당	포도당, 과당, 설탕은 열 응고를 방해한다.

(2) 건조에 의한 변성

어류와 육류를 건조하면 육섬유를 이루고 있는 직쇄상의 폴리펩타이드 사슬 사이의 수분이 제거되고 인접한 폴리펩타이드 사슬이 서로 결합을 이루어 견고한 구조를 형성하면서 변성된다. 일단 육류를 건조하면 다시 물에 담가 수분을 흡수시켜도 건조 전의 외관, 경도, 맛 등을 복원할 수 없다.

(3) 동결에 의한 변성

육류 또는 어류와 같이 수분 함량이 많아 부패하기 쉬운 식품의 가장 일반적인 저장방법은 냉동법이지만 장기간 냉동 보관하면 단백질은 변성하여 불용성으로 되기도 한다. 특히, 어류 단백질은 변성되기 쉬우며 어육을 냉동하면 분산매인 물도 함께 동결되어 단백질 입자가 서로 접근해 결합하게 되고, 잔존하는 액 중에 존재하는 염류나 산의 농도가 높아져 단백질 분자가 염석되어 변성이 일어난다. 어육은 −1~−5°C, 쇠고기는 −1.5~−3°C에서 가장 심하게 변성이 일어나 이때를 최대빙결정생성대라고 한다. 변성은 −20°C에서 가장 일어나지 않아 변성을 최소화하기 위해서는 최대빙결정생성대를 빨리 통과시키는 급속 동결이 필요하다.

동결식품을 해동하면 변성된 단백질은 재배열되지만 물과의 친화성이 낮아져 동결하기 전과 같이 물에 분산되기 어려워 식품의 보수성은 저하되고, 수분은 드립drip으로 유출된다. 따라서 동결식품을 해동 시 일반적으로 10°C 부근에서 완만하게 해동하는 것이 좋다. 이렇게 하면 식품 표면과 내부가 상대적으로 균일하게 녹아 부분적인 변질을 방지할 수 있고, 동결에 의하여 혼란해진 세포 조직이 재배열하기 위한 시간적 여유가 생겨 드립을 줄일 수 있다.

그러나 초감압(0~1 mmHg)하에서 급속동결하는 동결건조freeze drying 방법은 근섬유가 이동하지 못하게 수분을 급격히 제거하여 조직에 미세한 공간은 많이 생겨도 거의 원래대로 회복시킬 수 있다.

(4) 산 · 알칼리에 의한 변성

단백질 용액에 산이나 알칼리를 가하면 pH의 변화에 따라서 전하가 변하여 이온

결합에 변화를 일으켜 단백질이 변성된다. 산에 의한 단백질의 변성은 식품의 조리, 가공에 많이 이용된다. 단백질에 소량의 산을 첨가하면 응고되고, 계속 가하면 용해된다. 생선회에 레몬즙이나 식초를 첨가하면 단백질이 응고되어 육질이 단단해져 식감이 좋아지는 것이 좋은 예이다. 또한 우유에 젖산균이 생육하면서 생성되는 젖산에 의하여 pH가 낮아져 우유 단백질인 카세인은 등전점(pH 4.6)에 이르게 되어 침전되는 원리를 이용한 식품으로 요구르트와 치즈가 있다.

(5) 금속 이온 및 염류에 의한 변성

일반적으로 +2, +3가의 금속이온은 단백질이 변성되어 응고하는 데 효과가 크다. 예를 들어, 콩물에 염화칼슘$CaCl_2$이나 염화마그네슘$MgCl_2$을 적당량 첨가하면 가열만으로는 응고가 되지 않는 콩의 글리시닌을 쉽게 응고시켜 두부를 만들 수 있다. 어육을 염장(0.8~1.5 M NaCl)하면 악토미오신actomyosin이 악틴actin과 미오신으로 해리되고 미오신이 응집되어 변성한다.

(6) 효소에 의한 변성

단백질은 효소에 의해 변성되거나 가수분해된다. 예를 들면, 송아지의 제4위에 존재하는 레닌rennin(카이모신chymosin)은 우유 속 카세인casein을 변성, 응고시켜 치즈 제조에 이용된다.

우유 단백질의 대부분은 카세인 분자 형태로 존재하고 작은 구형 구조로 모여 미셀micelle을 이루며, 칼슘과 인을 비교적 많이 함유하고 있어 카세인칼슘calcium caseinate 또는 카세인인phosphocaseinate이라고 한다그림 5-13. 레닌은 적당한 pH에서 카세인을 분해하여 수용성의 파라카세인paracasein을 만들고, 이는 다시 우유에 있는 Ca^{2+}와 결합하여 응고되어 불용성의 파라카세인칼슘calcium paracasein을 형성한다. 이 응고물을 커드curd라 하고 치즈 제조에 이용된다.

그림 5-13 | 카세인 미셀(a)과 레닌에 의한 카세인 변성과정(b) 및 응고된 카세인 모델(c)

자료: Hutkins R.W., 2006

8) 거품 형성과 안정성

거품foam은 분산상이 기체이고 분산매가 액체인 콜로이드colloid 분산 시스템을 말한다. 순수한 물은 일반적인 경우에 거품을 이루기가 어렵고, 대부분의 거품은 수용성 단백질이 포함되어 있을 때 생긴다. 단백질의 계면흡착성이 거품의 형성이나 안정성과 관련이 있다. 단백질 거품은 단백질 분자가 기체-액체 계면에 확산 및 흡착되어 표면막이 형성되어 생성되고, 이어서 흡착 단백질의 구조 변화가 일어나 서로 작용하여 단백질의 2차원 그물 구조를 형성하여 거품이 안정성을 보유하게 된다.

단백질의 거품 형성능foamability과 거품 안정성foam stability의 성질은 빵, 과자, 맥주, 아이스크림, 휘핑크림 등 다양한 식품에서 응용되고 있다. 기포제foaming agent로 사용되는 단백질은 달걀흰자, 젤라틴, 카세인을 비롯한 우유 단백질, 콩 단백질, 글루텐gluten 등이 있다. 단백질의 거품 형성능력과 안정성은 단백질의 종류에 따라 차이가 있다. 예를 들어, 달걀흰자는 거품 형성능력이 우수한데, 글로불린globulin, 오브알부민ovalbumin, 오보트랜스페린ovotransferrin, 라이소자임lysozyme, 오보뮤코이드ovomucoid, 오보뮤신ovomucin의 순으로 거품 형성에 기여한다. 그러나 정제된

오브알부민은 거품을 형성하지 못하는데 혈청 알부민serum albumin은 거품을 잘 형성한다. 단백질의 거품 형성능력은 표면에 확산이 빠를수록 변성이 용이할수록 좋아지는데, 거품의 크기는 분자량, 표면 소수성, 배열의 안정성과 관련이 있다. 단백질 분자량이 적을수록 표면 소수성이 커져 용해가 잘 되는 특징이 있어 거품을 잘 형성하고 안정화시킨다. 달걀노른자는 낮은 농도로도 흰자의 거품 형성을 방해하는데, 이는 노른자에 있는 레시틴 때문이다. 지질이나 유기용매 등은 그들의 소수성이 기포 표면의 단백질을 배제하고 스스로 안정된 피막을 형성하지 못하기 때문에 거품 형성을 방해한다.

9) 유화작용

유화액emulsion은 서로 섞이지 않는 두 액체로 구성된 콜로이드 분산 시스템이고, 이러한 유화액을 이루는 작용을 유화emulsification라고 한다. 물과 기름의 혼합물은 안정하지 않으나 여기에 계면피막을 형성하게 해주는 유화제emulsifier를 첨가하여 교반하면 두 액체의 분산상의 합류를 차단해 주어 안정한 유화액을 형성할 수 있다. 단백질의 양성 특징 때문에 유화액을 안정하게 한다

단백질이 유화제로 콜로이드계를 안정화하는 데 중요한 역할을 하는 식품은 우유, 크림, 아이스크림, 버터, 마요네즈, 소시지, 샐러드 드레싱 등이 있다. 단백질의 유화력은 등전점에서 가장 낮아 등전점에서 산성 또는 알칼리성으로 갈수록 증가한다.

10) 겔 형성

겔gel은 다량의 분자상 입자들 사이에 비교적 소량의 분산매가 있어 분산상 입자가 서로 접촉하여 유동성을 잃는 것을 말한다. 겔은 중합체가 물 및 기타 저분자량 물질을 포획할 수 있는 3차원적 그물망three dimensional network을 형성하여 만들어진다. 단백질의 겔화gelation는 액체와 같이 유동성이 있는 단백질이 '졸sol' 상태에서 고체와 같이 유동성이 없는 '겔과 같은gel-like' 상태로 되는 것을 말한다. 젤라틴gelatin을 뜨거운 물에 풀었다가 다시 냉각시키면 젤라틴 그물망 안에서 물이 분산되어 굳어져서 유동성이 없는 일정한 모양의 겔을 형성한다.

11) 반죽 형성

식품 단백질 중 밀 단백질은 점탄성viscoelastic 반죽을 형성하는 특성이 있어 빵과 같은 제과 제품이나 국수 등을 제조하는 데 이용된다. 밀에는 글루테닌glutenin과 글리아딘gliadin이 전체 밀 단백질량의 85% 이상을 차지하는데, 글루테닌은 밀가루 반죽에 탄성과 견고성을 부여하고, 글리아딘은 부드러움과 점착성을 부여한다. 밀가루에 물을 첨가하여 반죽을 하면 이 두 단백질이 글루텐을 형성한다. 글루텐은 밀가루 속의 녹말 입자를 연결하여 빵의 골격 구조를 이루고, 반죽 속에 갇혀 있는 공기나 빵을 발효하거나 굽는 동안 발생되는 CO_2와 수증기의 이탈을 방지해 준다. 따라서 밀가루의 글루텐 함량과 글루테닌과 글리아딘의 비율은 밀가루로 만든 빵, 케이크, 과자, 국수 등의 품질과 밀접한 관련이 있다.

12) 단백질의 정색반응

단백질의 정색반응은 표 5-7과 같다.

표 5-7 | 단백질의 정색반응

반응 종류	방법	반응하는 성분	색 변화
뷰렛Biuret 반응	1~2N NaOH 용액을 1% $CuSO_4$ 용액과 반응	단백질, 폴리펩타이드	적자색
잔토프로테인Xanthoprotein 반응	진한 질산용액과 반응	방향족 아미노산의 벤젠기benzene group	황색
밀론Millon 반응	밀론 시약〔$(HgNO_3)_2$와 진한 황산〕 첨가하여 가열	타이로신	적갈색
닌하이드린Ninhydrin 반응	1% 닌하이드린 용액 첨가하여 가열	α-아미노기를 포함한 화합물, 아미노산으로 구성된 펩타이드, 단백질, 아민, 암모니아 등	적자색
홉킨-콜Hopkins-Cole 반응	글리옥실산glyoxylic acid이나 무수 아세트산 acetic acid을 첨가한 후 진한 황산 첨가	트립토판	적자색
사카구치 반응	알칼리화한 후 0.1% 알파-나프톨α-naphthol 용액과 5% NaOCl 용액 첨가	아르지닌의 구아니딘guanidin기	적색
유황 반응	40% NaOH 용액을 가해 끓인 후 초산납 첨가	시스테인, 시스틴	흑색

5. 식품 단백질

1) 식물성 단백질

식물성 식품에서 단백질은 주요한 구성성분 중 하나이지만 채소류나 과실류에는 그 함량이 낮은 반면 곡류와 콩류에는 비교적 많이 함유되어 있다.

(1) 쌀 단백질

현미에는 7~11%의 단백질이 함유되어 있으나 도정에 의해 미강이 제거된 백미에는 6~10% 정도이다. 하지만 단백질의 소화흡수율은 백미밥이 현미밥보다 높다. 쌀의 저장 단백질은 주로 오리제닌oryzenin이라고 하는 글루텔린glutelin으로 66.1~78.0% 함유되어 있고, 글로불린globulin 9.6~10.8%, 알부민albumin 3.8~8.8%, 프롤라민prolamin 2.6~3.3%로 구성되어 있다. 쌀 단백질에는 라이신lysine이 적게 함유되어 있다.

(2) 밀 단백질

밀에는 10~18%의 단백질을 함유하고 있으며 앞서 언급했듯이 반죽 형성에 기여하는 단백질을 함유하고 있다. 밀 단백질은 용해도에 따라 그림 5-14와 같이 4종으로 분획된다. 밀 단백질 전체량의 85%를 점유하는 글리아딘gliadin과 글루테닌은 밀가루를 물과 함께 반죽할 때 글루텐을 형성한다. 따라서 밀의 글루텐 함량은 빵을 포

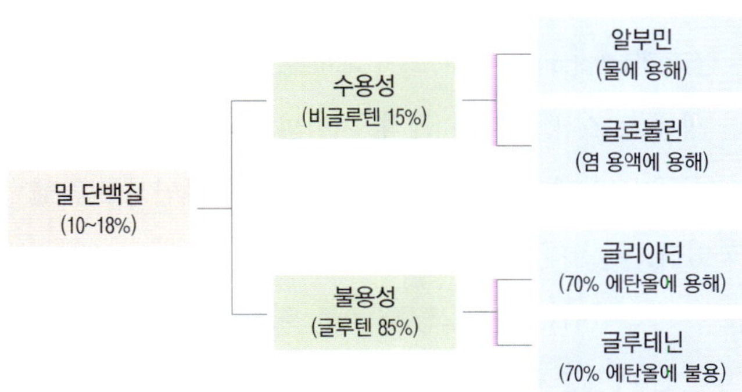

그림 5-14 | 밀가루 단백질의 주요 분획

함한 제과 제품이나 국수 등의 성질과 밀접한 관련이 있다. 밀은 쌀과 비교해서 단백질 함량은 높으나 필수아미노산의 비율이 평균 약 32%로 쌀(평균 42%)보다 낮다. 밀 단백질은 라이신, 메싸이오닌, 트립토판을 적게 함유한다.

(3) 콩 단백질

콩은 평균 약 40% 정도의 단백질을 함유하고 있어 식물성 식품으로서는 단백질 함량이 매우 많다. 콩 단백질은 글로불린류(글리시닌)가 전체 단백질의 80~90%를 차지하는 주요한 성분이다. 콩 단백질은 메싸이오닌과 트립토판을 제외한 모든 필수아미노산의 좋은 급원이며, 라이신 함량이 높아 쌀을 비롯한 곡류 단백질의 강화에 적합하다. 콩에는 트립신trypsin 저해물질inhibitor이 있어 단백질가수분해효소인 트립신의 작용을 억제하여 단백질의 소화·흡수를 어렵게 한다. 그러나 이들 트립신 저해물질은 가열로 대부분 활성을 잃어 큰 문제가 되지 않는다.

2) 동물성 단백질

(1) 육류 단백질

육류의 근육조직은 결체조직connective tissue과 근육섬유조직muscle fiber tissue으로 구성되며, 결체조직의 함량과 특성은 육질의 질긴 정도나 유연도 등 육류 품질과 소화율에 영향을 미친다.

① 결체조직

결체조직은 콜라겐collagen과 엘라스틴elastin으로 구성되어 있다. 콜라겐은 결체조직에 다양한 형태로 조직, 피부와 골격, 치아와 힘줄 등을 구성한다. 기본적으로 Gly-Pro-Hyp로 구성된 펩타이드가 반복적으로 배열하면서 3중 헬릭스triple helix 구조를 이루고 있다.

콜라겐 섬유의 구조 단위는 길이 28,000 nm, 직경 150 nm의 트로포콜라겐tropo-collagen으로 엇갈린 배열을 하고 그 길이의 일부는 중복되어 섬유를 이루면서 쌓여 결체조직을 형성한다그림 5-15. 콜라겐은 산이나 알칼리에 의해 쉽게 팽윤이 되고,

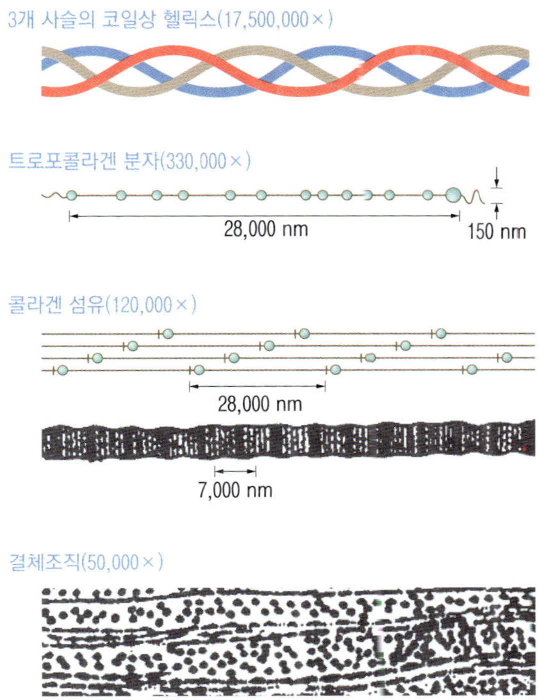

그림 5-15 | 콜라겐 섬유

자료: 채수규, 2007

수용액에서 60~70°C로 가열하면 원래 길이의 25~33% 정도로 수축이 되며, 80°C로 가열하면 포유류의 불용성 콜라겐은 가용성 단백질인 젤라틴gelatin으로 변한다.

엘라스틴elastin은 콜라겐과 함께 주로 인대조직ligament tissue, 동맥 혈관의 벽 등에 존재한다. 엘라스틴은 불규칙하게 서로 엉킨 코일coil 모양을 하고 고무처럼 탄력성이 있으며, 산이나 알칼리 또는 트립신trypsin과 같은 단백질가수분해효소에 잘 분해되지 않는다. 엘라스틴은 주로 글리신, 루신, 페닐알라닌, 프롤린, 발린, 알라닌과 같은 비극성 중성 아미노산으로 구성되어 있다.

② 근육섬유조직

근육섬유조직에는 알부민에 속하는 미오겐myogen과 글로불린globulin에 속하는 미오신myosin 복합체가 중요 단백질로 존재한다. 포화 황산암모늄 용액에 침전되는 구상 단백질인 미오겐은 육류 조직에 미오겐 섬유체로 불용성의 섬유상으로 존재한다. 미오신 복합체는 미오신, 악틴 및 기타 구상 단백질로 구성되어 있다. 악틴은 미오신과 약 1:3의 비율로, 근육단백질 전체에서는 약 13% 정도 존재한다. 악틴은 서로 가역적으로 변할 수 있는 구상 악틴globular actin인 G-actin과 섬유상 악틴fibrous actin인 F-actin의 두 가지 형태이다. 악토미오신은 F-actin과 미오신의 복합체를 말하며, ATPase의 기능을 가지고 있어 ATP를 ADP로 분해하면서 생성된 에너지는 악토미오신actomyosin의 길이가 수축하여 근육의 수축작용을 하는 데 소비한다. 이 악토미오신은 다른 단백질과 결합하여 악토미오신 복합체를 형성하며, 여러 개가 회

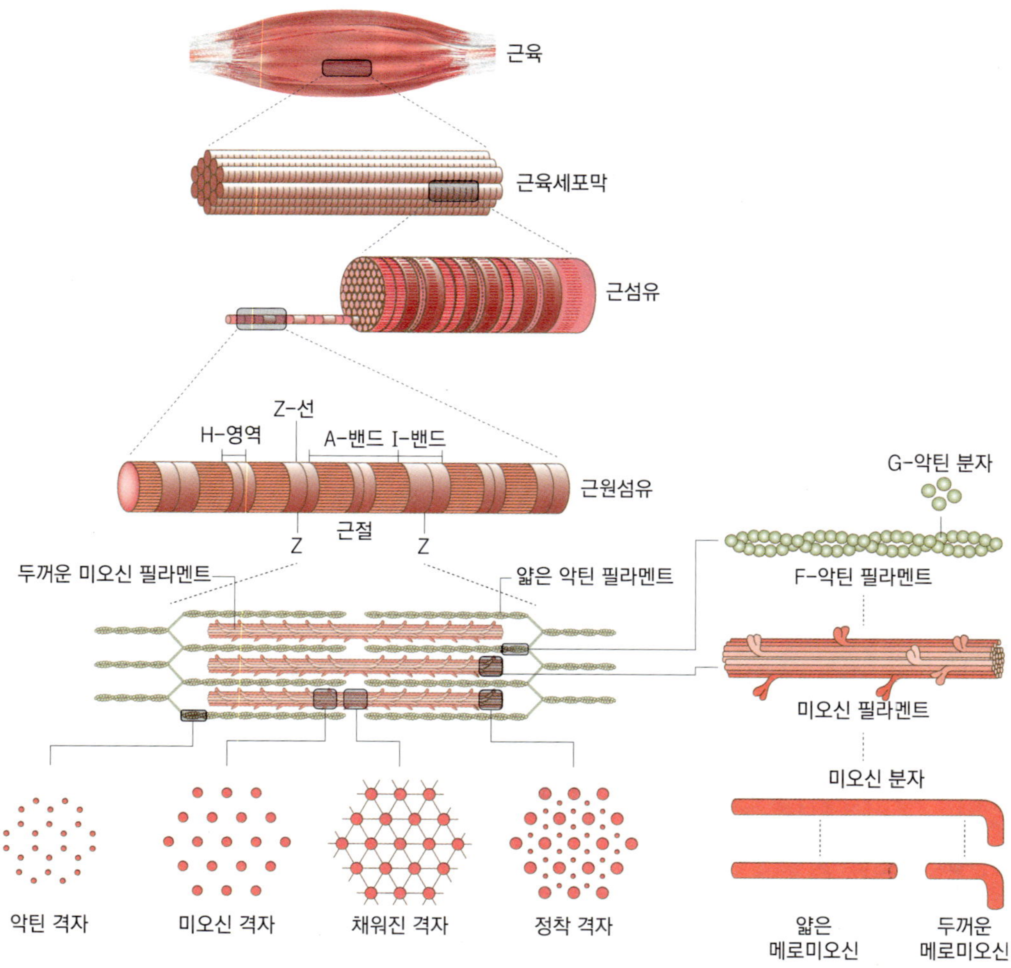

그림 5-16 근육의 구조

합하여 근원섬유myofibril를 형성한다그림 5-16.

③ 사후경직

동물이 도살된 후 일정 시간 후에 근육이 수축하여 단단하게 굳는 현상을 육류의 사후경직rigor mortis이라고 한다. 사후 직후 근육은 ATP가 충분히 존재하여 유연성을 갖는다. 동물이 도축된 후에 혈액으로 산소가 공급되지 않아 혐기적 상태가 되어 근육 내 혐기적 해당과정glycolysis이 일어난다. 글리코겐glycogen이 젖산으로 전환되고, 근육 내 젖산이 축적되어 pH가 6.5까지 감소되면 사후경직이 시작된다. 근육의 pH가 6.5로 감소하면 ATPase가 활성화되어 ATP는 ADP, AMP로 분해된다. ATP의 소실로 근원섬유의 굵은 필라멘트의 미오신은 가는 필라멘트의 악틴과 결합해서 악토미오신이 되며, 이때 근육은 수축해서 강직현상이 일어난다. 악토미오신은 잔존하는 ATP의 에너지를 이용하여 가는 필라멘트가 굵은 필라멘트들 사이에 미끄러져 들어가게 만들어 근육을 수축한다. 사후강직 완료는 글리코겐과 ATP가 완전히 소모됨으로써 수축된 근원섬유가 많아지면서 단단하게 굳어진다. 최종 pH가 5.5 부근에 도달하면 근원섬유 사이의 공간이 좁아져서 수분을 저장하는 능력도 낮아지게 되어 축육의 보수성도 낮아진다. 이때를 초대사후경직이라고 하고, 이 상태의 축육은 질기고 맛이 없다. 이를 개선하기 위해 일정 기간 경직 해제를 위해 숙성을 하는데, 숙성하는 동안 근절의 소편화나 근섬유단백질의 자가소화 등으로 인해 육질이 부드러워지고 풍미와 보수력이 증진되어 축육의 맛이 좋아진다그림 5-17.

(2) 달걀 단백질

달걀은 높은 생물가를 가진 우수한 단백질 식품 중 하나로 달걀 흰자와 노른자 단백질로 구분된다. 달걀의 주요 단백질의 종류와 특성은 표 5-8에 나타내었다.

(3) 우유 단백질

우유는 수분을 제외한 전체 고형물 중 단백질이 25~30%(건조무게당)로, 육류, 달걀과 함께 우수한 단백질 식품이다. 우유 단백질은 인단백질인 카세인casein이 약 80%로 거의 대부분을 차지하고 있다. 우유 단백질을 pH 4.6까지 산성화하여 침전

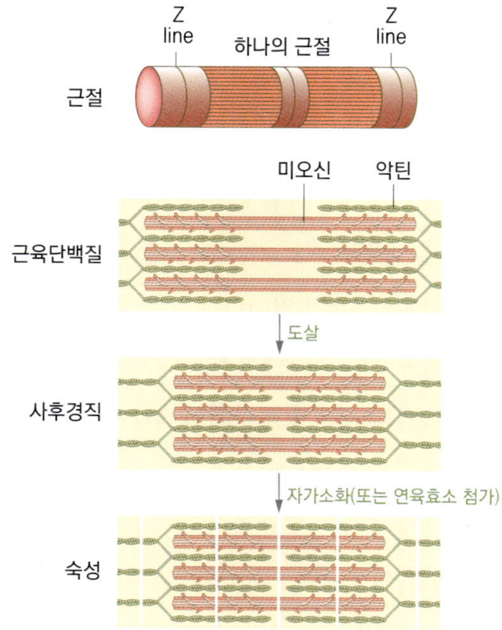

그림 5-17 | 육류의 사후경직과 숙성하는 동안의 근원섬유 변화

도축 (pH 7.0~7.2)	• 혐기적 해당과정 • 글리코젠 분해 → 젖산 생성 → pH 저하
↓	
사후경직 시작 (pH 6.5)	• ATPase 활성화 • ATP 소실 • 악토미오신 생성
최대사후경직 (pH 5.4)	• 근육 수축 및 경직 • 보수성 감소, 신장성 감소
↓	
숙성 (pH 상승)	• 단백질분해효소 활성 • 퓨린염기, ADP, AMP, IMP 이노신 증가 • 적자색 → 선홍색 • 육질 연화, 풍부한 육즙, 보수성 및 향미 증가

그림 5-18 | 육류의 사후 경직과 숙성하는 동안의 주요 특성

표 5-8 | 달걀 단백질의 종류와 특성

단백질 종류		함량 (%)	특성
달걀 흰자	오브알부민ovalbumin	54	• 분자량 45,000 • 가열에 의해 쉽게 응고됨 • 인단백질phosphoglycoprotein
	콘알부민conalbumin	13	• 분자량 70,000 • 가열에 의해 쉽게 응고됨 • 오보트랜스페린ovotransferrin
	오보뮤코이드ovomucoid	11	• 당단백질 • 열에 매우 안정 • 트립신 억제작용
	라이소자임lysozyme	3.5	• 항미생물 작용 • 세포벽 분해효소 • 식품보존료로 활용됨
	오보뮤신ovomucin	1.5	• 점액 단백질 • 바이러스와 반응
	플래보프로테인아포단백질 flavoprotein apoprotein	0.8	• 리보플라빈과 결합
	단백질분해효소 저해제 protease inhibitor	0.1	• 단백질 가수분해효소 활성 억제
	아비딘avidin	0.05	• 바이오틴과 결합
달걀 노른자	리포비텔린lipovitellin		• 유화제 • 지질 부분은 약 75% 레시틴 함유 • 17~18%의 지질과 1%의 인을 함유하는 고밀도 지단백질
	리포비텔레닌lipovitellenin		• 달걀노른자의 지방 저장을 위한 수단 • 36~41% 지방과 0.29% 인을 함유하는 저밀도 지단백질
	포스비틴phosvitin		• Fe^{3+}과 잘 결합하여 인과 철을 저장하는 단백질

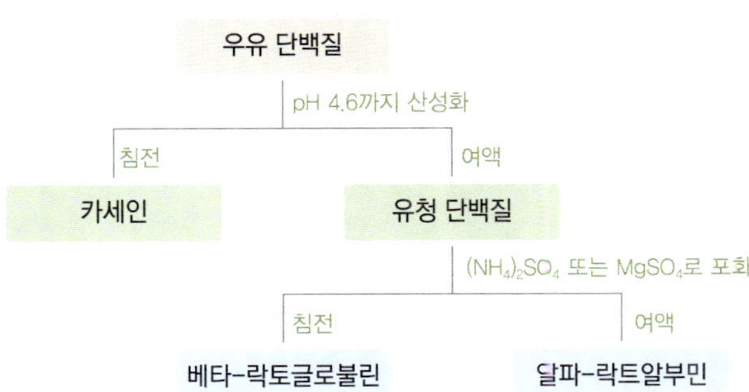

그림 5-19 | 우유 단백질의 분획

시키면 카세인과 유청 단백질로 분리된다. 또한 유청 단백질을 황산암모늄이나 황산마그네슘으로 포화시키면 베타-락토글로불린은 침전되어 알파-락트알부민과 분획할 수 있다그림 5-19.

chapter

06 비타민

학습목표

1. 각 비타민의 구조 및 성질을 이해하고 분류할 수 있다.
2. 지용성 비타민의 급원식품을 이해하고 기능을 설명할 수 있다.
3. 수용성 비타민의 급원식품을 이해하고 기능을 설명할 수 있다.

chapter 06

고대 원시시대부터 현대에 이르기까지 인류의 역사를 볼 때 비타민 결핍은 인류의 질병 및 사망의 주 원인이었다. 고문서 등에서는 괴혈병, 각기병 등이 항해 중인 선원들뿐 아니라 한 나라의 국민을 떼죽음으로 몰고 간 기록이 있다. 비타민은 인체 내 열량을 내는 영양소는 아니지만 생명과 직결된 영양소이다. 이처럼 인간에게 중요했기 때문에 많은 연구자에 의해 화학적 특성이 증명되면서 비타민들의 화학구조가 밝혀져 화학명이 사용되어 하나의 비타민에 여러 이름이 붙었다. 결국 1979년 미국영양학회의 학술용어위원회에서 비타민의 명명을 단일화했고, 현재 비타민의 명명은 미국영양학회의 기준으로 채택되어 사용하고 있다.

1. 비타민의 개요

비타민은 일반적으로 음식물 속에 미량으로 들어 있는 물질로, 인체의 에너지원으로는 직접 사용되지 않지만 정상적인 생체 대사작용을 위해서는 필수 불가결한 유기화합물이다. 비타민이 결핍되면 인체에 여러 가지 기능에 장애가 발생되므로 생리기능 유지 및 성장 발육에 필수적인 중요한 조효소 또는 촉매 역할을 하는 미량물질이다그림 6-1.

비타민은 현재 13종이 인정되고 있다. 지질 및 단백질에도 비타민으로 불리는 그룹이 있으며, 명칭은 발견된 순서에 따라 A, B, C, D, E, K 등의 이름을 붙이고 밝혀진 화학구조에 따르는 화학명을 함께 사용하며, 과학이 발달함에 따라 수용성인 비타민 B의 경우 혼합물로 밝혀져 비타민 B_1, B_2, B_6 B_{12} 등으로 명명하게 되었다. 그러나 전문가별로 그 명칭에 혼란이 초래되어 1979년 IUPAC에 의해 공식적으로 비타민 명칭을 협약하고 현재의 비타민 A, D, E, K와 비타민 B군 및 비타민 C가 있으며, 비타민 B군에는 비타민 B_1, B_2, B_6, B_{12}, 나이아신, 엽산, 판토텐산, 바이오틴이 있다.

비타민 B군의 경우 숫자로 칭하지 않고 화합물 고유의 명칭을 사용하기도 하는데, 비타민 B_1은 티아민, B_2는 리보플라빈, B_6는 피리독신, B_{12}는 시아노코발아민으로 칭하고 있다. 일반적으로 비타민은 물질에 대한 용해 특성에 따라 유지에 녹는 지용성과 물에 용해되는 수용성으로 분류한다.

위에서 언급한 것처럼 비타민은 생체 대사반응의 조효소나 보조인자로 작용하는 유기화합물로 호르몬과 유사한 기능을 한다. 그러나 비타민은 체내에서는 합성되지 않거나 합성되어도 충분하지 않아 식품의 형태로 섭취해야만 한다는 점이 체내에서 생성되는 호르몬과는 다른 점이다. 물론 예외적으로 비타민 중에도 장내세균에 의해 미량 합성되는 경우도 있다(비타민 B_2, B_6, B_{12}, K, 판토텐산, 엽산, 바이오틴 등).

비타민은 미량 영양소인 유기화합물이다. 무기질도 미량으로 필요하다는 면에서는 같으나, 유기화합물이 아니라는 점에서 비타민과 구별된다.

비타민은 완전한 형태의 유형과 식품에서 전구체의 형태로 존재하다 인간이 섭취하면 체내에서 비타민의 형태로 변하는 프로비타민provitamin의 형태도 있다.

비타민은 그 종류에 따라 산과 알칼리, 열, 빛, 산소에 대한 각각의 특성을 가지고 있으며 섭취가 지나치게 많은 경우에는 과잉증을, 섭취량이 부족할 경우에는 결핍증을 나타낸다. 일반적으로 과잉증은 우리 몸의 대사에 사용되고 남은 양이 몸에 잔류하는 지용성 비타민에서 주로 나타나고, 결핍증은 지용성 비타민과 수용성 비타민 모두에서 나타난다.

일반적으로 비타민의 구조상 대부분 공통적으로 탄소, 질소, 산소 또는 황이 들어간 고리 구조를 가지고 있다고 볼 수 있다.

비타민이 용매에 용해되는 특성에 따라 지용성 및 수용성으로 분류하여 그 구조 및 특성을 살펴보면 표 6-1과 같다.

표 6-1 | 비타민의 분류 및 특성

<table>
<tr><th rowspan="2">분류</th><th colspan="3">종류</th><th rowspan="2">특성</th></tr>
<tr><th colspan="2">표준명</th><th>다른 이름</th></tr>
<tr><td rowspan="4">지용성</td><td colspan="2">비타민 A</td><td>레티놀retinol</td><td rowspan="4">• 용해성 : 기름과 유기용매에 녹음
• 체내 저장 여부 : 1일 섭취량이 필요 이상일 때 저장
• 배설 여부 : 배설되지 않음
• 결핍증 : 결핍 증세가 서서히 나타남
• 식이 섭취 : 매일 식사에서 절대적으로 공급할 필요 없음
• 전구체 : 비타민의 전구체 있음
• 주요 구성원소 : 탄소, 수소, 산소</td></tr>
<tr><td colspan="2">비타민 D</td><td>칼시페롤calciferol</td></tr>
<tr><td colspan="2">비타민 E</td><td>토코페롤tocopherol</td></tr>
<tr><td colspan="2">비타민 K</td><td>필로퀴논phylloquinone</td></tr>
<tr><td rowspan="9">수용성</td><td rowspan="8">비타민 B군</td><td>비타민 B_1</td><td>티아민thiamin</td><td rowspan="9">• 용해성 : 물에 용해됨
• 체내 저장 여부 : 필요량만 보유
• 배설 여부 : 여분은 소변으로 배설
• 결핍증 : 결핍 증세가 신속히 나타남
• 식이 섭취 : 매일 식사에서 공급되어야 함
• 전구체 : 일반적으로 전구체 없음
• 주요 구성원소 : 구성원소는 탄소, 수소, 산소, 질소이고, 일부는 코발트, 황을 함유함</td></tr>
<tr><td>비타민 B_2</td><td>리보플라빈riboflavin</td></tr>
<tr><td>나이아신niacin</td><td></td></tr>
<tr><td>비타민 B_6</td><td>피리독신phyridoxine</td></tr>
<tr><td>엽산folate</td><td>폴라신folacin</td></tr>
<tr><td>비타민 B_{12}</td><td>코발아민cobalamin</td></tr>
<tr><td>판토텐산pantothenic acid</td><td></td></tr>
<tr><td>바이오틴biotin</td><td></td></tr>
<tr><td colspan="2">비타민 C</td><td>아스코르브산ascorbic acid</td></tr>
</table>

자료: 김선효 외, 2016; 이숙영 외, 2013; 조신호 외, 2017 저자 재편집

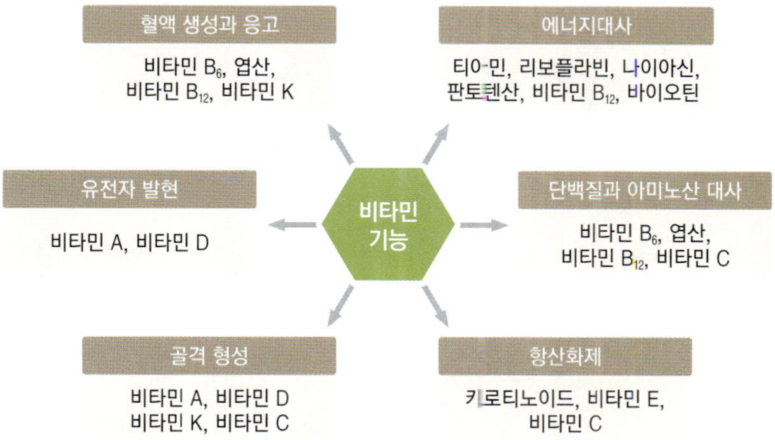

그림 6-1 | 비타민의 일반적 기능

자료: 김선효 외, 2016

2. 지용성 비타민

지용성 비타민은 물에 녹지 않고 지방이나 지용성 용매에 녹는 비타민을 말하며 비타민 A, D, E, K가 있다

1) 비타민 A

비타민 A(레티놀retinol)는 레티놀과 동일한 생리작용을 갖는 화합물의 총칭으로 비타민 A의 종류인 레티놀, 레티날retinal, 레티노산retinoic acid이 있으며, 주로 동물의 체내 특히 간에 많이 함유되어 있다.

체내에서 레티놀로 전환되는 것을 프로비타민 A라고 하며, 주로 식물성 색소이자 프로비타민 A인 여러 종류의 카로틴으로 함유되어 있다. 카로틴류는 약 600여 종이 있으며 이 중 α-카로틴, β-카로틴, γ-카로틴, 크립토잔틴cryptoxanthin은 체내에서 레티날 또는 레티노산으로 전환되는 대표적 프로비타민 A이다. 인체 내에서 비타민 A로의 효력은 β-카로틴이 가장 크며(비타민 A의 1/3), 크립토잔틴, α-카로틴, γ-카로틴 등은 β-카로틴의 반 정도이다.

비타민 A는 이중결합을 가지고 있어 공기 중 산소나 광선에 의해 산화되기 쉬운

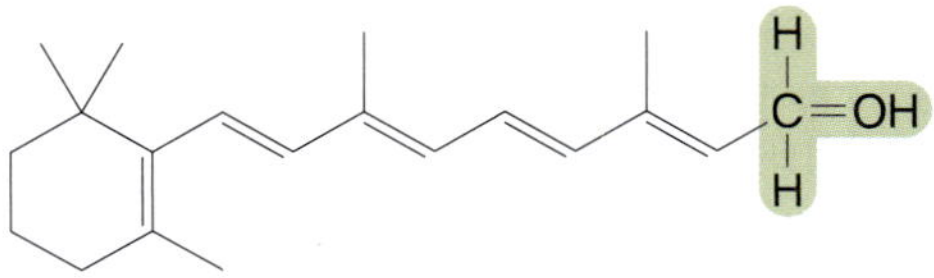

레티놀(알코올형)

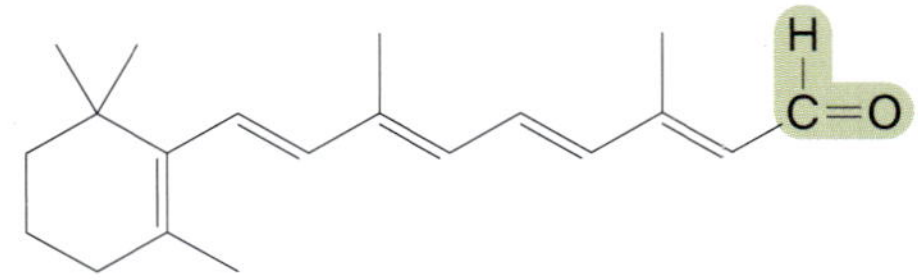

레티날(알데하이드형)

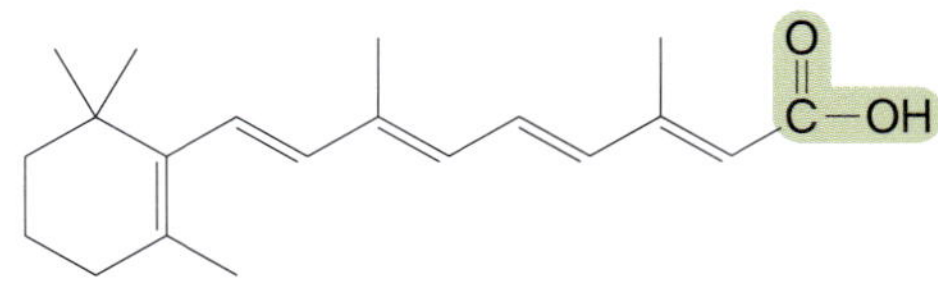

레티노산(산성형)

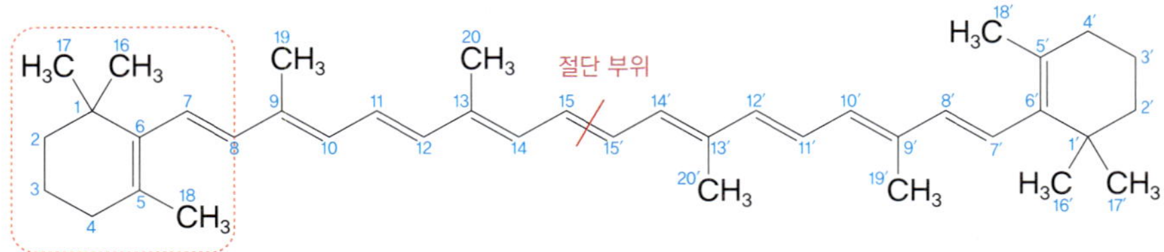

아이오논 고리

β-카로틴(프로비타민 A, 카로테노이드)

β-카로틴15,15′-deoxygenase
담즙
O_2

2 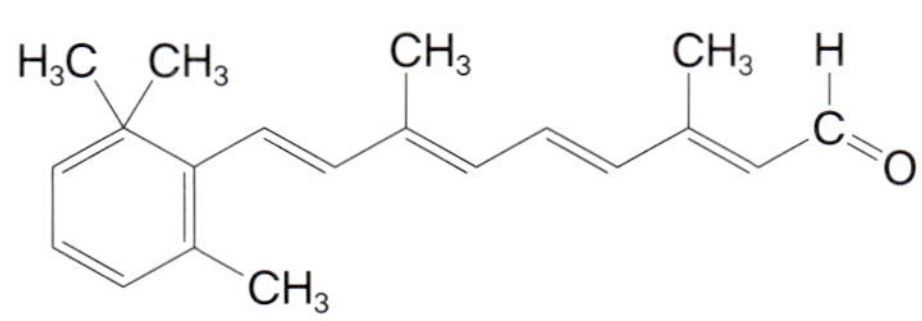

레티날 알데하이드

레티날 알데하이드 환원효소
$2H^+$, 2NADH

2 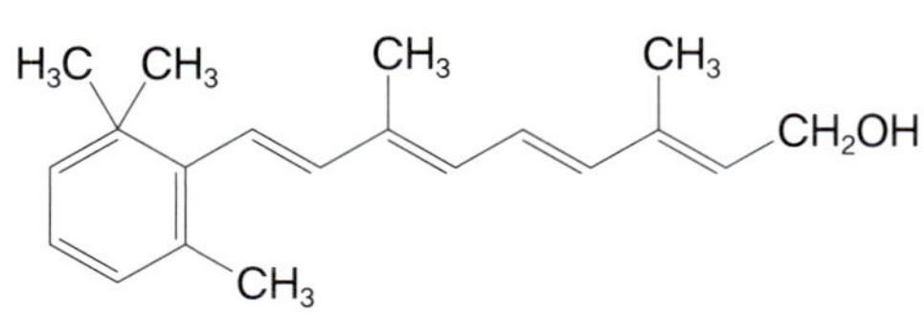

레티놀(비타민 A)

그림 6-2 | 비타민 A 및 카로틴으로부터 레티놀 생성단계

특성이 있으나, 비타민 C나 비타민 E와 같은 항산화제가 공존하면 안정성은 증가한다. 특히 유지 산화 시 그 산화속도가 더욱 증가되는 경향이 있어 버터나 마가린 제조 시 항산화제를 첨가하는 것은 비타민 A의 손실을 막기 위해서다. 비타민 A는 산에는 안정하고 산화에는 약하나, 열에는 비교적 안정하여 일반적인 가열조리 중에는 손실이 거의 없다.

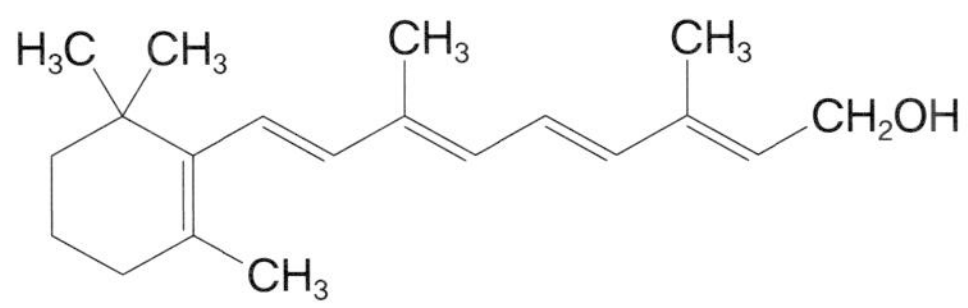

비타민 A(레티놀)

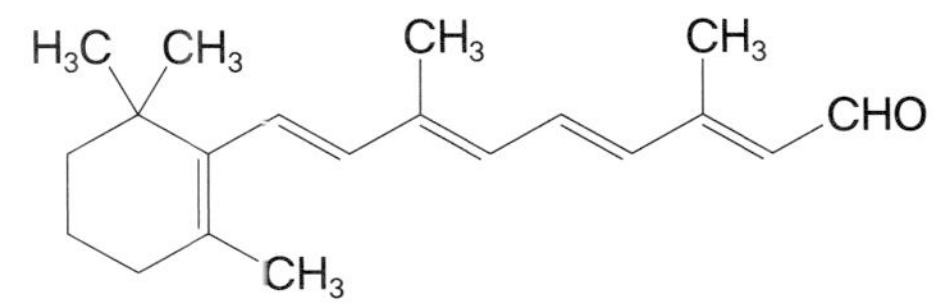

비타민 A(레티날)

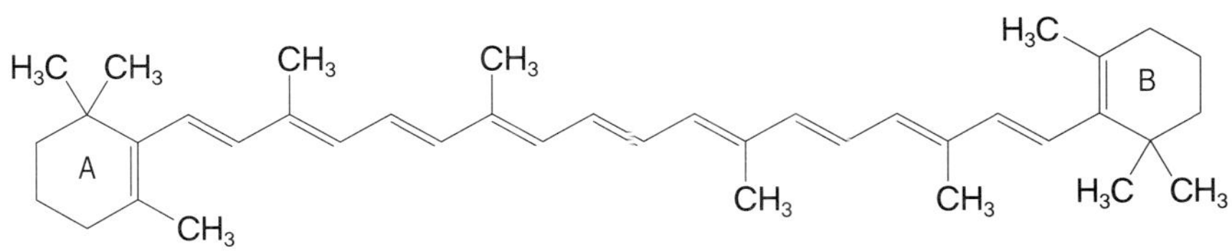

β-아이오논 고리 β-카르틴 β-아이오논 고리

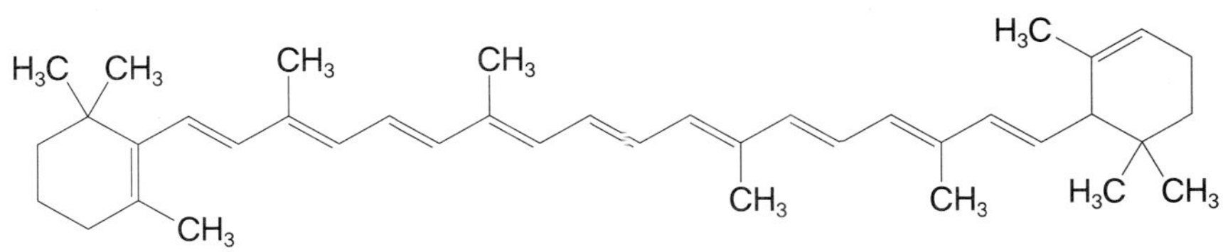

β-아이오논 고리 α-카로틴 α-아이오논 고리

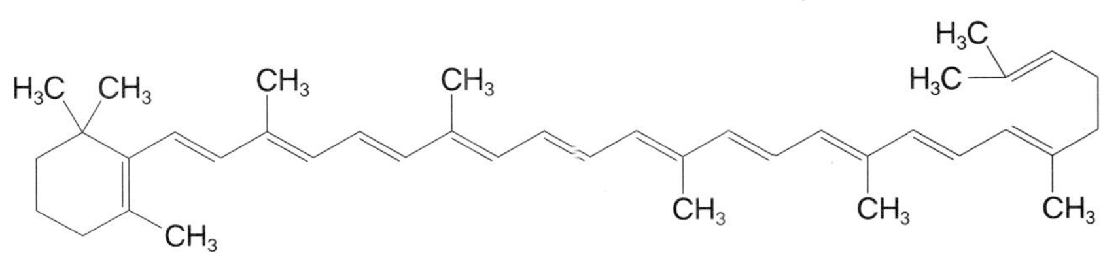

β-아이오논 고리 γ-카르틴 슈도-아이오논 고리

그림 6-3 | 카로틴류의 구조

비타민 A는 시각색소(로돕신rhodopsin)의 형성, 성장 촉진작용, 피부, 각막의 각질화 방지 등의 항야맹증 인자, 상피 보호인자, 피부 건조인자 및 성장인자로서의 생리작용을 가지고 있으며 최근에는 항암효과도 있다는 연구가 보고되고 있다.

비타민 A의 기본구조는 β-아이오논ionone 핵을 가지고 있으며 네 개의 공액이중결합을 가진 곁사슬로 구성되어 있다. 이 구조적 특성 때문에 β-아이오논 핵을 가지고 있는 카로티노이드류가 체내에서 비타민 A로 전환될 수 있어 프로비타민 A라 말한다.

베타-카로틴은 장점막에서 비타민 A로 전환되어 간에 저장된다.

그림 6-2에서 알 수 있듯이 비타민 A는 체내에서 하이드록시기-OH가 있는 레티놀, 알데하이드기-CHO를 갖는 레티날, 카복실기-COOH를 갖는 레티노산의 세 가지 형태로 존재하며 이 세 가지 형태 모두 각각 기능적 특징을 가지고 있다. 비타민 A의 가장 대표적인 기능은 시각작용이다.

비타민 A는 레티놀 결합단백질과 결합하여 망막으로 수송되어 레티날로 전환되며, 옵신opsin과 결합하여 로돕신rhodopsin을 형성한다. 이 로돕신이 빛을 받으면 레티날과 옵신으로 분리되며 시신경을 자극하여 시각적 효과를 나타내게 된다. 그렇기 때문에 비타민 A가 결핍하면 암순응 반응이 늦어져 야맹증을 일으키며, 이 외 안구건조증, 각막연화증 등을 일으킨다.

비타민 A는 눈 외에도 피부에도 관여하여 부족 시 피부와 점막 상피의 각질화 등도 일어나고, 어린이의 성장에도 관여하여 영향을 미치게 된다. 또한 세균에 대한

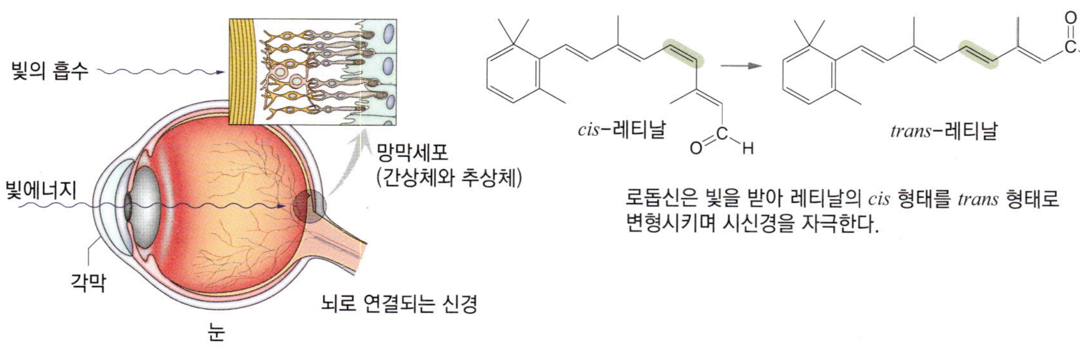

그림 6-4 | 비타민 A의 시각작용

저항력도 감소하여 병원균에 의한 감염도 쉬워진다.

비타민 A를 지나치게 섭취할 경우 체내 잔류량이 많아져 탈모, 간 비대 등의 과잉증을 유발하게 된다. 특히 임산부의 경우 태아의 기형을 유발하거나 유산의 가능성도 있으므로 권장섭취량만큼만 섭취하는 것이 좋다.

베타-카로틴은 LDL-콜레스테롤의 산화를 방지하여 심혈관계 질환의 위험을 낮추고 항암효과가 있으며, 라이코펜도 전립샘암 등 일부 암의 발생을 낮춘다고 알려져 있다.

비타민 A의 권장섭취량은 19~49세 성인 남자 800 μg RAE/일, 성인 여자 650 μg RAE/일이며, 상한섭취량은 성인 남녀 3,000 μg RAE/일이다(보건복지부·한국영양학회, 2020).

표 6-2 | 주요 식품 중 비타민 A 함량

식품	함량(μg RAE/100 g)	식품	함량(μg RAE/100 g)
토마토	32	소간	9,442
들깻잎	63	시금치	588
달걀	136	김	991
크림	389	당근	460
장어	1,050	간유	3,981

자료: 보건복지부·한국영양학회, 2020

비타민 A의 단위

비타민 A의 함량은 흔히 국제단위international unit, IU로 표시되나 이것은 공식적으로 사용되지는 않는다. 1 IU는 0.3 μg의 비타민 A 알코올에 해당된다. 그러나 비타민 A와 프로비타민 A 간에는 흡수율에 차이가 있어 체내에서 비타민 A의 활성도가 다르게 나타나므로, 최근에 와서 FAO/WHO와 미국의 국립과학원에서는 비타민 A의 역가를 레티놀활성당량retinol activity equivalent, RAE으로 기록하도록 권장하고 있다. 즉, 1 RAE는 1 μg의 레티놀에 해당하고 6 μg의 β-카로틴 또는 12 μg의 다른 프로비타민 A에 해당된다.

$$1 \text{ IU} = 0.3 \text{ RE} = 0.3 \text{ RAE}$$

2020년에 개정된 2020 한국인 영양소 섭취기준에서는 비타민 A의 단위를 카로틴 단위로 하여 μg RAE를 사용하고 있다.

자료: 이숙영 외, 2013; 보건복지부·한국영양학회, 2020

주로 동물의 간, 달걀노른자, 치즈 등 동물성 식품에 많이 함유되어 있으며, 카로틴의 형태로는 당근, 풋고추 등의 식물성 식품에 많이 함유되어 있다.

2) 비타민 D

항구루병인자로 발견된 비타민 D는 뼈의 석회화와 관련이 깊어 칼시페롤calciferol이라고도 하며 D_2ergocalciferol와 D_3cholecalciferol의 2종류가 있다. 프로비타민 D의 형태인 에르고스테롤ergosterol과 7-데하이드로콜레스테롤dehydro-cholesterol에 자외선을 조사하면 각각 비타민 D_2와 비타민 D_3가 생성된다.

2분자의 하이드록시기가 결합된 형태인 비타민 D의 활성형인 1,25-다이하이드록시 칼시페롤은 뼈에서의 칼슘과 인의 이용 및 세뇨관에서의 칼슘과 인의 재흡수 촉진 등 혈중 칼슘과 인의 함량을 일정하게 유지하며, 뼈와 치아의 형성에 영향을 미친다. 부족 시 칼슘의 흡수 및 뼈의 형성이 억제되고, 유아기에는 구루병, 성인에게는 골연화증 등의 뼈 질환을 일으킨다.

비타민 D_2와 D_3의 활성은 거의 동일하며, 프로비타민 D_2는 버섯 등의 식물성 식품에, 프로비타민 D_3는 어류, 달걀 등의 동물성 식품에 함유되어 있다.

산소, 열, 빛 및 산에는 불안정하나 알칼리에서는 안정하다.

1회 섭취 분량을 기준으로 비타민 D가 풍부한 식품은 연어, 달걀, 꽁치로, 각각 19.8 μg, 12.5 μg, 7.8 μg이 함유되어 있다. 일조량이 적은 환경에서 일하는 근로자나 자외선 차단 화장품을 사용하는 사람, 비타민 D 생성능력이 저하된 고령자는 비타민 D가 풍부한 식품을 섭취할 것을 권장하나, 과잉 섭취 시 구토, 설사, 빈혈, 신장기능 저하 등의 독성을 일으킬 수 있어 과잉으로 섭취하지 않도록 조심해야 한다.

일반적으로, 빛을 충분히 받을 경우 부족증이 나타나지 않으나 부족 시 식품으로부터 공급받아야 하며, 현재 우리나라는 비타민 D에 관한 정확한 자료가 충분하지 않기 때문에 권장섭취량 대신 충분섭취량을 정했다. 충분섭취량은 19~64세 성인 남녀 10 μg/일이다. 또한 비타민 D는 과다 섭취로 인한 독성을 방지하기 위해 상한섭취량을 성인 남녀 100 μg/일로 정했다.

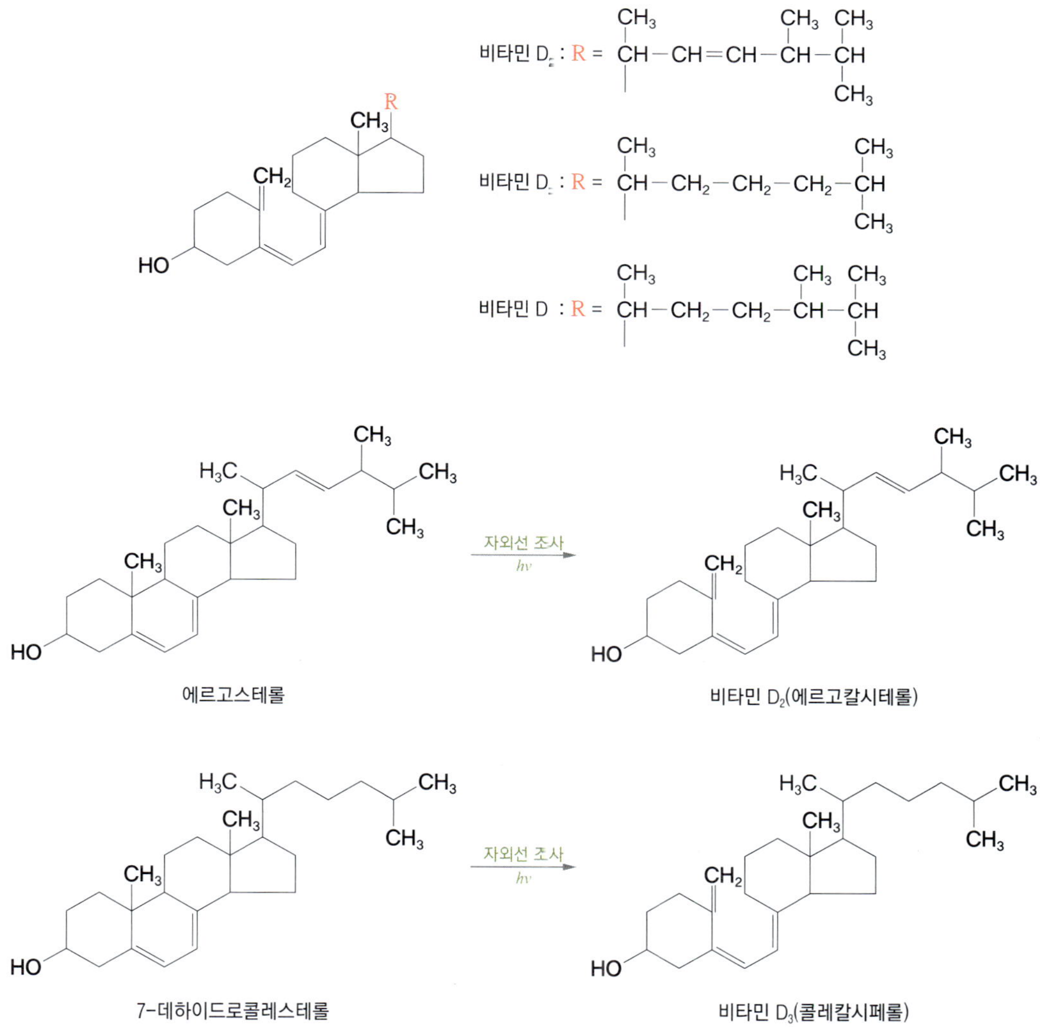

그림 6-5 | 비타민 D 및 프로비타민 D의 구조

표 6-3 | 주요 식품 중 비타민 D의 함량

식품	함량(μg/100 g)	식품	함량(μg/100 g)
우유	2	소, 돼지의 간	100
달걀	50	뱀장어	150
버섯	60	정어리	530
버터	80	대구간유	10,000

자료: 보건복지부 · 한국영양학회, 2020

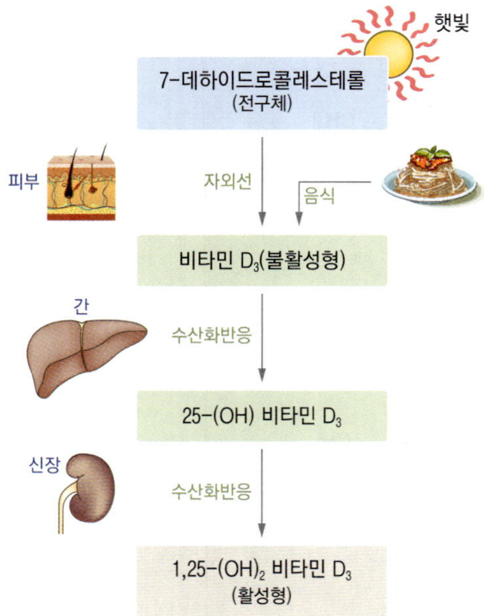

그림 6-6 | 비타민 D의 활성화 과정

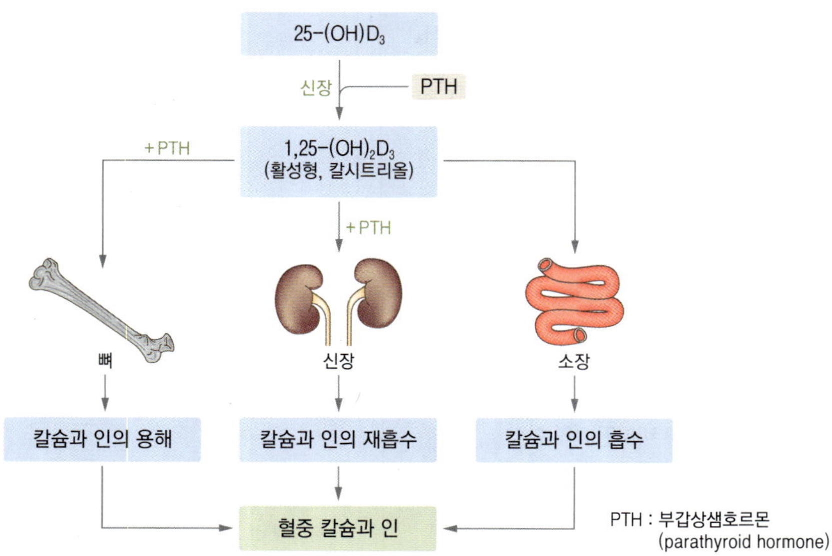

그림 6-7 | 비타민 D의 혈중 칼슘농도 조절기능

3) 비타민 E

비타민 E는 토코페롤tocopherol이라고도 하며, 생식과 관계 있는 항불임성 비타민이다. 자연계에 있는 토코페롤은 토콜tocol의 유도체로서 α, β, γ, δ형의 4종류가 있으며, 비타민 E로서의 활성은 $\alpha > \beta > \gamma > \delta$, 항산화제로서의 활성은 이와 반대로 $\delta > \gamma > \beta > \alpha$ 순이다.

열에는 안정하지만 산화제나 과산화물의 존재, 자외선 조사, 알칼리성 조건하에서 산화되기 쉽다.

비타민 E는 생식에도 관여하지만 가장 중요한 생리작용은 항산화이다. 비타민 E의 항산화 메커니즘은 생체 내 불포화지방산의 산화에 의해 생성된 라디칼에 수소원자를 제공해 주어 라디칼을 안정화시켜 과산화지질의 생성을 억제시키면 노화를 예방하기도 하고 식품에서는 유지의 자동산화를 억게시키기도 한다.

토코페롤은 지질의 과산화물이 원인이 되어 발병하는 동맥경화증, 백내장, 암 등을 예방한다.

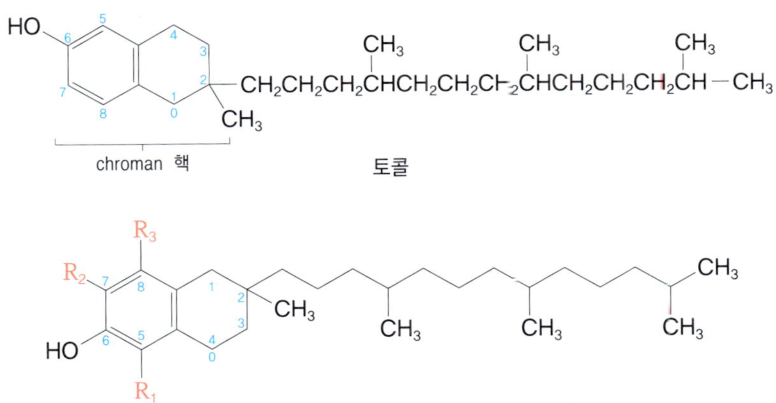

	R_1	R_2	R_3
α-토코페롤(5,7,8-트라이메틸토콜)	CH_3	CH_3	CH_3
β-토코페롤(5,8-다이메틸토콜)	CH_3		CH_3
γ-토코페롤(7,8-다이메틸토콜)		CH_3	CH_3
δ-토코페롤(8-메틸토콜)			CH_3

그림 6-8 | 비타민 E

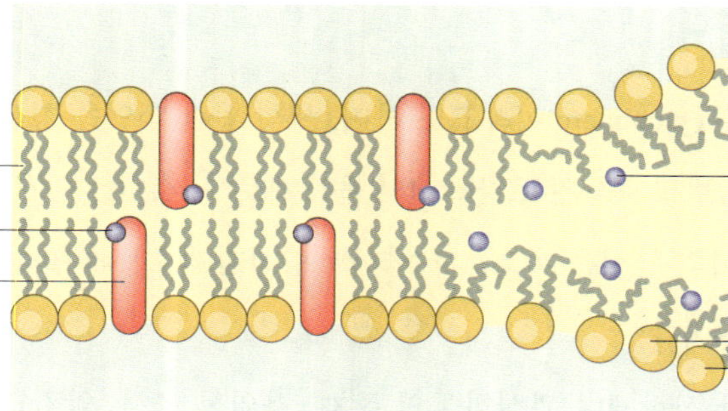

그림 6-9 | 항산화제로서 작용하는 비타민 E

비타민 E 섭취량이 장기간에 걸쳐 부족되명 신경조직과 적혈구세포가 영향을 받는다. 일반적으로 성인에게는 부족증이 거의 나타나지 않으나, 미숙아에게는 용혈성 빈혈이 발생할 수도 있다.

일반적으로 지용성 비타민은 과잉 섭취 시 독성이 나타나지만, 비타민 E는 가장 드물게 나타난다. 그러나 비타민 E를 장기간 고용량 섭취할 경우 비타민 K의 혈액 응고를 방해하여 혈액 응고가 지연되거나 과다 출혈현상이 나타난다.

주요 급원식품은 면실유, 포도씨유, 콩기름 등의 유지류이며, 고춧가루에도 많이 함유되어 있다.

섭취기준은 α-TEtocopherol equivalent를 기준으로 표시하며, 천연 α-토코페롤의 활성을 100으로 볼 때 β-, γ-, δ-토코페롤의 활성은 각각 40, 10, 1 정도이고, α-토코트리에놀은 25 정도이다. 비타민 E의 권장량은 아직 한국인을 대상으로 한 관련 자료가 충분하지 않아 권장섭취량이 아닌 충분섭취량으로 제정되었으며, 비타민

표 6-4 | 식품 중 비타민 E 함량

식품	함량(mg α-TE/100 g)	식품	함량(mg α-TE/100 g)
소간	1.6	올리브유	8.0
달걀노른자	3.0	땅콩기름	16.0
우유	3.3	아마인유	23.0
참기름	5.0	밀배아	30.0

자료: 보건복지부 · 한국영양학회, 2020

E의 충분섭취량은 19세 이상의 성인 남녀 12 mg α-TE/일이고, 상한섭취량은 성인 남녀 540 mg α-TE/일이다.

4) 비타민 K

혈액의 응고(독일어 koagulation)에 관여하는 비타민으로 그 첫 자를 따서 비타민 K라고 이름을 붙였으며 항출혈성 인자로 알려져 있다. 혈액 응고반응은 다수의 복잡한 인자가 관여하는데, 이 중 프로트롬빈prothrombin과 몇 가지는 비타민 K 의존성을 갖고 있어 비타민 K가 꼭 필요하다. 비타민 K는 녹색식물에서 추출한 비타민 K_1(필로퀴논phylloquinone)과 미생물 유래의 비타민 K_2(메나퀴논menaquinone), 인공적으로 합성한 K_3(메나디온menadion)가 있다. 이 중 K_3는 수용성이고, 천연 비타민보다 활성이 더 커서 혈액 응고 치료제나 비타민제로 많이 사용된다.

비타민 K는 성인의 경우 장내세균에서 생산되기 때문에 거의 결핍증은 없으나, 신생아는 무균 상태로 출생하므로 생성이 어려워 출혈이 일어날 수 있으므로 비타민 K를 보충해 주어야 한다.

비타민 K는 열, 공기, 묽은 산에는 안정하지만 광선, 알칼리에 불안정하다. 조리·

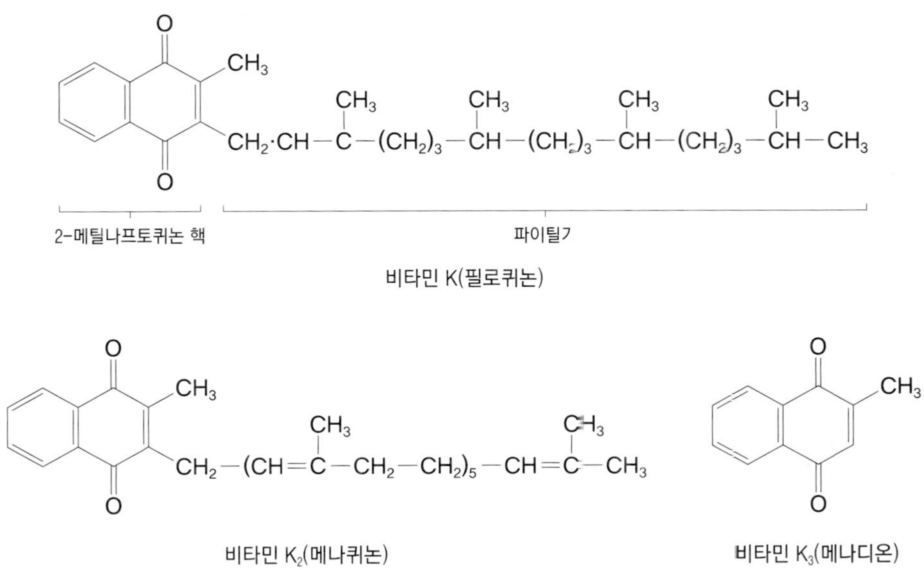

그림 6-10 | 비타민 K

가공 중 비타민 K는 비교적 손실이 적으나 햇빛에 노출되면 손실이 크다.

비타민 K는 체내에 흡수된 후 간으로 운반되어 지단백질과 결합하여 여러 조직으로 이동되는데, 같이 섭취한 지방의 양과 형태 그리고 담즙작용에 따라 흡수율이 달라진다. 흡수 후 간에 일부 저장되며 주로 담즙을 통해 배설되므로 독성은 거의 나타나지 않는다.

비타민 K는 혈액 응고과정에 관여하는 조효소로 혈액 응고단백질인 프로트롬빈 및 혈액 응고인자의 생성에 관여하므로 부족 시 혈액 응고가 지연된다. 또한 뼈 형성 및 발달에도 영향을 미친다. 주요 급원식품은 시금치, 쑥, 해조류 등이다.

대부분 일상적인 식사로 비타민 K 필요량을 쉽게 충족시킬 수 있으며, 충분섭취량은 19세 이상 성인 남녀 각각 75 μg/일과 65 μg/일이며, 상한섭취량은 설정되어 있지 않다.

표 6-5 | 식품 중 비타민 K 함량

식품	함량(μg/100 g)	식품	함량(μg/100 g)
미역(말린 것)	1,543	두릅	323
녹차(말린 것)	1,293	시금치	450
아욱	454	근대	350
김	656	열무	346
고춧잎	871	쇠고기	5

자료: 보건복지부·한국영양학회, 2020

3. 수용성 비타민

조효소
불활성 효소에 결합하여 활성형의 효소로 만드는 물질

수용성 비타민은 체내 대사과정 중 주로 조효소로 작용하는 비타민 B 복합체(B_1, B_2, 나이아신, B_6, B_{12}, 엽산, 판토텐산, 바이오틴 등 8종)와 항산화 역할을 하는 것으로 알려진 비타민 C가 있다. 수용성 비타민은 필요량 이상 섭취하여도 체내에 저장되지 않고 소변으로 배출되므로 매일 꾸준히 필요량을 섭취해야 한다.

표 6-6 | 지용성 비타민의 종류와 그 특성

특성 / 종류	생리작용	성질: 산	성질: 알칼리	성질: 산소	성질: 광선	성질: 열	결핍증·과잉증	급원식품: 식품	급원식품: 함량*	권장섭취량/충분섭취량	상한섭취량
비타민A (레티놀)	• 성장 촉진 • 눈 보호 • 상피세포 보호 • 세포 분화 및 증식	×	○	×	×	○	• 결핍증 : 야맹증, 안구건조증, 피부 각질화, 유아 성장 지연, 면역기능 약화 • 과잉증 : 두통, 식욕 부진, 태아 기형, 피부질환, 탈모, 간 비대	쇠간 돼지간 장어 시리얼 김 시금치 당근	9,442 5,405 1,050 1,605 991 588 460	권장섭취량 남(19~49세) : 800 μg RAE 여(19~49세) : 650 μg RAE	3,000 μg RAE
비타민 D: D_2 (에르고칼시페롤), D_3 (콜레칼시페롤)	• 뼈의 성장과 석회화 • 칼슘, 인의 흡수 촉진 • 골조직 형성	×	○	×	×	×	• 결핍증 : 골연화증, 구루병, 골다공증, 유아 발육 부진 • 과잉증 : 신·동맥의 석회화, 식욕 부진, 구토, 변비	쥐치포 연어 달걀 꽁치	33.7 33.0 20.9 13.0	충분섭취량 남녀(19세 이상) 10 μg	100 μg
비타민 E: 토코페롤, 토코트리에놀	• 생식기능 정상화 • 산화(노화) 방지 • 비타민 A의 흡수 증가	×	×	×	×	×	• 결핍증 : 동물의 불임증, 근위축증, 적혈구 수명 단축, 빈혈 • 과잉증 : 근육 허약, 두통, 피로, 비타민 K의 대사 방해	면실유 고춧가루 포도씨유 콩기름	31.2 27.6 22.0 9.6	충분섭취량 남녀(19세 이상) 12 mg α-TE	540 mg α-TE
비타민 K: K_1(필로퀴논), K_2(메나퀴논), K_3(메나디온)	혈액 응고	○	×	○	×	○	• 결핍증 : 혈액 응고 지연, 신생아 출혈 • 과잉증 : 혈전증, 경한증, 빈혈, 황달	건미역 말린 녹차잎 고춧잎 들깻잎 김	1,545 1,293 871 787 656	충분섭취량 (19세 이상) 남 75 μg 여 65 μg	

※ ○: 안정, ×: 불안정

*함량 단위: 비타민 A: RAE/100 g, 비타민 D·K: μg/100 g, 비타민 E: mg α-TE/100 g

자료: 보건복지부·한국영양학회, 2020

그림 6-11 | 조효소로서의 수용성 비타민

표 6-7 | 비타민 B군의 조효소 형태

비타민 B군	조효소
티아민	TPP(thiamin pyrophosphate), TTP(thiamin triphosphate)
리보플라빈	FMN(flavin mononucleotide), FAD(flavin adenine dinucleotide)
나이아신	NAD(nicotinamide adenine dinucleotide), NADP(nicotinamide adenine dinucleotide phosphate)
판토텐산	CoA(coenzyme A)
바이오틴	바이오시틴(biocytin)
비타민 B_6	PLP(pyridoxal phosphate), PNP(pyridoxine phosphate), PMP(pyridoxamin phosphate)
엽산	THF(tetrahydrofolate)
비타민 B_{12}	아데노실코발아민(adenosylcobalamin), 메틸코발아민(methylcobalamin)

1) 비타민 B_1

비타민 B_1(티아민thiamin, 이하 티아민이라 함)은 비타민 B군 중 첫 번째로 발견되어 비타민 B_1으로 이름이 지어졌으며, 분자 구조 중에 황thio을 함유한 질소화합물amine이라는 의미로 티아민으로 불린다.

티아민의 구조를 살펴보면 피리미딘pyrimidine 핵과 싸이아졸thiazole 핵이 메틸렌 탄소에 결합되어 있다.

티아민은 인산과 결합하여 TPPthiamin pyrophosphate를 구성하며 에너지 대사에서 중요한 역할을 하는 피루브산 탈수소효소의 조효소로 작용한다. 또한 신경전달물질인 아세틸콜린acetylcholine 합성과 신경자극 전달물질의 합성에도 관여한다.

티아민이 결핍되면 조효소로서의 대사가 진행되지 않아서 탄수화물 분해산물인 피루브산과 젖산이 축적되어 각기병 증상인 신경염, 부종, 식욕 감퇴 및 권태감이 나타난다.

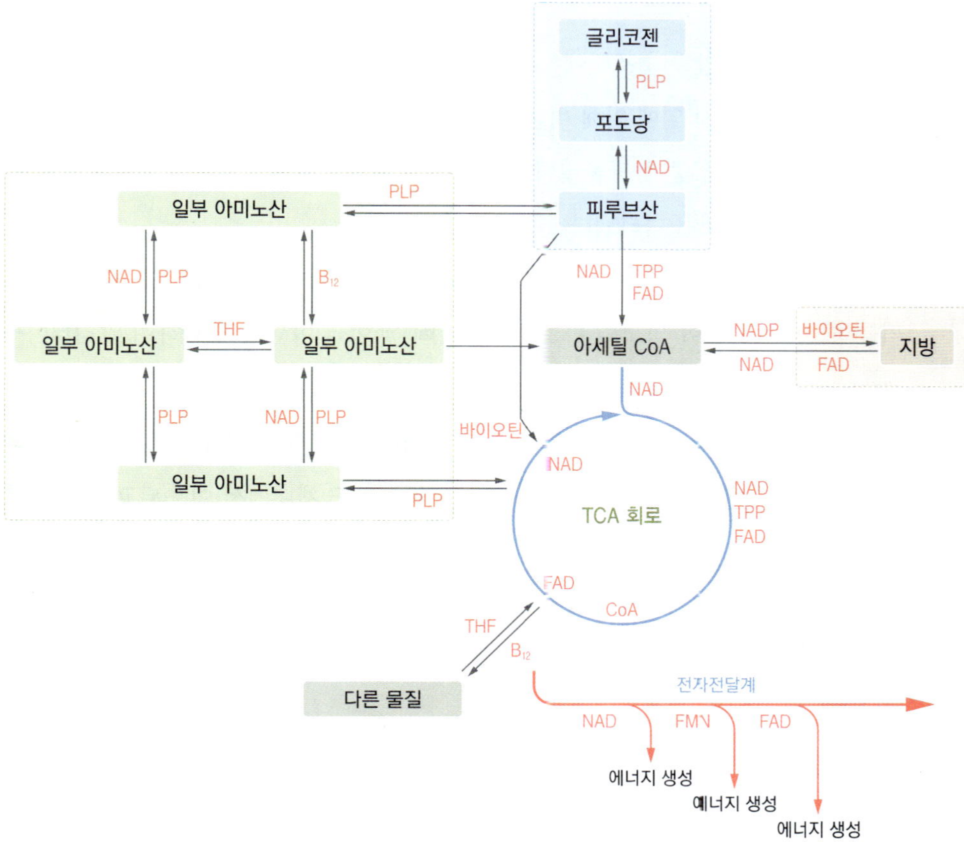

그림 6-12 | 체내 대사과정 중 조효소로 작용하는 비타민 B군

자료: 김선효 외, 2016

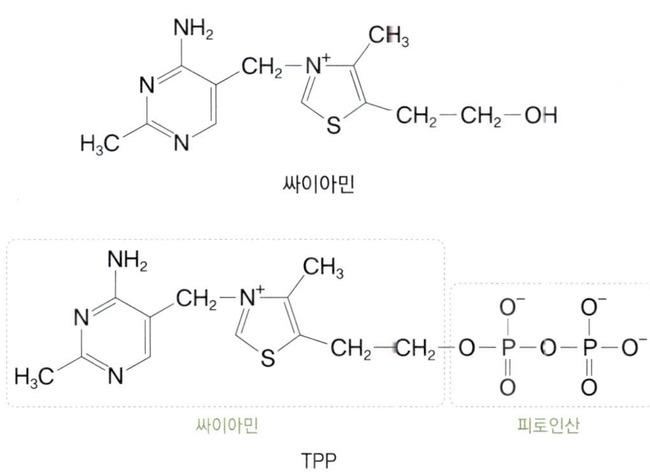

그림 6-13 | 티아민과 조효소 TPP 구조

티아민은 열과 알칼리 조건에서는 매우 불안정하지만 산성 조건에서는 비교적 안정하여 가열조리 시 열에 의해 비타민이 파괴된다.

티아민은 수용액 중 형광물질이 존재하며 쉽게 분해되어 싸이오크롬thiochrome이 생성되어 강한 형광을 나타낸다.

티아민은 곡류의 배아와 외피, 돼지고기, 효모에 다량 함유되어 있다. 돼지고기를 먹을 때 마늘과 같이 먹으면 마늘의 알리신allicin이 티아민과 결합하여 알리티아민allithiamin이 되어 흡수율이 높아진다.

티아민의 주요 급원식품은 곡류의 배아, 돼지고기, 간 등이다. 수용성 비타민의 특성이 과잉증이 없는 것으로 알려져 있고, 티아민도 체내에서 이용되고 남으면 대부분 배설되어 과잉증은 없다. 티아민의 결핍증은 각기병으로 비타민과 단백질의 복합 결핍현상이다. 이 외에도 체중 감소, 권태, 근무력증 등이 나타나기도 한다.

티아민의 권장섭취량은 19~64세 성인 남녀 각각 1.2 mg/일과 1.1 mg/일이며, 상한섭취량이 설정되어 있지 않다.

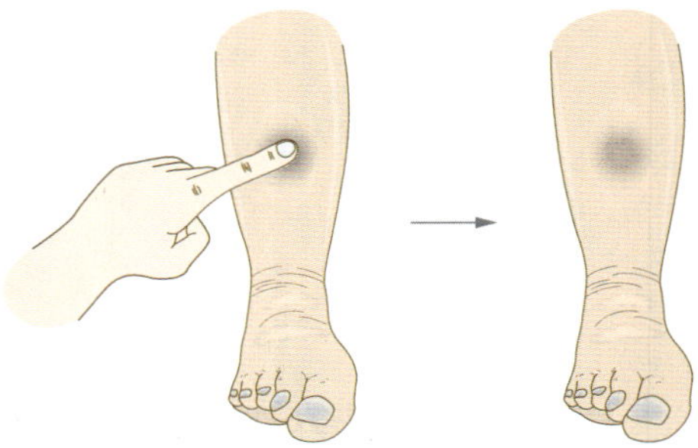

그림 6-14 | 각기병 환자의 다리

2) 비타민 B_2

비타민 B_2(리보플라빈riboflavin)는 단백질과 결합한 형태로 존재한다.

비타민 B_2의 구조는 당알코올인 리비톨ribitol이 아이소알록사진isoalloxazine 고리에 결합한 수용성 비타민으로 탄수화물, 지질, 단백질 대사의 조효소로 작용 시 산화·환원 반응에 관여하는 FMN, FAD 두 가지 조효소의 구성성분이다. 또한 트립토판을 나이아신으로 전환시키는 과정에 관여한다.

비타민 B_2는 입안의 점막을 보호하며 성장을 촉진하는 황색 침상의 결정으로 수용액은 독특한 녹황색 형광을 띤다.

비타민 B_2는 열과 산성의 조건에서는 안정하나 광선이나 알칼리의 조건에서는 쉽

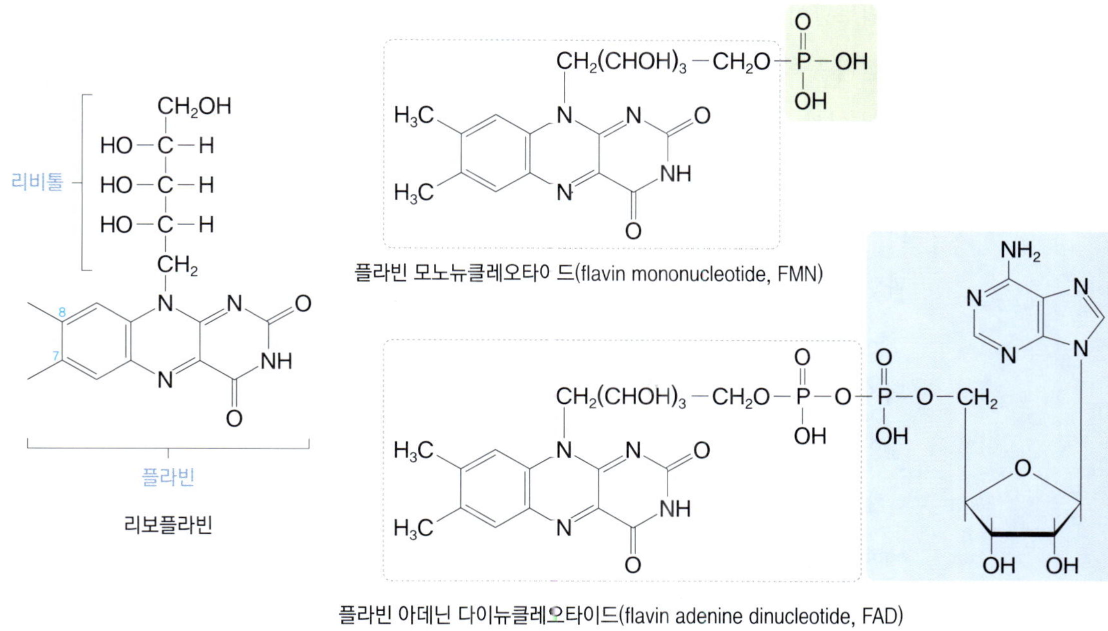

그림 6-15 | 비타민 B_2와 FMN, FAD 구조

게 분해된다.

결핍 시에는 구순구각염, 설염, 지루성 피부염 등이 생기기 쉽다. 단독에 의한 결핍보다 다른 비타민 B 복합체가 함께 부족할 때 결핍증이 나타나기 쉽다.

비타민 B_2의 주요 급원식품은 동물의 간, 깻잎, 달걀, 우유, 해조류 등이다.

권장섭취량은 19~64세 성인 남녀 각각 1.5 mg/일과 1.2 mg/일이며, 과다 섭취 시 쉽게 배설되므로 상한섭취량이 설정되어 있지 않다.

3) 나이아신

나이아신niacin은 니코틴산nicotinic acid과 니코틴산 아마이드nicotinic acid amide 두 물질의 총칭이다. 생체 내에서는 NADnicotinamide adenin dinucleotide, NADPnicotinamide adenin dinucleotide phosphate의 조효소 형태로 열량을 나타내는 영양소의 대사작용에 관여한다. 생체 내에서 트립토판 60 mg이 나이아신 1 mg을 합성하므로 트립토판이 많이 함유되어 있는 동물성 식품은 나이아신의 좋은 급원이 된다. 나이아신이 부족하면 피부와 점막에 손상이 일어나고, 심각하게 결핍되면 피부염, 설사, 정신 이상, 색소 침착이 일어나는 펠라그라 증세가 나타난다. 나이아신은 이러한 질환을 예방하기 때문에 항펠라그라성 인자로 불린다. 다른 수용성 비타민과는 달리 나이아신은 과다 섭취 시 피부 홍조, 메스꺼움 등이 나타나기도 하고, 장기적으로 과잉 섭취 시 간 기능 이상 및 혈당 상승이 일어난다.

나이아신은 열, 산, 알칼리, 광선, 산성의 조건에 매우 안정하여 조리 중 거의 손실되지 않으나 수용성이기 때문에 물에 침지, 데치기, 찌기 등의 조리작업에 의한 손실이 일어난다.

체내에서 트립토판으로부터 합성될 수 있으므로 필요량을 나이아신 당량niacin equivalent, NE으로 표시한다. 나이아신 당량은 나이아신 1 mg과 트립토판 60 mg을 의미한다. 나이아신의 권장섭취량은 19~64세 성인 남녀 각각 16 mgNE/일과 14 mgNE/일이며, 에너지 섭취가 감소된 경우에도 13 mgNE/일 이하가 되지 않도록 권

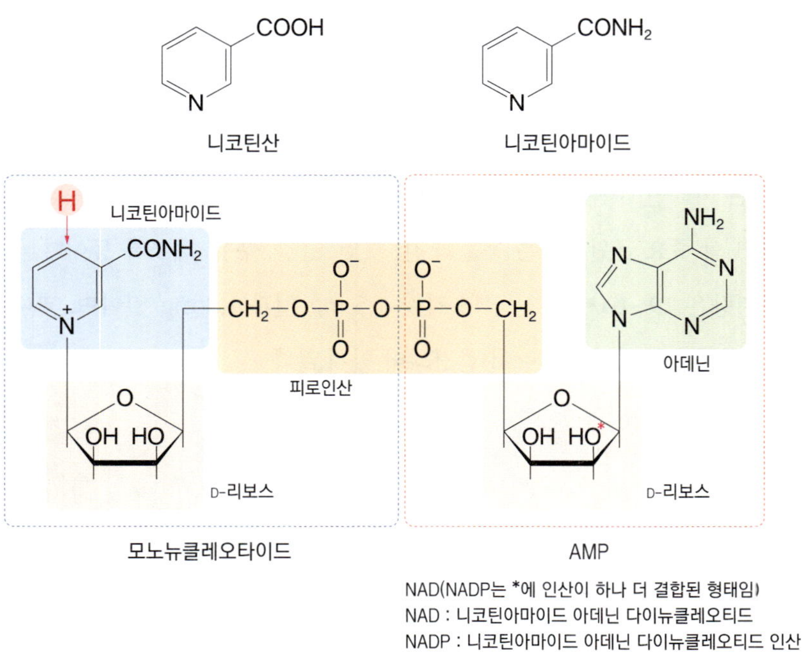

그림 6-16 | 나이아신 및 NAD, NADP 구조

장한다. 나이아신의 상한섭취량은 19세 이상 성인 남녀 모두 니코틴산 35 mgNE/일, 니코틴아마이드 1,000 mgNE/일이다.

나이아신의 주요 급원식품은 생선, 우유 및 달걀 등과 콩류 및 곡류에도 함유되어 있다.

4) 비타민 B_6

피리독신pyridoxine이라 부르는 비타민 B_6는 함유하는 작용기에 따라 피리독신 pyridoxine, 피리독살pyridoxal, 피리독사민pyridoxamine의 세 종류로 분류하며 체내 상호 전환되어 효능은 같다.

체내 활성형은 피리독살-5-인산pyridoxal-5-phosphate, PLP으로 아미노산 대사 및 트립토판이 나이아신이나 세로토닌으로 전환되는 과정, 적혈구의 형성과 조혈작용, 신경전달물질 합성에 관여한다.

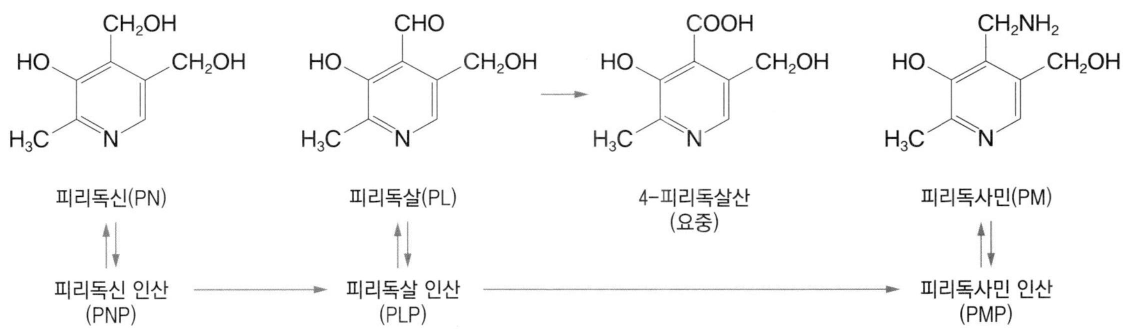

그림 6-17 | 비타민 B_6

비타민 B_6는 식품 중에 널리 분포되어 있고 사람의 장내세균에 의해 합성되므로 결핍증은 거의 일어나지 않지만, 아미노산 대사에 관여하므로 단백질 섭취량이 증가할 때는 비타민 B_6의 필요량도 증가하기 때문에 주의가 필요하다. 결핍증은 비타민 B 복합체가 전반적으로 부족할 때 발생하는데, 경련, 저색소성 거대적아구성 빈혈, 림프구 생산 저하 등이 일어나며, 귀·코·입 주위의 습진이나 지루성 피부염이 나타나므로 항피부염인자라고 부른다.

비타민 B_6는 산성 조건에서는 안정하지만 광선에 노출되면 분해되기 쉽다.

비타민 B_6는 과잉 섭취 시 독성이 심하게 나타나기 때문에 섭취 시 주의해야 한다. 주요 급원식품은 곡류의 배아, 효모, 간 등이다.

비타민 B_6의 권장섭취량은 19세 이상 성인 남자 1.5 mg/일, 여자 1.4 mg/일이며, 상한섭취량은 성인 남녀 100 mg/일이다.

5) 비타민 B_{12}

비타민 B_{12}는 비타민 중 가장 복잡한 구조를 갖는 화합물이다. 분자 중심부에 코발트 원자를 가지고 있어서 코발아민cobalamin이라 명명하며, 협의적으로는 사이아노코발라민cyanocobalamine이라고 한다. 사이안 대신 하이드록시기를 함유하고 있는 것은 하이드록시코발아민hydroxycobalamine, 아미노기를 함유한 것은 니트로소

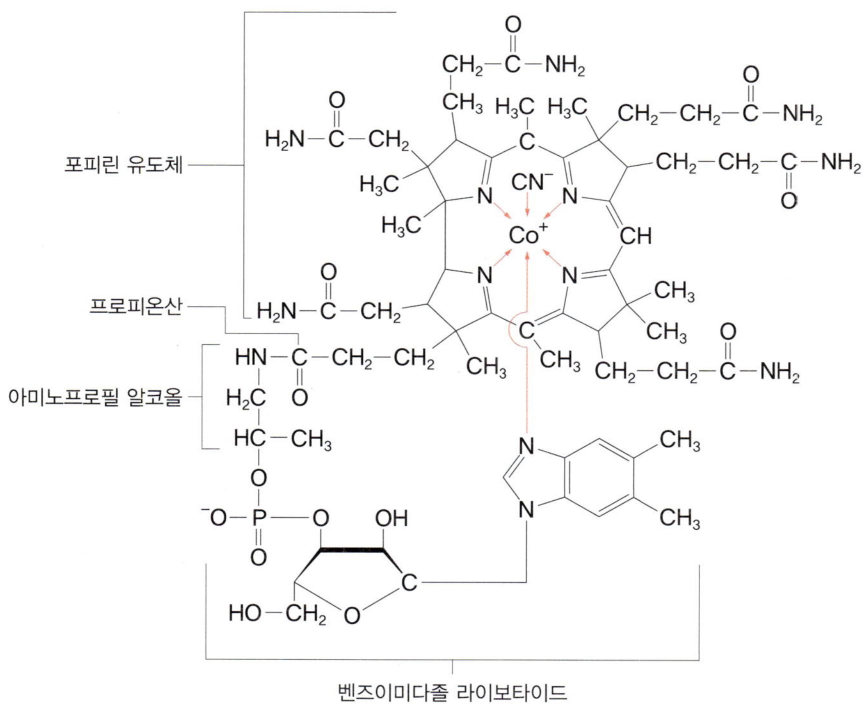

그림 6-18 | 비타민 B_{12}

코발아민nitrosocobalmine이라 한다.

코발아민은 적혈구 생성에 관여해서 항악성빈혈인자라고도 하며, 지방과 당질 대사, 단백질 합성, DNA 합성 등에 관여한다.

코발아민은 포피린유도체에 프로피온산과 벤즈이미다졸 라이보타이드에 아미노프로필알코올이 결합되어 있으며, 이 포피린 핵 중앙에 1개의 코발트를 가지고 있는 매우 특이한 구조이다.

코발아민은 결핍 시 악성빈혈과 손발 지각 이상, 환각, 망상, 불안정 등의 신경 이상 등이 나타나며, 유아는 성장 지연, 설사, 구토증이 나타나고 혈구가 감소된다. 비타민 B_{12}의 주요 급원식품은 간, 심장, 어패류, 우유 및 달걀노른자 등의 동물성 식품이고 식물성 식품에 매우 미량으로 함유되어 있어서 엄격한 채식주의자에게 부족증이 나타나기 쉽다.

비타민 B_{12}의 권장섭취량은 성인 남녀 모두 2.4 μg/일이며, 상한섭취량은 설정되어 있지 않다.

일반적으로 열에는 안정하지만 알칼리 조건에서 가열 시 쉽게 분해된다.

6) 엽산

엽산folic acid, folacin은 식물의 잎folium에 존재한다는 뜻에서 유래되었고, 테트라하이드로엽산tetrahydrofolate, THF의 형태로 아미노산, 핵산 및 적혈구 합성에 조효

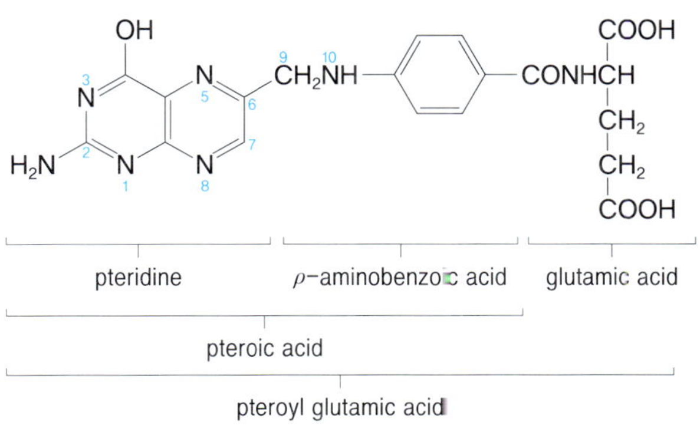

그림 6-19 | 엽산

소로 관여한다. 식품 내 엽산은 여러 개의 글루탐산이 결합된 형태로 존재한다.

식품에 함유된 엽산의 흡수율은 일반적으로 약 50% 정도로 이렇게 흡수된 엽산은 주로 MTHF5-methyl-tetrahydrofolate 형태로 문맥을 통해 간으로 이동한 뒤 다시 폴리글루타메이트로 변환되어 간에 저장되거나 모노글루타메이트 형태로 혈액으로 녹아들어 필요한 조직에 운반된다. 각 세포 조직으로 들어간 엽산은 다시 폴리글루타메이트 형태로 전환된 후 조효소로 이용되거나 저장된다.

엽산은 알칼리 조건에서만 열에 안정하고, 빛, 열, 공기 중에 산화되는 매우 불안정한 화합물이므로 조리나 가공 중에 손실되기 쉽다.

특히 초기 임산부에게 엽산 결핍이 발생할 경우 태아의 신경관 형성에 문제가 발생하여 선천적 척수 또는 뇌 장애 등 신경관 결함 장애가 나타날 위험도가 높아진다.

주로 녹엽채류, 효모 등에 많이 함유되어 있으며 엽산의 권장섭취량은 19세 이상 성인 남녀 모두 400 μg DFE/일이며, 상한섭취량은 1,000 μg DFE/일이다.

7) 판토텐산

판토텐산pantothenic acid은 'everywhere'를 의미하는 명칭처럼 모든 동·식물성 식품 중에 널리 분포한다.

판토텐산은 β-알라닌β-alanine과 판토산pantoic acid이 펩타이드 결합한 구조로 체내에서 판토테인pantotheine으로 전환되며, 이것이 ATP와 결합하여 조효소co-enzyme A를 형성하고 에너지대사나 헤모글로빈, 지방산, 호르몬 합성 및 분해에 관여한다. 항비타민이나 판토텐산의 섭취가 부족하지 않는 한 결핍 증상이 나타나지 않는다.

판토텐산은 산과 알칼리 조건에서는 불안정하여 쉽게 분해되나 열에는 안정하여 소량의 물로 조리하면 90%가 보유되며, 대량의 물로 조리해도 70%가 보유된다.

판토텐산의 주요 급원식품은 버섯, 소간, 달걀노른자, 땅콩 및 전곡 등으로 동·식물성 식품에 널리 분포한다.

판토텐산의 충분섭취량은 19세 이상 성인 남녀 모두 5 mg/일이며, 상한섭취량은 설정되어 있지 않다.

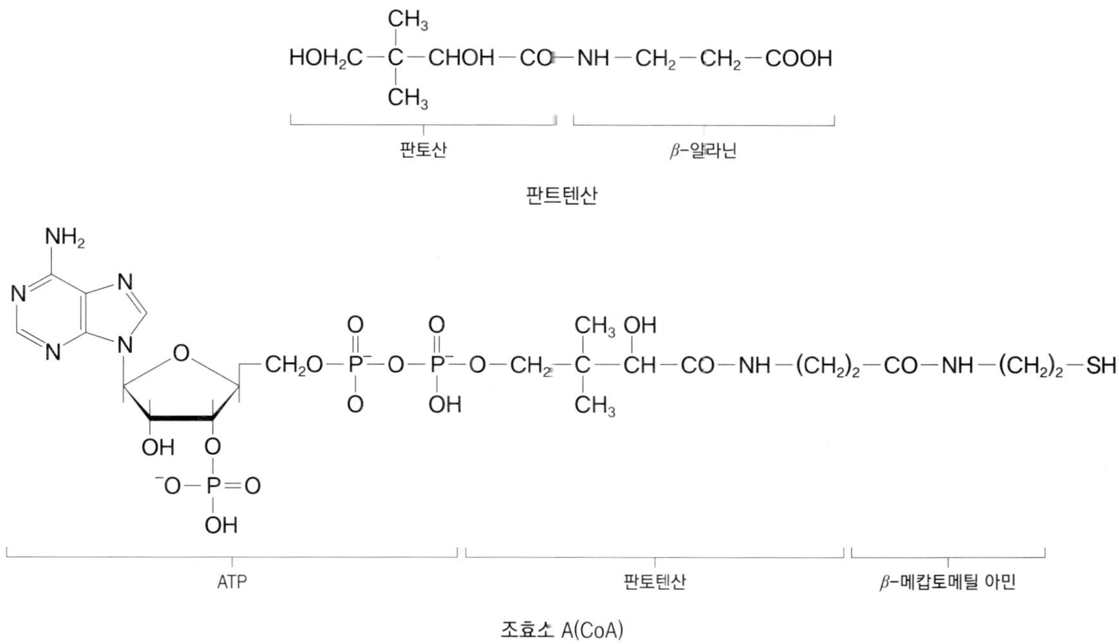

그림 6-20 | 판토텐산

8) 바이오틴

바이오틴biotin은 황을 함유한 비타민으로 카복실레이스carboxylse의 조효소로 체내에서 퓨린purin과 췌장 아밀레이스의 합성에 관여한다. 바이오틴은 장절제수술로 세균에 의한 합성이 감소되거나 생달걀을 과량으로 섭취하면 결핍될 수 있는데, 이는 달걀흰자 중에 함유된 아비딘avidin이라는 당단백질이 장내에서 바이오틴과 결합하여 바이오틴의 흡수를 방해하기 때문이다.

바이오틴은 포도당 신생합성 및 지방산 합성에 관여하며 탈아미노되어 있다.

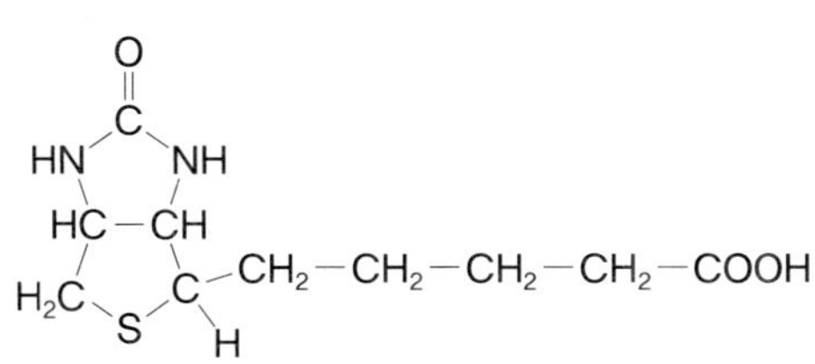

그림 6-21 | 바이오틴

바이오틴의 구조는 요소urea, 싸이오펜thiophene, 발레르산valeric acid이 결합되어 있다.

바이오틴은 일반적으로 열, 광선, 산성의 조건에서는 안정하나, 알칼리성 조건과 산화 시 매우 불안정하다.

자연식품 중에 널리 분포하며 달걀노른자, 효모, 대두 등에 풍부하다.

바이오틴의 충분섭취량은 19세 이상 성인 남녀 모두 30 μg/일이며, 상한섭취량은 설정되어 있지 않다.

9) 비타민 C

비타민 C는 항괴혈병성 비타민antiscorbutic vitamin이라는 뜻에서 아스코르브산ascorbic acid이라고 명명하였다. 신맛을 내고 환원형(L-ascobic acid, ASA)과 산화형(dehydroascorbic acid, DHA)으로 존재하며, 산화형은 환원형의 75~80%의 효력을 갖는다.

인간을 비롯한 일부 동물의 체내에서는 아스코르브산을 합성할 수 없으므로 반드시 식품을 통해 섭취해야 한다.

아스코르브산은 수소원자를 방출할 수 있어서 강력한 환원력을 가지며, 콜라겐이

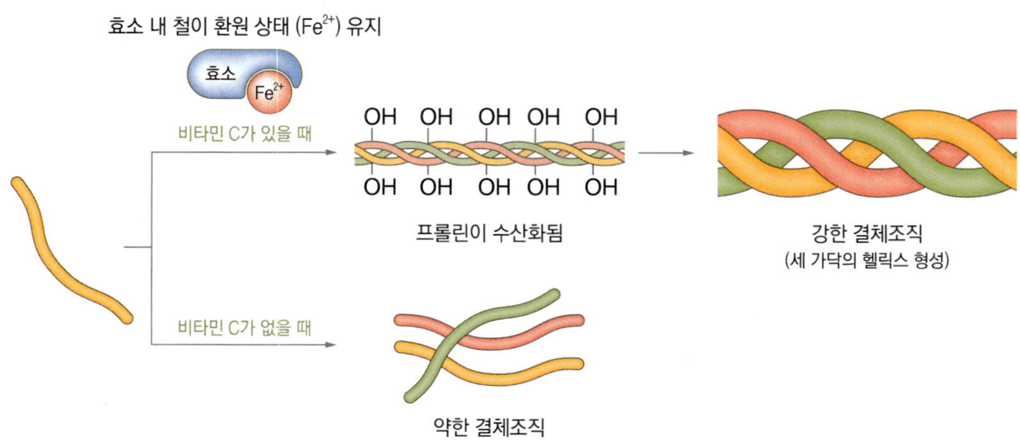

그림 6-22 | 콜라겐 합성과정

자료: 김선효 외, 2016

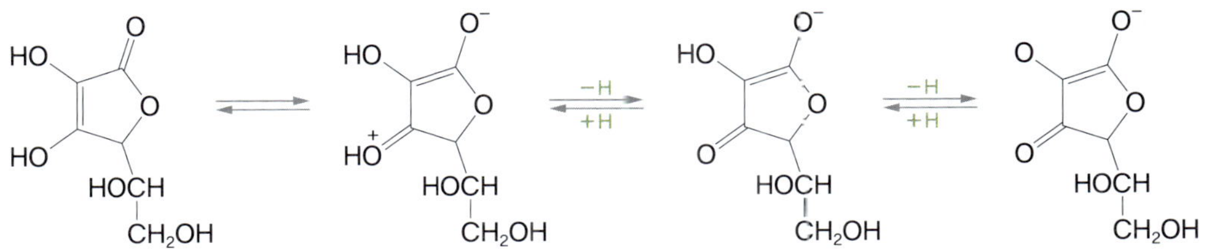

그림 6-23 | 아스코르브산에 의한 수소원자의 방출

자료: 고광오 외, 2010

나 스테로이드 호르몬이 합성되는 데 관여한다. 콜라겐은 결합조직과 혈관벽에 존재하기 때문에 비타민 C가 부족하면 결합조직이 약해지고 모세혈관이 약화되어 쉽게 멍이 들며 잇몸이 붓고 출혈이 쉽게 발생하며, 또 세균에 감염되기 쉬워진다.

또한 도파민dopamine, 노에피네프린norepinephrine, 세로토닌serotonin 등의 신경전달물질의 합성에 관여하는 hydroxylase의 조효소로 작용한다. 이 외에 발암성 물질인 니트로사민nitrosamine의 생성 억제, 체내 해독작용, 백내장 발생을 예방하는 효과가 있다. 또한 유지류나 비타민 등의 산화를 억제하는 항산화제로 이용된다. 그 외에 육색의 고정, 갈변 방지 등 식품 가공에도 첨가되어 중요한 역할을 한다.

일반적으로 산성의 수용액 상태에서는 안정하나 알칼리 조건, 열, 산소, 금속(Cu, Fe) 및 효소인 아스코르비네이스ascorbinase에는 불안정하다. 일반적인 가열조리에서 50% 정도의 비타민 C가 분해되므로 가능한 생식 형태로 섭취하기를 권장한다.

비타민 C의 권장섭취량은 19세 이상 성인 남녀 모두 100 mg/일이며, 상한섭취량은 2,000 mg/일이다. 신선한 채소와 과일에 많이 함유되어 있다.

표 6-8 | 수용성 비타민의 종류와 특성

종류＼특성	생리작용	성질: 산	성질: 알칼리	성질: 산소	성질: 광선	성질: 열	결핍증	급원식품: 식품	급원식품: 함량*	권장섭취량/충분섭취량	상한섭취량
비타민 B_1 (티아민)	• TPP 등의 조효소 • 탄수화물대사 촉진 • 식욕 및 소화기능 자극 • 신경기능 조절	○	×	×	○	×	피로, 권태, 각기병, 신경염, 중추신경장애, 식욕 부진	돼지고기 장어 옥수수 시금치	0.66 0.66 0.48 0.16	(19~49세) 남 1.2 mg/일 여 1.1 mg/일	
비타민 B_2 (리보플라빈)	• FMN, FAD 산화환원효소 • 성장·발육 촉진 • 입안 점막 보호 • 체내 산화·환원 작용	○	×	○	×	○	성장 저해, 구순구각염, 설염	쇠간 돼지간 김 깻잎 달걀	3.43 2.20 1.34 0.51 0.47	(19~49세) 남 1.5 mg/일 여 1.2 mg/일	
나이아신	• 에너지대사에 관여하는 NAD, NADP 공급 • 열량소 산화·환원 작용	○	○	○	○	○	펠라그라, 흑설병, 피부·점막 손상	쇠간 닭고기 돼지간 새송이버섯 현미	17.53 10.82 8.44 4.66 1.68	(19~49세) 남 16 mg NE/일 여 14 mg NE/일	니코틴산/니코틴아미드 남녀(19~49세) 35/1000 mg NE/일
비타민 B_6 (피리독신)	• 단백질대사에 관여 • 헴 합성 • 지방 합성	○	○	○	×	×	피부염, 습진, 기관지염	효모 해바라기씨 쇠간 칠면조 꽁치	1.28 1.18 1.02 0.60 0.42	(19~49세) 남 1.5 mg/일 여 1.4 mg/일	100 mg/일
비타민 B_{12} (코발아민)	• 항악성빈혈작용 • 혈액 생성 • 성장 촉진	×	×	○	○	○	악성빈혈, 손발 지각 이상	바지락 쇠간 김 꼬막	74.0 70.6 66.2 45.9	(19~49세) 남녀 2.4 μg/일	

종류 \ 특성	생리작용	성질					결핍증	급원식품		권장섭취량/ 충분섭취량	상한섭취량
		산	알칼리	산소	광선	열		식품	함량*		
엽산 (폴라신)	• 항빈혈작용 • 핵산 합성 • 성장 촉진	×	○	×	×	×	거대적아구성 빈혈	효모 녹차잎(말린 것) 대두 오이소박이 파김치	3,800 1,277 755 584 449	권장섭취량 (19~49세) 남녀 400 μg DFE/일	1,000 μg DFE/일
판토텐산	• 탄수화물 및 지질대사에 필요한 코엔자임 A의 구성 성분 • 스테롤 합성 • 헤모글로빈 합성	×	×	○	○	○	피로, 불면, 근육 경련, 손발 화끈거림, 빈혈	청국장 쇠간 돼지간 넙치(광어) 쇠고기 닭고기	11.50 7.11 4.77 2.59 1.63 0.80	충분섭취량 (19~46세) 남녀 5.0 mg/일	
바이오틴	• 포도당·지방산 합성 • 항피부염인자	○	×	×	○	○	탈모, 발톱 깨짐, 위장 증상	새발나물 게 고춧가루 아몬드 달걀	51.7 98.2 75.2 27.9 21.0	30 μg/일	
비타민 C (아스코르브산)	• 콜라겐·스테로이드 호르몬의 합성 • 감기 예방 • 철 흡수 촉진	○	×	×	×	×	괴혈병, 잇몸 출혈, 전염병 노출	구아바 파프리카 키위 딸기 시금치	220.0 91.8 86.5 67.1 50.4	(19~49세) 남녀 100 mg/일	2,000 mg/일

※ ○: 안정, ×: 불안정

*함량 단위 : 비타민 $B_1 \cdot B_2 \cdot B_6$ · 판토텐산 · C: mg/100 g, 바이오틴: μg/100 g, 나이아신: mg NE/100 g, 비타민 B_{12}: μg/100 g, 엽산 μg DFE/100 g(DFE = dietary folate equivalents)

자료: 보건복지부 · 한국영양학회, 2020

FOOD CHEMISTRY

FOOD CHEMISTRY

chapter

07

무기질

학습목표

1. 다량 무기질과 미량 무기질의 특성을 설명할 수 있다.
2. 다량 무기질과 미량 무기질의 종류와 기능에 대해 설명할 수 있다.
3. 산성 식품과 알칼리성 식품의 종류와 특성을 설명할 수 있다.
4. 식품의 조리가공 중 일어나는 무기질의 변화를 설명할 수 있다.

chapter

07

무기질은 100여 종의 금속 및 비금속 원소로 이루어져 있으며 식품에는 대부분 무기염의 형태로 존재한다. 그러나 Fe, Ca, Na, Mg, Cu, Mn을 포함한 20여 종의 무기질은 헤모글로빈의 철, 단백질의 황과 같이 유기물과 결합하여 존재하며, 뼈와 치아를 구성할 뿐 아니라 근육 수축과 신경 자극 및 전달 등 각종 생리작용에 관여하여 인체에 소량이지만 생명과 건강을 유지하는 데 필수적이다.

1. 무기질의 정의

지구상에 존재하는 100여 종의 원소들 중 신체와 식품 중에 존재하는 중요한 무기질은 20여 종이다. 무기질은 단일 원소로 그 자체가 필수 영양소지만, 유기물이 아니기 때문에 에너지를 만드는 데 직접적으로 관여하지 않는다. 신체는 약 96%의 유기질과 4% 정도의 무기질로 이루어져 있다. 무기질은 다른 영양소로부터 합성되거나 전환될 수 없어 반드시 음식으로 섭취해야 한다. 무기질의 체내 필요량은 매우 적어 과량 섭취 시 잘 배설되지 않아 독성을 나타낸다.

2. 무기질의 특성 및 분류

1) 무기질의 특성

회분ash은 식품을 완전히 태우고 남는 것을 말하며 무기질이라고 한다. 식품 중 무기질의 함량은 대부분 500~600°C 고온의 회화로에서 지속적으로 가열하여 유기물을 완전히 연소시킨 후 남는 흰색이나 회색 재의 질량을 말한다. 그러나 회분 함량은 식품에 존재하는 무기물의 양과 정확히 일치하지 않는데 이는 회화과정 중 무기물들이 산화물, 인산염, 황산염과 같은 다른 형태로 바뀌거나 휘발되기 때문이다.

2) 무기질의 분류

무기질은 체내에 존재하는 양에 따라 다량 무기질macromineral과 미량 무기질micromineral로 분류한다.

(1) 다량 무기질

다량 무기질은 체중의 0.01% 이상 존재하고 식품으로 1일 필요량이 100 mg 이상인 것으로 칼슘Ca, 인P, 칼륨K, 나트륨Na, 염소Cl, 마그네슘Mg, 황S 등이다.

(2) 미량 무기질

체내에 체중의 0.01%보다 적은 양이 존재하고, 식품으로 섭취 시 1일 필요량이 100 mg 미만인 것이다. 철Fe, 구리Cu, 요오드I, 망간Mn, 코발트Co, 아연Zn, 불소F, 셀레늄Se, 몰리브덴Mo 등이다.

3. 무기질의 기능

1) 신체의 구성성분

인체를 구성하는 주요 무기질은 칼슘, 인, 마그네슘, 칼륨, 나트륨, 염소이고 철, 구리, 황, 요오드, 망간, 코발트, 아연 등도 미량이지만 필수적이다. 무기질은 골격과 치아와 같은 경조직(Ca, Mg, P)과 결합조직의 형성(Zn, Cu, Mn)에 필수적이다. 머리카락과 손톱 및 피부(S), 헤모글로빈(Fe), 위 내 염산(Cl)의 주요 성분이고, 체내에서 중요한 기능을 하는 호르몬, 효소, 비타민의 일부분이 되거나 이것들과 결합하여 다양한 작용을 한다.

2) 조절작용

무기질은 체내에서 pH 및 삼투압을 조절하여 물리·화학적 작용을 정상적으로 유지시킨다. 전리성 염류는 체액 속에서 신경의 자극 감수성과 근육의 탄성을 유지하고, 소화액의 산성 또는 알칼리성을 유지시킨다. 체내 삼투현상에 의한 체액 구획간 수분 이동을 조절하고, 신경의 자극, 근육 수축성 조절 및 혈액 응고를 조절한다.

3) 촉매작용

무기질은 탄수화물, 단백질, 지질의 분해과정 중 에너지를 내는 반응을 활성화시키는 데 관여할 뿐만 아니라 포도당으로부터 글리코젠, 아미노산으로부터 단백질, 지방산과 글리세롤로부터 지질을 합성할 때 필수적이다. 효소의 구성성분과 보조인자로 촉매 역할을 하고 체내 호르몬의 구성요소이다.

4. 무기질의 섭취

무기질은 체내에서 생성되지 않으므로 외부에서 공급받아야 한다. 칼슘, 철, 요오드 등을 제외한 대부분의 무기질은 자연식품에 적당량 함유되어 있어 식사를 통해 섭취할 수 있다. 최근 가공식품과 패스트푸드 등의 과량 섭취로 나트륨, 인 등을 비롯한 중금속(크롬, 납, 카드뮴, 수은, 망간 등)의 과잉 섭취가 문제되고 있다.

식품에 함유되어 있는 무기질은 체내 생화학적 조건에 의해 흡수율과 이용률이 달라진다. 무기질의 흡수와 이용에 영향을 미치는 요인으로는 무기질 상호 간의 균형, 비타민과 무기질의 상호작용, 중금속 노출 등이다. 예를 들면 과량의 칼슘 섭취는 마그네슘과 철 결핍을 초래할 수 있으며, 비타민 D는 칼슘의 흡수를 돕고, 비타민 C는 철의 이용률을 높인다. 비타민 B_1(티아민)은 납의 흡수를 저해한다.

5. 무기질 급원식품

무기질은 식물성 식품과 동물성 식품이 급원이다. 일부 무기질은 동물성 식품에 많이 존재하고 생체 이용률도 높다. 예를 들면 육류는 철과 아연, 우유와 유제품은 칼슘의 좋은 급원식품이다. 한편 마그네슘과 망간은 식물성 식품에 더 많이 함유되어 있다.

무기질의 주요 급원식품은 다음과 같다.

- 칼슘 : 우유, 유제품, 콩, 정어리, 연어, 호두, 해바라기씨 등
- 마그네슘 : 녹색채소, 우유, 고기, 땅콩 등
- 인 : 유제품, 고기, 생선, 콩류, 곡류, 달걀 등
- 칼륨 : 고기, 채소, 우유 등
- 황 : 쇠고기, 콩류, 어류, 달걀, 양배추 등
- 구리 : 간, 고기, 굴, 달걀, 콩류, 통밀, 마가린 등
- 요오드 : 김, 다시마, 미역 등
- 철 : 간, 붉은 고기, 난황, 대합조개, 콩류, 밀 등

- 셀레늄 : 간, 해조류 등
- 아연 : 간, 고기, 어류, 달걀, 우유, 콩류, 녹색채소 등

6. 무기질의 종류

1) 다량 무기질

(1) 칼슘

체내에 가장 많이 존재하는 무기질인 칼슘calcium, Ca은 성인 체중의 1.5~2.0%인 900~1,200 g 정도이다. 칼슘의 99%는 뼈와 치아에 저장되어 있다. 나머지 1%는 혈액, 세포 외액, 근육 등에 존재하여 근육의 수축과 이완, 규칙적인 심장 박동, 신경전달물질의 분비, 효소의 활성화, 혈압 조절, 호르몬 분비, 혈액 응고 등의 생리작용에 관여한다. 칼슘은 소장 상부에서 대부분 능동적 운반으로 흡수되며, 소장 하부에서는 단순 확산으로 흡수된다. 체내 칼슘 이용률은 체내 요구도가 큰 성장기, 임신기, 수유기와 지속적으로 칼슘 섭취가 낮으면 증가한다. 칼슘의 흡수율은 모유영양아 60%, 소아 및 청소년 40%, 성인 30% 내외로 알려져 있다. 또한 칼슘의 흡수율은 섭취하는 식이 성분에 의해 영향을 받는다. 즉, 단백질, 비타민 D, 젖당, 펩타이드 등은 칼슘 흡수를 촉진하나 지방, 식이섬유, 인산, 수산, 피틴산 등은 저해한다.

칼슘 섭취량이 부족하여 혈중 칼슘 농도가 낮아지면 신체는 이를 보상하기 위해서 뼈에 있는 칼슘을 녹여 사용하기 때문에 뼈는 점점 약해진다. 골질량bone mass이 감소하면 뼈가 작은 충격에도 쉽게 부러지며, 구루병·골연화증·골다공증이 발생한다. 칼슘과 비타민 D를 충분히 섭취해야만 뼈에 있는 칼슘의 용출을 최대한 방지할 수 있다.

성인의 1일 칼슘 권장섭취량은 남자 700 mg, 여자 700 mg이며, 50세 이상의 여성은 800 mg이고, 상한섭취량은 2,500 mg이다. 칼슘은 우유, 유제품, 뼈째 먹는 생선 등에 다량 함유되어 있으며 이들은 체내 이용률도 높다. 그 외에 해조류, 두류, 곡류, 채소류 등에도 함유되어 있다.

표 7-1 | 식품의 칼슘 함량

(단위: mg/100 g)

식품명	Ca 함량	식품명	Ca 함량
뱅어포	1,400	당근	40
다시마	708	도라지	39
김	490	오렌지	33
무말랭이	310	보리	30
아몬드	203	콩나물	28
두부	126	무화과	26
우유	110	옥수수	21
아이스크림	95	토마토	9
밀	71	감자	4

(2) 인

인phosphorus, P은 체내에 칼슘 다음으로 많이 존재하며, 80%는 칼슘과 결합하여 뼈와 치아를 구성한다. 나머지 20%가 혈액과 체액에 존재하며 중요한 생리작용을 한다. 인은 모든 세포에 존재하며 세포대사에 중요한 역할을 할 뿐 아니라 뉴클레오타이드(염기-당-인산)와 인지질을 구성하는 필수 요소이다. 생체 내 고에너지 화합물인 ATP, 크레아틴 등의 구성성분이고, 에너지 대사 및 혈액의 pH 항상성에 관여한다. 인은 모두 인산PO^{3-}의 형태로 식품 내에서 다른 물질과 에스터 결합을 한다. 이는 가수분해되어 유리 상태로 흡수되며, 흡수율은 70% 정도이다.

균형 잡힌 식사를 하는 사람들은 인의 결핍이 나타나지 않지만, 영양실조, 인산염 흡수장애 및 대사 질환이 있는 환자는 결핍현상이 나타날 수 있다. 결핍 시 근육과 신경이 제대로 작용하지 못하고 ATP가 부족하여 근육과 혈액세포가 파괴된다. 반면, 과잉 섭취 시 무기질의 균형이 깨져서 칼슘이 부족해진다. 따라서 인의 흡수와 이용을 고려하면 일반인은 칼슘과 인의 섭취 비율이 1 : 1 또는 1 : 1.5 정도, 성장기·임신기·수유기에는 1.5 : 1 정도의 비율이 이상적이다.

성인 남녀 1일 권장섭취량은 700 mg이고, 상한섭취량은 3,500 mg이다. 인은 식품에 널리 분포하며 우유와 유제품이 가장 좋은 급원이고, 육류, 생선, 가금류 등의

표 7-2 | 식품의 인 함량

(단위: mg/100 g)

식품명	P 함량	식품명	P 함량
멸치	1,500	정어리	240
오징어	1,000	달걀	230
김	510	쇠고기	210
대두	500	돼지고기	180
어묵	500	밀가루	170
완두	393	백미	160
닭고기	280	우유	90

동물성 식품에도 많이 함유되어 있다.

(3) 칼륨

칼륨potassium, K은 체내에 칼슘, 인 다음으로 많이 존재하며 그 함량은 나트륨의 약 2배이다. 주로 세포내액에 염화물KCl, 인산염K_2HPO_4, 탄산염K_2CO_3, $KHCO_3$의 형태로 존재한다. 칼륨과 나트륨의 균형은 정상 혈압 유지, 근육 수축과 이완에 관여하며, 신장에서 배설량과 보유량을 조절한다. 칼륨은 에너지대사, 세포막의 운반작용, 세포막 내외의 전압차 유지, 나트륨과 상호작용을 통한 신경계의 자극 전달, 골격근의 수축과 이완, 혈압의 유지, 산·염기의 평형 유지 등 다양하게 생리적 기능을 한다.

칼륨 결핍증은 설사제의 남용, 이뇨제의 과용으로 인해 소화관과 신장을 통한 칼륨 손실이 과다하면 발생한다. 결핍 증상은 무력감, 식욕 부진, 메스꺼움, 불안, 불면증 등이고, 극도의 저칼륨혈증이 생기면 심장의 부정맥arrhythmia으로 사망하기도 한다. 반면, 칼륨 과량 섭취 시 배탈이 나며, 신장기능이 약하면 칼륨이 혈액에 쌓여 심장기능이 약해진다. 장관 또는 혈관 영양을 통한 칼륨 과다 공급은 급성 중독을 일으킬 수 있으며, 칼륨의 급성 중독이 발생하면 심장마비로 인해 사망하기도 한다.

한국인 영양소 섭취기준에 의하면 우리나라 성인의 1일 칼륨 충분섭취량은 남녀 모두 4.7 g이다. 칼륨은 다양한 식품에 고루 분포되어 있으나, 특히 채소류와 과일류

표 7-3 | 식품의 칼륨 함량

(단위: mg/100 g)

식품명	K 함량	식품명	K 함량
팥	1,500	고구마	460
녹두	1,300	감자	450
땅콩	770	동태	430
시금치	740	대구	430
미역	730	돼지고기	380
쑥갓	610	우유(200 mL)	300
초콜릿	570	닭고기	220
토마토	510	아이스크림	190

에 많이 함유되어 있다. 우유, 콩, 육류, 토마토, 오렌지 주스, 사과, 바나나, 오이, 호박, 가지, 근채류 등도 칼륨의 주요 급원이다. 일반적으로 칼륨은 식품의 가공과정 중 감소되므로 가공식품보다 자연 식품에 함량이 더 많다.

(4) 나트륨

나트륨sodium, Na은 인체에 약 60~65 g 정도 함유하고 세포외액에 염화물$NaCl$, 인산염$NaHPO_4$, 탄산염Na_2CO_3, $NaHCO_3$ 형태로 존재한다. 나트륨은 칼륨과 함께 체액의 산-알칼리 평형과 세포 내외의 삼투압 조절을 통해 수분량을 조절하고 신체의 평형을 유지하는 데 관여한다. 나트륨은 칼슘과 함께 신경의 흥분 억제, 근육의 신경 자극을 전달함으로써 정상적인 근육운동을 하게 하며, 포도당이나 아미노산 흡수에 필수적이다.

인체에 필요한 양보다 과량 섭취하면 칼륨이 고갈되고 고혈압, 동맥경화, 심장병, 부종, 신경 과민, 위암, 신장 결석 및 탈모의 원인이 된다. 결핍 시, 혈액량이 감소하여 혈압이 낮아지며 신경이나 근육에 심한 경련이 일어난다.

세계보건기구WHO의 성인 나트륨 1일 권장량은 평균 2,000 mg이며 소금으로는 5~7 g 정도이다. 나트륨의 주요 급원식품은 베이킹파우더, 화학조미료 MSG monosodium L-glutamate, 카세인 나트륨 등이 함유되어 있는 가공식품들이다. 따라

표 7-4 | 주요 외식 메뉴별 나트륨 함량(1인분 기준)

구분	2,000 mg 이상	1,000~2,000 mg	1,000 mg 미만
메뉴	짬뽕, 우동, 열무냉면, 쇠고기육개장, 알탕, 물냉면, 동태찌개, 짜장면, 해물칼국수, 된장찌개, 김치찌개	전복죽, 게살죽, 깨죽, 카레라이스, 볶음밥, 비빔밥 등	회덮밥, 곰탕, 떡, 만두, 김밥, 튀김

자료: 삼성서울병원 홈페이지(http://www.samsunghospital.com/home/healthInfo/content/contenView.do?CONT_SRC_ID=28404&CONT_SRC=HOMEPAGE&CONT_ID=4552&CONT_CLS_CD=001021003003)

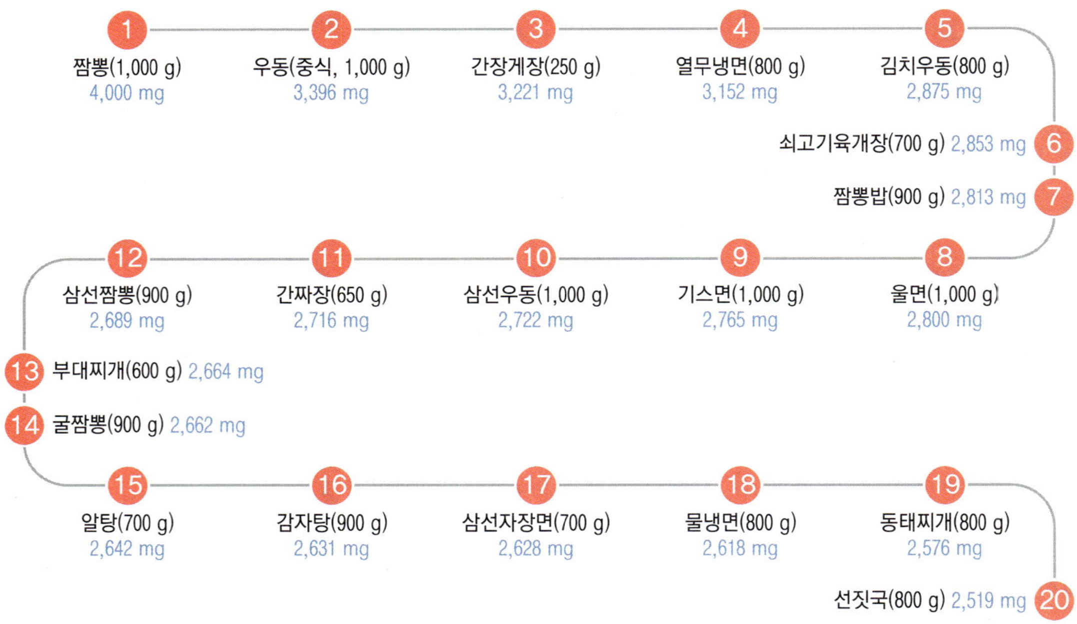

그림 7-1 | 나트륨 함량 음식 순위 1~20위

그림 7-2 | 나트륨 배출에 좋은 음식

서 염장식품과 패스트푸드, 라면, 햄, 식빵, 장류 및 소스 등과 같은 가공식품에 나트륨 함량이 매우 높다. 인체에 나트륨 섭취량의 약 10%는 곡류, 콩류, 견과류, 과일, 녹색채소와 같은 자연 식품, 약 15%는 조리과정에서 짠맛을 내기 위해 첨가되는 첨가물, 나머지 75%는 가공식품에서 공급된다.

영양소 함량 강조표시 세부기준

- 저나트륨 : 식품 100 g당 나트륨 함량이 120 mg 미만
- 무나트륨 : 식품 100 g당 나트륨 함량이 5 mg 미만

생활 속 나트륨 섭취 줄이는 방법

- 나트륨 적은 식품 선택
- 국물 적게 먹기
- 소스 적게 먹기
- 신선한 채소, 우유 섭취
- 외식 시에는 '싱겁게'와 '소스를 따로 주세요' 잊지 말기

자료: 공정거래위원회

(5) 염소

염소chlorine, Cl는 일부가 단백질과 결합되기도 하지만, 대부분은 나트륨과 결합되어 NaCl로 존재한다. NaCl은 분해되어 Na은 탄산나트륨Na_2CO_3 형태로 체액, 담즙 및 장액에 분비되어 소화에 관여하고, Cl는 HCl 형태로 위산으로 분비된다. 염소

표 7-5 | 식품의 식염 함량

(단위: mg/100 g)

식품명	NaCl 함량	식품명	NaCl 함량
매실절임	23.9	대구알젓	6.5
간장	20.1	미역	5.7
오징어절임	12.0	김	2.2
고추장	11.7	꽁치	2.2
새우	10.7	귤	0.2
단무지	9.5	사과	0.1

는 체내에서 노폐물을 제거하고 관절과 힘줄을 유연하게 하는 데 도움을 주며, 체액의 산-알칼리 균형, 위액의 산도 조절, 신경의 흥분 및 효소의 활성화를 돕는다.

염소의 결핍증은 잘 나타나지 않는다. 그러나 염소의 섭취량이 적으면 위산의 산도가 낮아져서 소화 불량과 식욕 부진이 일어나고, 과하면 위산 과다가 발생한다. 염소의 급원식품은 자반고등어, 소시지, 오이지, 라면, 식빵, 절인 무 등이다. 식염(소금) 1 g의 나트륨과 염소의 비율Na : Cl은 40 : 60이다.

(6) 마그네슘

마그네슘magnesium, Mg은 인체에 네 번째로 많으며 체중 70 kg인 성인의 체내 마그네슘 보유량은 약 24~25 g이다. 마그네슘은 2가 양이온Mg^{2+}으로 60%는 뼈에 있고, 나머지 40% 중 99%는 세포내액과 약 1% 정도는 세포외액에 있다. 마그네슘은 신경 및 근육의 세포막 전위 유지와 신경근 연접부에서 충격전도에 필수적인 작용을 한다. 마그네슘의 항상성 유지는 신장에서 조절되며, 여과된 대부분이 재흡수 되므로 내인성 마그네슘의 배설량은 매우 적다.

마그네슘이 결핍되면 혈중 칼슘 농도가 낮아져 저칼슘혈증hypocalcemia이 나타나며, 혈압과 체온이 조절되지 않아 저혈압과 수족냉증을 유발한다. 또한 협심증, 부정맥, 심장 발작을 유발하고 근육에 경련이 일어난다.

마그네슘의 흡수는 소장에서 수동적 또는 능동적으로 흡수한다. 일반 식사 시 마그네슘 흡수율은 약 50%이다. 그러나 마그네슘이 부족한 음식을 섭취할 때는 75%로 높아지나, 마그네슘이 풍부한 식사를 할 때는 25%로 낮아진다. 그 밖에 칼슘, 인산염, 피틴산염, 식이섬유 등이 마그네슘 흡수율에 영향을 미친다. 마그네슘 흡수를 돕는 인자로써 비타민 D가 있다.

한국인 영양소 섭취기준에서 성인 마그네슘 1일 권장섭취량은 남자 350 mg, 여자 280 mg이다. 마그네슘의 급원식품은 곡류, 두류, 푸른잎채소, 코코아, 견과류, 해조류, 감자 등이며, 생선과 우유, 육류, 그리고 사람들이 가장 흔히 먹는 과일에도 미량 함유되어 있다표 7-5.

표 7-6 | 식품의 마그네슘 함량

(단위: mg/100 g)

식품	Mg 함량	식품	Mg 함량
다시마	760	밀가루	26
아몬드	270	바나나	25
메밀	229	쇠고기	21
팥	132	닭고기	19
시금치	76	탈지유	13
두부	50	달걀	13
쌀	46	감자	13
고등어	35	양파	8

2) 미량 무기질

(1) 철

철iron, Fe은 체내 산소 운반을 돕고 혈액 생성에 반드시 필요하다. 또한 철은 많은 효소의 필수 성분이고 성장과 발육에 관여하며 질병에 대한 면역 기능을 향상시켜 준다. 생체 내 철 보유량은 남자 3.8 g, 여자 2.3 g 정도이며, 그중 헤모글로빈철(67%), 저장철(27%), 미오글로빈철(3.5%), 기타 효소의 구성성분 및 운반체로 존재한다.

철이 부족하면 철 결핍성 빈혈 증세가 나타난다. 반면, 과잉 섭취 시 변비, 오심, 구토를 일으키고 심장 질환 발병 위험을 증가시킨다. 황산철ferrous sulfate에 의한 치사량은 유아 약 3 g이며, 성인은 체중 kg당 200~250 mg 정도이다. 동물성 식품의 철은 생체이용률이 높은 형태인 헴철이다. 비헴철의 흡수는 아스코르브산, 육류, 생선류 및 가금류와 함께 섭취 시 증가되지만 타닌과 피틴산 등과 함께 섭취 시 저해된다.

우리나라 영양소 섭취기준에서 성인 철 1일 권장섭취량은 남자 10 mg, 여자(20~49세) 14 mg이고, 50세 이상의 여성은 9 mg이다. 귤, 딸기, 고추, 피망, 브로콜리, 배추 등의 비타민 C는 철의 흡수를 증가시키나 차에 다량 함유된 타닌 성분은 철의 흡수를 저해한다. 일반식사를 하는 우리나라 성인의 철 흡수율은 10% 정도이다. 철 급원식품은 간, 육류, 해물, 콩, 두부, 녹색채소, 영양 강화 시리얼 등이 있다. 식품 중의 철은 Fe^{3+}ferric와 Fe^{2+}ferrous만이 안정된 형태로 존재한다. 그중 동물성 식품에는 화학적으로 2가 철이온Fe^{2+}이, 식물성 식품에는 3가 철이온Fe^{3+}이 함유되어 있으며 신체 내에서 흡수율이 높은 것은 2가의 철Fe^{2+}이다.

(2) 구리

구리copper, Cu는 체내 여러 단백질의 형태로 존재하는 필수적인 미량 원소로 2가지 원자가 전자(Cu^{+}, Cu^{2+}) 형태로 상호 전환된다. 미토콘드리아 내 전자전달계의 마지막 과정에서 ATP 생성에 관여한다. 구리의 항산화 기능은 SODsuperoxide dismutase에 결합되어 세포의 산화적 손상을 방지하는 역할을 한다. 셀룰로플라스민ceruloplasmin은 구리 원자를 갖는 당단백질로 철 Fe^{2+}를 Fe^{3+}로 산화시키는 작용을 하여 저장된 철과 장관 내의 철을 헤모글로빈 생성장소로 운반한다. 구리는 망간과 타이로신(아미노산)과 함께 피부에 멜라닌 색소를 침착시킨다. 또한 구리는 아연과 비타민 C와 함께 세포 간의 결합을 유지하고 있는 콜라겐과 엘라스틴과 같은 결합조직의 합성에 필요하다.

결핍증은 보통 사람에게는 매우 드물게 나타난다. 그러나 저체중아로 태어나서 조제분유를 먹는 영아, 미숙아 등에서는 구리 결핍증이 나타날 수 있다. 구리 섭취가 부족하면 철의 이용률이 감소되고, 적혈구 합성이 저하되어 빈혈이 생긴다. 또한 뼈와 관절의 손상, 성장 장애, 백반증 등이 나타날 수 있다. 한편, 구리를 1일 0.07 mg/kg 이상 섭취하면 장관 내에 영향을 주며, 장기간 다량 섭취 시 복통, 오심, 구토, 설사, 간세포 손상, 혈관 질환 등이 나타난다.

한국인 영양소 섭취기준에 의하면, 성인 1일 구리 권장섭취량은 800 μg이고, 상한섭취량은 10,000 μg이다. 구리 섭취에 대한 권장량은 간 손상을 근거로 일일 10 mg을 상한치로 정해졌다. 구리의 급원식품은 동물의 간, 갑각류, 견과류, 종자류, 전곡류, 콩, 패류, 버섯, 초콜릿 등이다. 철이나 아연의 좋은 급원식품인 육류에는 구리의 함량은 매우 낮지만, 다른 식품에 있는 구리의 흡수를 촉진한다.

(3) 황

황sulfur, S은 체중의 약 0.25% 정도가 체내 모든 세포에 존재하며, 세포 내 단백질을 구성한다. 황은 체내에서 설프하이드릴기sulfhydryl group, -SH와 이황화결합-S-S-을 한 형태로 여러 물질을 구성한다. 메싸이오닌methionine, 시스테인cysteine, 시스틴cystine 등의 함황 아미노산 및 단백질의 구성성분이며 타우린(함황 아미노산의 대사물), 담즙산, 비타민 B_1, 바이오틴, 코엔자임 ACoA 등의 구성성분이다. 황은 체내 신진대사에 중요한 역할을 할 뿐만 아니라 혈액 응고, 콜라겐의 합성에 관여한다.

체내 황이 부족하면 단백질 생성에 영향을 미치는데, 특히 털, 손·발톱과 같이 황을 다량 필요로 하는 부분의 발육이 늦어진다. 황은 동물성 단백질 식품에 광범위하게 분포되어 단백질을 충분히 섭취하면 결핍증은 거의 나타나지 않는다.

급원식품은 육류, 어류, 우유, 달걀, 콩, 치즈와 채소류인 파, 마늘, 양파, 겨자유 등이다.

(4) 요오드

요오드iodine, I는 체내 대사율을 조절하는 갑상샘 호르몬인 타이록신thyroxine과 트라이요오드타이로닌triiodothyronine의 구성성분이다. 요오드는 주로 아이오다이드iodide 형태로, 소량은 아미노산에 결합되어 있고 소변을 통해 배설된다. 체내 요오드 함량은 건강한 성인은 15~20 mg 정도이며, 그중 70~80%는 갑상샘에 존재한다.

요오드 섭취가 부족하면 타이록신의 생산이 불충분하여 적응반응으로 갑상샘이 계속 커져 결국에는 확대된 갑상샘, 즉 갑상샘종goiter이 된다. 임신부의 요오드 섭취가 1일 25 μg 이하일 때는 유산, 사산, 기형아 출산 등의 확률이 높으며, 출생 후 정신박약, 장님, 벙어리 등의 증세가 나타나는 크레틴병cretinism에 걸리게 된다. 성장 후에 생기는 요오드 결핍증은 주로 단순갑상샘종simple goiter으로 갑상샘 조직이 비대해진다. 요오드를 과잉 섭취하면 결핍에서와 같이 갑상샘호르몬의 합성이 저해된다.

한국인 영양소 섭취기준에서 성인 남녀의 요오드 1일 권장섭취량은 150 μg이고,

상한섭취량은 3,000 μg이다. 요오드의 급원식품은 굴, 멸치, 대구 같은 어패류와 미역, 다시마 등의 해조류이다. 동·식물성 식품의 요오드 함량은 생산지의 토양에 함유되어 있는 요오드 함량, 비료나 사료의 종류, 식품 가공과정에 따라 달라진다.

(5) 망간

망간mangane, Mn은 골격, 간, 신장 등에 많고 전체 망간의 25%는 골격에 존재한다. 망간은 탄수화물, 단백질, 지질 대사에 관여하며, 금속 효소로 존재하거나 효소를 활성화시킨다. 망간은 SODsuperoxide dismutase의 합성에 필요하며, 세포의 재생과 면역 기능을 정상적으로 유지하는 데 도움을 주고, 뼈의 형성을 자극하고 갑상샘 호르몬을 만드는 데 중요한 역할을 한다.

정상적인 식생활을 하면 망간 결핍증은 거의 발생하지 않는다. 페닐케톤뇨증이나 단풍당뇨증과 같은 선천성 대사 이상 환자는 혈액과 조직 중에 망간 함량이 매우 낮다. 신체 내 망간 농도가 낮으면 관절 질환, 골다공증, 선천성 기형 등의 잠재적 인자가 될 수 있다. 망간의 과잉 섭취 시 신경계 장애, 면역기능 장애, 신장염, 췌장염, 간 손상 등이 나타날 수 있다.

한국인 영양소 섭취기준에서 성인의 망간 1일 충분섭취량은 남자 3.5 mg, 여자 3.0 mg이고, 상한섭취량은 남녀 모두 11 mg이다. 망간의 급원식품은 견과류, 두류, 전곡류, 채소류, 과일류 등이다. 육류, 생선류, 우유 및 유제품은 망간 함량이 매우 낮다.

(6) 아연

아연zinc, Zn은 체내에 1.5~2.5 g 정도로 소량 존재하지만, 단백질 합성과 콜라겐 형성, 인슐린의 구성에 필수 성분이다. 급원식품은 동물성 식품으로 쇠고기와 간을 비롯한 육류, 굴, 새우, 게 등이다. 아연의 결핍은 거의 없으나, 결핍되면 발육장애 및 탈모증, 피부질환, 상처 치유 지연 등이 발생한다. 과잉 섭취하면 심장병 발생, 설사, 경련, 면역계 기능 감소 등이 나타난다. 아연의 주요 급원식품은 쇠고기, 간, 굴, 새우, 게 등이고 두류, 곡류, 견과류 등 식물성 식품에는 소량 함유되어 있다.

7. 기타 무기 성분

코발트cobalt, Co는 악성빈혈 예방인자인 비타민 B_{12}의 구성성분이며, 백미나 콩류 등에 비교적 많이 함유되어 있다. 조혈작용에 필수적이며, 결핍되면 악성빈혈이 발생한다.

불소fluorine, F는 95%가 골격이나 치아에 침착하여 경화 및 충치를 예방하며, 육류, 달걀, 우유 등에 미량 함유한다. 하지만, 주로 음료수로 섭취하는 경우가 많은데, 불소가 1 ppm 이상 포함된 음료수를 지속적으로 섭취하면 치아에 흰색 반점이나 노란색 또는 갈색 반점이 착색된 반상치가 형성되고, 심근장애 및 비타민 B_{12}의 결핍증이 나타난다.

셀레늄selenium, Se은 주로 간, 심장, 신장, 비장에 존재하는 미량 영양소이고 항산화효소인 글루타싸이온 과산화효소의 구성성분이다. 한국인 영양소 섭취기준에서 성인 남녀 1일 권장섭취량은 50 μg이고, 상한섭취량은 400 μg이다. 급원식품은 간, 육류, 생선, 곡류, 달걀 등이며, 과일과 채소류에는 소량 함유되어 있다.

8. 산성 식품과 알칼리성 식품

모든 식품은 알칼리 생성 원소와 산 생성 원소의 비율에 따라 산성 식품과 알칼리성 식품으로 나뉜다. 알칼리성 식품은 비타민과 무기질의 공급을 도와주고 유산균의 영양 공급원이 되며, 인체의 면역물질로도 작용한다. 산성 식품은 단백질의 공급을 도와주고 우리 몸의 연료가 되지만, 과량 섭취하면 산성 노폐물을 만들어 나쁜 균을 증식시킨다.

1) 산성 식품

식품의 무기질 중 인P, 황S, 염소Cl 등은 체내에서 각각 인산H_3PO_4, 황산H_2SO_4, 염산HCl 등의 산을 생성하거나 PO_4^{3-}, SO_4^{2-}, Cl^-, I^- 등 음이온을 생성하므로 산 생성원소이다. 곡류, 육류, 어류, 달걀, 버터, 치즈, 빵, 아스파라거스, 콜라, 식초, 담배 등에는 산 생성원소로 구성된 단백질과 지방질이 많이 들어 있어 단백질 중 황은 황산이온SO_4^{2-}으로, 인은 인산이온PO_4^{3-}으로 산화되어 산을 생성하므로 산성 식품으로 분류한다. 따라서 탄수화물, 단백질 및 지방을 많이 함유한 식품을 산성 식품이라 한다.

2) 알칼리성 식품

Na, K, Ca, Mg, Fe, Cu, Mn, Zn 등의 원소들은 물에 녹아 NaOH, KOH, $Ca(OH)_2$, $Mg(OH)_2$, $Fe(OH)_2$, $Cu(OH)_2$, $Mn(OH)_2$, $Zn(OH)_2$와 같은 알칼리성의 수화물을 형성하고 해리되어 Na^+, K^+, Ca^{2+}, Mg^{2+}, Fe^{2+}, Cu^{2+}, Mn^{2+}, Zn^{2+} 등의 양이온을 알칼리 생성원소라 한다. 이들 원소들을 많이 함유하고 있는 식품을 알칼리성 식품이라 하며, 과일류, 채소류, 해조류, 감자류, 녹차, 우유, 커피, 홍차, 포도주 등이 있다.

9. 식품의 산도 및 알칼리도 측정

1) 원리

100 g의 식품을 회화시켜 얻은 회분을 중화하는 데 필요한 1N의 알칼리 또는 산의 mL수를 그 식품의 산도acidity 또는 알칼리도alkalinity라고 한다. 식품의 산도 또는 알칼리도는 식품의 성분 중에서 산을 형성하는 P, S, Cl 등의 원소와 알칼리를 형성하는 K, Na, Ca, Mg 등 금속원소의 상대적 양을 나타내는 하나의 척도이며, 식품의 산·알칼리 균형을 측정하는 기준이 된다. 식품으로부터 얻은 회분을 일정 농도

표 7-7 | 식품의 산도와 알칼리도

(단위: mg/100 g)

식품명	산도	식품명	알칼리도
닭고기	25.4	시금치	29.6
쇠고기	23.5	아몬드	18.3
햄	22.3	감자	10.0
달걀	19.7	당근	9.0
치즈	5.4	토마토	5.6

의 산 용액에 용해시켜 알칼리 표준용액으로 중화시키고, 사용한 알칼리 양으로부터 산도 및 알칼리도를 계산한다.

2) 방법

0.1 g의 회분을 함유한 시료(5~10 g)를 도가니에 넣고, 미리 회화 중인 무기질의 휘발을 막기 위해 1 g당 1N Na_2CO_3 용액 0.5 mL를 가하여 증발·건고시킨다. 회화

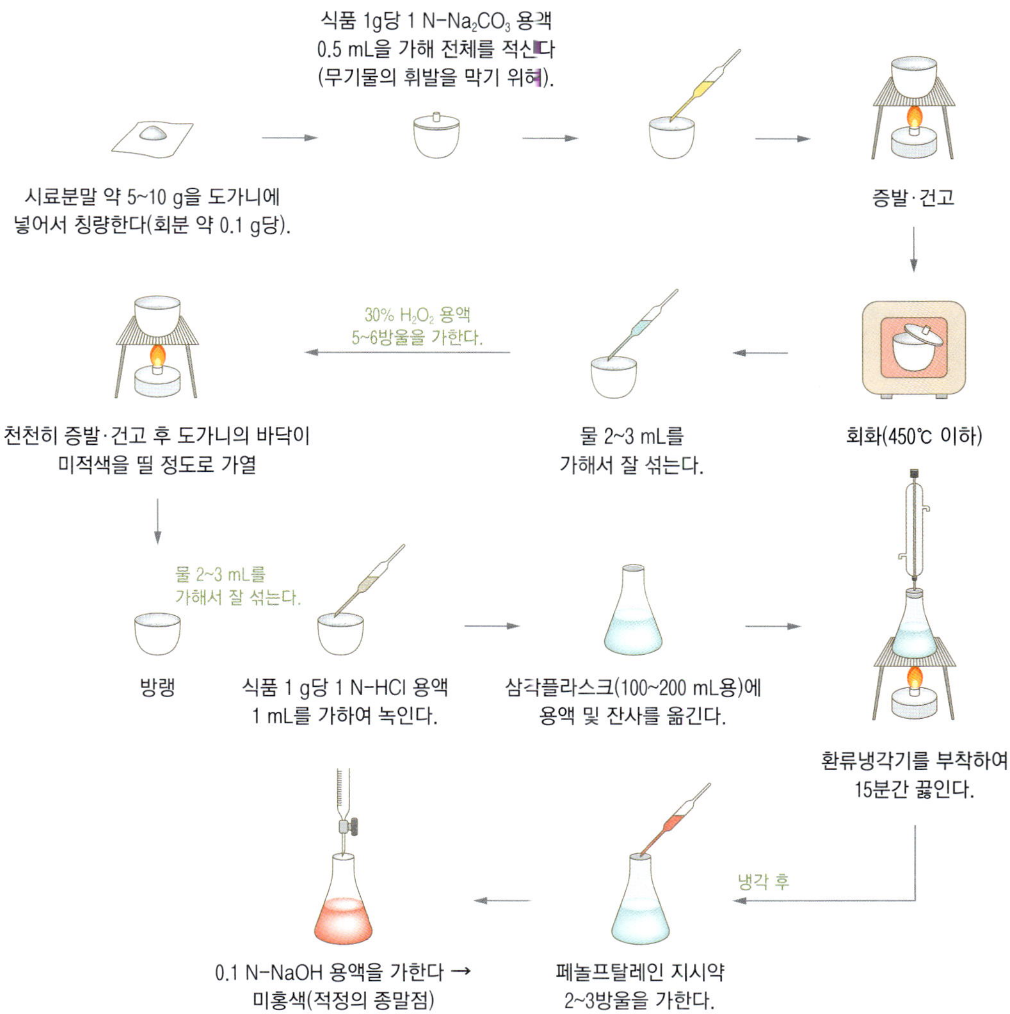

그림 7-3 | 식품의 산도 및 알칼리도 측정

자료: 이수정 외, 2019

후 방랭하여 소량의 증류수와 30% H_2O_2 용액을 가하여 증발·건고시킨 다음, 도가니의 바닥이 미적색을 나타낼 때까지 작열한다. 방랭 후 소량의 증류수를 가하여 녹이고 식품 1 g당 1N HCl 용액 1 mL의 비율로 가하여 녹인다. 삼각플라스크에 용액 및 잔사를 옮기고 환류 냉각기를 부착한 수욕상에서 15분간 끓인다. 냉각 후 페놀프탈레인 지시약을 가하여 0.1N NaOH 용액으로 미홍색이 될 때까지 적정한다.

3) 결과 및 계산

$$\text{식품의 산도, 알칼리도} = \frac{(A \times F) - (B \times F_1 + 0.1 \times V \times F_2)}{S} \times 100$$

A : 1N HCl 용액의 사용량(mL),
B : 1N Na_2CO_3 용액의 사용량(mL)
V : 0.1N NaOH 용액의 적정소비량(mL),
F : 1N HCl 용액의 역가
F_1 : 1N Na_2CO_3 용액의 역가,
F_2 : 0.1N NaOH 용액의 역가
S : 시료의 채취량(g)

10. 식품의 가공 조리 중 무기질의 변화

식품에 함유되어 있는 무기질은 가공 및 조리 과정 중 물리·화학적 변화를 겪으면서 손실이 생긴다. 따라서 무기질의 손실을 최소화할 수 있는 조리 및 가공 방법의 선택이 중요하다.

1) 물리적 변화

채소를 끓는 물에 넣고 삶을 때 삶는 시간이 길어질수록 각종 영양성분의 손실은 커지고, 물의 온도가 높아질수록 무기질 손실도 빠르게 진행된다.

한편, 세포 외부의 삼투압이 높을 때 세포 내부의 수분은 세포 외부로 빠져 나가고 세포 외부에 있는 성분은 세포 내부로 침입하여 세포 내외의 삼투압이 같아진다 그림 7-4. 따라서 세포는 탈수하고 수축하는 동안 세포외액의 수분은 증가한다. 즉, 채소 내부의 수분이 외부로 빠져나가 원형질 분리가 일어난다. 채소를 간장, 된장, 설탕 등과 같은 조미료로 조리, 염장과 당절임 그리고 산 저장 등과 같은 가공방법은 이 원리를 이용한 것이다.

> **삼투현상(osmosis)**
> 분자의 크기에 따라 선택적으로 물질을 통과시키는 막(반투성 막)을 경계로 용액의 농도가 낮은 쪽에서 높은 쪽으로 물이 이동하는 현상을 말한다.

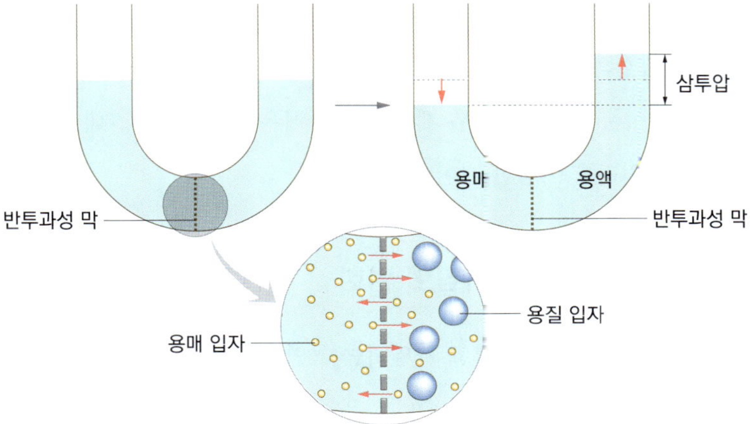

그림 7-4 | 삼투압의 원리

소금물은 물과 달리 0°C보다 더 낮은 온도에서 얼고, 100°C보다 더 높은 온도에서 끓기 시작한다. 순수한 물은 100°C에서 끓지만 소금물과 같이 용질이 함유된 용액의 끓는점은 순수한 물에 비해 높아지는데, 이를 끓는점 오름이라고 한다. 라면을 끓일 때 수프를 넣으면 끓던 물이 잠잠해지는 것과 끓는 라면 국물에 덴 화상이 더 심한 것은 모두 용액의 끓는점이 순수한 용매보다 더 높기 때문에 나타나는 현상이다.

또한 순수한 물의 어는점은 0°C이지만 소금물의 어는점은 순수한 물보다 낮아지는데, 이를 어는점 내림이라고 한다. 예를 들면, 바닷물이 겨울에도 잘 얼지 않는 것이다. 이러한 끓는점 오름과 어는점 내림은 용질의 몰수와 관계가 있다.

2) 화학적 변화

식품의 가공 및 조리 시, 무기질의 화학적 변화는 pH에 의한 변화로 염류와 이온 간의 가역반응과 효소에 의한 유기질과 무기질 간의 가역반응이 약간 발생할 뿐, 본질적인 화학 변화는 거의 발생하지 않는다. 식품 중 무기질의 화학 변화 또한 마찬

가지이다. 한편, 무기질은 식물성 색소를 고정시키고 변색을 방지하기도 한다. 예를 들면, 철Fe과 알루미늄Al은 가지의 안토사이아닌anthocyanin 색소를 고정시키므로 색의 고정에 철과 명반이 사용된다. 또 완두콩으로 통조림을 만들 때 클로로필chlorophyll의 고정을 위해 황산구리$CuSO_4$ 용액을 소량 넣거나 오이김치를 담글 때에 놋그릇 닦은 수세미를 넣기도 한다. 또한 무기질에 의하여 단백질을 응고시키기도 한다. 채소나 과실의 설탕 조림 시 명반을 사용하면 알루미늄이온Al^{3+}이 단백질을 응고시켜 그 모양이 유지된다. 두부 제조에 칼슘이온Ca^{2+}이나 마그네슘이온Mg^{2+}을 첨가하는 것도 이 원리를 이용한 것이다.

3) 가공 및 조리 과정 중 무기질의 변화

무기질은 세척하거나 물에 담그고 가열하는 동안 손실된다. 식품 중 무기질은 세척하거나 데치는 동안 평균 약 10~20%가 유출된다. 엽채류를 세척하는 동안 Ca, Na, Mg 등이 다량 용출되고, Mn, K, Cu은 소량 용출된다. 조리 시 무기질 손실은 식품의 종류, 조리방법, 무기질의 종류에 따라 각각 다르게 나타나며, 다른 영양소보다 많이 손실된다. 조리방법에 따라 무기질의 손실은 식품의 종류, 조리방법, 무기질의 종류, 조리기구 등에 영향을 받는다.

식품을 조리할 때는 세포 내외의 농도 차이에 의하여 무기질의 용출이 일어난다. 용출속도는 온도가 높을수록 빠른데, 특히 무기질의 용출에 의한 손실은 다른 영양소에 비해 매우 크다.

조리방법 중 구이는 무기질의 손실량이 거의 없으나, 물에 삶는 경우에는 가장 많다표 7-7, 표 7-8.

한편, 물의 양도 중요한데 물을 많이 넣으면 무기질 등이 조리수로 용출되어 식품

표 7-8 조리방법에 따른 무기질 손실률(%)

조리방법	생선	채소
구이	-	-
찌기	10~30	0~50
삶기	15~22	25~50

표 7-9 주요 무기질을 삶을 때 일어나는 손실량(%)

무기질	육어류	채소
철	50~75	10~40
구리	50~70	30~50
칼슘	-	17~20
요오드	-	20~60(다시마)

을 익힐 정도의 물의 사용을 권장하는데 최근에는 저수분 방법도 사용된다.

(1) 시금치

시금치는 장시간 물에 데치면 나트륨Na의 손실이 크다. 칼륨K은 전자레인지 가열 시 다른 조리법에 비교해 잔존율이 크다. 칼슘Ca은 데칠 경우 잔존율이 크고, 시금치를 3분간 데쳤더니 4% 용출되었다. 마그네슘Mg과 철Fe은 3분 이하의 찌기와 전자레인지 조리 시 잔존율이 높고, 아연Zn과 구리Cu도 3분 이하 찌기에서 잔존율이 높다.

(2) 배추과

배추와 양배추는 1분간 데치기와 찌기, 전자레인지 가열 시 무기질의 잔존율이 높고, 2분 이상 데치기와 압력 조리 시 무기질의 손실이 크다.

(3) 기타

전체 무기질 손실에 대한 연구 결과, 구이는 변화가 없고, 찌면 생선 10~30%, 채소 0~50%, 삶으면 생선 15~25%, 채소 25~50%의 손실이 발생한다. 철은 생선과 육류를 삶으면 50~70%, 채소는 30~50%가 손실된다. 구리는 생선과 육류를 삶으면 50~70%, 채소는 30~50% 정도의 손실이 발생한다. 요오드는 다시마를 삶으면 20~60%가 손실된다. 따라서 무기질 손실을 최소로 하기 위해서는 데치기보다는 구이나 찜, 전자레인지 등을 이용한 가공 및 조리 방법이 권장된다.

FOOD CHEMISTRY

FOOD CHEMISTRY

chapter

08

효소

학습목표

1. 효소를 분류할 수 있다.
2. 효소의 화학적 특성을 설명할 수 있다.
3. 효소반응에 영향을 미치는 인자를 설명할 수 있다.
4. 식품과 관계되는 효소와 그 작용을 설명할 수 있다.

chapter 08

식품은 동물, 식물, 미생물 등과 같이 다양한 생명체로부터 유래한 것이어서 가열하지 않은 식품들은 그 속에 함유되어 있는 효소가 계속적으로 활동을 하여 식품 성분을 지속적으로 변화시키고 있다. 예를 들어, 사과나 감자를 절단한 후 공기 중에 방치하면 갈색으로 변하는 현상이 대표적인 예이다. 이들 효소는 식품의 선도를 유지하거나 조리 및 가공, 저장하는 동안에 바람직한 방향으로 일어날 때에는 작용을 촉진시키고, 그렇지 않을 때에는 억제시키기 위하여 사용된다. 그러므로 효소의 일반적인 특성과 함께 효소 종류별 고유의 특성을 이해하는 것이 중요하다.

1. 효소의 화학적 특성

1) 효소의 본체

RNA 분자들로 구성된 리보자임ribozyme, ribonucleic acid enzymes을 제외한 거의 모든 효소를 구성하는 기본단위는 단백질이다. 그러므로 대부분의 단백질이 그러하듯 가열, 강산 및 강염기, 중금속 등에 의해 변성되기도 하는데, 변성된 효소는 촉매 활성을 잃는다.

효소 단백질은 구성성분을 기준으로 단순단백질과 복합단백질로 구분할 수 있다. 단순단백질체인 효소는 효소가 하나의 단백질로 된 형태로 효소의 기능을 완전히 하는 복합체를 말한다. 그러나 많은 효소는 단백질성 부분과 비단백질성 부분으로 이루어진 형태가 결합된 복합단백질로 구성되어 있다. 복합단백질체 효소의 순수한 단백질 부분을 주효소(또는 불완전효소, 결손효소apoenzyme)라고 하고, 보조효소coenzyme, 보결분자단prosthetic group, 금속 이온 등을 포함한 비단백질 부분을 보조인자cofactor라고 한다. 일반적으로 보조효소와 보결분자단은 보조효소의 일부로 비타민이나 인산phosphate, 리보스ribose나 뉴클레오타이드nucleotide 등을 필요로 한

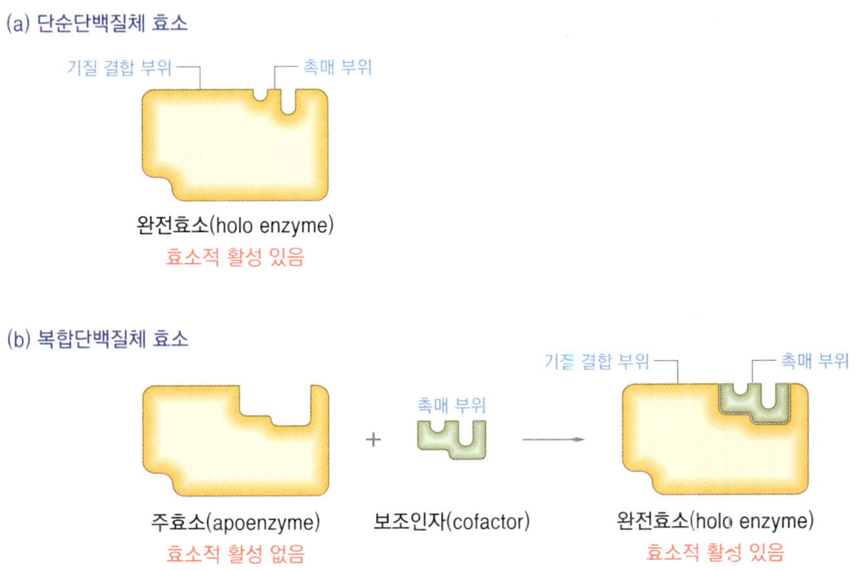

그림 8-1 | 효소의 모형

다. 복합단백질체인 효소는 주효소가 보조인자와 결합했을 때만 효소의 활성을 나타낸다. 이 복합체를 완전효소holoenzyme라고 한다. 단순단백질체인 효소는 기질을 흡착하는 기질 결합 부위와 활성 부위active site, catalytic site를 효소 자체 내에 모두 갖고 있으나, 복합단백질체인 효소는 기질 특이성substrate specificity은 주효소가 지배하고, 활성 부위는 보조인자로 작용한다그림 8-1.

2) 효소반응의 특이성

효소가 촉매작용을 하는 물질을 기질substrate이라고 한다. 효소는 특정한 기질이나 유사한 성질을 가지는 제한된 기질 그룹에만 작용하는 기질 특이성을 갖는다. 또한, 하나의 효소는 한 종류의 반응만을 촉매한다. 다시 말해 동일한 기질이라고 할지라도 작용하는 효소를 달리하면 다른 반응이 촉진된다. 그러므로 효소는 정해진 기질에만 선택적으로 작용을 하고, 정해진 반응만을 촉매하여 정해진 생성물만을 생산하는 특이성이 높은 촉매이다.

효소는 기질과 결합하여 효소-기질 복합체를 형성하여 화학반응을 촉매한다. 피셔Fisher가 제안한 자물쇠-열쇠 모델lock-and-key model은 효소의 기질 특이성을 잘

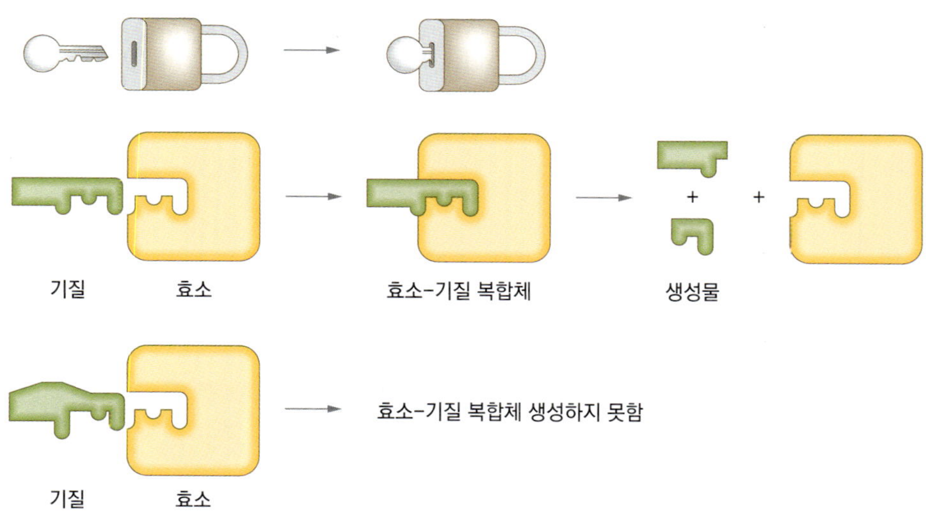

그림 8-2 | 효소의 기질 특이성과 효소반응

자료: http://2012books.lardbucket.org/books/introduction-to-chemistry-general-organic-and-biological/s21-06-enzyme-action.html 변형

표현하여 효소의 입체적 특이성을 이해하는 데 수용하다. 즉, 효소의 기질 결합과 촉매 부위가 기질과 맞는 모양일 때 화학반응이 진행될 수 있다. 효소는 기질 특이성이 있어서 순수하게 정제되지 않은 효소라고 할지라도 기질과 반응 조건이 적절하면 효소에 의한 화학반응이 진행된다. 자물쇠-열쇠 모델에서는 효소와 기질의 입체 구조가 효소에 의한 화학반응이 일어나도 변하지 않는다. 그러나 실제로는 효소-기질의 입체 구조에 약간의 변화가 생긴다그림 8-2.

그림 8-2에서 보듯이 효소는 일반 단백질과는 구별되게 화학반응에 참여하여 반응 속도를 촉매하고 생성물을 형성하게끔 작용하지만 반응이 종결된 후 효소 자체는 변하지 않는다.

3) 효소반응의 메커니즘

일반적인 화학반응에서 반응물 A를 생성물 C로 변화시키기 위해서는 일단 반응이 일어날 수 있는 상태인 B의 상태(활성화 화합물)로 가열을 하거나 압력을 높인다. B에서 C로의 변화는 물이 높은 곳에서 낮은 곳으로 자연스럽게 흐르듯이 쉽게 진행되어 생성물인 C를 획득할 수 있다. A에서 B로 변화하는 높이 만큼이 일반적인 화학반응에서의 활성화에너지(E_a)이다. 그러나 효소가 존재할 경우 효소-기질 복합체(B′)는 활성화에너지 정점에서 에너지 준위가 가장 높은 전이 상태transition state로

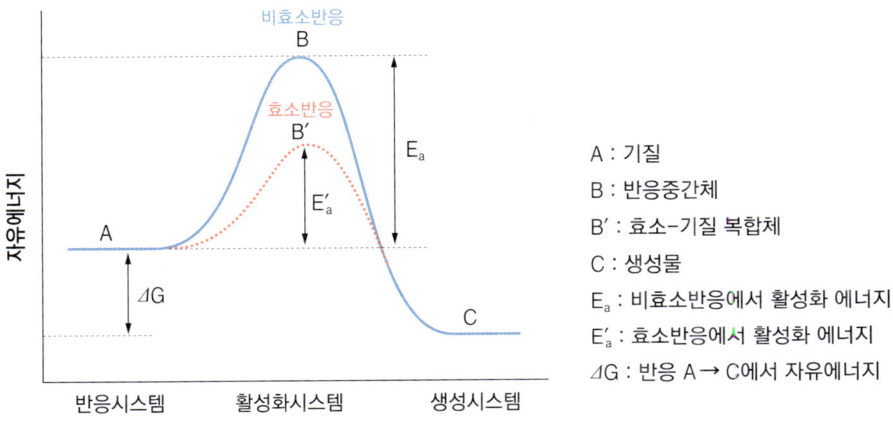

그림 8-3 | 반응에서 에너지 변화

존재하다가 전체 평형의 위치나 상태 변화 없이 활성화 에너지만을 낮추어(E'_a) 전체 자유에너지를 변화시키는 역할을 한다. 그러므로 효소반응인 A→B′→C는 효소가 배제된 일반적 화학반응인 A→B→C에 비하여 쉽고 빠르게 진행된다그림 8-3.

4) 효소 활성의 단위

효소는 효소가 보유하고 있는 촉매력으로 단위를 표시하고 있다. 효소의 촉매력은 효소 자체와 기질의 농도, 온도, pH, 공존하는 염류의 종류와 농도 등에 따라서 크게 변하기 때문에 일반적으로 특정 조건하에서 효소 활성단위를 표시한다.

효소의 국제단위체계International unit, IU는 효소의 촉매적 활성단위이다. 1 IU (μmol/min)은 특정 조건하에서 1분당 기질 1 μmol을 전환시키는 것을 촉매하는 효소의 양으로 정의된다.

2. 효소반응에 영향을 미치는 인자

효소반응에 영향을 미치는 인자는 효소의 농도, 기질의 농도, 효소 활성 저해제나 활성제의 농도뿐만 아니라 온도, pH, 이온 세기, 압력, 용매 등 외적 환경요인들이 있다. 그중 식품 저장이나 가공 중에 가장 중요한 인자는 온도와 pH이다.

1) 온도

효소반응도 화학반응의 일종이므로 온도가 높아지면 분자운동이 활발해져 효소와 기질과의 반응이 용이해지기 때문에 반응속도가 증가된다. 그러나 효소의 본체는 단백질이기 때문에 온도가 어느 정도 이상 높아지면 가열 변성이 일어나 촉매적 활성을 잃어 반응속도가 감소하게 된다. 따라서 온도 상승으로 인한 반응속도의 증가와 가열 변성에 의한 반응속도의 감소 두 가지 인자의 전환점에 최대 반응속도를 나타내는 온도가 있는데 이 지점을 효소의 최대 활성을 나타내는 반응 최적 온도 optimum temperature라고 한다그림 8-4.

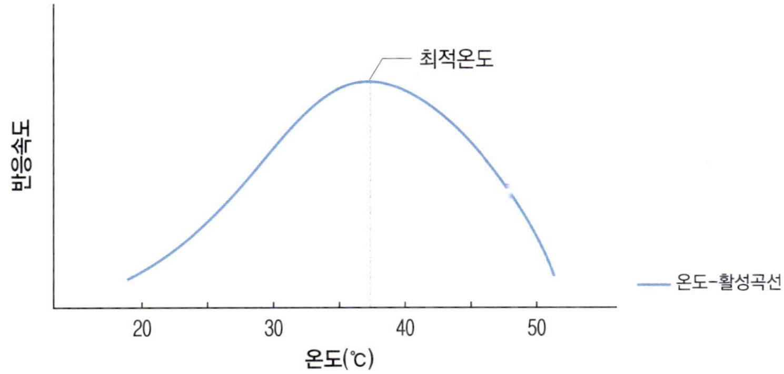

그림 8-4 | 효소 활성과 온도와의 관계

대부분의 생명체 내 효소의 최적온도는 30~45°C 부근이며 최적온도 이상에서는 효소 반응속도가 감소하고, 일반적으로 70°C 이상에서는 불활성화된다. 일반적으로 효소의 활성온도 범위나 최적온도는 효소 생산 기원origin인 생물체의 서식 환경 온도와 관련이 있다. 극한 환경에서 서식하는 미생물에서 분리한 효소는 70°C 이상에서도 활성을 유지할 수 있을 뿐만 아니라 더 높은 온도에서 최적온도를 나타낼 수 있다.

효소의 열변성은 식품을 조리하거나 가공 시 이용된다. 채소를 데치기blanching하면 세포 내 효소를 불활성화시켜 가공, 저장하는 것이 대표적인 예이다.

2) pH

반응 용액의 pH는 온도와 마찬가지로 효소의 활성 속도 및 안정성과 밀접한 관련이 있다. 효소는 최대 활성을 발휘할 수 있는 일정한 pH 지점을 갖는데, 이 부근을 최적 pH라고 한다그림 8-5. 효소 반응용액 pH가 최적 pH보다 산성이나 알칼리성 쪽으로 감소하거나 증가시키면 효소 단백질 표면의 아미노기amino group나 카복실기carboxyl group 등은 반응용액의 pH 변화에 따라 이온화 상태가 변하여 효소 표면 구조가 변한다. 극단적인 산성이나 알칼리성 pH에서는 효소의 비가역적 변성이 일어나 효소 활성을 상실한다.

일반적으로 효소의 최적 pH는 4.5~8.0 범위로 알려져 있으나 종류에 따라 산성에

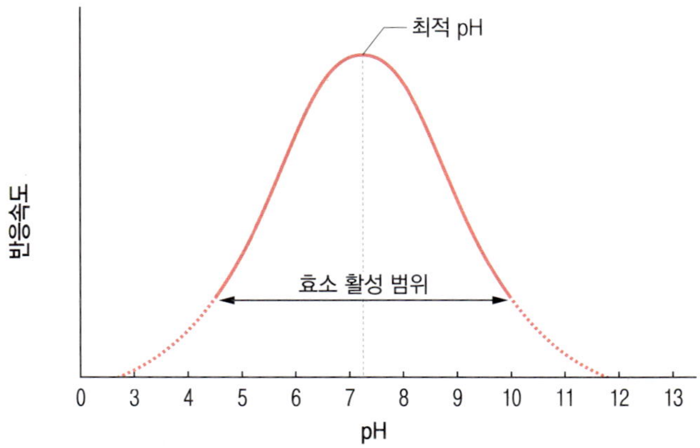

그림 8-5 | 효소 활성과 pH와의 관계

서 염기성까지 다양하게 분포되어 있다. Pepsin의 최적 pH는 pH 2.0로 매우 낮지만 아르지네이스arginase나 알칼리성 인산가수분해효소alkaline phosphatase는 pH 10.0이다. 또한, 효소가 작용하는 기질의 종류에 따라 효소의 최적 pH는 달라질 수 있다.

3) 효소의 농도

효소반응에서 일정한 온도와 pH 조건하에서 일정한 농도의 기질이 존재할 때 효소의 반응속도는 효소의 농도에 비례하여 증가한다. 이때의 반응속도는 효소의 농도에 의존하여 효소의 농도가 반응의 제한인자가 된다. 그러나 효소 농도가 증가하여도 반응속도가 증가하지 않는 현상이 발생하는데, 이때에는 기질 농도가 제한인

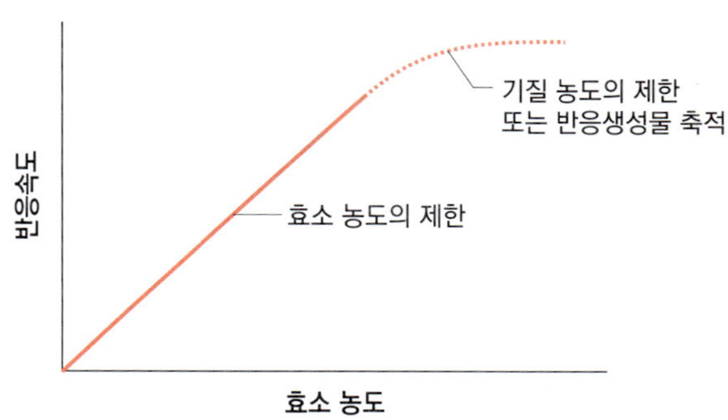

그림 8-6 | 반응속도에 영향을 미치는 효소 농도의 영향

자가 되어 더 이상 효소반응을 촉매할 기질이 부족한 것이 원인이다. 그러나 효소반응 후기 단계에서 반응생성물products이 축적되어 효소가 반응하는 환경이 변화되어 기질이 충분하더라도 반응속도가 변하지 않을 수 있다그림 8-6.

4) 기질의 농도

효소반응에서 일정한 온도와 pH 조건하에서 일정한 농도의 효소가 존재하면 반응속도는 기질의 농도가 증가할수록 급격히 증가하나, 어느 정도 기질 농도에 도달하면 기질의 농도가 높아져도 반응속도는 일정치에서 평형을 유지하게 된다. 효소는 기질 농도[S]가 낮을 때에는 기질이 부족하여 촉대반응에 참여하지 못하는 효소(E)가 존재하여 효소의 최대 속도에 도달할 수 없다. 그런데 기질 농도[S]가 높아져 모든 효소(E)가 기질(S)과 결합하여 효소-기질 복합체(ES)를 형성하였을 때에는 기질 농도[S]가 증가하더라도 더 이상 효소 반응속도에 영향을 줄 수가 없다. 모든 효소가 효소-기질 복합체를 형성하고 있을 때 효소반응은 효소 고유의 촉매력에만 지배되어 일정한 반응속도가 얻어질 수 있다. 이때의 반응속도를 최대속도(V_{max})라고 한다그림 8-7.

효소의 최대반응속도(V_{max})의 절반이 될 때의 기질 농도를 미카엘리스-멘텐 Michaelis-Menten 상수라고 하며 K_m으로 표시한다. 이는 기질에 대한 효소의 친화성을 비교할 수 있는 상수이다. 즉, K_m 값이 작을수록 기질에 대한 효소의 친화성이 높고, K_m 값이 클수록 친화성이 낮다는 것을 나타낸다.

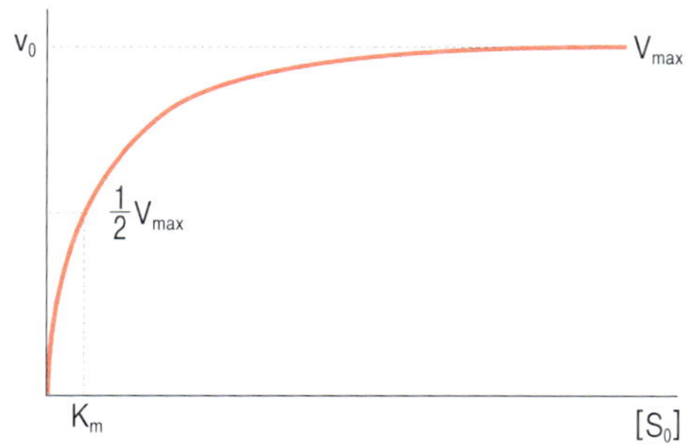

그림 8-7 | 반응속도와 기질 농도의 관계

5) 저해제

저해제inhibitor는 효소 반응속도를 감소시키는 물질의 총칭이다. 저해제는 효소와 결합이 강하여 불가역적으로 활성을 잃게 하는 비가역적 저해제와 효소와 결합하여도 쉽게 제거할 수 있어 효소의 활성이 회복될 수 있는 가역적 저해제로 구분한다. 가역적 저해에는 작용 메커니즘에 따라 경쟁적 저해, 비경쟁적 저해, 불경쟁적 저해로 구분한다그림 8-8.

(1) 비가역적 저해제

효소반응에서 비가역적 저해제irreversible inhibitor가 존재하면 저해제는 효소의 활성 부위와 공유결합을 형성하여 효소 활성 부위의 주요 아미노산을 변성시키는 등 효소가 기질에 결합할 수 없게 한다. 이러한 비가역적 저해제는 효소와의 결합이 강하여 해리되기 어렵기 때문에 효소의 활성은 불가역적으로 잃는다. 비가역적 저해제는 효소 활성 부위의 주요 아미노산의 종류를 규명하고자 할 때 이용된다.

(2) 경쟁적 저해

경쟁적 저해제competitive inhibitor는 기질과 구조가 유사하여 효소 활성 부위에 결합되어 효소작용을 저해한다. 경쟁적 저해제는 효소와의 친화력이 높아 효소-저해제 복합체를 형성하지만 효소의 화학적 반응을 진행시키지 못하여 생성물을 만들지 못한다. 호박산succinic acid을 기질로 하여 화학반응을 촉매하는 호박산 수소제거효소succinic acid dehydrogenase는 호박산과 구조가 유사한 말론산malonic acid이 존재하면 말론산이 경쟁적 저해제로 작용을 하여 효소의 화학반응이 저해된다.

(3) 비경쟁적 저해

비경쟁적 저해제noncompetitive inhibitor는 결합 부위가 기질의 결합 부위와 달라서 효소와 효소-기질 복합체 모두와 결합할 수 있다. 즉, 비경쟁적 저해제는 효소-저해제 복합체 또는 효소-기질-저해제 복합체를 형성하여 생성물을 만드는 반응을 진행할 수 없게 한다. 단백질분해효소인 브로멜린bromelain과 파파인papain은 은Ag^+,

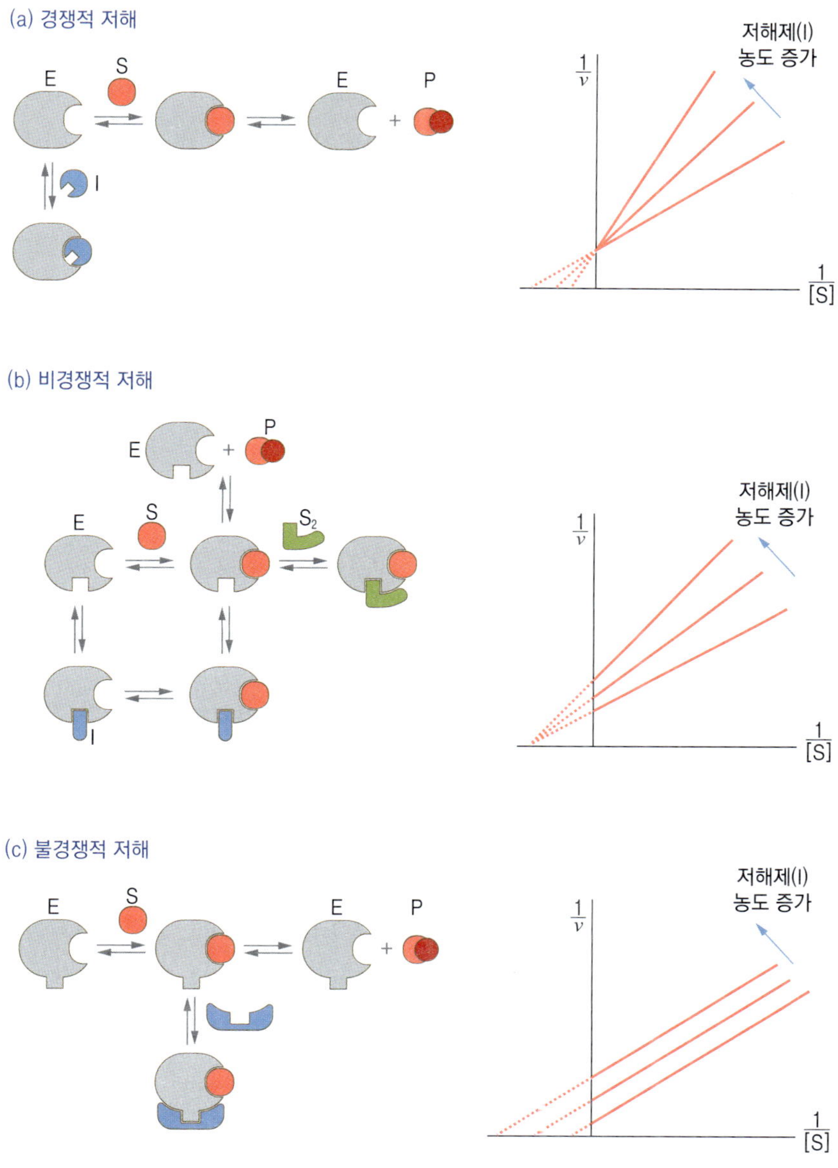

그림 8-8 | 가역적 저해제의 작용(E, 효소; S, 기질 I, 저해제; *v*, 반응속도)

자료: http://chemistry.ewu.edu/jcorkill/biochem/com_nono_unIH.jpg 변형

수은Hg^{2+}, 납Pb^{2+} 등의 중금속이나 EDTA, 황화합물 등이 반응액에 존재하면 효소의 활성이 비경쟁적으로 저해된다.

(4) 불경쟁적 저해

불경쟁적 저해제uncompetitive inhibitor는 저해제가 효소-기질 복합체에 결합하여 효소반응을 저해한다. 이 작용은 일반적으로 다기질 반응에서 효소반응을 저해하여 생성물을 만들 수 없게 한다.

6) 활성제

활성제activator는 저해제와는 반대로 효소의 촉매작용을 향상시키는 물질이다.

3. 효소의 명명법과 분류

수많은 효소들이 계속 발견되고 그 촉매작용은 다양해서 체계적으로 효소를 명칭하고 분류하기 위하여 국제생화학분자생물학연합International Union of Biochemistry and Molecular Biology, IUBMB 내 효소위원회Enzyme Commission, EC에서는 1955년에 효소를 반응형식에 따라 6가지로 대분류한 후 계통명systematic name과 ECEnzyme Commission 번호를 사용할 것을 제안하였다그림 8-9. 이후 2018년에는 전위효소translocase를 추가하여 효소를 7가지로 대분류를 하고 있다. 계통명에는 기질명과 6가지 대분류에 의한 효소명이 포함되어 있다표 8-1. EC 번호는 효소위원회를 의미하는 EC와 뒤이어 마침표로 구분된 4개의 숫자로 구성되어 있다. EC 번호의 첫 번째 자리는 효소의 반응형식에 따라 대분류한 7가지 중에 하나를 의미하며, 그 다음 번호들은 효소반응에 대하여 더 세부적인 내용을 포함하고 있다.

효소는 일반적으로 '에이스-ase'로 끝나지만 단백질의 가수분해효소인 트립신trypsin이나 펩신pepsin, 침 속의 녹말분해효소인 프티알린ptyalin과 같이 오래전부터 사용되어온 관용명은 그대로 사용하기도 한다.

1) 산화환원효소

산화환원효소oxidoreductase는 전자나 산소 및 수소 원자를 다른 기질로 이동시켜

예 fructose-bisphosphate aldolase

- 계통명 : D-fructose-1,6-bisphosphate D-glyceraldehyde-3-phosphate-lyase

- 국제효소위원회에서 결정한 코드번호라는 것을 나타냄
- 첫 번째 숫자는 효소의 대분류(class) 번호로, 1~7의 7종으로 구분되는 것 중 어느 것에 속하는가를 나타냄
- 두 번째 숫자는 중분류(sub-class)를 나타냄
- 세 번째 숫자는 세분류(sub-sub-class)를 나타냄
- 네 번째 숫자는 세분류(sub-sub-class)에서의 일련번호임

- 코드 번호 : EC 4.1.2.13

그림 8-9 | 효소의 계통명과 EC 번호

자료: 장판식 외, 2010

표 8-1 | 반응 형식에 따른 효소의 분류

EC 번호 첫 번째 자리	효소 분류	반응 형식
1	산화환원효소	
2	전이효소	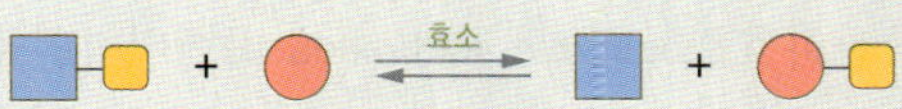
3	가수분해효소	
4	제거효소	
5	이성화효소	
6	합성효소	
7	전위효소	

산화환원반응을 촉매한다. 여기에 수소제거효소dehydrogenase, 환원효소reductase, 산화효소oxidase, 카탈레이스catalase, 퍼옥시데이스peroxidase 등이 포함된다.

EC 번호의 첫 번째 자리는 '1'이고, 두 번째 자리는 수소나 전자를 제공하는 공여체donor, 세 번째 자리는 수소나 전자를 받는 수용체acceptor의 종류에 따라 숫자가

부여된다.

> 예 Glycosyltransferase
> - 계통명(EC number) : β-D-glucose: oxygen 1-oxidoreductase (EC 1.1.3.4)
> - 반응 : β-D-glucose + O_2 → D-glucono-1,5-lactone + H_2O_2

(1) 폴리페놀 산화효소

폴리페놀 산화효소polyphenol oxidase, phenolase, polyphenolase는 효소적 갈변반응에 관여하며, 카테콜cathechol, *O*-dihydroxybenzene과 같은 페놀성 물질을 오쏘퀴논*O*-quinone으로 산화시키는 반응을 촉매한다. 이 효소는 거의 모든 식물체에 존재하지만 특히 감자, 사과, 찻잎, 양송이 등에 많다. 식품 산업에서 폴리페놀 산화효소는 차, 커피, 건포도 등의 성숙, 발효 및 숙성 과정 중 갈변을 촉진하는 등 긍정적인 효과도 있지만 과실이나 채소류에서 갈변이나 불쾌취를 발생시키는 등 부정적인 면도 있다.

(2) 아스코르브산 산화효소

아스코르브산 산화효소ascorbic acid oxidase는 비타민 C를 분해하여 불안정한 데하이드로아스코르브산dehydroascorbic acid을 생성하는 반응을 촉매한다. 이 효소는 오이, 당근, 호박 등에 많이 함유되어 있어 이들 식품과 혼합하여 조리를 하면 비타민 C를 파괴할 수 있다.

(3) 카탈레이스

카탈레이스catalase는 두 분자의 과산화수소를 물과 산소로 전환시키는 반응을 촉매한다. 카탈레이스는 가열에 비교적 안정하여 채소류의 조직감 유지를 위한 데치기 공정의 완료 여부를 판정하는 지시효소indicator로 이용된다. 또한, 포도당 산화효소glucose oxidase와 함께 사용하면 식품에 존재하는 산소를 제거할 수 있어 지방의 산패나 갈변을 억제할 수 있다.

$$2\ \text{glucose} + 2\ O_2 \xrightarrow[\text{catalase}]{\text{glucose oxidase}} 2\ \text{gluconic acid}$$

2) 전달효소

전달효소(전이효소transferase)는 특정 기질의 작용기나 원자단을 다른 기질로 전달하는 반응을 촉매하며, 산화환원효소와 가수분해반응은 제외한다.

$$A + B-X \rightleftharpoons A-X + B$$

(A : 수용체, B-A : 공여체, X : 전달되는 원자단)

전달효소는 일반적으로 이름 끝에 '키네이스-kinase', '트랜스퍼레이스-transferase'를 붙인다. EC 번호의 두 번째 숫자는 전이된 작용기(2.1은 탄소, 2.2는 알데하이드 또는 케톤, 2.3은 아실, …, 2.8은 함황기)를 나타내며, 세 번째 숫자는 전이된 작용기의 세부적인(2.1.1은 메틸기 전달효소methyltransferase, 2.1.2는 하이드록시메틸hydroxymethyl이나 포밀기 전달효소formyltransferase 등) 설명을 포함한다. 전이효소의 종류로는 포도당 전이효소glucosyltransferase, 알킬기 전달효소alkyltransferase, 메틸기 전달효소methyltransferase, 아실기 전달효소acyltransferase, 헥소키네이스hexokinase, 트랜스알돌레이스transaldolase, 트랜스케톨레이스transketolase 트랜스아미네이스trans-aminase 등이 있다.

예 4-α-glucanotransferase
- 계통명(EC number) : (1→4)-α-D-glucan:(1→4)-α-D-glucan 4-α-D-glycosyltransferase (EC 2.4.1.25)
- 반응 : 공여체의 (1→4)-α-D-glucan가 수용체로 이동시킴

3) 가수분해효소

가수분해효소hydrolase는 물 분자가 첨가되면서 에스터, 에터, 펩타이드, 글리코실glycosyl, C-N 결합 등 다양한 종류의 공유결합의 분해를 촉매한다.

$$R-R' + H_2O \rightleftharpoons R-OH + R'H$$

가수분해효소는 일반적으로 기질명에 '에이스-ase'를 붙여 명명한다. EC 번호의 두 번째 숫자는 가수분해되는 결합의 성질(3.1은 에스터, 3.2는 글리코실, 3.3은 에터, 3.4는 펩타이드, …, 3.11은 C-P)을 나타낸다. 세 번째 숫자는 기질의 성질(3.1.1은 카복

실 에스터 가수분해효소carboxylic ester hydrolase, 3.1.2는 싸이올 에스터 가수분해효소thiol ester hydrolase, 3.1.3은 포스포릭 모노에스터 가수분해효소phosphoric monoester hydrolase 등)을 나타낸다. 가수분해효소는 아밀레이스amylase, 프로테이스protease, 라이페이스lipase, 포스포라이페이스phospholipase, ATPase 등이 있다.

> **예** 알파-글루코시데이스α-glucosidase
> - 계통명(EC 번호) : α-D-glucoside glucohydrolase (EC 3.2.1.20)
> - 반응 : 기질의 비환원성 말단에 위치한 α-D-glucose의 α-1 → 4 당결합을 가수분해하여 α-D-glucose를 방출함

(1) 알파-아밀레이스

알파-아밀레이스α-amylase는 녹말을 구성하는아밀로스amylose와 아밀로펙틴amylopectin의 α-1,4 글루코사이드glucoside 결합을 사슬 내부에서 불규칙하게 임의로 가수분해하는 내부 가수분해효소endohydrolase이다그림 8-10. 점성이 높고 불투명한 녹말 호화액을 점성이 낮고 투명한 용액으로 만들어 주기 때문에 액화효소라고도 한다. 이 효소는 맥주, 주정 제조, 제빵 등 식품산업에 많이 이용되고 있다.

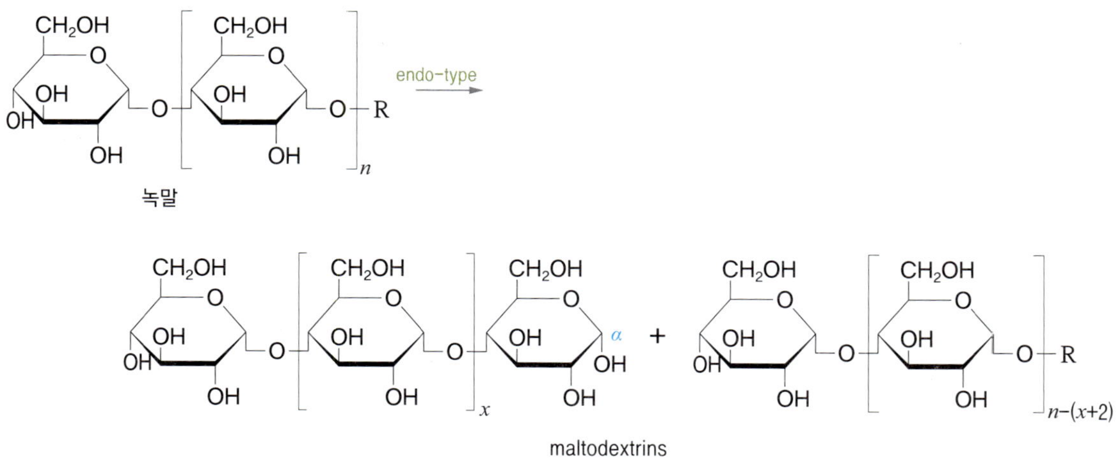

그림 8-10 | α-amylase의 효소반응식

(2) 베타-아밀레이스

베타-아밀레이스β-amylase는 전분이나 말토올리고당의 비환원성 말단으로부터

차례로 엿당maltose 단위로 α-1,4 결합을 규칙적으로 절단하는 말단 가수분해효소 exohydrolase이다그림 8-11. 이 효소는 맥아, 밀, 고구마 등에 많이 존재하며, 맥주 제조 시 효모의 발효당을 생산하거나 녹말로부터 엿강 시럽을 생산하는 데 이용된다.

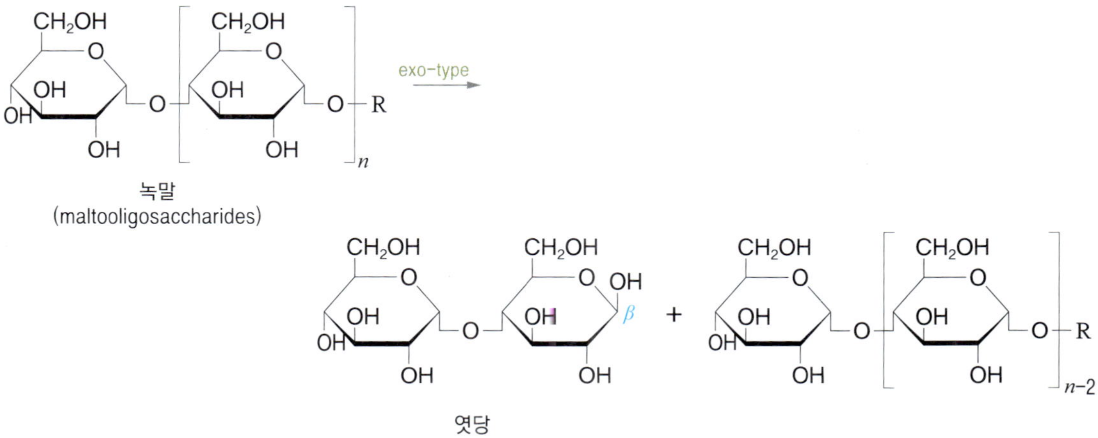

그림 8-11 | β-amylase의 효소반응식

(3) 글루코아밀레이스

글루코아밀레이스glucoamylase는 녹말이나 말토올리고당의 비환원성 말단으로부터 포도당 단위로 가수분해하는 말단 가수분해효소이다그림 8-12. 이 효소는 α-1,4와 α-1,6 결합 모두 가수분해할 수 있으며, 포도당 생산을 위한 녹말당 산업·주정이나 에탄올 제조 시 효모의 발효당을 생산하기 위한 용도로 이용된다.

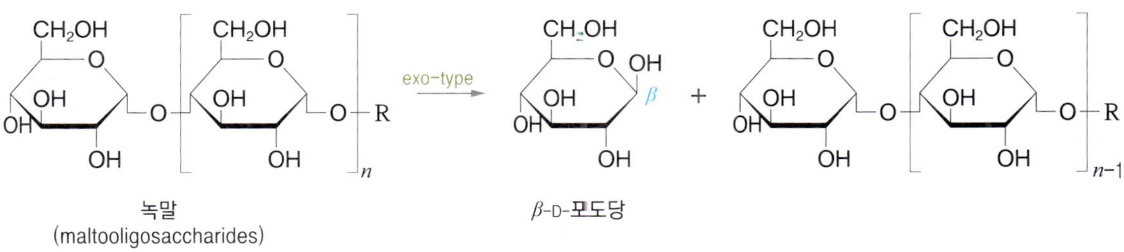

그림 8-12 | Glucoamylase의 효소반응식

(4) 베타-갈락토시데이스

베타-갈락토시데이스β-galactosidase, lactase는 젖당lactose을 D-galactose와 D-glucose로 가수분해하는 효소이다그림 8-13. 이 효소는 사람의 장점막 세포에 존재하는데, 이 효소가 결핍되어 우유를 소화하지 못하는 유당불내증lactose intolerance 환자를 위한 우유 제조 시 이용된다.

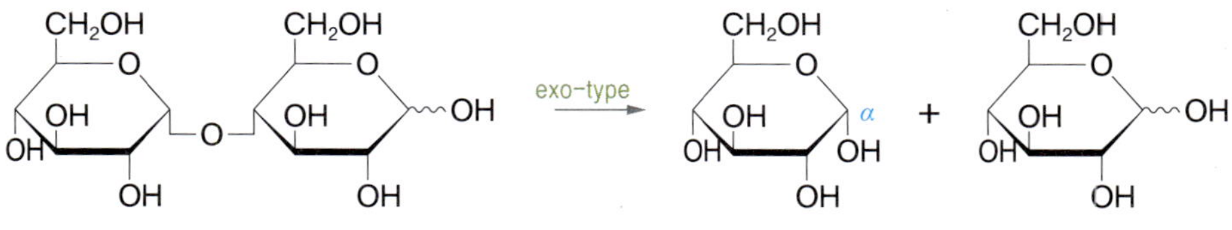

그림 8-13 | β-galactosidase의 효소반응식

(5) 인버테이스

인버테이스invertase, β-fructofuranosidase, sucrase는 설탕을 구성당인 D-glucose와 D-fructose로 가수분해하는 효소이다. 이 반응을 통해 생성된 D-glucose와 D-fructose의 혼합물을 전화당invert sugar이라고 하며 설탕보다 단맛이 강할 뿐만 아니라 용해도가 높고, 결정이 석출되지 않아 식품 가공산업에 많이 이용된다.

(6) 폴리갈락투로네이스

폴리갈락투로네이스polygalacturonase는 펙틴 내부의 α-1,4 글리코사이드 결합을 무작위로 가수분해하는 내부 가수분해효소로 펙틴pectin의 분자량을 급격히 감소시킨다. 이 효소의 작용으로 과일이 과숙되면 조직이 물러지는 현상이 나타난다.

(7) 펙틴 메틸에스터레이스

펙틴 메틸에스터레이스pectin methylesterase는 펙틴의 메톡실methoxyl기-OCH_3를 가수분해하여 -COOH와 메탄올methanol, CH_3OH을 생성하는 효소이다. 펙틴의 모든 메톡실기가 가수분해되면 펙트산pectic acid으로 전환된다. 식품산업에서 폴리갈락투로네이스polygalacturonase와 함께 과일주스의 청징화나 과즙을 추출하기 위하여 사용한다.

(8) 프로테이스

프로테이스(단백질분해효소)protease, proteolytic enzyme, proteinase는 단백질의 펩타이드 결합을 가수분해하여 펩타이드나 아미노산을 생성하는 효소의 총칭이다. 프로테이스는 효소 활성 부위에 존재하는 작용기에 따라 세린 프로테이스serine protease, 시스테인 프로테이스cysteine protease, 아스파트산 프로테이스aspartic acid protease, 금속계 프로테이스로 구분할 수 있다. 육류 연화, 치즈 제조, 맥주나 와인 제조 시 혼탁 방지제 등으로 사용되고 있다.

(9) 라이페이스

라이페이스lipase는 중성지질의 에스터 결합을 가수분해하여 고급지방산과 글리세롤을 생성하는 효소를 말한다. 이 효소는 유리지방산을 생성하기 때문에 유지식품에서 산패의 원인이 되기도 하나 블루 치즈blue cheese 제조 시 고유한 향미성분을 제공해 주기도 한다.

4) 제거효소

제거효소(분해효소, 탈리효소, 라이에이스lyase)는 기질의 작용기(카복실carboxyl, 알데하이드aldehyde, H_2O, NH_3 등)를 이탈시켜 이중결합을 형성하거나 이중결합에 이들을 첨가하는 반응을 촉매한다. 이들의 촉매 반응에는 물이 첨가되지 않는다.

제거효소는 '기질-기-라이에이스lyase'로 표시한다. EC 번호의 두 번째 숫자는 분해된 결합(4.1은 C-C, 4.2는 C-O, 4.3은 C-N 등), 세 번째 숫자는 분해된 작용기를 더욱 상세하게 나타낸다(4.1.1은 CO2, 4.1.2.는 H_2O 등).

제거효소의 종류로는 히스티딘 카복실기제거효소histidine decarboxylase, 과당 이중인산 알돌레이스fructose bisphosphate aldolase 등이 있다.

예 fructose bisphosphate aldolase
- 계통명(EC number) : D-fructose-1,6-bisphosphate D-glyceraldehyde-3-phosphate-lyase (glycerone-phosphate-forming) (EC 4.1.2.13)
- 반응: D-fructose 1,6-bisphosphate ⇌ glycerone phosphate + D-glyceraldehyde 3-phosphate

5) 이성질화효소

이성질화효소(이성화효소)**isomerase**는 기질 분자의 위치적이나 구조적, 다시 말해 광학적, 기하 및 위치 이성질체 사이의 전환을 촉매하는 효소이다. 이성화 반응 방식에 따라 이성질화효소**isomerase**, 라세미화효소**racemase**, 에피머화효소**epimerase**, 뮤테이스**mutase** 등으로 부른다.

EC 번호의 두 번째 숫자는 이성화 반응의 종류(5.1은 라세미화효소 또는 에피머화효소, 5.2는 *cis-trans*-이성질화효소 등), 세 번째 숫자는 기질의 종류에 따라 구분된다.

예 xylose isomerase
- 계통명(EC number) : D-xylose aldose-ketose-isomerase (EC 5.3.1.5)
- 반응: D-xylose ⇌ D-xylulose, D-glucose ⇌ D-fructose

6) 합성효소

합성효소**synthetase**(연결효소**ligase**)는 ATP 등의 고에너지 인산화합물**nucleoside triphosphate**의 분해반응으로 획득된 유리 에너지를 이용하여 두 화합물 간에 새로운 결합(C-O, C-S, C-N, C-C 등)을 형성하는 반응을 촉매한다.

$$A + B + ATP \rightleftharpoons A-B + ADP + P_i$$

$$A + B + ATP \rightleftharpoons A-B + AMP + (PP)_i$$

EC 번호의 두 번째 숫자는 생성된 결합(6.1은 C-O, 6.2는 C-S, 6.3은 C-N 등)을 구분한다. 합성효소의 종류로는 아세틸-CoA 합성효소**acetyl-CoA synthetase**, 글루타민 합성효소**glutamine synthetase**, 카바모일인산 합성효소**carbamoyl-phosphate synthetase** 등이 있다.

예 glutamine synthetase

- 계통명(EC number) : L-glutamate:ammonia ligase (ADP-forming) (EC 6.3.1.2)
- 반응 : ammonium + L-glutamate + ATP → L-glutamine + ADP + phosphate + H^+

7) 전위효소

전위효소(자리옮김효소, translocase)는 일반적으로 세포막을 가로질러 다른 분자가 이동하는 것을 도와주는 단백질을 지칭한다. 즉, 전위효소는 이온이나 분자를 막을 가로질러 이동시키거나, 막 내에서 분리하는 반응을 촉매하며 주로 '측면 1'에서 '측면 2'로의 이동을 의미한다. 비만과 대사질환 예방 치료의 중요한 표적으로 연구되고 있는 지방산 전위효소인 CD36(fatty acid and translocase)이 이 분류에 속하는 효소이다.

4. 식품에 관계되는 효소

식품산업에서는 다양한 효소들이 다양한 목적을 위해 사용되고 있다. 표 8-2에는 식품과 관련이 있는 효소들과 그들의 작용을 제시하였다.

표 8-2 | 식품과 관련 있는 효소의 종류 및 작용

효소	식품	작용
아밀레이스 amylase	빵류	효모 발효를 위한 엿당 함량 증가
	맥주	녹말-엿당(발효)/녹말의 혼탁 제거
	곡류	녹말-덱스트린, 엿당/수분 흡수 증대
	초콜릿, 코코아	유동성을 위한 녹말의 액화
	과일주스, 젤리	발포성 증진을 위한 녹말의 제거
	펙틴	압착된 사과로부터 펙틴의 회수 도움
	시럽, 당류	녹말-저분자 덱스트린(corn syrup)
셀룰레이스 cellulase	맥주	세포벽 성분의 가수분해
	커피	원두 건조 시 셀룰로스의 가수분해
	과실류	배의 촉감 개선/살구, 토마토의 박피 촉진

효소	식품		작용
덱스트란 슈크레이스 dextran sucrase	당시럽		설탕-덱스트란, 증점제
	아이스크림		설탕-덱스트란, 증점제
인버테이스 invertase	꿀		설탕-포도당+과당
	캔디		초콜릿을 입힌 연질 크림 캔디의 제조
락테이스 lactase	아이스크림		젖당의 결정화 방지
	사료		젖당-갈락토스+포도당
	우유		우유 동결 시 젖당을 제거하여 우유 단백질의 안정화/유당불내증 환자를 위한 젖당 제거
타네이스 tannase	맥주		폴리페놀성 화합물의 제거
펜토사네이스 pentosannase	제분		밀가루에서 녹말의 회수
나린지네이스 naringinase	감귤류		나린진(naringin)의 가수분해로 주스의 쓴맛 제거
펙틴 효소 pectin enzyme	긍정적	초콜릿, 코코아	코코아 발효 시 가수분해작용
		커피	원두 발효 시 외피의 점질물질 제거
		과실주스	착즙 수율 증진, 혼탁 방지, 농축 공정 개선
		올리브	유지의 추출
		포도주	청징
	부정적	감귤주스	주스에서 펙틴물질의 분해 및 분리
		과실류	과도한 연화작용
프로테이스 proteases	긍정적	빵류	반죽의 연화작용/반죽의 신장도 증가/ 빵의 조직감 개선 및 부피 증가/β-amylase의 방출
		맥주	발효 시 영양소 및 향미 생성/ 여과 및 청징 도움/냉각 혼탁의 방지
		곡류	단백질 변성으로 건조속도 단축 및 취급 용이/된장, 두부의 제조
		치즈	카제인의 응고/숙성 중 고유의 풍미 생성
		달걀 가공품	건조 특성의 개선
		사료	음식폐기물의 사료 전환
		육류, 어류	연화/생선의 뼈 및 찌꺼기에서 단백질의 회수/유지의 방출
		우유	두유 제조
		단백질가수분해물	간장의 조미/육수, 건조수프, 가공육 등의 제조
		포도주	청징
	부정적	달걀	신선 및 건조란의 유통기한 단축
		게, 크랩	신속히 불활성화시키지 않을 경우 과도한 연화 유발
		밀가루	활성이 너무 강하면 빵의 부피 및 조직감에 영향

효소	식품		작용
라이페이스 lipase	긍정적	치즈	숙성 및 고유의 향미 부여
		유지	지방-글리세롤 + 지방산 + 모노글리세라이드(monoglyceride)
		우유	밀크초콜릿에 사용되는 약간 숙성된 향미의 생성
	부정적	곡류	귀리 비스킷의 과도한 갈변/밀기울의 변색
		우유, 유제품	가수분해형 산패 유발
		유지	가수분해형 산패 유발
포스파테이스 phosphatases	유아식		섭취 가능한 인산염의 증가
	맥주		인산염 화합물의 가수분해
	우유		저온살균 효과의 검정
뉴클레이스 nucleases	조미료		핵산(nucleotide, nucleoside) 생성
퍼옥시데이스 peroxidase	긍정적	채소, 과실류	데치기(blanching) 효과의 검정
		포도당 정량	글루코스산화효소(glucose oxidase)와 함께 사용
		밀가루 반죽	단백질의 가교(cross-bridge) 형성
	부정적	과실류	갈변반응의 촉진
카탈레이스 catalase	우유		저온 살균 시 H_2O_2의 분해
	다양한 식품		글루코스산화효소(glucose oxidase)와 함께 사용하여 포도당이나 산소를 제거함으로써 갈변 또는 산화를 억제함
	채소류		데치기(blaching) 효과의 검정
글루코스 옥시데이스 glucose oxidase	다양한 식품		카탈레이스(catalase)와 함께 사용하여 맥주, 치즈, 탄산음료, 건조달걀, 과일주스, 육류 및 어류, 분유, 포도주 등의 산소와 포도당을 제거함으로써 산화 또는 갈변의 방지
	포도당 정량		과산화효소(peroxidase)와 함께 포도당의 정량분석에 사용
폴리페놀 산화효소 polyphenol oxidase	긍정적	차, 커피, 건포도	성숙, 발효, 숙성 과정 중 갈변 촉진
	부정적	과실, 채소류	갈변, 불쾌취의 발생, 비타민류의 손실
리폭시게네이스 lipoxygenase	채소류		필수지방산과 비타민A의 파괴, 불쾌취의 발생
아스코르브산 산화효소 ascorbic acid oxidase	채소, 과실류		비타민C(아스코르브산)의 파괴

자료: 강일준 외, 2017

5. 효소의 고정화

효소는 물리적인 방법이나 화학적인 방법을 이용하여 이동성을 인위적으로 제한하지만 효소의 촉매 활동은 계속적으로 반응기 내에서 이루어질 수 있도록 할 수 있는데, 이를 효소의 고정화immobilization이라고 한다.

고정화 효소immobilized enzyme를 이용하면 효소반응의 연속 공정이 가능하여 생산성을 향상시킬 수 있고, 반응 후 생산물과 분리가 용이하며, 분리된 효소는 재이용이 가능하여 고가의 효소인 경우에는 경제적으로 사용할 수 있다는 장점이 있다. 또한, 고정화를 통해 효소 단백질의 입체 구조가 유지되어 외부 환경에 대해 효소 활성이 안정화될 수 있다. 그러나 고정화로 인해 효소의 형태가 변화하여 활성이 감소할 수도 있고, 반응기 내 물질의 확산이 방해될 수도 있다는 단점도 존재한다.

효소는 흡착, 공유결합, 가교, 포괄법 등을 사용하여 고정화시킬 수 있다표 8-3.

표 8-3 | 효소의 고정화 방법의 종류 및 특성

고정화 방법	특성
흡착	생체 내 세포막에 결합되어 있는 효소와 같이 물리적인 힘을 이용해 지지체(활성탄, 다공성 유리, 실리카 겔, 녹말, 키틴 등)의 표면에 효소를 흡착시키는 방법
공유결합	수용성 효소를 불용성 지지체의 원자 간 전자쌍 공유에 의해 결합시키는 것으로 결합하는 과정 중 효소 활성의 일부가 소실될 수 있으나 결합력이 강해 효소가 가장 안정한 방법
이온결합	효소와 지지체의 반대 전하 사이에서 발생하는 정전기적 인력에 의해 고정화시키는 방법으로 공유결합에 비해 결합력이 약함
가교	가교 형성 물질을 이용해 효소들을 결합시키거나 지지체를 사이에 두고 가교결합을 만드는 방법
포괄법	고분자 물질의 격자 안에 효소를 함유시켜 고정시키는 형태로 겔상의 구조를 갖음

식품산업에서 포도당 이성질화효소glucose isomerase는 이온결합, 공유결합 또는 가교형성법을 이용하여 고정화하여 고과당 시럽high fructose corn syrup, HFCS 제조 시 사용하고 있고, 아미노아실레이스aminoacylase를 이온결합시킴으로써 고정화하여 L-아미노산L-amino acid를 생산하는 데 사용하고 있다.

FOOD CHEMISTRY

chapter

09

식품의 색

학습목표

1. 식품의 색소를 기준에 따라 분류할 수 있다.
2. 식품 색소의 구조와 특징을 설명할 수 있다.
3. 식물성 색소와 동물성 색소를 구별하여 설명할 수 있다.
4. 색소의 기능을 설명할 수 있다.

chapter

09

식품의 색은 향, 물성과 함께 식품의 관능적 특성을 나타낸다. 또 식품의 품질을 나타내며 과일의 숙성 정도를 나타내거나 조리, 가공, 저장 시 물리·화학적 변화의 지표가 된다. 식품과 영양에 대한 연구가 진행되면서 당근의 베타-카로틴이 체내에서 비타민 A로 작용한다는 보고나 다양한 폴리페놀화합물들의 항산화 활성, 항암 활성들이 보고되고 있다. 질병 예방 차원에서 각종 채소나 과일의 색소에 대한 생리 활성 연구가 활발히 진행되고 있으며, 피토케미칼phytochemical로서 식품의 색이 주목받고 있다.

식품의 색은 영양적 가치는 없으나 식품의 향다, 물성 등과 함께 식품의 감각적 기능(2차 기능)에 관여하며 식품의 신선도를 판단하는 데 중요하다. 식품의 색은 불안정하므로 농산물, 수산물 및 육류의 독특한 색은 산소, 광선, 습도, 효소 등에 의해 그 저장과 가공 시 변하기 쉬어 색소 변화는 품질 변화를 나타내는 척도가 되기도 한다.

식품에서 색의 역할은 크게 세 가지로 나눌 수 있다.

첫째, 식품의 색은 관능적 특성을 나타내는 중요한 요소로서 식품의 기호성을 증진시킨다.

둘째, 식품의 색은 식품의 품질을 나타내는 간접적인 지표로 사용되기도 한다. 특히 과일의 색은 과일의 성숙도를 나타내며, 갈변이나 기타 변색 등은 가열이나 부패, 기타 화학적 변화의 지표가 되기도 한다.

셋째, 식품의 색은 천연색소로 천연물 유래 기능성물질의 원료로서 그 연구가 활발히 진행되고 있다. 예를 들면 플라보노이드류는 항산화 활성, 항암, 항염증 등의 다양한 생리활성 물질들이 보고되고 있다.

사람 눈의 망막에는 간상체들과 원추체들이 존재한다. 물질의 색이란 태양광선을 받아 반사시키는 빛깔을 이들 수용체에서 받은 자극들이 색깔에 관한 신경신호로 바뀌어 뇌에 전달되는 과정을 통해 색을 인식하게 된다.

색소원설色素原設은 물질이 발색하려면 발색단과 조색단을 가지고 있어야 특유의 색을 나타낸다는 학설로, 식품에서 발견되는 발색단과 조색단의 종류는 다음과 같다.

발색단은 카보닐기carbonyl group, -CO-, 아조기azo group, -N=N-, 에틸렌기ethylene group, -C=C-, 니트로기nitro group, $-NO_2$, 니트로소기nitroso group, -NO, 싸이오카보닐기thiocarbonyl group, =C=S 등이 있으며, 조색단은 하이드록시기hydroxyl group, -OH, 아미노기amino group, $-NH_2$ 등이 있다.

식품 중에 존재하는 색소는 클로로필, 카로티노이드계 색소, 플라보노이드계 색소, 안토사이안닌계 색소, 타닌류, 헴색소들, 갈변반응 생성물 등으로 분류된다.

1. 식품 색소의 분류

식품의 색소에는 출처에 따라 자연색소와 인공색소로 분류된다.

자연색소 중 식품의 색소는 식물성 색소와 동물성 색소로 나누어 볼 수도 있다. 식물성 색소는 다시 용해성에 따라 물에는 녹지 않고 유기용매에 녹는 지용성 색소와 물에 녹는 수용성 색소로 구분된다. 또한 식품의 색소는 화학 구조에 따라서도 나뉜다. 식품 중에 함유되어 있는 주요 자연색소 성분은 다음과 같다.

1) 식품에 존재하는 자연색소의 분류

(1) 식물성 색소plant pigments

- 수용성 색소(세포액에 녹아 있는 색소) : 플라보노이드flavonoid, 안토사이아닌anthocyanin, 타닌tannin
- 지용성 색소(주로 식물체의 원형질체의 색소체에 존재하는 색소) : 클로로필chlorophyll, 카로티노이드carotenoid

표 9-1 | 식품의 색소성분과 그 출처

색소 성분	색조	분포	용해성	기원식품군	성질
클로로필	녹·갈색	식물	지용성	녹색채소, 해조류	열에 민감
카로티노이드계	등황·황·적	식물·동물	지용성	곡류, 서류, 두류, 종실류, 채소류, 해조류, 향신료, 어패류, 달걀	가열에 안정, 산화에 민감
플라보노이드계	무색·황색	식물	수용성	곡류, 두류, 채소류, 과실류, 향신료류	거의 열에 안정
안토사이아닌계	적색·청색·자색	식물	수용성	곡류, 서류, 두류, 채소류, 과실류	pH, 금속에 민감, 열에 불안정
헴계	적·갈색	동물	수용성	육류, 어류	열에 민감

(2) 동물성 색소animal pigments

- 헴heme계 색소 : 헤모글로빈hemoglobin, 미오글로빈myoglobin
- 카로티노이드carotenoid계 색소

2) 화학 구조에 의한 분류

① 테트라피롤tetra pyrrole 유도체 : 클로로필, 헴

② 아이소프레노이드isoprenoid 유도체 : 카로티노이드

③ 벤조피렌benzopyrene 유도체 : 플라보노이드, 안토사이아닌

④ 인위 구조 : 멜라노이딘melanoidine, 캐러멜caramel

분류	화학구조	색소
테트라피롤 유도체	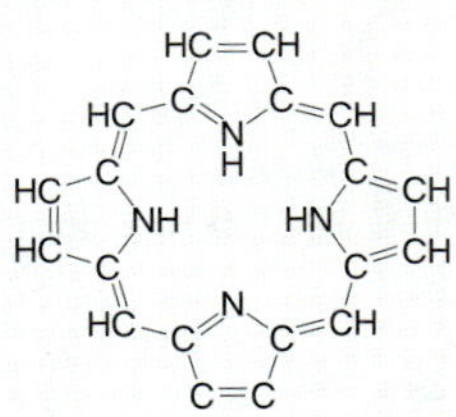 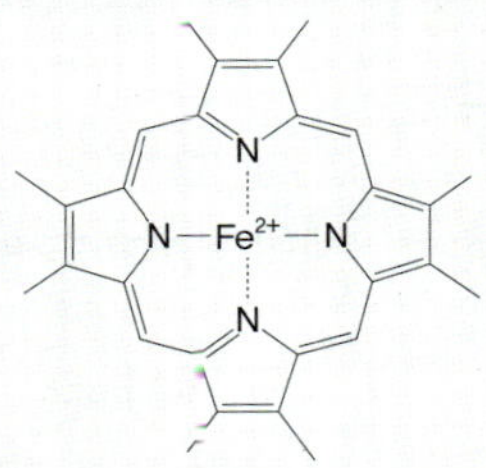	클로로필, 헴
아이소프레노이드 유도체	$CH_2=C(CH_3)-CH=CH_2$	카로티노이드
벤조피렌 유도체	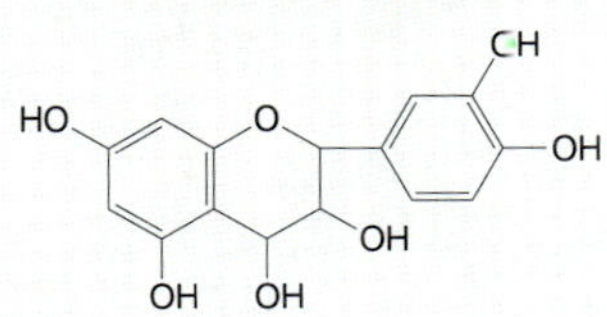	플라보노이드, 안토사이아닌

2. 식물성 색소

식물성 색소는 대부분이 적색, 녹색, 황색을 띠며 클로로필, 카로티노이드계, 플라보노이드계, 안토사이아닌계 색소로 분류된다. 클로코필과 카로티노이드는 세포 원형질의 색소체에 존재하며 지용성이다. 플로보노이드계와 안토사이아닌계는 세포액에 녹아 있는 수용성 색소이다.

1) 클로로필

클로로필chlorophyll은 엽록소라 부르며 식물의 광합성작용에 중요한 역할을 하는 색소이다. 이들은 식물의 잎이나 줄기의 세포 속에 존재하는 엽록체chloroplast에 단백질 또는 지단백질lipoprotein 등과 존재하여 유기용매에 잘 용해되는 지용성 색소이다. 클로로필은 a, b, c, d의 4종류가 있다.

클로로필 a는 청록색을, 클로로필 b는 황록색을 나타내며 식물체 내에서 서로 전환될 수 있다. 식물에는 클로로필 a와 b만이 존재하고 a와 b의 비율은 3:1이다. 클로로 c와 d는 해조류에 존재한다. 클로로필은 식물체에서 카로티노이드와 공존하며 광합성이 활발하게 일어나 클로로필의 함량이 많아지면 녹색을 나타낸다. 해조류에는 클로로필 c와 d가 존재하여, 특히 다시마 등의 갈조류에는 클로로필 a와 c가, 우뭇가사리 등의 홍조류에는 a와 d가 존재한다.

(1) 클로로필의 구조

클로로필의 구조는 4개의 피롤pyrrole핵이 테트라피롤tetra pyrrol 환ring 형태의 포

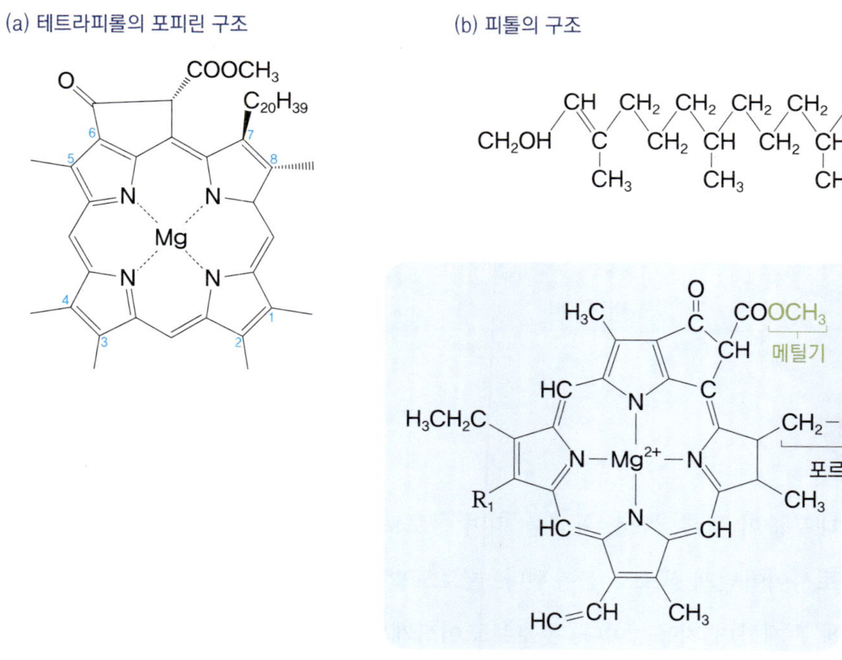

그림 9-1 | 클로로필의 기본구조

피린porphyrin으로 중심 부위에 마그네슘 원자가 결합되어 있는데 이를 마그네슘 포피린magnesium porphyrin이라 한다. 중심에 있는 마그네슘은 포피린 환 2개의 공유결합과 2개의 배위결합으로 이루어져 있다. 클로로필 a, b의 차이는 포피린의 외곽에 붙어 있는 치환기가 다를 뿐 기본 화학적 성질에는 차이가 없다.

(2) 클로로필 성질과 변화

클로로필은 물에 녹지 않으나 아세톤, 무수에탄올, 에틸에테르 등과 같은 유기용매에는 잘 녹으며 산, 알칼리, 금속 등에 의해 변화가 일어난다.

① 산과의 반응

클로로필은 산으로 처리하면 클로로필 포피린 환 중심 부위의 마그네슘이 수소로 치환되어, 그 결과 갈색의 페오피틴pheophytin이 형성된다. 특히 산성의 조건이거나 장시간 가열 시 가열이 지속될 때는 클로로필의 피톨이 분리되어 갈색의 페오포비드pheophorbide가 변한다.

채소를 가열 시 채소 조직이 파괴되어 세포 조직 중 휘발성, 비휘발성 유기산이 유리되어 클로로필이 페오피틴으로 전환되어 갈색으로 변한다. 그 예로 김치, 오이지 등이 발효될 때 생성되는 산에 의해서 갈색으로 변한다.

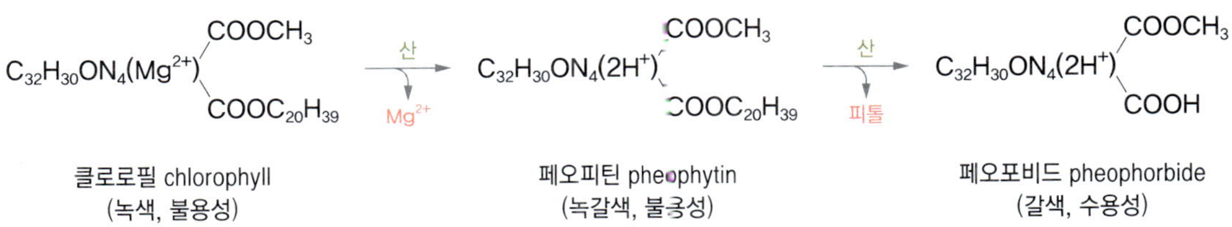

그림 9-2 | 클로로필의 산에 의한 변화

오이지 숙성 중 클로로필의 변색

시금치 등의 채소류를 물 속에서 끓일 때는 이들 채소 조직의 부분적인 파괴로 세포 내에 존재하는 상당량의 비휘발성 유기산들이 유리되어 클로로필이 페오피틴으로 분해된다. 배추김치나 오이지 등의 숙성과정 중에서도 클로로필의 색이 갈색으로 변하는데 발효과정에서 생성되는 유기산류(젖산, 호박산, 초산 등)에 의해 클로로필이 분해되기 때문이다.

채소류 중 클로로필은 산성 조건에서 처리 시 비가역적으로 급격한 색 변화를 초래하기 때문에 채소류 가공 시 갈변은 품질 저하 요인 중 하나이다.

② 알칼리와의 반응

알칼리 조건에서 클로로필은 짙은 초록색을 띠는 클로로필리드chlorophyllide가 되며, 다시 메틸에스터 그룹이 가수분해되어 짙은 녹색의 수용성 클로로필린chlorophyllin으로 전환된다. 알칼리의 농도가 높으면 클로로필린이 염의 형태(예: 클로로필린-Na염)로 된다. 클로로필린-Na염은 짙은 청록색을 띠며, 물에 잘 녹는 수용성 클로로필로 된다. 이때 비타민 C가 용출되고 채소가 지나치게 연화되어 문제가 된다.

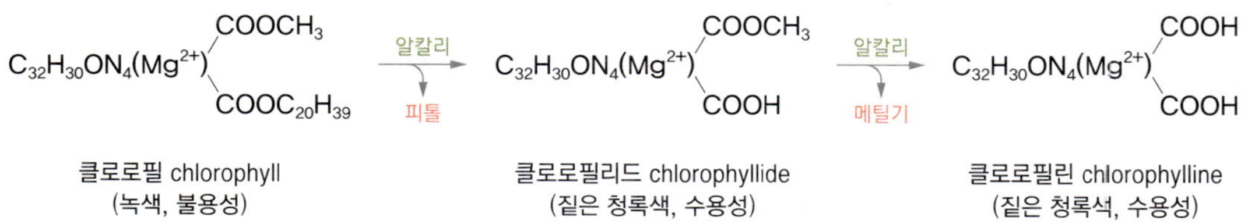

그림 9-3 | 클로로필의 알칼리에 의한 변화

③ 효소와의 반응

식물조직에 분포되어 있는 효소 클로로필레이스chlorophyllase는 그 식물조직이 파괴되는 과정에서 효소작용에 의해 피톨이 떨어져 짙은 청록색의 클로로필리드를 형성한다. 클로로필의 피틸기phytyl group는 먼저 가수분해된 다음 클로로필리드 속의 Mg^{2+}이온이 H^+이온과 치환되어 갈색의 페오포비드를 형성할 수 있다.

채소는 뜨거운 물에 데치는 동안 녹색이 용출되기 때문에 실제로 식품 가공에서 녹색채소의 퇴색을 막기 위하여 블렌칭으로 효소를 불활성화시킨다. 지나친 열처리

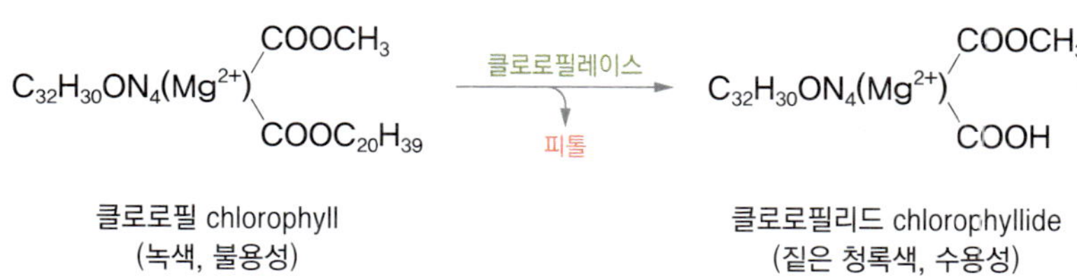

그림 9-4 | 클로로필의 클로로필레이스에 의한 변화

는 클로로필이 페오피틴이나 페오포비드로 분해될 수 있기 때문에 주의해야 한다.

효소에 의한 변화는 실질적으로 채소의 색깔에 아무런 변화를 가져오지 않으나 지용성의 클로로필을 수용성으로 변화시켜 클로로필을 감소시킨다. 클로로필의 감소 또는 손실을 최소화하기 위해서는 높은 온도에서 짧은 시간 블렌칭하는 것이 좋다.

④ 금속과의 반응

클로로필류를 구리copper, 철iron, 아연zinc 등과 함께 가열하면 클로로필 구조 중의 마그네슘Mg^{2+}은 구리, 철, 아연 이온들과 치환하여 각각 동-클로로필과 철-클로로필 등이 형성된다. 동-클로로필과 철-클로로필은 매우 선명한 청록색(동-클로로필) 또는 선명한 녹갈색(철-클로로필)을 나타내고 지용성이며 가열에도 매우 안정하다. 동-클로로필과 철-클로로필에 가성소다NaOH와 같은 강한 알칼리를 처리하면 동-클로로필린-Na염, 또는 철-클로로필린-Na염이 되어 수용성으로 변한다.

한편, 조리과정 중 채소류에서 침출된 유기산으로 인해 페오피틴이 갈색으로 변하는데, 여기에 구리 염류를 첨가하면 페오피틴의 수소이온이 구리이온과 치환되어 동-클로로필린이 되어 밝은 청록색을 띤다. 동-클로로필린은 클로로필에 비해 열이나 산 등에 비교적 안정하여 채소류, 과실류, 다시마 및 껌 등의 제조 시 착색료로 첨가되기도 한다.

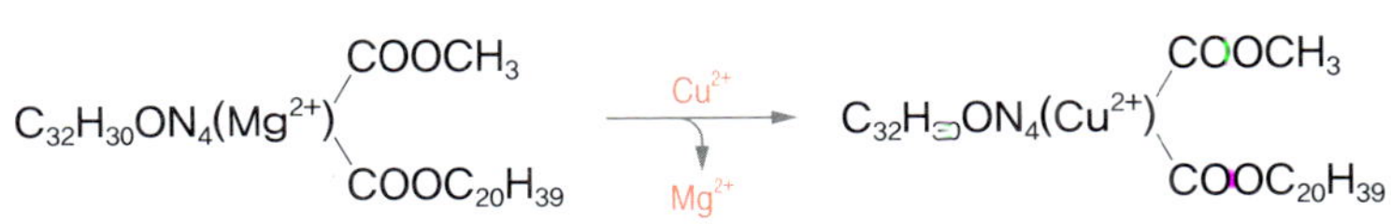

클로로필 chlorophyll
(녹색, 불용성)

구리-클로로필 Cu-chlorophyll
(짙은 청록색, 불용성)

그림 9-5 | 클로로필의 금속이온에 의한 변화

2) 카로티노이드

카로티노이드류의 색은 주황색, 노란색 또는 빨간색을 띠는 지용성 색소로서 당근carrot에서 얻은 색소와 같은 것이라 하여 카로틴류carotenes, 또는 카로티노이드류란 이름이 사용되고 있다. 카로티노이드는 식물계의 클로로플라스트chloroplast에

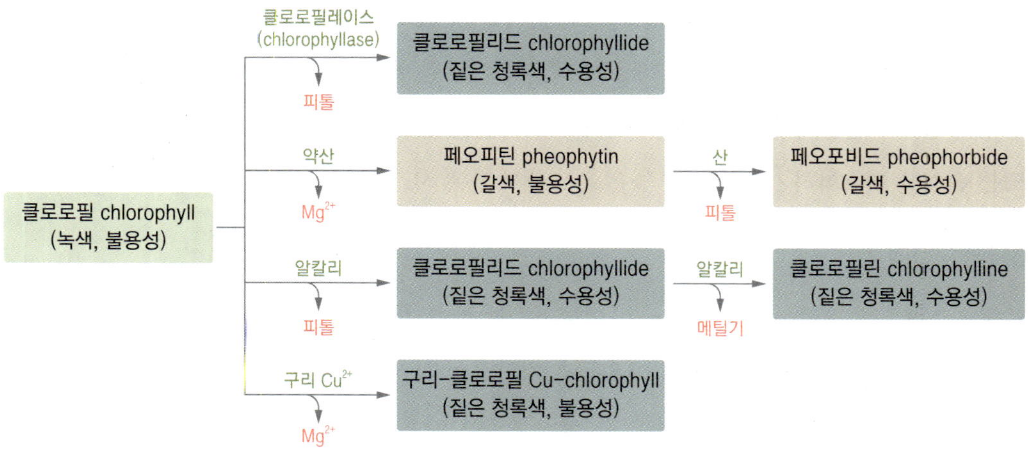

그림 9-6 | 클로로필의 변화과정

존재하며 동물계에도 있다.

(1) 카로티노이드의 구조와 종류

카로티노이드carotenoid는 아이소프렌isoprene, $CH_2=C(CH_3)-CH=CH_2$ 단위가 8개 결합한 테트라-테르펜tetra-terprene이 기본구조이며, 분자 내 색의 원인이 되는 7개 이상의 공액이중결합을 가지고 있다. 공액이중결합의 수가 증가할수록 황색에서 등황색, 적색으로 색이 진해진다.

카로티노이드계 색소는 산소를 갖는 잔토필xanthophyll계 색소와 산소를 갖지 않은 카로틴caroten계 색소로 구분된다.

잔토필계 색소는 하이드록시기-OH, 알데하이드기-CHO, 케톤기=CO 등의 극성기를 가지고 있어 에탄올에는 녹으나 석유에테르에는 녹지 않으며, 카로틴이 산화된 산소 유도체이다. 카로틴계 색소는 석유에테르에는 녹지만 에탄올에는 녹지 않는다.

① 카로틴류

대표적 카로틴류에는 α-카로틴, β-카로틴, γ-카로틴 및 라이코펜lycopen 등이 있다. α-카로틴, β-카로틴, γ-카로틴은 β-아이오논 핵을 가지고 있어서 동물체 내에서 비타민 A로 전환되므로 프로비타민 A라고 한다. 특히, β-카로틴은 1분자의 양쪽에 β-아이오논을 가지고 있어서 1분자에서 2분자의 비타민 A가 생성되므로

(a) 아이소프렌의 구조

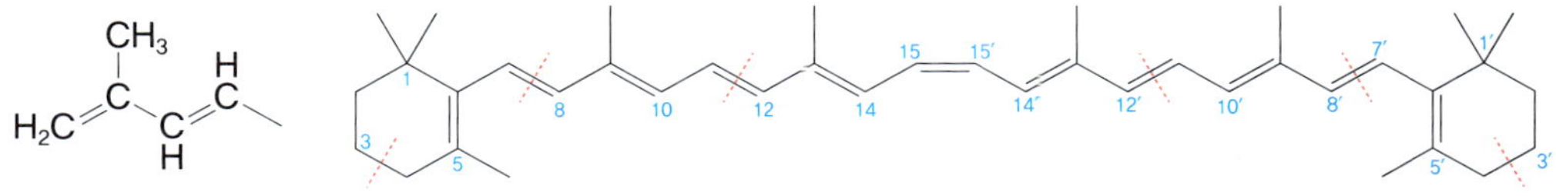

(b) 카로티노이드의 구조

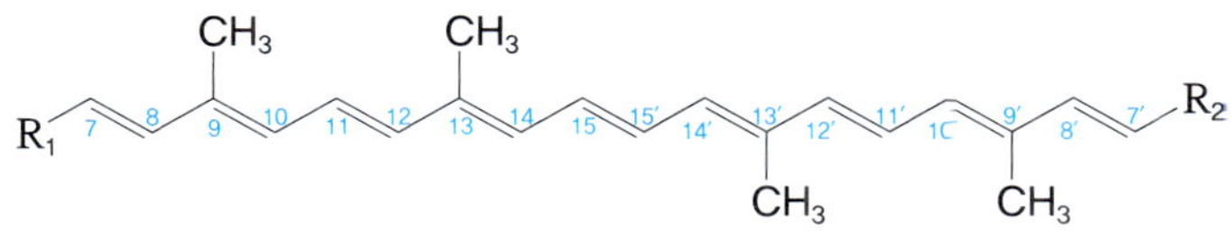

(c) 아이오논 핵의 구조

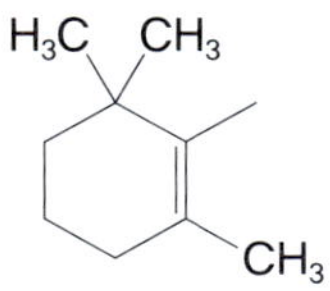

α-아이오논 핵

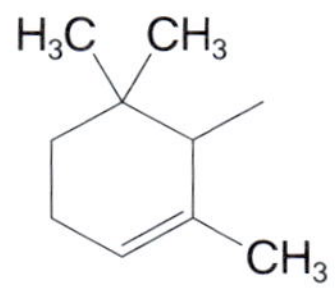

β-아이오논 핵

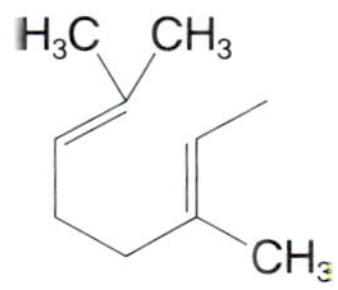

슈도-아이오논 핵

그림 9-7 | 카로티노이드의 기본구조

표 9-2 | 식품 중의 중요한 카로틴

색	명칭 및 구조	소재 및 특성
황등색	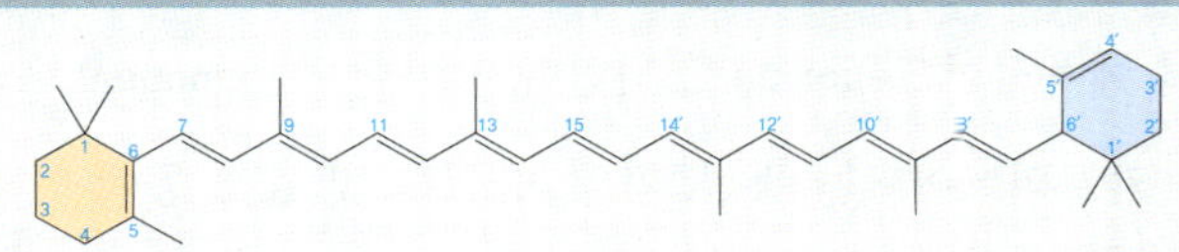 β-아이오논 / α-카로틴 / α-아이오논	• 당근, 찻잎 등 • 프로비타민 A
	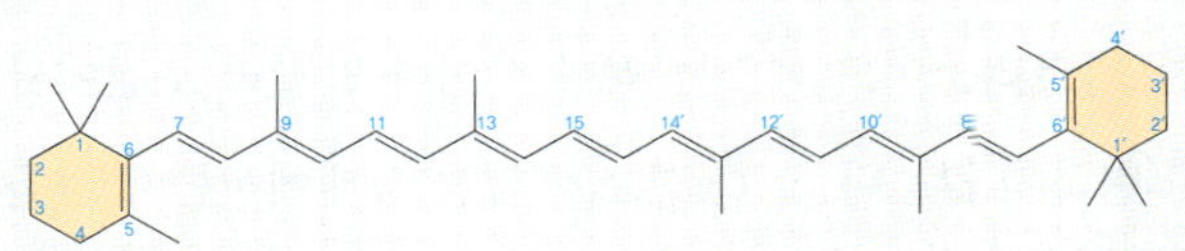 β-아이오논 / β-카로틴 / β-아이오논	• 당근, 호박, 고구마, 감귤류 등 • 프로비타민 A • 두 분자의 비타민 A 생성
적색	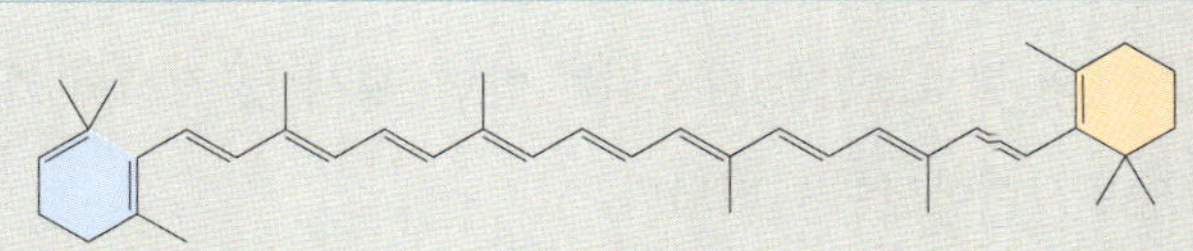 슈도-아이오논 / γ-카로틴 / β-아이오논	• 당근, 살구 등 • 체내에서 한 분자의 비타민 A 생성 • 프로비타민 A
	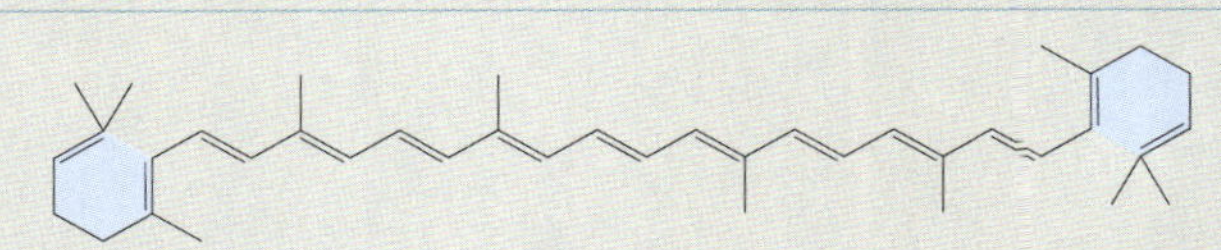 슈도-아이오논 / 라이코펜 / 슈도-아이오논	• 수박, 토마토, 감, 앵두 등 • 비타민 A의 효력 없음

자료: 조신호 외, 2020

가장 효율이 높은 프로비타민이다. α-카로틴은 당근, 오렌지 등에 존재하며, β-카로틴은 당근, 고구마, 호박 그리고 일반 녹색식물 등에, γ-카로틴은 살구, 팜유 등에, 라이코펜은 토마토, 수박, 감, 분홍색 자몽 등에 많이 함유되어 있다.

② 잔토필류

카로틴의 산화 생성물인 잔토필류는 산소를 가지는 카로틴류로 크립토잔틴이 대표적인데, 분자 내 β-아이오논 핵을 가지고 있으며 프로비타민 A로 작용한다.

잔토필류를 함유한 식품은 호박, 옥수수, 루테인 함유 식품은 녹색잎, 크로세틴crocetin 함유 식품은 치자, 캡산틴capathin 함유 식품은 고추나 붉은 파프리카 등이다. 잔토필류에는 새우, 게, 연어 등의 조직 내 단백질과 결합하여 청남색으로 존재하고 있다가 가열 산화되면 단백질과 분리되어 붉은색으로 변하는 아스타잔틴astaxanthin과 난황, 옥수수에 함유되어 있는 제아잔틴zeaxanthin, 갈조류의 푸코잔틴fucoxanthin, 버섯의 카타잔틴canthaxanthin 등도 있다.

(2) 카로티노이드의 특징

카로티노이드에 속하는 색소는 다수의 공액이중결합이 있어서 산화에 매우 불안정하다. 산소가 없는 조건에서는 가열에 매우 안정하나, 산소가 있는 조건에는 가열하면 쉽게 산화되어 에폭사이드epoxide로 되었다가 아이오논ionone으로 산화되어 분해되고 퇴색된다. 카로티노이드는 광선, 가열, 중금속 및 효소 등에 의해 쉽게 산화되므로 이를 방지하기 위해서는 빛의 차단, 진공 포장 및 비타민 E와 같은 항산화제를 첨가한다. 반면, 카로티노이드 색소는 약한 산이나 알칼리 조건에서는 파괴되지 않으며 그 색깔도 변하지 않는다. 또한 산소가 없는 상태에서는 광선을 조사해도 산화와 분해가 일어나지 않는다.

과일은 숙성하면 녹색의 클로로필은 감소되는 반면, 황색 및 적색의 카로티노이드와 붉은색 계열의 안토사이아닌이 나타난다.

표 9-3 | 식품 중의 중요한 잔토필

색	명칭 및 구조	소재 및 특성
황등색	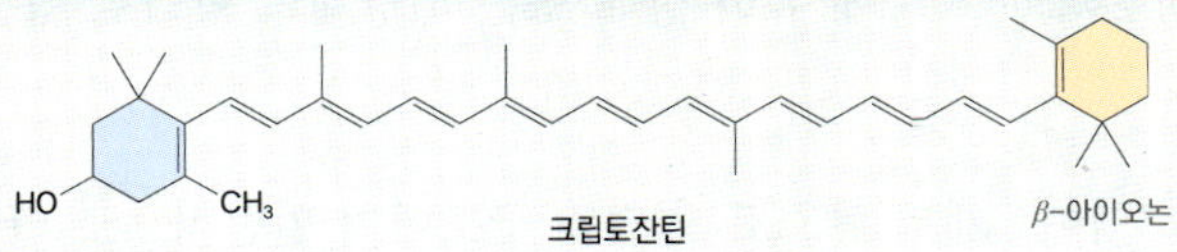 크립토잔틴	• 옥수수, 감, 오렌지 등 • 프로비타민 A
	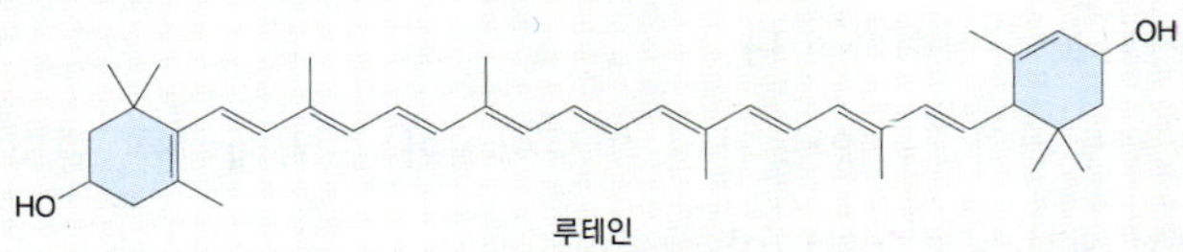 루테인	• 난황, 녹색잎, 오렌지, 호박 등
	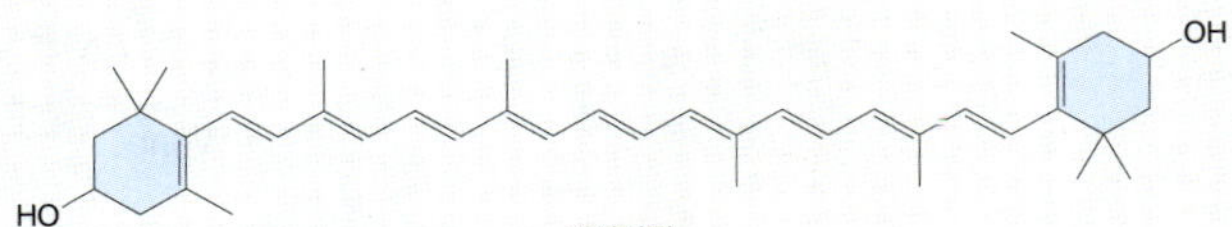 제이잔틴	• 난황, 간, 옥수수, 오렌지 등
	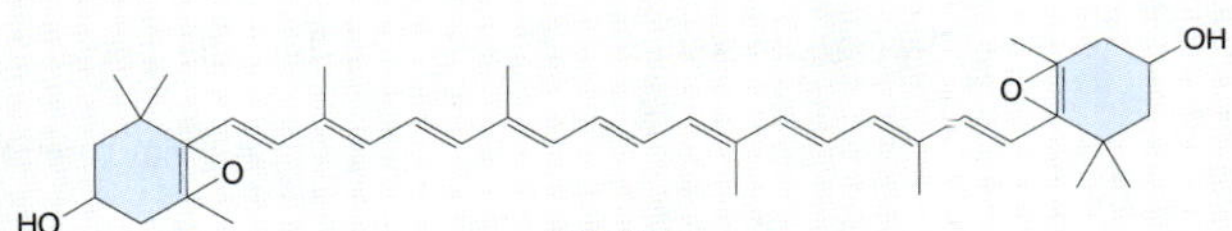 비올라잔틴	• 자두, 고추, 감, 파파야 등
적색	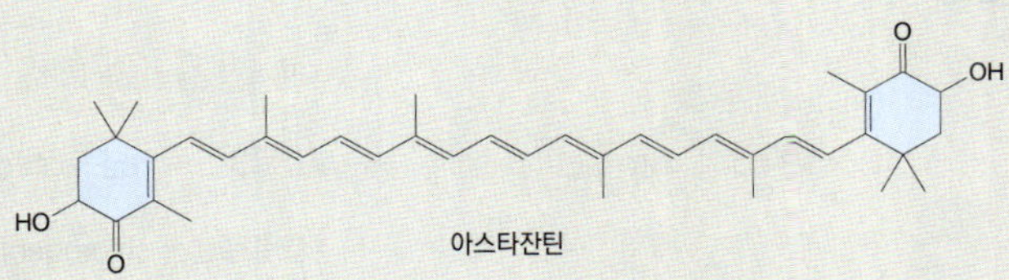 아스타잔틴	• 게, 새우, 연어, 송어 등 결합형, 아스타잔틴(청록색) 단백질 ← 가열 ↓ 유리형의 아스타잔틴 ↓ 아스타산(적색)
	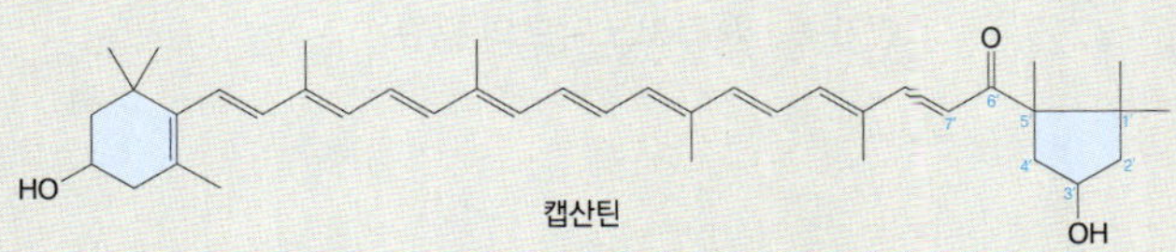 캡산틴	• 고추, 파프리카 등
	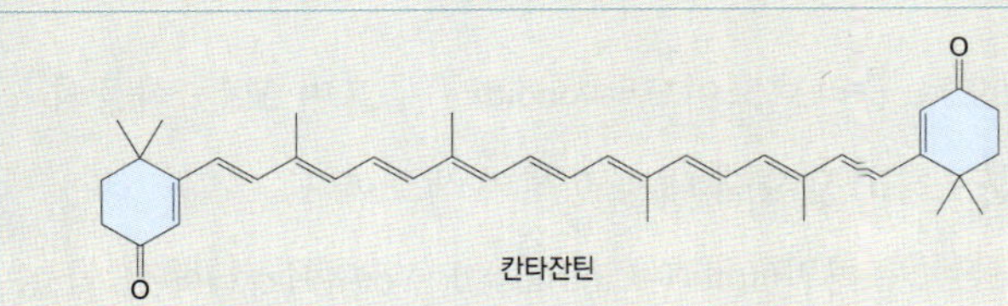 칸타잔틴	• 양송이, 송어, 새우 등
	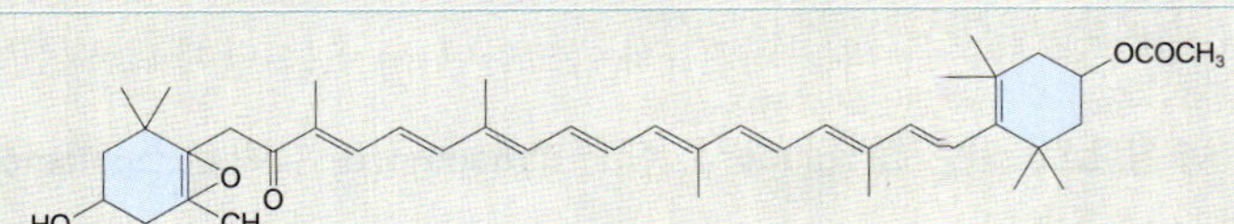 푸코잔틴	• 미역, 다시마 등

3) 플라보노이드

플라보노이드는 액포vacuole 중에 유리 상태 또는 배당체의 형태로 있는 수용성 색소이다.

2개의 벤젠benzene 핵이 3개의 탄소로 연결된 구조이며 일반적으로 안토잔틴을 화황소, 안토사이아닌을 화청소라 한다.

플라보노이드는 광범위하게는 안토잔틴, 안토사이아닌, 카테킨류, 류코안토사이아닌 등을, 좁은 의미에서는 안토잔틴만을 포함한다.

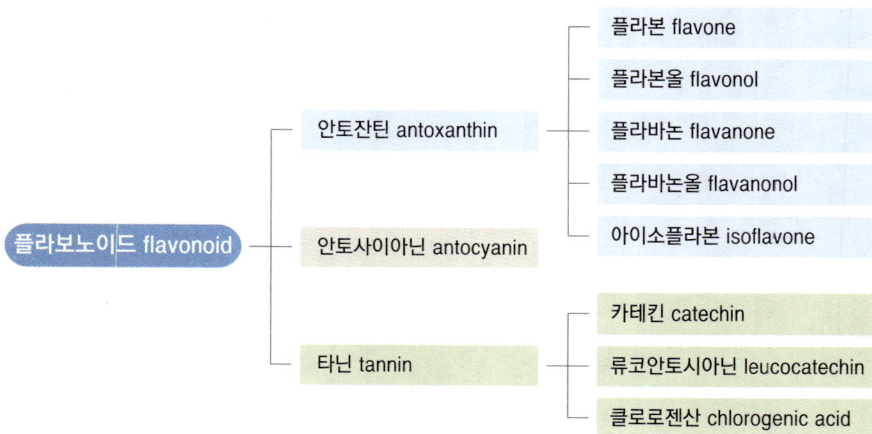

그림 9-8 | 플라보노이드의 분류

(1) 안토잔틴

안토잔틴은 일반적으로 플라보노이드flavonoid라 부르며 모든 식물의 껍질(감귤류), 줄기, 잎에 널리 분포하고 담황색 내지 황색의 색소이다.

안토잔틴anthoxantin은 그 어원(antho-xanthin = flower-yellow)에서 알 수 있듯이 과일, 꽃 등에 널리 존재하는 무색(카테킨류와 류코잔틴류) 또는 담황색 색소이다.

이 색소는 수용성으로 글루코스glucose, 람노스rhamnose, 갈락토스galactose, 아라비노스arabinose, 루티노스rutinose 등의 당과 배당체, 글리코사이드glycosicle로 존재하며 2-페닐벤조피렌2-phenyl benzopyrone 구조를 가지고 있다.

플라본flavone은 2-페닐벤조피렌 구조로 옥수수apigenin, 밀, 아스파라거스tritin,

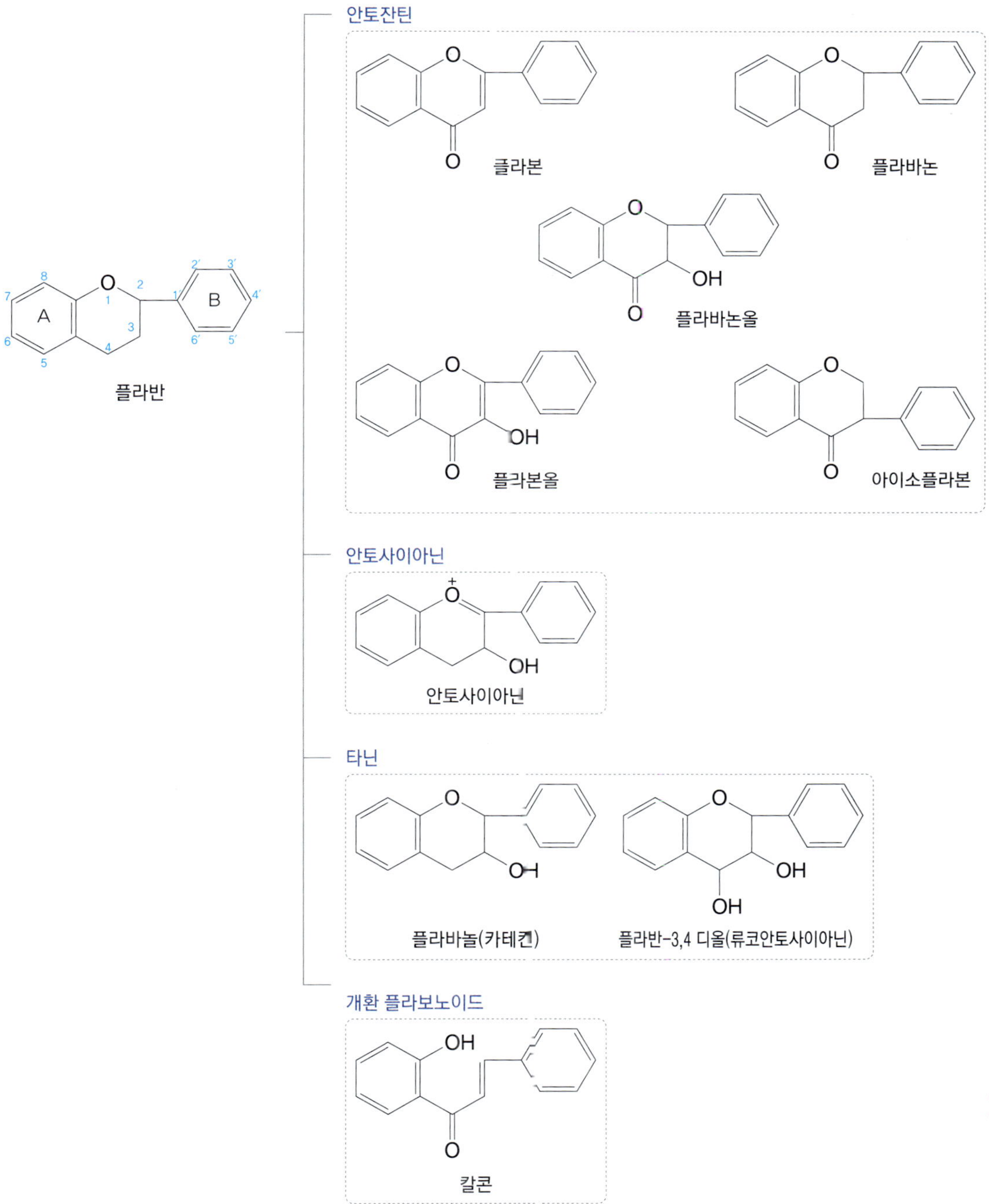

그림 9-9 | 플라보노이드의 구조에 따른 분류

파슬리apiin 등에 함유되어 있다.

황색의 플라본올flavonol은 3번 탄소의 수소가 하이드록시기-OH로 치환된 것으로 양파 껍질의 퀘세틴quercetin, 메밀과 토마토의 루틴rutin 등이 있다.

무색의 플라바논flavanone은 2, 3번 탄소의 이중결합이 포화된 형태로 감귤 과피의 헤스페리딘hesperidin, 나린진naringin, 에리오딕틴eriodictin 등이 있으며, 바이오플라보노이드로 체내의 모세혈관의 증강작용을 하는 비타민 P이다.

무색의 플라바논올flavanonol은 무색 플라바논의 3번 탄소의 수소가 하이드록시기로 치환되어 있는 다이하이드록시-퀘세틴dihydroxy-quercetin으로 식품에 존재하지 않는다.

최근 피토케미칼phytochemical 성분에 대한 관심이 증가되고 있는데, 대표적인 예로 플라보노이드의 배당체로 메밀 등에 존재하는 루틴은 혈압 강하작용이 있다고 보고되고 있으며, 콩에 함유된 배당체인 다이드제인daidzein, 제니스테인genistein은 아이소플라본isoflavone의 일종으로 여성 호르몬인 에스트로겐과 유사한 구조를 가지고 있어 식물성 에스트로겐phytoestrogen이라고 불리며 혈중 콜레스테롤의 저하 효과와 항산화작용을 한다.

표 9-4 | 식품 중의 중요한 안토잔틴

종류	색소명	아글리콘(비당부분)		소재 및 특징
		명칭	구조	
플라본 flavones	아핀paiin	아피제닌apigenin	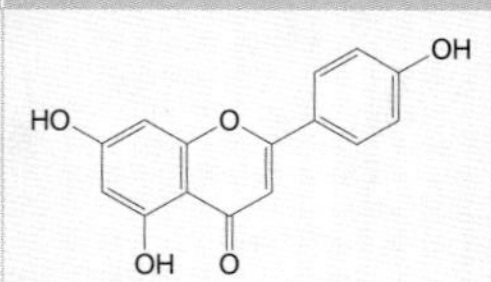	파슬리 등
	트리신tricin	트리틴tritin	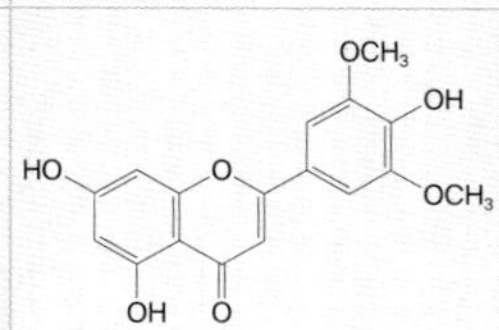	쌀겨, 밀가루 등
	퀘시트린quercitrin	퀘세틴quercetin	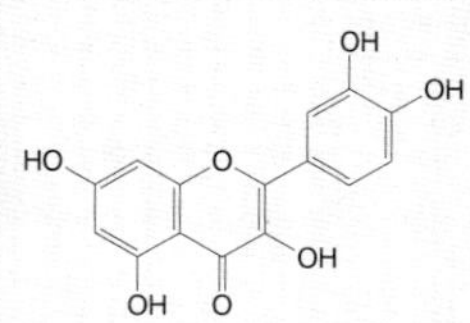	양파 껍질, 차 등

종류	색소명	아글리콘(비당부분)		소재 및 특징
		명칭	구조	
플라본올 flavonol	루틴rutin	퀘세틴quercetin	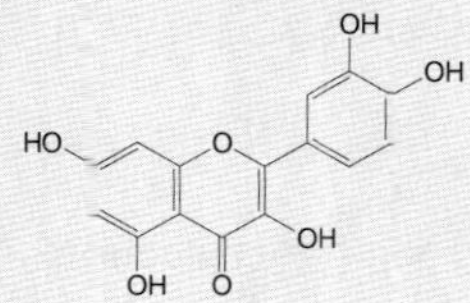	메밀, 토마토 등 비타민 P
	미리시트린myricitrin	미리세틴myricetin	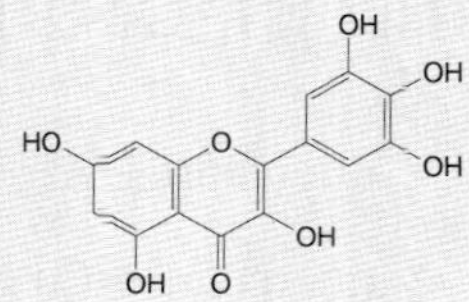	소귀나무(myrica) 열매 등
플라바논 flavanon	헤스페리딘hesperidin	헤스페레틴hesperetin	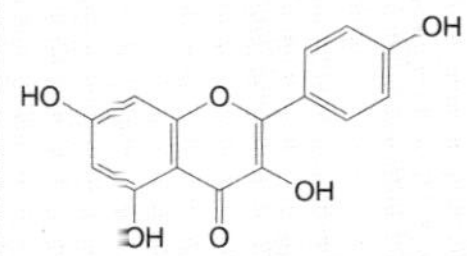	감귤류 껍질 등 통조림 제조 시 백탁 원인 비타민 P
	나린진naringin	나린제닌naringenin	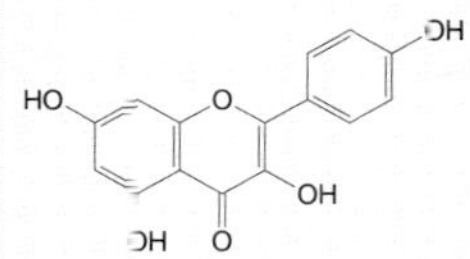	감귤류 껍질 등 쓴맛
	에리오딕틴eriodictin	에리오딕티올eriodyctiol	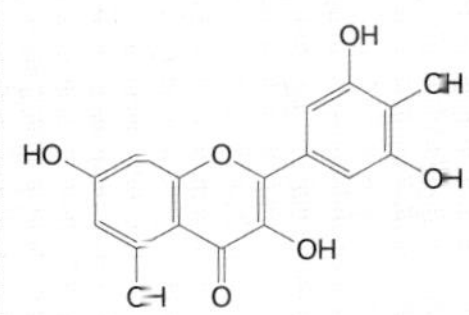	감귤류 껍질 등 비타민 P
아이소 플라본 isoflavone	다이드진daidzin	다이드제인daidzein	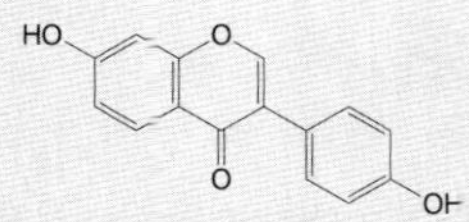	대두 등 식물성 에스트로겐
	제니스틴genistin	제니스테인genistein	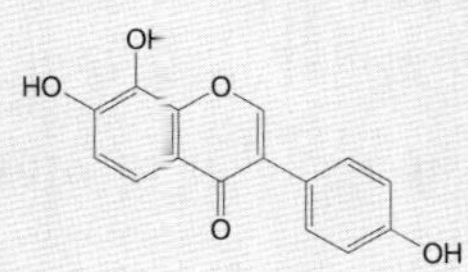	대두 등 식물성 에스트로겐

(2) 플라보노이드의 특징

플라보노이드는 산성 조건에서는 안정하고, 알칼리 조건에서는 불안정하며 가역적이다.

플라보노이드에 다수의 페놀성 하이드록시기-OH는 구리Cu, 철Fe 등의 금속과 결합하여 독특한 색을 나타내는 불용성 착화합물chelate을 형성한다. 또 플라보노이드는 식용유지의 산화 촉진제인 구리, 철 등과 결합하기 때문에 항산화제의 효능을 나타내기도 한다.

불용성 착화합물, 칼콘chalcone을 형성하여 황색이나 갈색으로 변하나, 산성 조건에서는 다시 무색의 원래 구조로 돌아간다.

quercetin + Al → quercetin - Al (황색)

quercetin + Cu → quercetin - Cu (적갈색)

quercetin + Fe → quercetin - Fe (적갈색)

양파의 퀘세틴querecetin, 메밀의 루틴rutin, 감귤의 헤스페리딘hesperidin은 체내에서 모세혈관의 증강작용을 하여 비타민 P, 바이오플라보노이드bioflavonoid라고 한다.

일반적으로 안토잔틴에 속하는 색소들을 쉽게 산화된다. 그러나 퀘세틴처럼 2, 3 위치의 이중결합 3′, 4′에 두 개의 하이드록시기를 가진 것은 강한 항산화력이 있다.

식품 가열조리 시 그 배당체는 가수분해되어 당류가 분리되고 황색은 없어진다.

4) 안토사이아닌

안토사이아닌anthocyanin류는 그 이름(antho-cyanin, flower-blue)에서 짐작할 수 있듯이 화청소라 하며 꽃, 과일 등의 청색, 적색, 자색 색소이다. 수용성 색소로 포도 및 가지의 자색, 딸기의 적색 등 여러 과일과 꽃에 그 특유 선명한 색깔을 부여하는데 자연에는 수백 종에 달하는 안토사이아닌류가 존재한다.

안토사이아닌 색소는 매우 불안정하며 pH에 따라 그 색이 달라지는데 산성에서는 적색, 중성 범위에서는 무색에서 자색을, 알칼리성 범위에서는 청색을 나타낸다. 가공 중 산화 또는 가공 과정 중에 다른 성분들과의 상호작용이나 혼입된 여러 금속들과 복합체를 형성하여 쉽게 퇴색되기도 한다.

(1) 안토사이아닌의 구조

안토사이아닌 색소는 주로 배당체로서 존재하며 쉽게 가수분해되어 아글리콘aglycone인 안토사이아닌과 당류(포도당, 갈라토스, 람노스) 부분으로 분리되는데 이들 배당체는 일반적으로 물에 잘 녹는다.

안토사이아닌의 구조는 2-페닐-3,5,7-트라이하이드록시벤조필리움2-phenyl-3,5,7-trihydroxy benzophylium 구조로 연결된 -OH기의 수 또는 -OH기가 메톡실기-OCH_3로 치환된 수에 따라 6종류로 구분된다.

기본이 되는 6개의 구조에서 페닐 환의 하이드록시기-OH의 수가 많을수록 청색이 짙어지며, 메톡실기-OCH_3의 수가 많을수록 적색이 짙어진다.

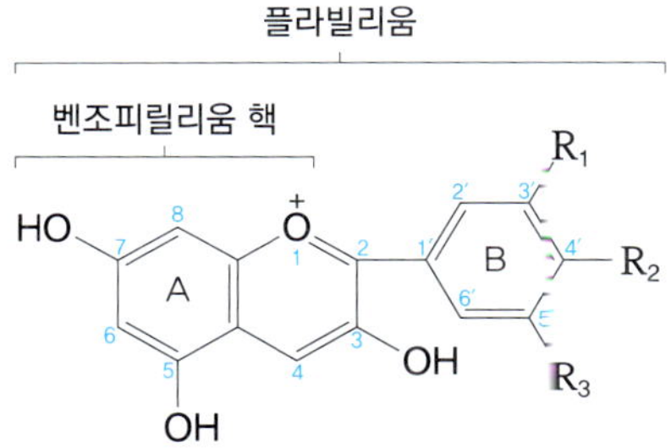

2-페닐-3,5,7-트라이하이드록시벤조피릴리움

그림 9-10 | 안토사이아니딘의 기본구조

표 9-5 | 안토사이아닌의 구조에 따른 분류

계통	R_1	R_2	R_3	계통	R_1	R_2	R_3
펠라고니딘계 pelargonidin	H	OH	H	페오니딘계 peonidin	OCH_3	OH	H
사이아니딘계 cyanidin	OH	OH	H	페투니딘계 petunidin	OCH_3	OH	OH
델피니딘계 delphinidin	OH	OH	OH	말비니딘계 malvinidin	OCH_3	OH	OCH_3

(2) 안토사이아닌의 안정성

안토사이아닌은 물과 알코올에 잘 녹고 에테르와 벤젠 등의 유기용매에는 잘 녹

표 9-6 | 식품 중의 중요한 안토사이아닌

계통	안토사이아닌	색	소재
펠라고니딘계	칼리스테핀callistephin 프라가린fragarin 펠라르고닌pelargonin	적색 적색 적색	딸기 양딸기 석류, 나팔꽃, 다알리아
사이아니딘계	시소닌shisonin 사이아닌cyanin 크리산테민chrysanthemin 케라사이아닌keracyanin	적색 적색 암적색 농적색	소엽(차조기의 잎), 장미 소엽(차조기의 잎), 장미, 적색순무 검은콩 껍질, 팥, 체리 버찌, 체리
델피니딘계	나수닌nasunin 페릴라민penillamin 히아닌hyanin	청자색 적색 정색	가지 소엽(차조기의 잎) 가지
페오니딘계	페오닌peonin	적자색	자색양파, 포도 껍질
페투니딘계	페투닌petunin	적자색	포도 껍질
말비니딘계	말빈malvin 에닌oenin 네글레틴negletin	자색 적자색 적색	자두 포도 껍질 고구마 껍질

지 않는다. 산성의 조건에서는 안정하나 강산성의 조건에서는 산에 의해 분해되어 안정성이 감소한다. 알칼리 조건에서는 불안정하며 분해된다. 당류와 당류의 분해물질(5-HMF, furfural, formic acid) 등이 존재하면 안토사이아닌이 파괴된다.

① pH 안정성

식품의 가공 및 저장 중 pH에 따른 안토사이아닌 색의 변화는 산성 용액(pH 2~3)에서는 붉은색을, 중성 용액에서는 보라색, 알칼리성 용액에서는 청색을 띤다. 이러한 색의 변화는 생강, 우엉, 토란 줄기를 식초에 담글 때 붉게 변하는 것에서도 볼 수 있다.

② 산소

pH 다음으로 안토사이아닌류의 안정성에 큰 영향을 주는 요인은 산소로, 산소가 없으면 안토사이아닌은 안정하지만 산소가 있으면 급속히 산화되어 퇴색된다. 비타민 C의 첨가는 산소를 일부 제거하여 안토사이아닌의 퇴색을 늦출 수 있다.

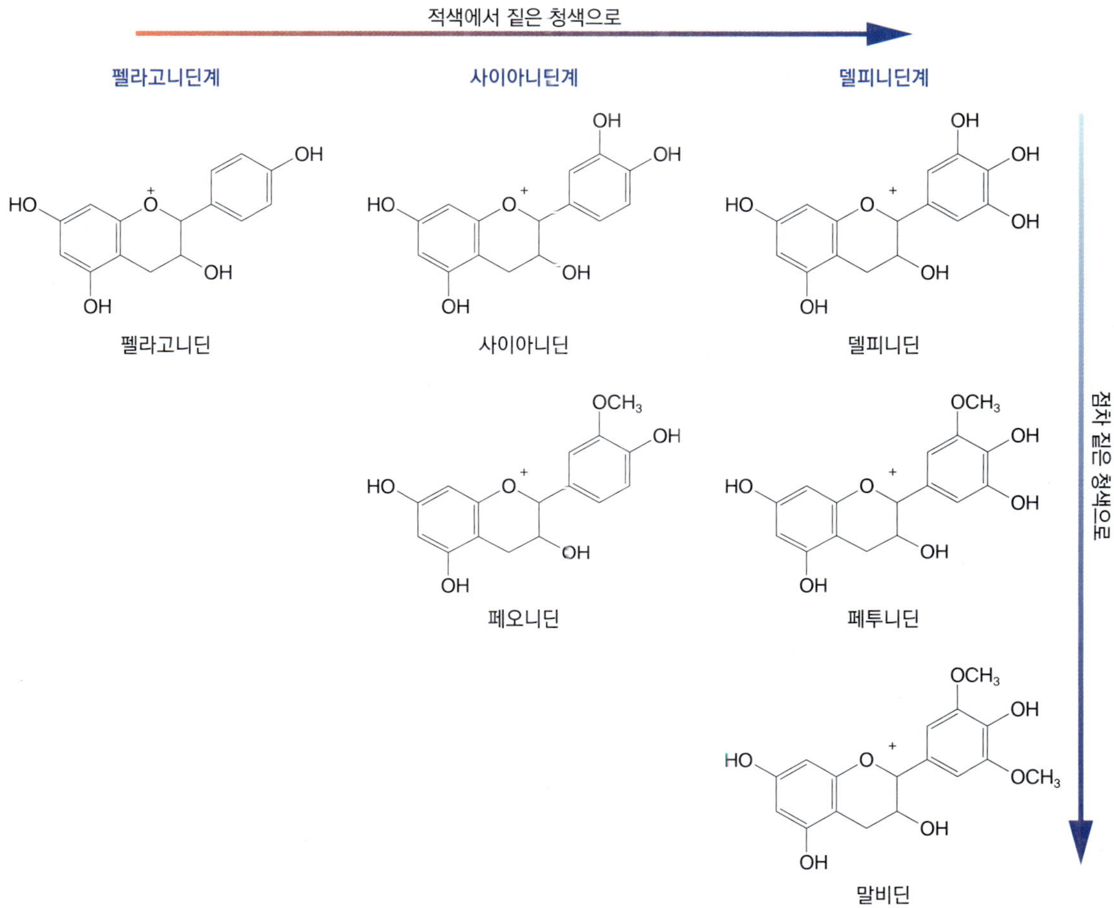

그림 9-11 | 안토사이아니딘의 구조에 따른 색의 변화

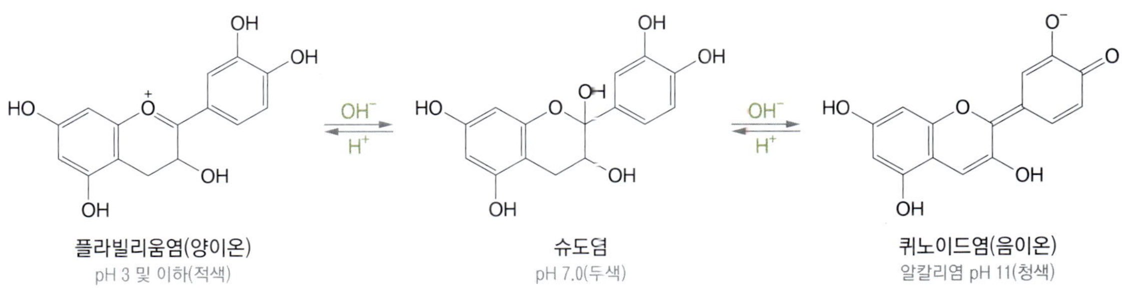

그림 9-12 | 안토사이아니딘의 pH에 따른 구조와 색의 변화

③ 안토사이아네이스

안토사이아네이스anthocyanase에 의해 결합되어 있던 당류들이 가수분해되어 무색으로 된 후 안정성이 매우 낮은 안토사이아니딘으로 되면, 급격하게 파괴, 소실되거나 변색된다. 이 효소는 딸기나 포도에 오염되는 곰팡이나 효모에 의해 형성되는데 이들 효소작용은 가열에 의해 쉽게 불활성화할 수 있다.

④ 당류 또는 당분해물

설탕, 포도당과 같은 당류나 이들의 분해물질들의 존재는 안토사이아닌 색소의 분해를 촉진시킨다.

⑤ 금속

안토사이아닌들은 각종 금속이온들, 즉 철Fe, 구리Cu, 주석Sn, 알루미늄Al 등과 복합체를 형성하며 이들 복합체의 색깔은 청색, 자색, 회색, 갈색 등 원래의 안토사이아닌들과는 다른 색깔을 나타낸다. 구리, 철 등의 금속들은 안토사이아닌들의 퇴색을 크게 촉진시키며 주석이나 알루미늄 등은 구리, 철보다는 안토사이아닌의 파괴를 덜 가져오며 복합체들의 색깔도 다른 색깔에 비해서 연하다.

5) 타닌

타닌tannin은 식물의 줄기, 잎사귀, 뿌리, 식물의 종자 등에 널리 함유되어 있다. 미숙한 과실과 채소류에도 상당량 함유되어 있다. 타닌은 원래 무색이나 그 산화 생성물은 짙은 갈색, 흑색, 붉은색을 나타내어 식품 색깔에 중요한 역할을 한다. 타닌은 식품에서 쓴맛과 떫은맛을 부여하여 식품의 맛성분으로 분류되기도 한다.

(1) 타닌의 분류

타닌의 종류는 카테킨catechin류(카테킨과 카테킨 유도체들), 류코안토사이아닌leucoanthocyanin류, 클로로젠산chlorogenic acid 등의 폴리페놀산화물들이 포함된다. 카테킨류는 플라보노이드flavonoid의 유도체로 시스형*cis*형인 에피카테킨epicatechin, 에피갈로카테킨epigallocatechin과 트랜스형*trans*형인 카테킨catechin, 갈로카

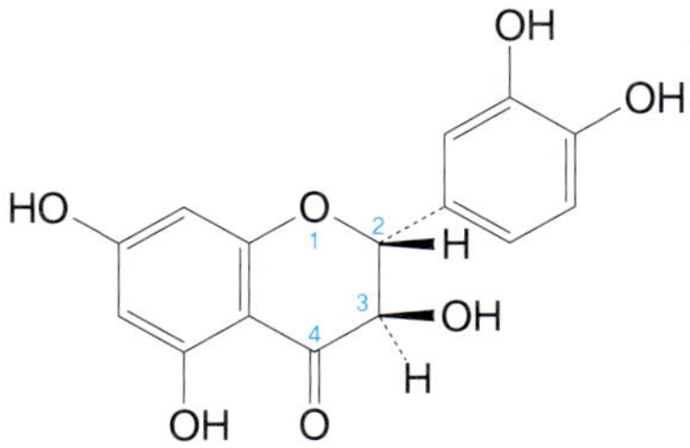

(+)-카테킨

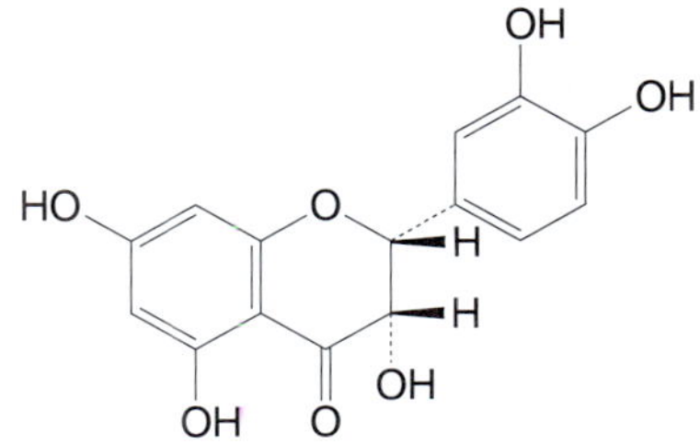

(−)-에피카테킨

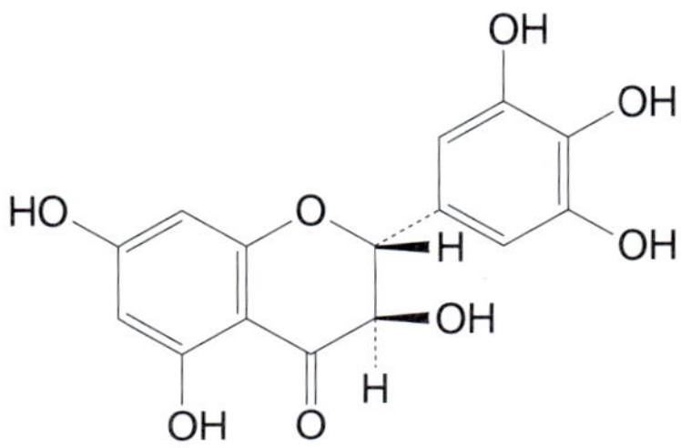

(+)-갈로카테킨

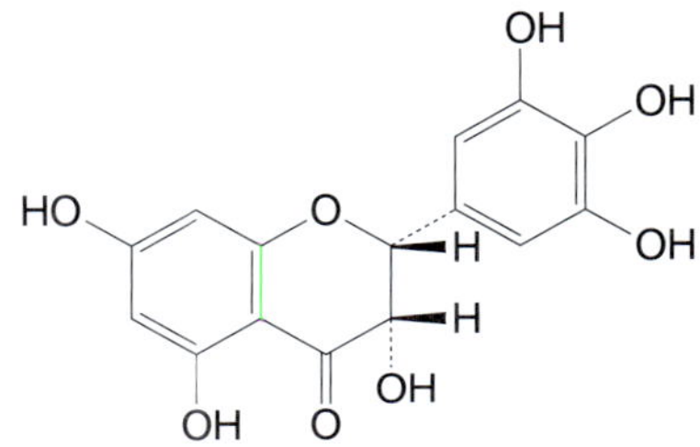

(−)-에피갈로카테킨

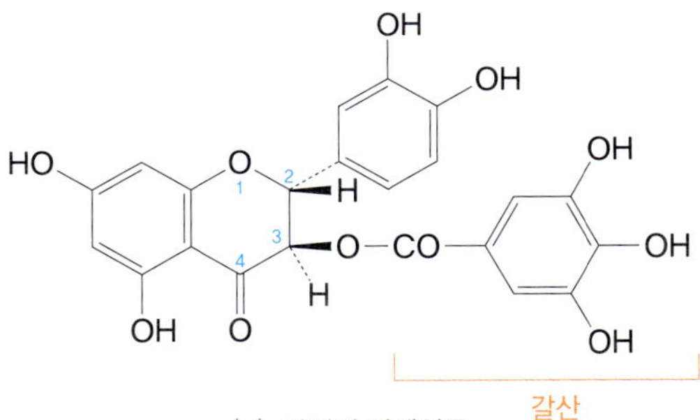

(+)-카테킨 갈레이트

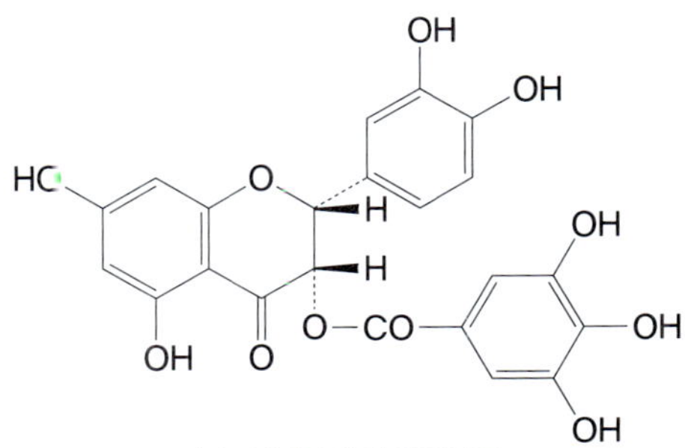

(−)-에피카테킨 갈레이트

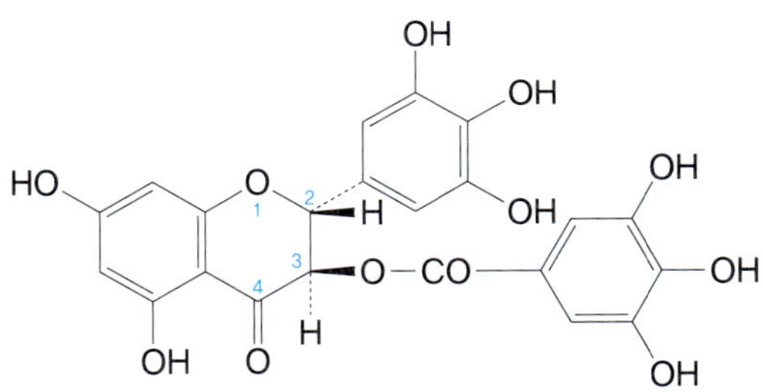

(+)-갈로카테킨 갈레이트

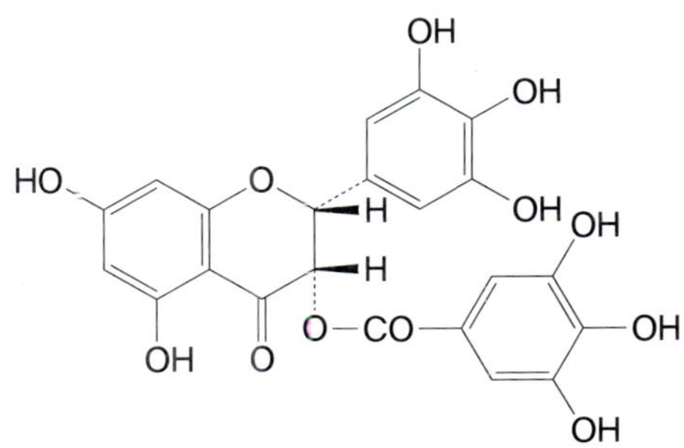

(−)-갈로에피카테킨 갈레이트

그림 9-13 | 카테킨류의 구조

테킨gallocatechin으로 나눌 수 있으며 차엽의 대표적 성분인 갈산gallic acid과 에스터화된 카테킨 갈레이트catechin gallate, 갈로카테킨 갈레이트gallocatechin gallate, 에피카테킨 갈레이트epicatechin gallate, 갈로에피카테킨 갈레이트galloepicatechin gallate 등이 있다.

류코안토사이아닌은 카테킨의 유도체들로 채소나 과일에 많이 함유되어 있다.

클로로젠산은 카페산caffeic acid과 퀸산quinic acid의 에스터 결합한 폴리페놀 화합물로 채소와 과일에 널리 분포되어 있다. 이들은 자동산화되어 중합되기 쉽다. 그외에도 엘라그산ellagic acid 및 쿠마르산coumaric acid이 포함된다.

(2) 타닌의 특징

타닌은 채소와 과실의 색과 맛에 중요한 역할을 한다. 항산화 활성을 나타내는 것들이 많으며 공기중에 폴리페놀 산화효소에 의해 쉽게 산화되어 갈변된다.

차나 커피와 같은 타닌 함유 식품에서는 식품 색깔에 중요한 영향을 준다. 차의 발효 화합물로 홍차의 붉은색을 내는 주요 성분에는 테아플라빈theaflavins와 테아루비긴thearubigin 등이 있다.

타닌은 효소에 의해 산화되기 쉬울 뿐 아니라 자동산화기 잘 일어나며 카테킨류보다 쉽게 중합된다. 그 예로 사과즙의 갈색화와 중합 침전물로 과즙을 탁하게 한다.

곡류, 과일, 채소류에 존재하는 타닌은 숙성되면서 안토잔틴이나 안토사이아닌으로 전환되며, 일부는 중합되어 수용성이었던 타닌의 쓴맛이나 떫은맛이 불용성 물질로 전환되어 쓴맛과 떫은맛이 소실된다. 가장 대표적인 예로 덜 익은 감의 떫은맛이 감이 익어감에 따라서 떫은맛이 사라진다.

타닌은 균체 단백질을 응고시키므로 살균작용을 한다.

고구마, 감자, 밤, 아스파라거스 등의 타닌 함량이 많은 채소나 과실 등에서 타닌은 마그네슘, 칼슘, 철 등 여러 금속이온과 반응하여 회색, 갈색, 청록색의 복합염을 형성하여 침전하기도 한다.

3. 동물성 색소

동물성 색소animal pigment는 혈색소인 헤모글로빈hemoglobin과 근육색소인 미오글로빈myoglobin 그리고 우유, 난황, 어패류 등에 존재하는 일부 동물성 카로티노이드 색소들로 구성되어 있다.

동물성 식품의 근육조직 및 혈액조직에 존재하는 미오글로빈과 헤모글로빈은 식품의 가공과 저장 중의 색의 변화에 매우 중요한 석소성분들이다. 생체 내 철 함량의 90%가 헤모글로빈이고 미오글로빈이 10%이다.

육류나 육류 가공품은 방혈을 먼저 하므로 전체 철 함량의 5%만이 헤모글로빈에서 오며 나머지 95%는 미오글로빈에서 온다. 이는 육류 또는 육가공품의 전체 색소 함량의 70~80% 이상은 미오글로빈에서 온다.

1) 헤모글로빈과 미오글로빈

(1) 구조와 성질

식육이나 어육의 적색은 육색소myoglobin와 혈색소hemoglobin 2종의 색소단백질에 의해 미오글로빈, 헤모글로빈은 포피린porphyrin과 철의 착염인 색소 부분 비단백질인 헴heme과 단백질 부분인 글로빈globin이 결합된 복합단백질이다.

미오글로빈은 산소의 저장체로 작용, 동물 조직 내에 존재하며, 1분자의 단백질과 1분자의 헴이 결합한 구조로 분자량은 약 17,000 정도이며, 동물의 연령이 증가할

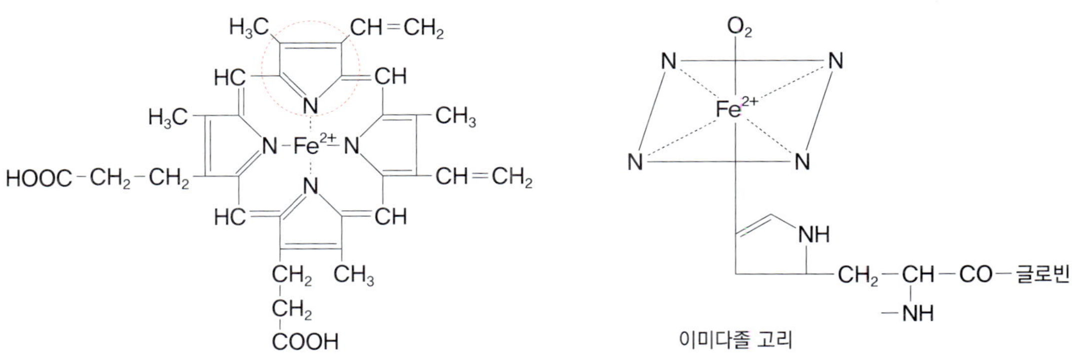

그림 9-14 | 헴의 구조

수록, 근육량이 증가할수록 육색이 짙어진다.

헤모글로빈은 산소 운반체로 4개의 소단위체로 구성되어 있는 단백질이며, 1개의 소단위체에는 1분자의 헴과 글로빈이 함유되어 있어 미오글로빈 4분자가 결합된 구조이고, 분자량은 미오글로빈의 4배인 68,000 정도이다.

(2) 화학적 성질 및 변화

미오글로빈은 암적색을 띠지만 미오글로빈 중의 철 이온은 산화환원반응에 의해 식육의 색을 변화시킨다.

① 미오글로빈은 산소에 노출되면 쉽게 결합하여 선명한 적색의 옥시미오글로빈 oxymyoglobin을 생성한다.

② 옥시미오글로빈은 그 자체로는 비교적 안정하나 공기 중에서 서서히 자동산화하여 갈색의 메트미오글로빈metmyoglobin으로 퇴색된다.

실제로 신선한 육류는 갈색을 가진 메트미오글로빈이 계속 축적되는데 이것은 육류 속의 미오글로빈과 옥시미오글로빈들이 자동산화되어 형성된 것이다. 이때 헴heme 분자의 중심에 있는 제1철 이온Fe^{2+}이 산화되어 제2철 이온Fe^{3+}이 된다.

③ 가열조리 시 메트미오글로빈에 결합되어 있는 글로빈도 변성되어 갈색의 메트미오크로모젠이 된다.

④ 더욱 가열하면 메트미오크로모젠의 글로빈이 이탈되어 헤마틴hematin이나 헤민hemin을 형성한다.

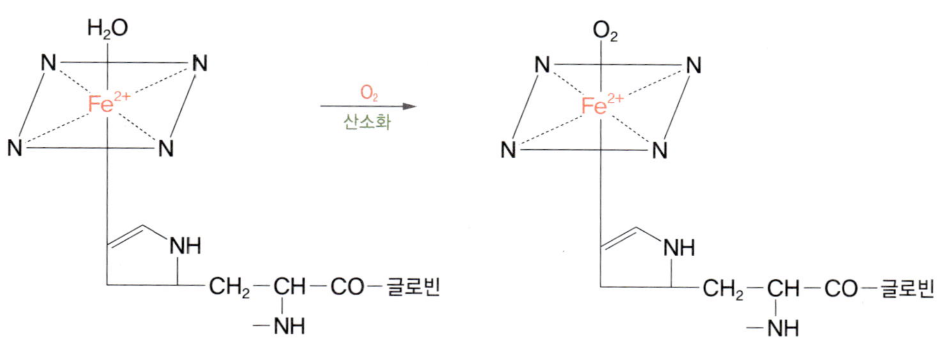

그림 9-15 | 미오글로빈의 산화에 의한 변화

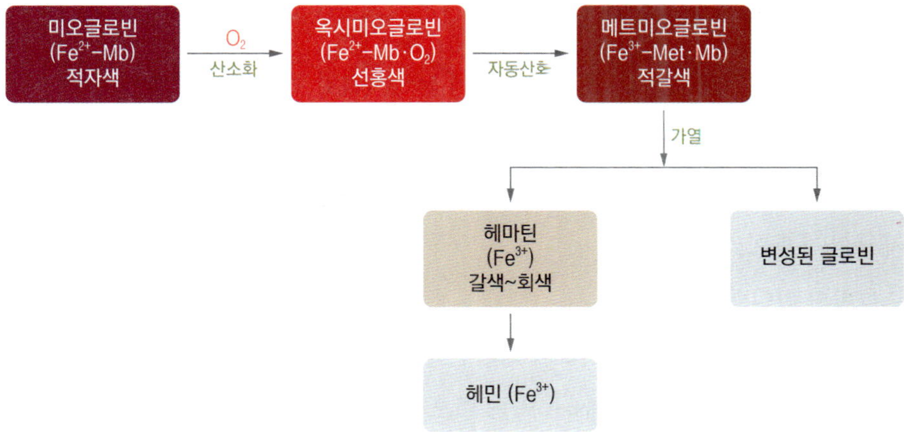

그림 9-16 | 미오글로빈의 가열에 의한 변화

⑤ 헤마틴이나 헤민은 계속 가열 산화되면 갈색, 회색 또는 무색의 산화된 포피린들로 된다.

(3) 육류 가공 시 발색

햄, 베이컨, 소세지 등의 육류 가공품 중 육류 침지에 사용되는 염류 용액에 오래 침지되고 있는 동안 염류 용액에 형성된 아질산염에 의해 미오글로빈은 선명한 붉은색의 산화질소-미오글로빈이 형성된다. 이때 형성된 산화질소-미오글로빈은 선명한 색깔을 나타내며 열에 매우 안정적이다.

아질산염에 의한 육색 고정은 햄, 소시지, 베이컨 등 육류 가공품 중 육류의 풍미, 색도, 보수성 등 육제품의 품질을 향상시킨다.

니트로소미오글로빈nitrosomyoglobin은 매우 안정하며 헤모글로빈도 동시에 반응하여 니트로소헤모글로빈nitrohemoglobin을 형성하여 육류 가공품의 적색 형성과 고정에 관여한다.

아질산과 육류 중 각종 아민류와의 반응으로 생성된 니트로아민류nitrosamines의 발암 원인물질이라고 문제가 제기되어 색소 고정제로 질산칼륨 외에 아스코르브산을 사용하기도 한다.

(4) 육류 및 육류 가공품의 변색

육제품의 표면을 장시간 공기나 광선에 노출시키면 변색되어 갈색이 된다. 이는 육류 표면 단백질의 –SH기의 감소에 의한 헴 색소의 산화에 의한 것이다.

육류 또는 육류 가공품을 저장하는 동안에 가끔 녹색으로 색이 변하는데 대체로 세균의 작용으로 발생한다.

녹변의 원인으로는

① 세균의 작용에 의해 헴색소의 포피린 핵이 파괴되어 콜레글로빈choleglobin, 설프미오글로빈sulfomyoglobin 또는 미오글로빈의 산화 생성물인 베르도글로빈 verdoglobin 등의 녹색 색소가 생성된다.

② 발색제인 아질산이나 비타민 C가 과량 존재 시 H_2O_2가 발생하여 콜레글로빈의 생성된다.

③ 젖산의 생육에 의하여 H_2O_2 발생 시 헴색소가 산화되어 녹변된다.

④ 참치 등의 어육 통조림 가공 시 메트미오글리빈과 트라이메틸아민옥사이드 TMAO 및 시스틴 사이의 반응에 의해 녹변된다.

2) 동물성 카로티노이드계 색소

육류, 유류 및 난류 등 동물성 식품 중에 함유된 카로티노이드 색소는 황색을 띠고 있다. 우육의 지방 중엔 카로티노이드 색소는 α–, β–, γ– 카로틴 함유, 그중 β–카로틴 함량이 가장 많다. 우유지방에 함유된 카로티노이드 색소는 버터나 치즈의 색에 관여하며, 달걀노른자의 황색도 루테인lutein, 제아잔틴zeaxanothin, 크립토잔틴cryptoxanthin 등 카로티노이드 계열 색소이다.

어패류의 카로티노이드로는 도미의 표피는 잔토필xanthophyll, 연어· 송어의 적색육은 아스타잔틴astaxanthin, 칸타잔틴canthaxanthin에서 유래된 색소이다.

한편, 새우나 게 등의 갑각류는 청녹색을 띠고 있으나 가열하면 선명한 적색으로 변한다. 이것은 새우나 게에 함유되어 있는 아스타잔틴이 단백질과 결합한 형태로 존재하여 청녹색을 띠고 있으나, 가열을 하면 단백질의 열변성에 의해 유리형의 아스타잔틴으로 유리되고 계속 산화되어 적색의 아스타신astacin으로 되기 때문이다. 새우나 게를 삶거나 찌면 선명한 적색으로 변하는 것은 이 때문이다.

카로티노이드의 항산화 활성

활성산소종reactive oxygen species, ROS은 생체 내에서 산화적 스트레스를 발생시켜 체내 지질, 단백질, 효소, 핵산 등에 좋지 않은 영향을 준다. 활성산소종은 일중항산소$^1O_2$, 슈퍼옥사이드$\cdot O_2^-$, 하이드록시 라디칼$\cdot OH$, 과산화수소H_2O_2 등이 있다. 이들 중 가장 강력한 일중항산소는 세포 손상을 통한 각종 질병과 노화 등을 초래하기 때문에 일중항산소를 억제하는 식품은 천연 항산화제로서 주목을 받고 있다. 일중항산소의 소거제에는 β-카로틴, 라이코펜 등의 카로티노이드가 있다. 카로티노이드의 일중항산소 소거 활성은 라이코펜 > 아스타잔틴 > α-카로틴 > β-카로틴의 순이다.

홍차의 탄생

차를 처음 마시기 시작한 사람들은 중국인이다. 또한 오늘날의 녹차, 우롱차, 홍차는 모두 중국에서 만든 것이다. 그러나 현대 중국의 차는 주로 녹차이며 홍차는 극히 적다. 중국에서 녹차를 배에 싣고 가는데 적도의 뜨거운 태양열을 받아서 찻잎이 발효되어 유럽에 와서 상자를 열어보니 찻잎 색깔이 까맣게 변해 있었다. 버리기 아까워서 마셔 보니까 훨씬 맛이 있어서 모두 홍차를 마시게 되었다고 한다.

찻잎에는 산화효소가 있어서 그대로 놓아두면 자연 발효가 일어난다. 중국에서는 잎을 딴 즉시 가열하여 효소를 불활성화시켜 녹차를 만들었다. 그렇지만 제조과정 중 우연히 잘못되어 발효된 차가 만들어졌고, 이러한 과정에서 우롱차烏龍茶 등 반발효차와 완전발효차인 홍차가 탄생되었다.

최초의 홍차는 17세기 초에 푸젠성福建省 충안崇安에서 만들어진 것으로 보인다. 언제부터 유럽인들이 홍차를 마시게 되었는지는 확실하지 않으나, 처음에 유럽인은 차에 설탕이나 우유를 타서 마셨다. 중국에서 들어오는 차는 대부분 녹차였지만 반발효차인 우롱차도 조금 있었다. 기름기 많은 중국요리를 먹은 후에 우롱차를 마시면 입안이 개운하듯이 고기를 많이 먹는 유럽인에게는 발효된 차가 입맛에 더 맞았다. 이에 중국은 우롱차를 더 많이 수출하면서 우롱차를 점점 더 발효시켜서 홍차를 만들게 된 것 같다. 19세기 중순이 되자 영국의 차는 거의 홍차로 바뀌게 되었다. 또 1839년부터 들어오기 시작한 인도의 아삼 지방의 차는 발효된 차였는데 이것이 인기를 끌어서 홍차가 퍼졌다는 이야기도 있다.

FOOD CHEMISTRY

FOOD CHEMISTRY

chapter

10

식품의 갈변

학습목표

1. 식품에서 발생하는 효소적 갈변과 비효소적 갈변을 설명할 수 있다.
2. 효소적 갈변의 종류와 반응 메커니즘을 설명할 수 있다.
3. 효소적 갈변 억제방법을 설명할 수 있다.
4. 비효소적 갈변의 종류와 반응 메커니즘을 설명할 수 있다.
5. 비효소적 갈변 억제방법을 설명할 수 있다.

chapter 10

갈색화 반응은 식품을 가공하거나 저장하는 중에 그 빛깔이 점차 갈색이나 암갈색으로 변하는 데 관여하는 여러 가지 복합반응이다. 이 반응의 진행 정도는 저장 식품들의 색깔을 통해서 식품의 품질에 직접 또는 간접적으로 큰 영향을 주기 때문에 매우 중요하게 다루어진다. 특히 된장, 간장 등 장류를 제조할 때, 커피나 제과류 제조 시 갈색화 반응은 반드시 일어나며 이러한 갈색화 반응은 단순히 색깔의 변화뿐 아니라 품질의 변화를 좌우한다. 따라서 식품 산업에서 갈색화 반응 생성물은 식품의 풍미 및 영양가 그리고 소비자 기호도에 영향을 미치는 매우 중요한 요인이다. 따라서 갈변화의 과정은 최종 제품에 따라 달라질 수도 있으므로 목적에 맞게, 품질의 가치를 높이는 방향으로 활용, 억제시켜야 한다.

1. 갈색화 반응의 의의

1) 색깔

식품을 가공하는 동안 효소적 갈변반응은 가열과 전처리과정에서 주로 일어나고, 비효소적 갈변반응은 전처리 후 건조과정에서 흔히 일어난다. 건조식품의 갈색화는 고구마, 감자의 절간·입자상·분말상 제품, 건조과실류 및 어류에서 나타난다.

과즙류와 과실주 제조 시 갈변화가 일어나는데 이로 인해 상품성이 저하되기도 한다.

캔디 제조 시 갈색화로 인해 색을 입히기 어려워져 표백공정이 필요하다. 그러나 간장과 된장 제조 시 갈변반응으로 발색한 암갈색과 같은 색깔의 변화는 풍미 및 기호성을 향상시키고, 원두를 로스팅할 때 특유의 향과 색깔의 변화는 품질을 향상시키는 데 크게 관여하는 중요한 요인이다.

2) 풍미

식품의 가공 및 저장 중 갈색화 반응의 산물로 생성된 풍미성분에 대한 연구가 활발히 진행되고 있다. 예를 들면 볶은 땅콩의 고소한 향기는 피리진pyrazine 유도체들이며, 홍차·커피·식빵류·분유 등의 유제품과 각종 곡류제품의 풍미는 갈색화 반응으로 생성된 물질들이다.

3) 영양가

식품의 가공과정 중 영양가 손실은 주로 가열하는 동안 아미노산의 파괴로 인해 특히 필수아미노산의 저하가 가장 큰 문제로 제기된다. 곡류의 제한아미노산이자 필수아미노산인 라이신과 같은 염기성 아미노산은 갈색화 반응에 의해 쉽게 파괴된다.

갈변은 과일과 채소 등을 껍질을 벗기거나 세척 그리고 가공과 저장하는 일련의 과정 동안 점차 원재료의 색깔이 암갈색으로 변하는 것이다. 갈변 초기에는 옅은 황색 또는 붉은색을 띠는데 이 반응은 초기에도 색깔뿐 아니라 냄새에도 영향을 주어 식품의 품질에 영향을 미치며, 영양가 및 기능성 성분의 변화를 가져오기도 한다.

식품의 갈변반응에는 여러 가지가 있으나 일반적으로 효소가 직접 관여하는 효소적 갈변반응과 효소의 관여 없이 일어나는 비효소적 갈변반응으로 분류된다.

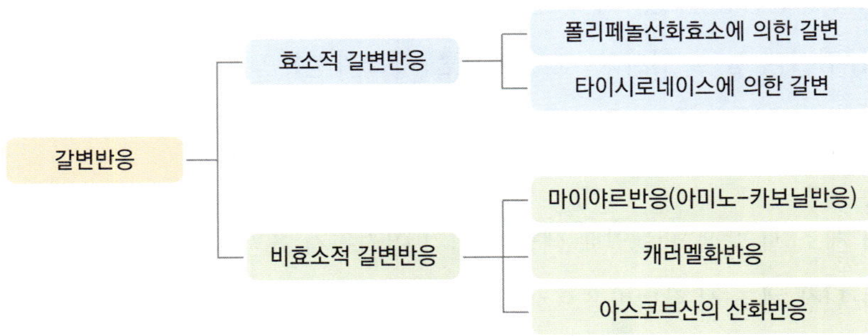

그림 10-1 | 갈변반응의 분류

2. 효소적 갈변

효소가 관여하여 일어나는 갈변작용은 폴리페놀류의 산화에 작용하는 폴리페놀 산화효소polyphenol oxidase에 의한 갈변과 타이로신 산화에 관여하는 타이로시네이스tyrosinase에 의한 갈변으로 분류된다.

효소적 갈변은 과일과 채소의 박피, 파쇄, 세단 시 잘 일어나며 일반적으로 가공하기 전이나 데치기blanching 단계에서 억제할 수 있다.

과일류나 채소류 등과 같은 식품에서 절단이나 파쇄와 같은 물리적 파손이 가해지면 노출된 표면이 공기와 접촉하여 갈색으로 변한다. 이와 같은 현상은 식품 중에 포함되어 있는 페놀 화합물이나 폴리페놀 화합물이 공기 중의 산소와 접촉했을 때 조직 내 효소, 즉 타이로시네이스나 폴리페놀 옥시데이스의 작용을 받아 산화되어 갈색물질인 멜라닌이 생성되는데, 이 반응을 효소적 갈변이라 한다.

사과, 바나나, 밤, 우엉, 가지, 감자, 고구마 등과 같은 과일과 채소류에 상처가 생기거나 껍질을 벗겼을 때 일어나는 갈변은 바람직하지 않으나, 홍차나 우롱차의 색이나 맛에는 유용하게 작용하므로 의도적으로 이 반응을 일으킨다.

효소적 갈변반응에는 반드시 효소-기질-산소가 필수 요소이다. 기질로는 카테콜catechol, 피로갈롤pyrogallol, 클로로젠산chlorogenic acid, 카페산caffeic acid, 타이로신tyrosine 등이 있다.

1) 폴리페놀 산화효소에 의한 갈변

폴리페놀 산화효소polyphenol oxidase, polyphenolase에 의한 갈변은 사과, 살구, 바나나, 밤, 가지 등의 과실과 채소류에서 나타난다. 폴리페놀 화합물이 함유된 식품의 절단면을 공기 중에 방치할 경우 표면이 갈색으로 변한다.

그 이유는 과일에 포함되어 있는 폴리페놀 화합물인 클로로젠산이 공기 중의 산소와 결합하여 폴리페놀 산화효소에 의해 일어나며, 카테콜 또는 카테콜 유도체로 산화되는 반응을 촉매하고, 퀴논 또는 퀴논 유도체들은 계속 산화, 중합 또는 축합되어 흑갈색의 멜라닌 색소를 생성하여 갈색화된다. 감귤류에는 비타민 C 함량이 높아 폴리페놀 산화효소의 작용을 억제시켜 갈변반응이 잘 일어나지 않는다. 폴리페놀 산화효소는 구리를 함유하고 있으며 최적 pH가 5.7~5.8이고 그 작용은 구리, 철에 의해 활성화되며 염소이온에 의해 억제된다. 폴리페놀 산화효소에 의한 갈변 방지방법은 구리나 철로 된 도구를 피하고, 소금물에 담근 다음 처리하면 제어할 수 있다.

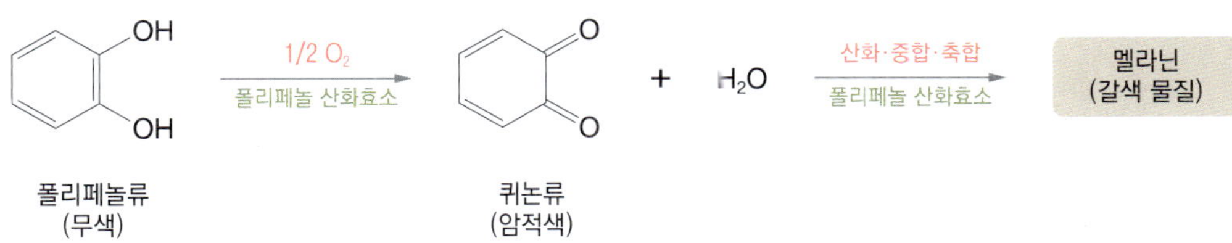

그림 10-2 | 폴리페놀 산화효소에 의한 갈변반응

2) 타이로시네이스에 의한 갈변

타이로시네이스tyrosinase는 구리를 함유하는 산화효소로 폴리페놀 산화효소와 그 반응 메커니즘이 매우 비슷하다. 감자 등에 함유되어 있는 타이로신은 타이로시네이스에 의해 산화되어 3,4-하이드록시 페닐알라닌3,4-dihydroxyphenylalanin, DOPA을 거쳐 DOPA-퀴논DOPA-quinone이 되고 다시 산화되며 계속적인 축합·중합 반응을 통하여 붉은색의 퀴논 인돌 카복실산5,6-quinone-indole-2-carboxylic acid을 형성하고, 다시 산화 및 축합 반응을 거쳐 흑갈색의 멜라닌 색소를 형성한다.

폴리페놀기를 산화시키는 효소인 타이로시네이스는 타이로신, DOPA, 카테킨catechin, 클로로젠산chlorogenic acid 등과 같은 페놀 화합물에 작용하여 이들 산화물을 생성시키며, 일련의 분해·중합 반응에 의하여 멜라닌이 생성되어 갈변된다.

홍차 발효

- 찻잎을 15~20시간 시들리기(위조withering) 과정을 거쳐 폴리페놀 산화효소와 타닌이 화학반응을 일으킬 수 있도록 비비기(유념rolling)를 해주고 20~25°C에서 30분~3시간 정도 산화시켜 제조함
- 시들리기 과정에서 비타민 C가 대부분 산화되고, 폴리페놀 산화효소의 활성이 증가하여 카테킨catechinn, 갈로카테킨gallocatechinn 등 카테킨류가 산화되어 오렌지색과 테아플라빈theaflavin과 적색 내지 갈색의 테아루비긴thearubigin이 생성되어 홍차의 매혹적인 색을 결정하게 됨
- 홍차를 잘못 저장하게 되어 테아루비긴이 산화될수록 색은 더 진해지고 맛도 나빠짐

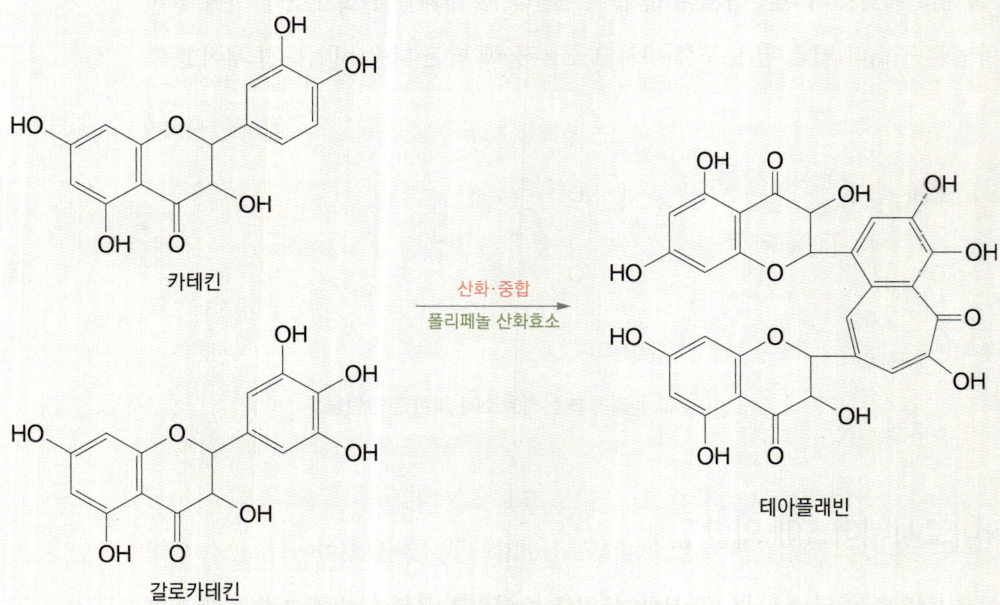

그림 10-3 | 홍차의 테아플라빈의 생성

감자에 함유된 아미노산인 타이로신은 타이로시네이스에 의한 산화로 DOPA를 거쳐 DOPA-퀴논이 되고 다시 산화, 계속적인 축합·중합 반응을 통하여 흑갈색의 멜라닌 색소를 형성한다.

감자에 함유된 타이로시네이스는 수용성이므로 감자를 깎은 후 물에 담가 두면 갈변이 억제된다.

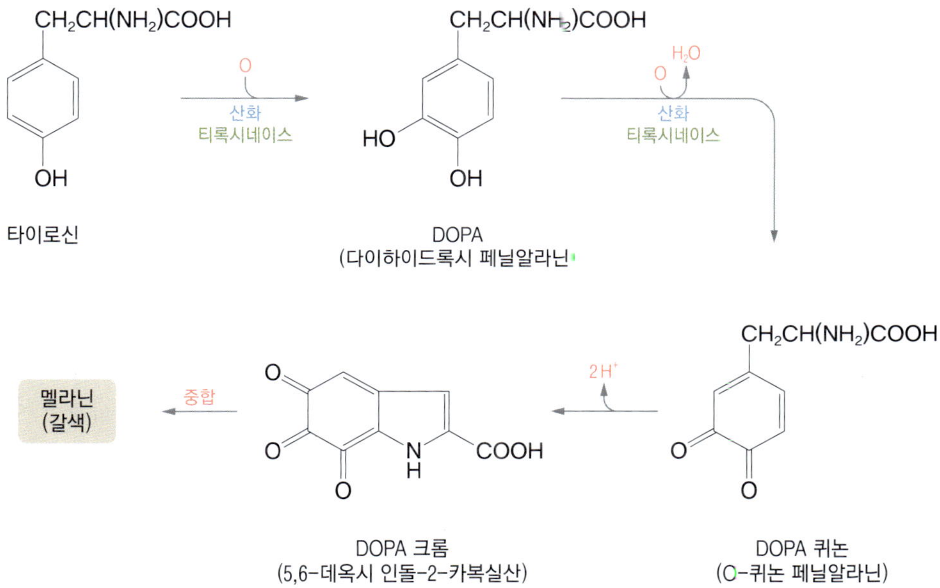

그림 10-4 | 티로시네이스에 의한 갈변반응

3) 효소적 갈변을 억제하는 방법

(1) 품종의 선택

식품 원료는 품종에 따라 성분에 차이가 있다. 특히 사과, 배 등의 핵과류와 살구, 복숭아, 자두와 같은 인과류는 총 페놀 함량이 높고 아스코르브산의 함량은 낮아 갈변이 잘 일어난다. 그러나 딸기, 복분자, 블랙베리 등의 장과류는 아스코르브산 함량이 높아 갈변이 잘 일어나지 않는다.

효소적 갈변을 억제하는 가장 근본적인 방법은 효소 자체를 불활성화시키는 방법과 효소의 최적 조건을 변화시키는 방법이 있다.

인과류(pome fruits)

꽃턱이 발달하여 과육부(果肉部)를 형성한 것으로, 사과, 배, 비파 등이 이에 속한다.

(2) 가열 처리

효소는 복합단백질이므로 가열에 의해 쉽게 불활성화된다. 과일 및 채소류에 함유된 효소를 불활성화시키는 가장 간단한 방법은 고온에서 단시간 열 처리하면 효소가 활성을 잃어 효소적 갈변이 억제된다. 그러나 데치기 과정에서 이취의 발생, 조직감의 변화 또는 연화 등의 문제가 발생하므로 온도와 시간에 주의해야 한다.

(3) 효소 최적 조건의 변화

① pH 조절

각 효소들은 최적의 pH를 가진다. 폴리페놀 산화효소의 최적 pH는 4~7 정도이고, pH 3.0 이하에서는 그 활성이 완전히 소실된다. 식품의 pH를 구연산, 사과산, 아스코르브산, 인산 등으로 pH를 낮추면 단백질이 변성되어 효소의 활성이 소실되므로 갈변을 억제할 수 있다. pH를 낮출 때 아스코르브산이 가장 많이 사용되고 있다.

② 온도 조절

폴리페놀 산화효소는 작용할 때 적정한 온도는 $40\pm10^{\circ}C$이므로 냉장 저장하면 효소에 의한 갈변 반응속도가 저하되나, $0^{\circ}C$에서도 갈변이 진행되므로 일시적으로 늦추는 역할을 할 뿐이다.

③ 소금

과일의 절편을 묽은 소금물에 담가 두면 소금의 염소이온 때문에 갈변이 방지된다. 사과, 복숭아, 배 등 갈변이 심한 과일의 과즙, 퓨레, 소스 등의 제조에 소금과 아스코르브산을 함께 사용하면 갈변 방지에 매우 효과적이다.

④ 산소의 제거

효소적 갈변반응을 일으키기 위해서는 공기, 효소 및 기질이 필수적이므로 밀폐

용기에 넣거나 질소나 탄산가스로 충진하여 산소를 제거하면 갈변 억제효과가 나타난다. 갈변반응은 산소가 존재하지 않으면 원칙적으로 일어나지 않으므로 산소를 차단하면 갈변을 억제할 수 있다.

신선한 동·식물 조직 내 산소를 제거하여 혐기적인 상태가 오래 지속되면 이상대사 물질이 형성되고 세포의 파괴 현상이 일어나므로 산소 제거 시 주의해야 한다.

아스코르브산은 산소를 흡수하는 작용을 하고, 과실 용액에 있는 설탕도 산소 농도를 저하시키는 효과가 있다.

⑤ 기질의 제거

페놀 물질에서 하이드록시기-OH가 메틸기methoxyl, $-CH_3$로 치환된 물질은 폴리페놀 산화제의 기질이 될 수 없다. 따라서 폴리페놀 산화제의 기질이 될 수 있는 카테킨, 카페산, 클로로젠산 등의 O-다이하이드록시dihydroxy-OH 구조를 효소로 메틸화시키면 폴리페놀 산화제의 작용을 받을 수 없게 되어 효소적 갈변반응이 억제된다. 일부 식물체는 조직 내에 메틸 전이효소를 함유하고 있으며, 이 효소는 *S*-아데노실-메싸이오닌*S*-adenosyl-methionine과 같은 메틸기의 공여체와 O-i-페놀과 같은 메틸기의 수용체가 존재하여 페놀 물질의 하이드록시기가 메틸기로 치환되어 폴리페놀 산화제의 기질이 될 수 없게 변화되어 갈변이 억제된다. 아황산염은 수용액 형태로 첨가하면 감자, 사과, 살구, 복숭아 등의 냉동 또는 건조 시 기질이 퀴논quinone을 다이페놀dipherol로 환원시켜 효소에 의한 산화를 방지하는 환원제로서 널리 사용되며, 갈변 억제제로 허용된 화합물 중 가장 효과적이다.

과즙에 젤라틴과 같은 단백질을 가하면 폴리페놀 화합물과 결합, 불용성 침전물을 형성하여 기질을 제거하여 갈변반응을 효과적으로 억제한다.

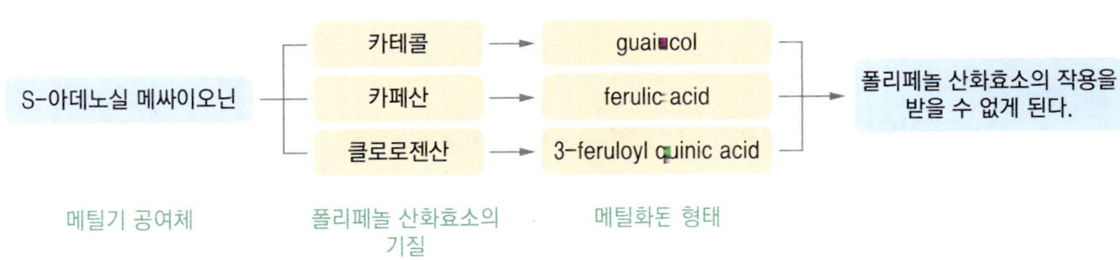

⑥ 환원성 물질의 첨가

아황산가스와 아황산염들은 효소적 갈변을 효과적으로 억제한다. 아황산가스는 침투속도는 빠르나 취급이 곤란하여 아황산염 많이 사용한다. 아황산염은 퀴논quinone과 부가 화합물을 형성하여 산화 속도를 억제시킨다. 황화수소-SH 화합물인 시스틴cysteine, 글루타싸이온glutathione 등도 퀴논류와 부가 화합물을 형성하여 산화의 진행을 막아준다.

강한 환원력을 가진 항산화물질인 아스코르브산은 퀴논을 원래의 다이페놀로 환원시키고 자신은 산화되어 중합, 갈변반응에 참여하지 않는다. 통조림의 윗부분에 존재하는 산소도 아스코르브산을 첨가하면 산소를 흡수하여 효소적 갈변반응이 억제된다.

⑦ 붕산 및 붕산염의 첨가

붕산이나 붕산염은 O-다이하이드록실기와 에스터 결합을 하여 폴리페놀레이스가 기질에 작용을 못하게 하여 갈변을 억제한다. 그러나 붕산이나 붕산염은 독성이 있어 실용화되지는 않았다.

3. 비효소적 갈변

비효소적 갈변은 효소의 직접적인 관여 없이 식품 중 성분이 화학적 반응에 의하여 갈색물질을 형성하는 것이다. 그 반응 메커니즘에 따라 마이야르 반응, 캐러멜화 반응, 아스코르브산의 산화반응에 의한 갈변반응으로 구분한다. 식품의 성분은 매우 복잡하므로 위의 세 가지가 각각 단독으로 일어나기보다는 함께 일어나는 경우가 많다.

1) 마이야르 반응maillard 반응, amino-carbonyl 반응, melanoidine 반응

1912년 프랑스의 화학자 마이야르Maillard가 처음으로 보고한 반응으로 아미노기와 카보닐기에 의한 갈변반응이기 때문에 아미노-카보닐반응amino-carbonyl reaction이라고 한다.

아미노산, 아민, 펩타이드, 단백질 등이 당류의 알데하이드나 케톤기와 반응하여 갈색색소를 형성한다. 활성을 가진 유리 알데하이드기 또는 케톤기와 같은 카보닐기를 가진 환원당뿐만 아니라 가수분해되어 환원당을 만들 수 있는 당류는 아미노산, 펩타이드, 단백질과 같은 유리 아미노기나 아미노기를 가진 질소 화합물들과 쉽게 상호 반응하여 갈색 색소인 멜라노이딘melanoidin을 생성한다.

아미노-카보닐반응은 많은 식품에서 일어날 수 있는 갈변반응으로 빵, 비스킷, 위스키나 맥주, 로스팅 커피 등의 가공 후 저장하는 동안 일어날 수 있는 중요한 비효소적 갈변반응이다.

효소적 갈변반응은 가공식품의 전처리 과정에서 효소의 불활성화로 억제 가능하며, 캐러멜화 반응은 가열과 같이 외부로부터 지속적인 에너지 공급이 필요하고, 마이야르 반응은 외부로부터 에너지 공급이 적거나 없어도 자연발생적으로 일어난다.

식품의 색깔뿐 아니라 맛, 냄새 등과 같은 관능적 요소에도 중요한 영향을 주며 라이신과 같은 필수아미노산의 파괴와 같은 영양소의 감소 등을 가져오기도 한다.

(1) 마이야르 반응 메커니즘

마이야르 반응의 개요는 그림 10-5와 같고, 화학반응의 진행과정에 따라 초기, 중간, 최종의 세 단계로 나눈다.

① 초기단계

마이야르 반응의 초기단계는 환원당과 아미노 화합물들 사이에 축합반응과 아마도리 전위를 경유하여 케토스아민을 형성한다. 이 과정에서 화합물들은 색을 띠지 않는다.

표 10-1 | 마이야르 반응의 초기 단계

당-아민 축합반응	아마도리Amadori 전위(자리옮김)
환원당 + 아미노화합물 → 글리코실아민	글리코실아민 → 프럭토실아민

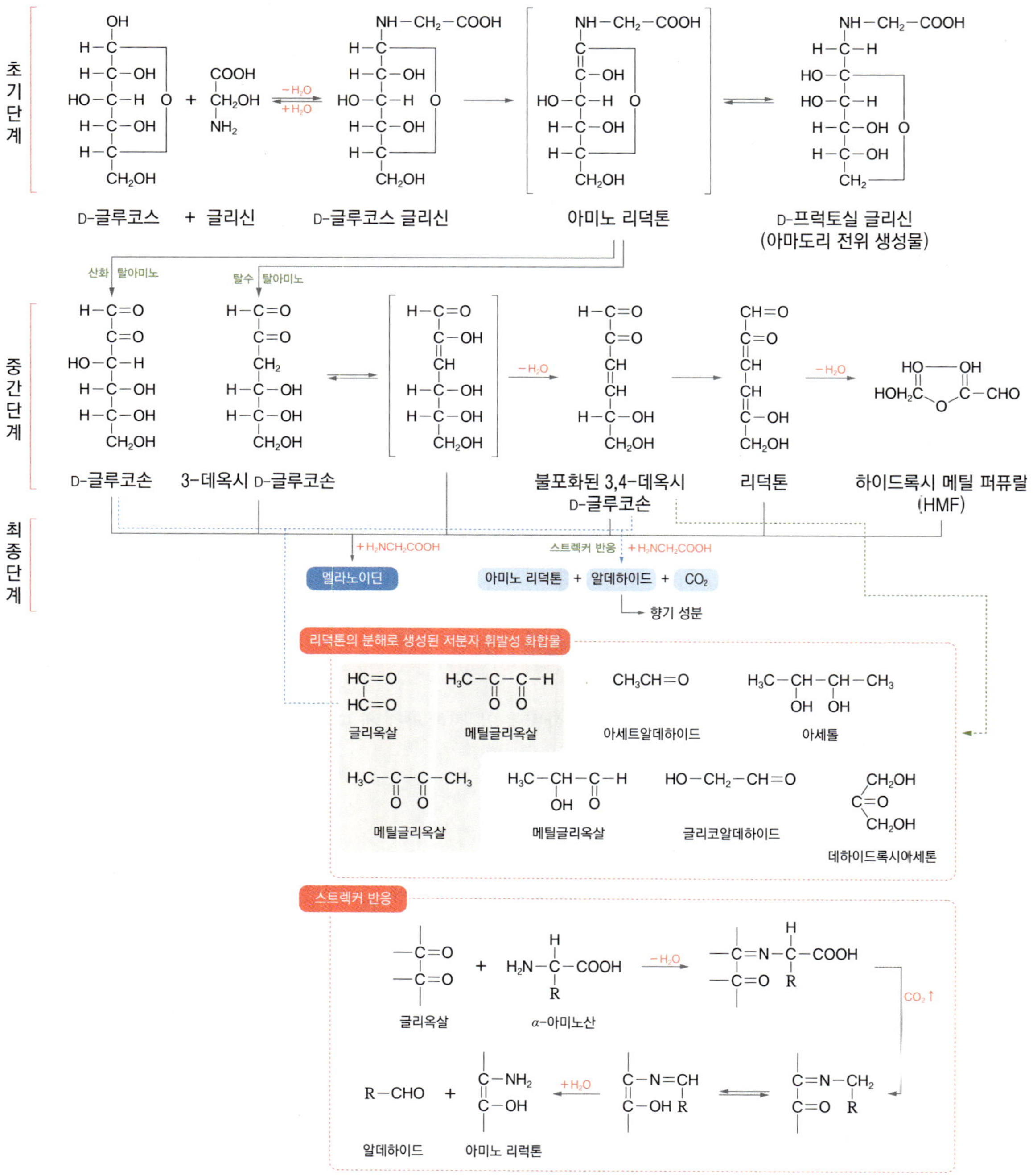

그림 10-5 | 마이야르 반응의 개요

자료: 조신호 외, 2020

② 중간단계

아마도리 전위에서 형성된 생성물이 분해와 산화가 진행되는 동안 산화된 당들은 분해가 가속화된다. 이 산화 생성물로부터 오존osone류를 비롯한 각종 고리 화합물, 퍼퓨랄furfural 및 리덕톤reductone류가 형성된다. 산화된 당류의 분해가 일어나 각종 휘발성 물질이 식품의 향미에 영향을 주며, 중간단계 생성물은 무색 내지 담황색을 띠게 된다. 중간단계에서 생성된 리덕톤의 일부는 분해되어 다이하이드록시아세톤dihydroxyacetone, 다이아세틸diacetyl, 아세트알데하이드acetealdehyde, 글리코알데하이드glycoaldehyde, 메틸글리옥살methylglyoxal, 아세톨acetol, 아세토인acetoin과 같은 저분자 휘발성 물질이 생성된다.

표 10-2 | 마이야르 반응의 중간단계

주요 반응		생성 물질
퍼퓨랄 형성	3-데옥시오존의 생성 불포화 오존의 생성 하이드록시 메틸 퍼퓨랄(HMF)의 생성	글리코알데하이드, 메틸글리옥살, 다이아세틸, 아세토인, 아세톨 등 생성
리덕톤류의 생성	아마도리 화합물 → 2,3-enol화 → 아민 분해 → 리덕톤 생성	

③ 최종단계

중간단계에서 생성된 각종 퍼퓨랄 유도체, 리덕톤류, 당의 분해 생성물들 사이의 상호작용으로 중합 또는 축합 반응을 일으켜 갈색의 형광성 불포화 중합체인 멜라노이딘 색소를 형성한다.

마이야르 반응 중간단계에서 생성된 리덕톤류의 분허에서 생성된 활성이 매우 강한 카보닐 화합물들이 형성되는데 이 축합 생성물들은 다시 아미노 화합물과 계속 중합반응을 일으키며 그 분자량이 증가한다.

마이야르 반응 후반기에 탄산가스CO_2의 발생과 아미노산 분해에 기인되는 알데하이드들의 형성은 당류의 산화 생성물과 아미노산의 상호작용인 스트레커 반응에 의한 것으로 이때 형성된 알데하이드는 식품에 특유한 향미를 풍여하며 다른 여러 반응에도 관여한다.

마이야르 반응에 의해 생성되는 갈색색소인 멜라노이딘은 5-하이드록시 메틸 퍼퓨랄HMF, 퓨란, 피롤 등의 유도체들, 리덕톤류, 알돌형 축합반응의 생성물, 특히 아미노산 화합물들과 결합 상태에 있는 화합물들, 스트레커 화합물들은 모두 반응성이 큰 화합물들이므로 서로 반응하여 분자량이 큰 중합체로 된다. 분자 내 질소를 함유하고 불포화도가 매우 큰 갈색으로 착색된 멜라노이딘 색소가 생성된다.

표 10-3 | 마이야르 반응의 최종단계

주요 반응	생성 물질
알돌형 축합반응	글리코알데하이드＋아세트알데하이드 → 멜라노이딘 형성
스트레커 반응	아미노산의 탈탄산 및 탈아미노 반응에 의한 이산화탄소, 알데하이드 생성
멜라노이딘 생성	퍼퓨랄, 리덕톤류, 스트레커반응 생성물, 알돌 축합 생성물들이 중합하여 질소를 함유한 갈색의 멜라노이딘 색소를 생성

(2) 마이야르 반응에 영향을 주는 요인

① 온도

마이야르 반응의 속도는 온도에 비례한다.

마이야르 반응은 상온에서도 자발적으로 일어나 색깔의 변화나 이취가 발생하기도 하나, 온도가 상승하면 착색 정도와 이산화탄소의 발생량이 증가하여 온도에 따라 특유한 냄새를 낸다.

반응온도가 높을수록 반응속도도 빠르다. 10°C 온도차로 갈변은 3~5배 촉진된다. 예를 들어, 포도당＋글리신 100°C에서 2시간 반응시킨 것과 56.5°C에서 250시간 반응시킨 것이 같은 정도의 갈색을 나타낸다.

10°C 이하 냉각 시 갈변이 방지되며, 80°C 이상의 온도에서는 산소 유무에 관계없이 갈변이 진행된다. 실온에서는 반드시 산소가 존재해야 갈변이 진행된다.

② pH

pH는 갈변반응속도에 큰 형향을 준다.

pH 1~3에서 가장 반응속도가 가장 저하되는데 알칼리 쪽으로 기울어질수록 갈변속도가 증가한다. 그러나 사람이 먹는 모든 형태의 식품에서 pH가 7보다 알칼리성인 경우는 거의 없으므로 큰 의미가 없다. 일반적으로 pH 7.8~9.2와 같은 알칼리성 조건에서 갈변이 현저하며, pH 5 이하로 낮추면 멜라노이딘 색소의 형성속도를 줄일 수 있다.

③ 수분활성도

마이야르 반응은 수분활성도가 0.25 이하의 무수 상태에서는 반응이 일어나지 않고, 수분 함량 10~30% 영역, 수분활성도 0.6~0.7에서 반응속도가 최대에 이른다. 그 이유는 수분활성도가 너무 낮으면 반응물질의 운동성이 제한되고, 반대로 수분 함량 90% 이상의 범위, 수분활성도가 너무 높으면 반응물질이 희석되어 반응물질 간의 충돌의 기회가 줄어들기 때문에 갈변이 잘 일어나지 않는다.

④ 당의 종류

마이야르 반응은 당의 성질에 따라 반응성이 다르다.

오탄당이 육탄당보다, 육탄당은 환원성 이당류보다 반응성이 더 커서 오탄당 > 육탄당 > 환원성, 이당류의 순으로 갈변반응이 잘 일어난다.

같은 오탄당이라 하더라도 리보스 > 자일로스 > 아라비노스 순으로 마이야르 반응의 속도 차이가 있으며, 육탄당은 만노스 > 갈락토스 > 글루코스 순으로 갈변반응이 잘 일어난다.

비환원당은 가수분해가 된 후 반응에 관여한다.

⑤ 아미노산의 종류

아미노산의 아미노기가 카복실기와 멀리 떨어져 있어야 당류의 카보닐기와 입체적으로 반응하기 쉬우므로 염기성 아미노산이 반응에 빠르게 참여한다. 따라서 라이신의 반응속도가 가장 빠르며 라이신, 아르지닌 등의 염기성 아미노산 분자 끝의 아미노기의 반응성이 높다.

우유와 같이 라이신을 많이 함유한 식품은 건조 시 마이야르 반응이 일어나기 쉽다.

⑥ 금속이온

구리, 철과 같은 전이금속 이온은 마이야르 반응속도를 증가시킨다. 3가 철이 2가 철보다 효과가 크며, 색소 형성에 관여하는 산화-환원반응과 같은 마이야르 반응의 최종 단계에서 작용한다.

⑦ 화학적 저해 물질

아황산염$NaHSO_3$은 초기 단계의 축합반응을 억제하여 마이야르 반응을 저해하며, 황산염thiol과 칼슘은 아미노산과 착화합물을 형성하여 마이야르 반응을 저해하고 갈변을 억제한다.

⑧ 금속이온

일반적으로 철과 구리는 갈변반응을 촉진한다.

산화-환원반응(oxidation-reduction reaction)
물질 간의 전자이동으로 산화와 환원 반응이 동시에 일어나는 반응을 말한다.

2) 캐러멜화(caramel화) 반응

캐러멜화는 당류를 녹는점보다 높은 온도로 가열 시 당류의 가열에 의한 산화 및 분해산물에 의해 일어나는 갈색화 반응이다. 당 함량이 높은 식품들의 가열, 가공 중 흔히 일어난다.

녹는점보다 높은 온도로 가열 시 주로 탈수, 분해, 중합 반응을 거쳐 일어나며 갈색의 캐러멜이 생성되는데 이를 캐러멜화 반응이라고 한다.

일반적으로 당류의 종류에 따라 캐러멜화 온도 범위는 다르다. 녹는점보다 높은 140~190°C로 가열할 때 탈수, 분해, 중합 등의 반응을 거쳐 끈적끈적한 갈색의 캐러멜이 생성되고, 200°C 이상에서는 쓴맛이 나며 탄화된다.

캐러멜화 반응 특성상 알도스보다 케토스가 캐러멜화가 쉽기 때문에 과당이 포도당보다 캐러멜화되기 쉽고 설탕, 전화당, 꿀로 제조한 캐러멜이 많이 이용된다.

캐러멜화 반응은 식품의 향기와 맛에도 영향을 주는데 캔디, 과자, 빵류와 같이 녹말 또는 당의 함량이 높은 식품의 가열공정에서 흔히 일어난다. 설탕은 160~180°C에서 가열하면 캐러멜화가 되어 특유의 향이 생성되며, 당을 이용한 식품의 조리·가공에서 착색·착향의 목적으로 이용된다.

캐러멜화 반응의 반응산물인 캐러멜은 간장, 된장, 합성청주, 양주, 청량음료, 과자류 등의 갈색 착색료로 이용된다.

식품에서 당류만을 포함한 식품은 거의 없다. 또한 외부로부터 지속적인 에너지의 공급이 필요하므로 캐러멜화 반응은 마이야르 반응보다는 제한적이다.

(1) 캐러멜화 반응의 메커니즘

pH 6.5~8.2가 최적 조건이며, 알칼리 조건에서는 Lobry-de Bruyn-Alberda van Eckenstein 전위에 의해 이성화가 일어난 뒤 활성화되어 갈색 물질이 형성된다.

당은 산성 조건에서 높은 온도로 가열 시 탈수반응에 의해 3-데옥시오존3-deoxy-osone, 불포화-3,4-다이데옥시오존3,4-dideoxyoxone을 생성하여 5-HMF, 퍼퓨랄 유도체를 형성하고 축합·중합 과정을 거쳐 캐러멜화된다.

하이드록시 메틸 퍼퓨랄hydroxy methyl furfurral, HMF은 환원당의 캐러멜화형 또는 마이야르 반응의 중간단계에서 형성되는 반응성이 큰 화합물이다.

일반적으로 온도가 높으면 HMF 생성량이 증가한다. 퍼퓨랄 자체도 반응성이 매우 크다. 실온에서 공기와 접촉 시 쉽게 자동산화에 의한 산화, 중합하여 착색물질이 형성된다. HMF는 갈색화 반응의 최종단계에 생성된다.

(2) 캐러멜화 반응의 특성

알도스보다 케토스가 캐러멜화되기 쉽다.

슈크로스는 160~180°C에서 시작되어 180~200°C에서 캐러멜이 형성된다. 포도당은 150°C에서 분해되기 시작한다.

슈크로스가 분해되고 생성된 포도당은 케토스 전위는 과정을 거쳐 캐러멜화가 된다. 슈크로스의 분해에 의해 생성된 과당은 탈수과정을 거쳐 HMF를 형성하고 분해, 중합의 일련의 과정을 거쳐 갈색의 착색물질이 생성된다.

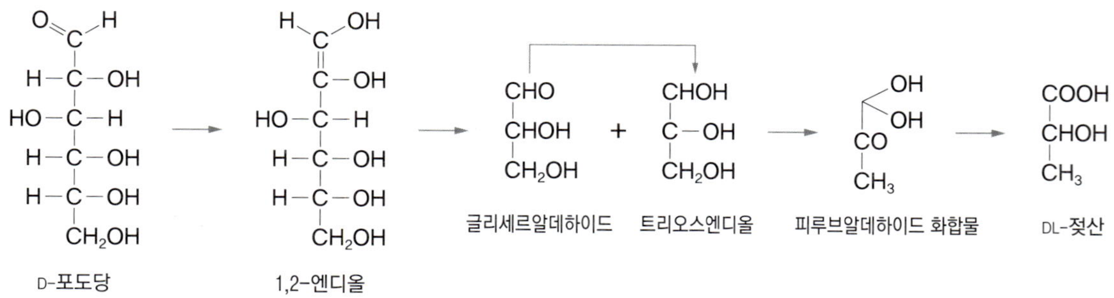

그림 10-6 | 알칼리성에서의 캐러멜화

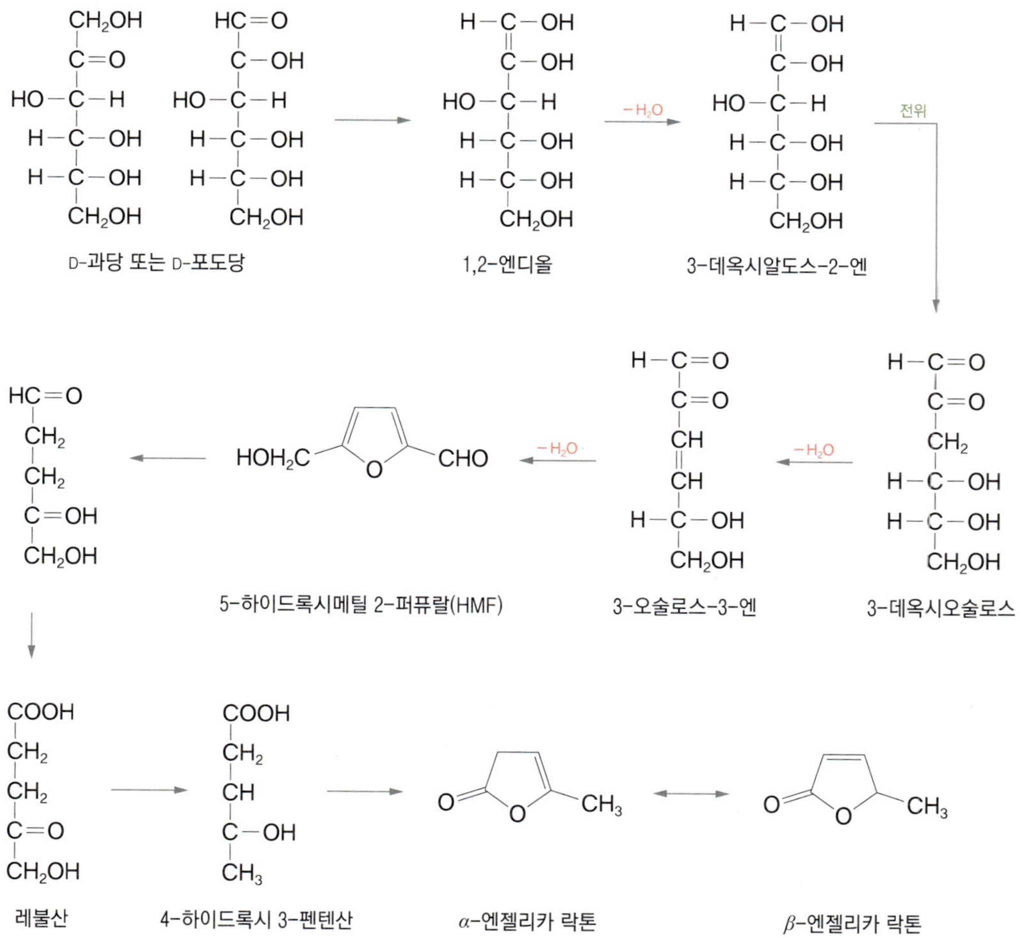

그림 10-7 | 산성에서의 캐러멜화

캐러멜화는 pH 6.5~8.2가 최적 조건이고, 산성 조건은 당류의 탈수반응에 의해 3-데옥시오존, 불포화-3,4-다이데옥시오존을 생성하여 5-HMF, 퍼퓨랄 유도체를 형성하여 캐러멜화된다. 일반적으로 pH 2.3~3.0에서 캐러멜화가 가장 어렵다.

3) 아스코르브산의 산화반응

아스코르브산은 모든 채소, 과실류에 존재하며 그 자체의 강한 환원력에 의해 항산화제 또는 항갈변제로 널리 이용되는 물질이다.

아스코르브산은 산소 존재하에 자동 산화되어 DHAdehydroascorbic acid가 되며 이 반응은 가역적이다.

아스코르브산이 DHA가 비가역적으로 산화되어 다이케토글루콘산2,3-diketo-gulonic acid를 형성하면 갈변반응이 진행되고, 마지닥 단계에서 퍼퓨랄이 생성되는

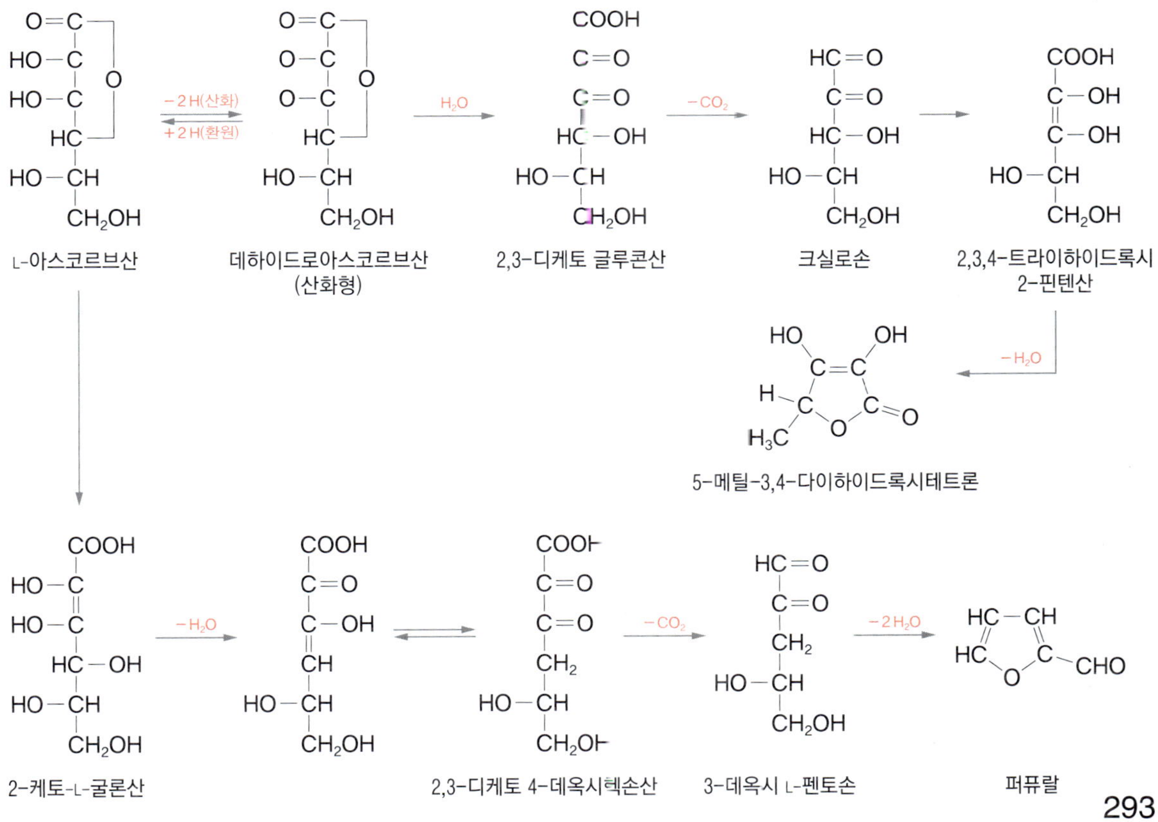

그림 10-8 | 아스코르크산의 산화반응

데, 이것은 반응성이 매우 커 계속 산화, 중합되어 갈색의 색소를 형성한다.

아스코르브산이 비가역적으로 산화된 후에는 그 기능을 상실하고 그 산화생성물들이 자체적으로 갈색화 반응을 수반하는 산화과정에 들어간다.

효소 불활성화를 위해 전처리를 실시한 일반 가공식품들도 비효소적 갈변반응이 일어난다.

아스코르브산의 산화에 의한 비효소적 갈변반응은 감귤류나 오렌지, 레몬, 자몽 등의 과즙이나, 농축과즙 또는 분말과즙과 같은 감귤류 가공품들 제조 시 갈변반응을 일으켜 품질 저하를 초래한다.

식품 중 비효소적 갈변반응의 예

① 빵, 특히 당 함량이 많은 쿠키, 케이크 등의 껍질이 갈색이 되는 것은 마이야르 반응에 기인한 빵을 굽는 과정에서의 갈변반응
② 환원당 함량에 의한 영향에 의한 감자튀김 등 감자 가공품들의 색깔과 갈변반응
③ 환원당과 유기산과의 상호작용에 영향받은 토마토케첩의 갈색화 반응
④ 커피 원두를 볶은 과정에서의 마이야르 반응에 의한 비효소적 갈변반응
⑤ 아스코르브산 산화 생성물에 의한 분말 오렌지 등의 비효소적 갈변반응

FOOD CHEMISTRY

chapter

11

식품의 냄새

학습목표

1. 냄새를 분류하고 그 특징을 설명할 수 있다.
2. 후각의 생리현상을 설명할 수 있다.
3. 식물성 식품의 냄새성분의 종류를 설명할 수 있다.
4. 동물성 식품의 냄새성분의 종류를 설명할 수 있다.
5. 식품 중 향기성분의 분석방법을 설명할 수 있다.

chapter

11

식품의 향기성분은 다양하고 복합적인 화합물들을 포함하고 있으며 수많은 반응이 향기성분을 만들기도 한다. 인간의 후각은 개인차가 심하고 각각의 냄새들은 많은 성분이 복합적으로 어우러져 있을 뿐만 아니라 그 함량이 매우 적고 변하기 쉬운 휘발성이기 때문에 정확하게 냄새를 평가하는 것은 쉬운 일은 아니다. 냄새는 일반적으로 좋은 느낌을 주는 향perfume, aroma과 불쾌한 느낌을 주는 취stink로 나뉘는데, 모든 식품은 제각기 특유한 냄새를 내며 맛과 조직감과의 조화에 의해 그 식품에 고유의 풍미를 주고 있다.

식품의 냄새는 색과 함께 식품의 품질을 평가하는 중요한 요소이다. 냄새는 휘발성 물질이 코 안에서 후각신경을 자극함으로써 일어나는 감각이다. 공기 중에 분자상으로 분산된 냄새성분이 후점막의 지질층에 녹으면 후각세포가 흥분되고 이 자극은 후신경을 통하여 대뇌를 거쳐 중추에 전달되어 냄새를 느끼게 된다. 냄새를 느낄 수 있는 최저 농도를 냄새의 역치threshold value라 하며 미각의 역치에 비해 10,000배 이상 예민하다. 최근 가스크로마토그래피gas chromatography, 질량분석기mass sectrometry 등 기술의 발달로 식품의 냄새에 대한 연구가 많이 이루어지고 있다.

식품의 냄새는 식품의 저장, 가공, 조리 중에 현저히 변하므로 이와 같은 과정에서 식품 특유의 향기를 유지시키는 문제, 식품의 처리 가공 또는 포장에서 올 수 있는 이취의 혼입에 관한 문제가 발생할 수 있다. 식품의 가공 및 저장 중에 풍미가 손실되거나 이취가 혼입되어 식품 고유의 향기가 없어지기도 하며, 효소적 또는 비효소적 갈변에 의해서도 향기가 변하기도 한다.

1. 냄새의 분류

최근 들어 식품의 향기 연구분야는 가스크로마토그래피, 질량분석기, 전자코electronoc nose와 같은 정밀기기의 발전과 함께 상당한 발전을 이루고 있다. 우리가 일반적으로 부식으로 먹는 곰취, 참취, 개미취, 미역취 등과 같은 취나물의 분류도 각각의 향기성분 분석을 통해 화학적 분류를 시도하는 연구도 진행되고 있다. 이렇듯 기기의 발전으로 식품에서 정밀하게 향기성분 분리가 가능해졌다.

냄새를 이르는 단어는 여러 가지인데, 후각을 자극하는 냄새는 odor, 좋은 느낌을 주는 냄새는 aroma, fragrance, 불쾌한 냄새는 stink라고 하며 이 외에도 풍미flavor라는 표현도 있다. 풍미란 향과 맛이 합쳐진 감각이며, 넓은 뜻으로는 식품의 질감texture에서 오는 감각도 포함한 것이다. 전통적으로 냄새의 분류는 헤닝의 분류(Henning, 1924)에 따르며, 그는 많은 종류의 냄새를 5종류의 기본적인 냄새로 분류한다. 즉, 마늘 · 생강 · 후추의 매운 냄새spicy odor, 백합 · 매화 · 장미 등의 꽃향기flowery odor, 사과 · 오렌지 · 레몬 · 바나나 등의 과일향기fruity odor, 소나무 속 정유

essential oil 및 터펜terpene유와 같은 수지향기resinous odor, 썩은 고기 · 부패한 달걀의 냄새와 같은 썩은 냄새putrid stink, 커피 · 타르 · 캐러멜 등의 냄새와 같은 탄 냄새burnt stink로 분류하였다.

또한 식품산업에서는 용도에 따라 식품향료food flavor, 향장향료fragrance, 담배향료tabacco flavor, 합성향료aromatic chemicals, 천연추출물botanical extract, 천연정유natural essential oil, 향요법용 오일aromatherapy oil, 소취제deodorants, 제약용 향료flavors for medicine, 농 · 공업용 향료biological & industrial flavors로 나누기도 한다.

2. 후각기관

후각기관은 호흡도呼吸道의 입구, 즉 비구鼻口로 들어가서 비공鼻孔을 거쳐서 비강鼻腔 속에 위치하고 있다. 비강은 전정부前庭部, 호흡부呼吸部, 및 후각부嗅覺部의 세 부분으로 나누어 있다. 호흡부는 상, 중, 하의 3단으로 된 갑개골甲介骨이 있어서 들어오는 공기를 따뜻하게 데워주는 역할과 여과하는 작용을 한다.

숨을 들이쉴 때에는 폐의 내압이 대기압보다 낮아지므로 공기는 비공과 비강을 통하여 폐 속으로 들어가게 된다. 공기 중에 냄새성분이 함유되어 있을 때에는 거의 대부분의 냄새성분이 직접 폐 속에 흡입되고 일부분이 코 속의 후각부와 목구멍에 흡입된다. 후각상피는 그림 11-1과 같이 비강의 상단부에 위치하고 있으며, 갑개골이 어느 정도 막고 있어서 냄새성분의 소량만이 후각상피에 흡입된다. 일상적인 호흡에서

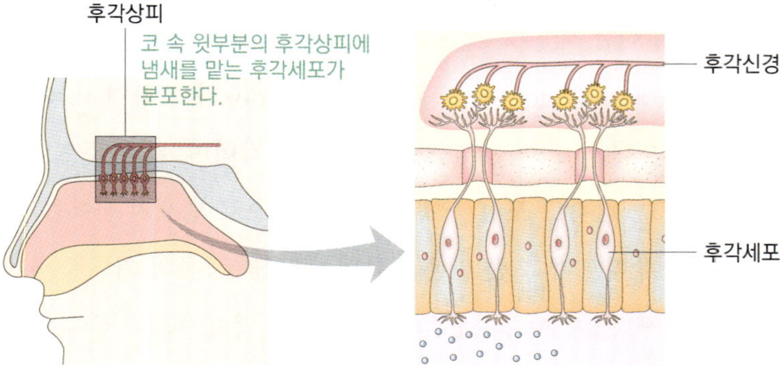

그림 11-1 | 후각기관의 구조

함유된 냄새성분 전체 분자의 약 2% 정도가 후각상피에 흡입된다고 한다.

후점막에 있는 후각세포의 끝은 신경섬유에 이어져서 화학적으로 향기를 내는 물질의 자극은 이를 통해 후각중추의 후뇌에 전달되더 비로소 후각이 생기는데, 향기를 내는 물질의 냄새를 맡으면 약 0.2~0.3초 후에 느낄 수 있다.

3. 화학구조와 냄새

미각의 경우에는 정미물질이 물에 녹아야 비로소 맛을 느끼나, 후각에서는 휘발성 향기물질이 비점막 중의 리포이드lipoid층에 용해되어야만 후각신경을 자극하므로 향기를 내는 물질은 지방에 녹는 물질이어야 한다. 냄새를 내는 원자단은 **표 11-1**과 같다.

표 11-1 | 냄새 원자단

=CO(carbonyl기)	-COOH(carboxyl기)	$-C_6H_5$(phenyl기)
-C-O-R(ester)	-OH(hydroxy기)	R-O-R′ (ether)
$-NO_2$(nitro기)	$-NH_2$(amino기)	$-CH_2$ ---CO(lactone류)

저급지방산인 프로피온산propionic acid, 뷰티르산butyric acid, 카프로산caproic acid 등은 자극성 냄새를 가지며, 분자량이 커지면 비휘발성이 되어 향기가 약해진다. 일반적으로 저급지방산은 자극성의 강한 냄새를 내지만 그것의 에스터ester는 좋은 향기를 낸다.

에스터류는 과일, 양조식품, 낙농제품, 기호식품의 향기성분에 많다. 과일향과 같이 좋은 향기성분도 상당수가 에스터류인데, 분자량이 커지면 향기도 강해지고 과일향에서 꽃향기로 바뀌기도 한다.

알코올에 있어서는 탄소 수 5개 이하의 것은 채소, 과일, 청주 등의 향기성분으로 냄새가 좋으며, 불포화결합을 가지는 알코올은 어린잎의 풋내 성분이고, 방향족 알코올은 꽃향기의 성분이 된다. 익히지 않고 쌈채소로 사용하는 산채류에는 '신선한 풀향기'가 상당히 중요한 품질요소이다. 이러한 신선한 풀향기에 기여하는 성분으로는 C_6-알코올, C_6-알데하이드 등 C_6-화합물들이 중요한 역할을 하는 것으로 알려져 있다. *cis*-3-Hexen-1-ol 또는 (*Z*)-3-hexen-1-ol은 'leaf alcohol'로 알려져 있는데, 이 성분은 풀을 잘랐을 때의 신선한 풀향기로 널리 알려져 있다. C_6-알코올, C_6-알데하이드 화합물은 산채류뿐만 아니라 녹차의 향기 특성에도 중요한 성분이다. 실제로 leaf aldehyde로 불리는 *trans*-hexenal은 1912년 차잎에서 분리되었으며, leaf alcohol로 불리는 *cis*-3-hexenol은 1933년 발효공정 중의 홍차와 녹차 생엽에서 분리 및 확인되었다(Erman WF, 1985; Hatanaka A, 1993). 이러한 휘발성의 C_6-화합물들은 α-리놀렌산을 기질로 하여 리폭시게네이스의 과산화peroxidation 과정을 통해 생성되는 것으로 알려져 있다(Hatanaka & Harada, 1973). 따라서 산채류 및 차잎의 채취시기가 너무 이를 경우, 이들의 특유한 품질 특성인 '신선한 풀향기'를 생성시키는 리폭시게네이스의 활성이 너무 낮아 오히려 향미가 부족할 수 있다고 한다(Kim 외, 2003).

대개 이중결합이 있으면 향기가 강하나 삼중결합이 있으면 향기가 나빠진다. 지방족 알코올 중에서 C_{10} 이하의 저분자의 것이 향기가 좋은데, 특히 C_8~C_9의 화합물이 식품산업에 유용하다. 제3급 알코올은 장뇌와 유사한 향기가 난다. 알데하이드와 케톤류는 미량으로 향기를 내는 성분이 많으며, 식품의 가열 향기 중 각종 알

표 11-2 | 식품 향기의 락톤성분

구조	치환물질	향기 품질	함유 식품
(*Z*)-6-dodecen-γ-lactone	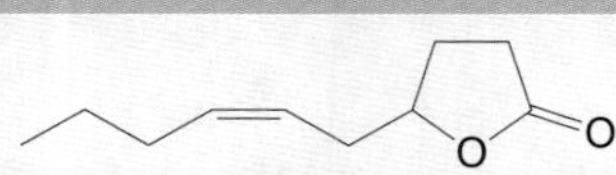	코코아 열매, 기름향	지방을 함유한 식품 딱딱한 빵, 복숭아
4-nonanolid (γ-nonalactone)	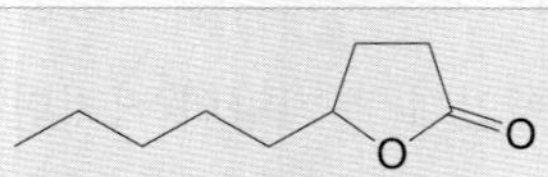	복숭아 냄새	지방을 함유한 식품
4-decanolid (γ-decalactone)	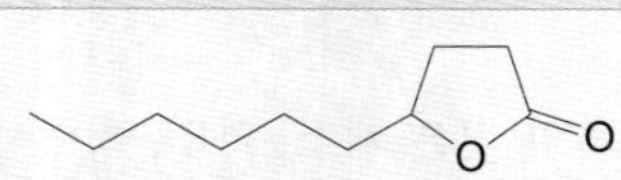	복숭아, 기름 냄새	지방을 함유한 식품
5-decanolid (γ-decalactone)	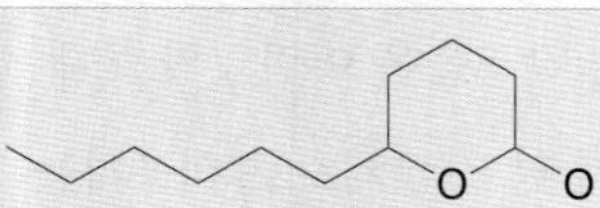	달콤한 냄새	우유지방

데하이드, 방향족 알데하이드는 강한 향기를 가진다. 특히 케톤기를 2개 갖는 다이아세틸diacetyl이나 아세토인acetoin 등은 버터나 발효된 유제품의 향기성분이다. 락톤lactone은 분자 내에서 하이드록시기-OH와 카복실기-COOH가 탈수되어 생긴 분자 내 에스터로서 주로 과일의 감미로운 향기에 기여하는 향기성분이다표 11-2.

터페노이드류terpenoids는 아이소프렌isoprene, $CH_2=C(CH_3)-CH=CH_2$ 단위로 이루어진 탄화수소와 이들로부터 유도된 알코올, 알데하이드, 케톤 등의 화합물을 말하는데, 식물체를 수증기 증류할 때 얻어지는 방향성의 지용성 물질로 정유精油, essential oil라고 한다. 모노터펜monoterpene 및 세스퀴터펜sesquiterpene류는 식물의 향기에 중요하게 기여한다. 감귤류 정유에 함유된 대표적인 모노터펜 화합물인 리모넨limonene은 신선한 감귤류의 향기를 부여하는 화합물이다.

카리오필렌caryophyllene, $C_{15}H_{24}$은 세스퀴터펜으로 우리나라에 자생하는 일반적인 산채류에 널리 함유되어 비교적 강한 향기 특성을 부여하는 물질이다. 최근 이 물질의 항균·항염증 효과, 종양세포주 억제효과 등에 대한 연구가 활발하게 이루어지면서 이 물질을 함유한 식물에 대한 관심이 증가하고 있다. 예를 들면 쑥부쟁이 정유에서는 이 물질과 관련하여 α-caryophyllene alcohol과 α-caryophyllene, caryophyllene oxide가 규명되었다. α-Caryophyllene alcohol은 온후한 허브향을 내는 물질로 약간의 민트향도 지니고 있는데 이 물질은 버섯향을 낼 때 쓰인다. 또한 이 물질은 클로브와 유사한 향과 건조한 나무향을 내는 것으로 알려졌는데, 실제로 클로브 봉오리 정유에 존재하는 성분이다.

Longiverbenone$C_{15}H_{24}$은 천연에 존재하는 터페노이드류로 곰취에 비교적 다량 함유된 성분이다. 향부자*Cyperus scariosu* 뿌리의 에탄올 추출물에서 분리한 longiverbenone이 항균효과를 지닌다는 보고도 있으며, 인진쑥, 황해쑥, 사자발쑥의 정유성분에서도 longiverbenone을 비롯하여 β-myrcene, cineole, camphene 등을 포함한 다양한 터펜 물질들이 보고되었다. Viridiflorol$C_{15}H_{26}O$은 globulol, epiglobulol, himbaccol로도 불리는 세스퀴터펜 화합물로 *Allophylus edulis* 식물의 주요 성분으로 규명되었으며, 페퍼민트, 오렌지, 스피어민트 등의 식물에도 포함되어 있는데 향기가 좋아 다양한 향기산업에 활용되고 있다.

Viridiflorol은 항염증 및 항산화 효과가 있음이 보고되어 생물학적 활성 측면에서 유용한 정유성분으로 알려졌다. γ-Muurolene 역시 세스퀴터펜 화합물로, 대표적인 향신료인 올스파이스의 오일 성분으로 규명된 바 있다.

지방족 탄화수소류는 일반적으로 향기에 크게 관여하지 못하는 것으로 알려져 있다. 저급의 지방족 탄화수소류, 특히 불포화 탄화수소류 중에는 특유의 향기를 지니는 성분도 있으나, 고급의 지방족 탄화수소, 특히 포화 탄화수소류는 휘발성이 적고 향기에 대한 기여도도 낮다. 또한 직쇄 화합물보다는 측쇄 화합물의 향기가 강하기는 하지만, 카보닐기를 함유하는 화합물에 비하여 향기의 강도 및 용해도도 낮아 향료로서의 쓰임새는 적다고 볼 수 있다(Heath HB, 1978).

산채류의 특징적인 향기는 산채류 속에 함유된 정유성분 가운데 터펜 화합물들에 기인하는 것으로 알려져 있다. 표 11-3에는 개미취, 곰취, 미역취, 참취의 정유에 함유된 터펜 화합물을 나타내었다. 이들은 각 취나물의 향기성분에 주요하게 기여하는 화합물이다. 유사한 취나물류이지만 취나물마다 향기 특성이 매우 다른 양상을 보이고 있다. 개미취 정유성분의 경우, 가장 두드러진 특징은 모노터펜류인 α-pinene의 함량이 높다는 것이다(최향숙, 2012). Pinene$C_{10}H_{16}$은 α와 β 이성체가 있는데, α-pinene은 레몬, 너트메그, 제라니움, 베르가못bergamot의 향을 낼 때 이용된다. β-pinene은 dry-woodynote 또는 resinous-piney odor에 기여하는 것으로 알려져 있다(Atctander S, 1969). Myrcene도 모노터펜에 속하는데, spicy balsamic odor와 신선하고 상쾌한 관능적 특성을 지녀 향기산업에서 널리 쓰이는 화합물이다. 10 ppm 이하에서는 단 냄새와 허브향을 내나, 농도가 높아질 경우 자극적이며 강한 풀냄새를 내게 되므로 저농도에서 사용되는 화합물이다.

Caryophyllene oxide는 미역취 향기에 기여하는 성분인데 식품, 약품 및 화장품 산업에서 보존제로 사용된다. 항균·항암 효과 외에도 강력한 이뇨작용이 있음이 보고됨에 따라 기능성 소재로 주목을 받고 있다. 또한 미역취 향기에 중요한 spathulenol$C_{15}H_{24}O$은 세스퀴터펜으로 유칼립투스의 에터 추출물에서 처음 보고된 이래 다양한 식물체에 함유된 것으로 확인되고 있다. 향기 특성은 earthy-aromatic odor 및 bitter herbal flavor로 기술된다.

표 11-3 | 개미취, 곰취, 미역취, 참취의 정유에 함유된 터펜 화합물

(단위: %, w/w)

화합물	개미취	곰취	미역취	참취
α-pinene	11.5	1.1	1.8	0.3
β-pinene	7.5	1.3	-	0.3
myrcene	8.9	1.3	1.6	3.8
limonene	3.4	4.5	2.9	7.0
α-catyophyllene	1.3	1.3	1.0	3.3
β-catyophyllene	1.3	7.6	0.3	9.5
catophyllene oxide	0.2	2.3	7.7	1.1
spathulenol	7.0	0.1	15.7	0.6
valencene	-	0.1	3.1	-
cadinol	1.7	6.5	1.4	1.9
farnesene	0.3	2.9	-	0.3
aromadendrene	-	14.8	-	-
bicyclogermacrene	-	3.7	-	4.5
δ-terpinene	1.5	0.3	-	8.9
epi-bicyclosesquiphellandrene	-	-	-	21.9
linalyl isovalerate	3.6	-	0.3	-
(*Z*)-nerolidol	1.0	5.6	-	-
3,7,11,15-tetramethyl-2-hexadececen-1-ol	1.2	-	0.8	6.5

자료: Choi HS, 2012

주로 채소류와 향신료의 매운맛 성분인 휘발성 황화합물은 다량 존재 시 악취를 내지만 미량으로 존재 시에는 음식물의 향기를 크게 상승시킨다. 특유한 매운맛 성분을 가지는 것이 많으며, 소량 있으면 식품의 향기를 크게 상승시키는데 이것은 미량의 황화수소 H_2S가 밥의 구수한 냄새성분이 되는 것으로도 알 수 있다.

지방족 화합물은 냄새가 약하나 벤젠핵을 가지는 방향족 화합물은 좋은 냄새를 낸다. 또 이중결합을 가지는 것은 냄새가 강한 것이 많고, 삼중결합을 지닌 물질은 지방족 화합물에서 냄새가 나쁘고 방향족 화합물에서는 냄새가 좋다.

암모니아 NH_3, 아민amine류의 휘발성 질소화합물은 담수어의 비린내와 동물성 식품의 부패 냄새에 관여한다. 퓨란, 피라진류 및 복고리 화합물은 참깨, 참기름, 커피, 보리차 등의 식품을 가열시킬 때 마이야르 반응에 의해 생성되는 냄새이다.

방향족 화합물은 측쇄 위치에 따라 향기가 다르다. 측쇄가 2개일 때는 ortho, para의 순서로 향기가 낮아지며, meta는 대개 향기가 없다. 측쇄의 알킬alkly기가 CH_3, C_2H_5, C_3H_7, C_4H_9, C_5H_{11}일 때까지는 향기가 좋으나 그 이상이 되면 냄새가 없다.

4. 후각의 생리현상

1) 냄새의 전환

향기를 내는 물질의 농도가 변하면 향의 성질도 동시에 변화는 현상으로, 연한 바닐린vanilin향은 장미향 같으나 진하면 낡은 종이 냄새가 나고, 연한 뷰티르산butyric acid은 과일향을 내지만 진하면 썩은 기름 냄새로 변한다.

2) 냄새의 조화

향기를 내는 물질은 서로 조화가 되는 향과 조화가 되지 않는 향이 있다. 우유에 레몬, 고기에 후추, 홍차에 위스키는 잘 조화되지만, 버터에 신 냄새, 쌀밥에 생선 비린내는 비교적 잘 어울리지 않는 조합이다. 또 합성주는 알코올의 냄새가 분리되어 느껴지나, 발효시킨 양조주는 알코올 냄새가 잘 조화되어 있다. 이와 같이 두 가지 이상의 비교적 닮은 향이 결합하여 그것이 완전히 융합되며 단일향으로 느껴지는 조합도 있으나, 두 가지 이상의 냄새가 처음에는 결합해서 느껴지다가 차츰 분리되어 느껴지는 조합도 있다.

3) 후각의 피로

같은 냄새를 오랫동안 맡고 있으면 후각신경이 피로하여 나중에는 그 냄새를 느끼지 못하게 되는데 이것이 후각의 피로현상이다. 후각의 피로현상은 1~10분 안에 일어나고 회복에도 1~10분이 걸린다.

4) 후각의 생리적 이상

후각의 생리적 이상에는 후각 과민, 후각 이상, 후각 감퇴와 질병으로 기도가 막히거나 후점막이 그 기능을 잃었을 때의 후각 손실이 있다.

5. 식물성 식품의 냄새

식물성 식품의 냄새성분은 주로 알코올표 11-4 및 알데하이드류표 11-5, 에스터류표 11-6, 터펜류표 11-7 및 유황화합물표 11-8 등이다. 엽채류의 냄새성분은 신선

표 11-4 | 식물성 식품 냄새의 알코올 성분

성분	함유식품	성분	함유식품
에탄올	주류	프로판올	양파
펜탄올	감자	헥센올	차잎, 푸른잎
리날로올	차잎, 복숭아	1-옥텐-3-올	송이버섯
2,6-노나디엔올	오이	퍼퓨릴 알코올	커피
유게놀	계피		

표 11-5 | 식물성 식품 냄새의 알데하이드 성분

성분	함유식품	성분	함유식품
헥센알	차잎	벤즈알데하이드	아몬드향
신남알데하이드	계피	바닐린	바닐라향

표 11-6 | 식물성 식품 냄새의 에스터 성분

성분	함유식품	성분	함유식품
에틸 포르메이트	복숭아	에틸 뷰티레이트	파인애플
아밀 포르메이트	사과, 배	아밀 뷰티레이트	살구
아이소아밀 포르메이트	사과, 배	아이소아밀 이소발러레이트	바나나
에틸 아세테이트	파인애플	메틸 뷰티레이트	사과
아이소아밀 아세테이드	사과, 배	세다놀리드	셀러리
아밀 프로피오네이트	코코아	아피올	파슬리

표 11-7 | 식물성 식품 냄새의 터펜 성분

성분	함유식품	성분	함유식품
미르센	미나리, 취나물류	멘톨, 멘톤	박하
리모넨	오렌지, 레몬	시네올	카다몬
α-펠란드렌	후추	시트랄	레몬, 오렌지
캄펜	레몬	카르본	카라웨이유
리날로올	차잎, 복숭아	페릴라알데하이드, 페릴라케톤	깻잎
게라니올	레몬, 녹차, 장미유	카리오필렌	취나물류
감마테르피넨, 투존	쑥	후물렌	홉
β-셀린넨	셀러리유	파르네솔	사향초유, 오렌지

표 11-8 | 식물성 식품 냄새의 함유황화합물 성분

성분	함유식품	성분	함유식품
메틸 머캅탄	무, 파, 마늘	퍼퓨릴 머캅탄	커피
프로필 머캅탄	양파	알릴 아이소티오시아네이트	양파, 무, 겨자
아세트알데하이드 디메틸 머캅탄	단무지	다이알릴 설피드	파, 마늘, 양파
S-메틸 시스테인 설폭사이드	순무, 양배추	다이알릴 트라이설피드	파, 마늘, 양파
메틸 β-메틸 머캅토 프로피오네이트	파인애플	다이비닐 설피드	파, 마늘, 양파
β-메틸 메르캅토프로필 알코올	간장	설포라펜	무
β-메틸 메르캅토프로필 알데하이드	간장	S-알릴 시스테인 설폭사이드	마늘

한 향기성분으로 주로 헥사놀hexanol과 같은 저분자의 알코올이나 알데하이드이며, 파·마늘 등의 냄새는 유황화합물에 기인한다.

최근 차 문화가 널리 알려지면서 차의 향기성분 연구도 활발해지고 있다. 연잎차에 대한 연구가 세계적으로 활발한데, 백련의 꽃잎, 꽃 수술, 꽃대, 줄기에 함유된 향기성분은 표 11-9와 같다. 뒤에서 소개할 향기 분석방법 중 solid phase micro-extraction extractionSPME는 headspace gas를 포집하여 GC 및 GC-MS로 분석한 결과이다. 연 꽃잎에서는 undecanoic acid, farnesol, ethyl acetate, 4-hydroxy-3-methoxy benzaldehyde 등이, 꽃술의 headspace에서는 α-copaene 등이, 연 꽃대 headspace의 휘발성 향기성분으로는 bicyclogermacrene, dodecyl acetate, 3-methyl-1-butanol 등이, 연 줄기의 headspace에서는 4-hydroxy-3-methoxy benzaldehyde 등의 성분이 함유되어 있다(최향숙, 2017).

향신료는 각각 그 특유한 맛과 향을 지니고 있어 식품을 조리 가공할 때 풍미가 생기고, 또한 육류의 악취를 제거하는 데에도 매우 효과적인 역할을 하고 있다. 또한

표 11-9 | 백련의 꽃잎, 꽃 수술, 꽃대, 줄기에 함유된 향기 성분 (relative peak area %)

화합물	꽃잎	꽃수술	꽃대	줄기
decane	0.28	-	0.17	0.08
undecane	0.92	-	0.56	0.19
tetradecane	0.46	-	-	-
α-pinene	0.56	-	0.24	0.30
camphene	0.40	-	0.17	-
β-pinene	0.37	-	0.18	0.23
sabinene	0.23	-	0.28	0.18
δ-3-carene	062	-	0.12	0.20
myrecene	0.30	-	0.17	0.15
α-phellandrene	0.60	-	0.32	0.33
α-terpinene	0.49	-	0.27	0.35
ocimene	0.36	-	0.18	0.12
p-cymene	0.30	-	0.15	0.15
γ-terpinene	0.34	-	0.40	0.37
terpinolene	0.45	-	0.20	0.15
α-copaene	0.45	2.58	-	1.38
cis-β-famenrsene	1.79	0.30	0.70	0.22
valencene	-	0.34	-	-
bicyclogermacrene	1.59	1.56	10.17	0.98
gernerene-B	0.90	0.12	-	0.41
hexanal	0.31	-	0.33	0.06
nonanal	0.80	0.[illegible]8	0.23	0.24
undecanal	-	0.28	0.29	-
trans-2-decenal	-	2.[illegible]1	0.39	0.16
dodecanal	-	0.20	-	-
tetradecanal	0.35	1.87	-	0.42
tetradecanal	0.53	0.14	-	0.29
citronellal	1.23	0.13	0.27	0.83
4-hydroxy-3-methoxy benzaldehyde	3.66	1.60	-	3.27
4-hydroxy-2-methoxy benzaldehyde	-	1.62	-	-

화합물	꽃잎	꽃수술	꽃대	줄기
2-methyl-2-butanol	0.45	-	0.22	0.08
propanol	0.35		0.13	-
2-methyl-1-butanol	1.75	-	2.13	0.55
3-methyl-1-butanol	2.97	-	3.65	0.76
p-mentha-1,8-dien-10-ol	0.58	0.14	-	0.29
1,9-nonaediol	0.52	0.36	-	0.23
borneol	0.34	-	-	0.28
terpinene-4-ol	-	0.20	0.23	-
carveol	-	0.23	-	-
geraniol	-	0.14	-	0.16
isoeugenol	-	0.18	-	0.22
cis-nerolidol	-	0.23	-	-
trans-nerolidol	0.57	0.35	0.56	0.24
β-elemol	0.62	0.17	-	-
cedrol	0.88	0.32	-	0.23
cadinol	0.77	0.35	-	0.25
muurolol	0.40	0.17	-	0.25
trans,trans-farnesol	0.31	0.86	-	0.20
farnesol	6.26	0.81	-	0.89
2-methyl-2-butanone	0.72	-	0.18	-
3-buten-2-one	0.25	-	-	-
2,3-pentanedione	0.59	-	0.25	-
camphor	0.42	1.85	0.18	0.24
cis-carvone	0.42	0.41	-	0.25
carvone	-	0.50	-	-
ethyl acetate	4.97	0.61	2.62	-
2-ethyl-2-butanoate	-	-	-	0.49
propyl propanoate	0.28	-	0.12	-
3-methyl butyl acetate	0.24	-	-	-
ethyl hexanoate	0.38	-	0.60	1.80
heptyl acetate	1.53	-	0.67	0.28
citronellyl acetate	-	0.31	-	0.44
decyl acetate	-	0.27	-	-
terpinyl acetate	-	0.16	-	-
neryl acetate	0.60	1.07	1.38	0.22
geranyl acetate	2.82	0.13	0.48	1.37
geranyl propionate	-	0.18	0.70	0.18
dodecyl acetate	1.70	0.11	6.23	1.06
trans,trans-farnesyl acetate	-	0.18	-	-
ethyl heptadecanoate	-	0.36	-	-
methyl octadecanoate	-	0.47	-	0.52
ethyl octadecanoate	-	0.98	-	2.59

자료: 최향숙, 2017

표 11-10 | 향신료의 향기성분

향신료	소재	주성분	향신료	소재	주성분
고추	열매	capsaicin	겨자	종자	allylisothiocyanate
커민	과일	cuminyl alcohol	마늘	인경	diallyldisulfide
생강	지하경	zingerone	강황	뿌리	citral
타임	잎	carvacrol($C_{10}H_{14}O$)	박하	잎	menthol
차조기	잎, 종자	perillaldehyde	아니스	종자	anethole
파슬리	과일, 잎	apiole	셀러리	줄기, 종자	*d*-limonene

향신료는 미각을 자극함으로써 소화작용을 돕는 역할도 한다. 향신료의 향기성분은 주로 터펜, 알코올, 알데하이드, 케톤, 유황화합물들이다표 11-10.

6. 동물성 식품의 냄새

동물성 식품 중에서 수육과 어육에는 아민류가, 우유 및 유제품에는 지방산 및 카보닐 화합물이 냄새성분의 주체를 이루며, 일부의 알코올류와 알데하이드류가 관여하고 있다.

어류의 체표면 점액에 있는 트라이메틸아민은 해수어의 비린내 성분으로 어류의 체표면 점액의 trimethylamine oxide가 선도의 저하로 세균의 환원작용에 의해 생성된 것이다. 담수어의 선도 저하에 따른 냄새성분으로는 피페리딘, δ-아미노발레르알데하이드, δ-아미노발레르산 등이 있으며, 어육, 수육, 혈액, 체표면에 있는 피페리딘은 아미노산인 라이신에서 카다베린을 거쳐 생성되며, 선도가 더욱 저하되면 δ-아미노발레르알데하이드, δ-아미노발레르산이 생성된다. 암모니아는 육류나 어류의 선도가 상당히 저하되었을 때 발생하는 자극취로 요소가 세균의 작용으로 분해되어 생성된다. 메틸머캅탄 황화수소, 인돌, 스카톨은 수육, 어류가 부패될 때 단백질이 분해되어 나는 냄새로 유독물질인 프토마인을 생성하여 중독을 일으킬 수 있다.

신선한 생우유의 향기성분은 주로 아세톤, 아세트알데하이드 등의 카보닐 화합물과 저급지방산 및 메틸설피드에 의한다. 신선도가 떨어지면 δ-아미노아세토페논에 의해 불쾌한 냄새가 난다. 발효유의 냄새는 젖산발효로 생긴 카보닐 화합물에 의해 일어난다. 아세토인, 다이아세틸은 버터의 중요한 향기성분이다. 에틸-β-메틸-머캅토프로피온산은 된장, 치즈의 향기성분이다.

7. 식품의 조리 및 가공으로 인한 냄새성분

백합과에 속하는 양파, 마늘, 파, 부추 등과 겨자과에 속하는 겨자, 배추, 양배추, 무, 갓, 순무, 브로콜리, 콜리플라워 등과 같은 채소들은 과일과 달리 강하고 독특한 냄새성분을 가지며, 이들은 조리과정 중 효소의 반응에 의해 생성된 황화합물이다. 마늘에는 냄새를 내는 전구물질로 S-알릴-L-시스테인 설폭시드S-allyl-L-cysteine sulfoxide인 알리인alliin이 존재한다. 마늘을 썰거나 다지거나 씹어 마늘 조직이 파괴되면 이 전구체에 알리이네이스alliinase가 접촉하여 다이알릴 싸이오설피네이트diallyl thiosulfinate인 알리신allicin을 생성한다.

식품을 가열하면 여러 가지 냄새가 발생한다. 이것은 식품 속에 처음부터 함유되어 있던 휘발성 냄새성분과, 비휘발성 식품성분이 분해되거나 서로 반응하여 생성된 휘발성 냄새성분에 의한 것이다. 빵의 향기는 반죽의 발효에 의해 생성된 다이아세틸 및 여러 가지 알코올류와 에스터류에 의한다. 굽는 과정에서의 아미노-카보닐amino-carbonyl 반응으로 생성된 수십 종의 카보닐 화합물이 빵의 향을 이룬다. 채소를 삶을 때 폼알데하이드, 아세트알데하이드, 메틸설파이드, 황화수소, 메틸머캅탄, 에틸머캅탄, 프로필머캅탄 등의 황화물이 생성된다. 땅콩, 참깨, 커피, 차, 식빵, 스테이크류, 전골류, 장어구이 등의 가열 조리된 식품의 향기는 주로 아미노-카보닐 반응에 의해 생성된 각종 휘발성 성분 때문이며, 이 외에 함황화합물의 열분해와 지방의 분해에 의한 생성물이 관여하여 식품의 특유한 향을 띠게 된다. 그 밖에 유지나 함황화합물 등의 열분해 의한 생성물에 의해 각 식품 특유의 냄새가 발생된다. 당류의 가열·분해·산화로 식품의 풍미물질인 퍼퓨랄, 하이드록시 메틸 퍼퓨랄이 생성된다.

발효식품의 냄새성분은 원료식품의 성분이 효소에 의하여 분해되어 생성되거나 이들의 혼합물에 의한 것이다. 청주, 맥주, 포도주, 된장, 간장, 김치 등의 냄새는 탄수화물, 단백질, 아미노산 등의 성분으로부터 미생물 대사에 의하여 생성된 여러 가지 유기산, 알코올, 에스터, 알데하이드, 케톤 등의 혼합취이다.

8. 식품의 향기 분석방법

향기성분은 활성이 매우 크고 여러 화합물에서 유래되며 농도가 매우 낮다. 이런 특성으로 인해 향기성분을 정성 및 정량 분석하는 더 어려움이 많다. 향기성분의 분석은 식품학적으로 객관적인 방법을 개발하여 원료의 향기성분을 파악하고 가공 중에 일어나는 변화를 조절할 수 있도록 한다. 경우에 다라서는 식품에 자연 향기성분을 첨가하는 가능성을 확대하는 데도 유용하다. 허용되지 않은 향기성분의 첨가는 식품 중의 천연 성분으로서 향기물질의 함량을 파악하면 찾아낼 수 있다.

식품의 향기 분석을 위해서는 휘발성 물질들을 잘 분리해야 한다. 기술적으로 부족하면 향기물질의 양적 변화가 야기되고 그 종류도 알아내기 힘들게 된다. 특히 식품 중에 효소의 활성이 강할 경우 향기성분의 변화가 심하다. 최근 들어 가스크로마토그래피, 질량분석기의 발달로 향기 분석기술은 고도로 발전하여 미량의 향기성분 분석도 가능해졌다. 식품으로부터 향기를 분석하기 위해서는 우선 향기성분을 추출하여야 한다. 종래에는 수증기 증류법그림 11-2, 동시 수증기 증류 추출법그림 11-3을 사용하였으나 이 방법은 유기용매를 사용하여 추출하는 방법으로 향기성분의 오염 등의 문제가 있었다. 최근에는 유기용매를 사용하지 않고 단지 수증기로만 정유를 추출하는 수증기 증류 추출법hydro distillation extraction이 일반화되었다그림 11-4. 향기성분의 추출은 식품의 상태에 따라 차이가 많은데, 식품의 휘발성 물질은 감압 상태에서 증류되고 냉각관에 모아져 추출된다. 이러한 추출법은 식품을 가열하는 과정이 포함되므로 식품 본래의 향기성분을 추출하는 데에는 문제가 있을 수밖에 없다. 따라서 최근에는 식품을 가열하지 않고 시료가 담긴 병vial의 윗 공간에 모인 향기성분을 다공질의 합성 과립상에 흡착 수집하는 headspace analysis가 널리 사

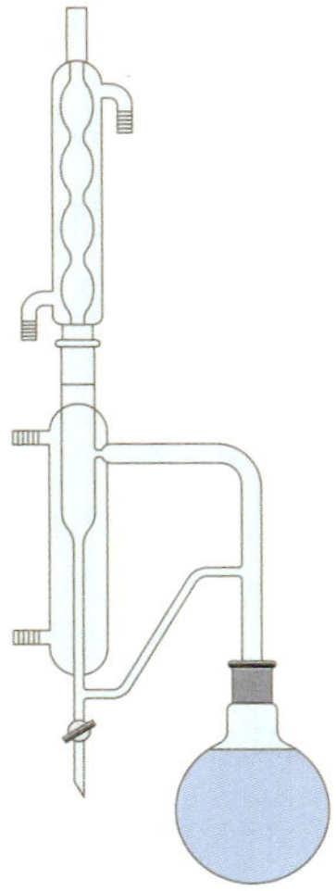

그림 11-2 | 유기용매를 사용한 수증기 증류장치

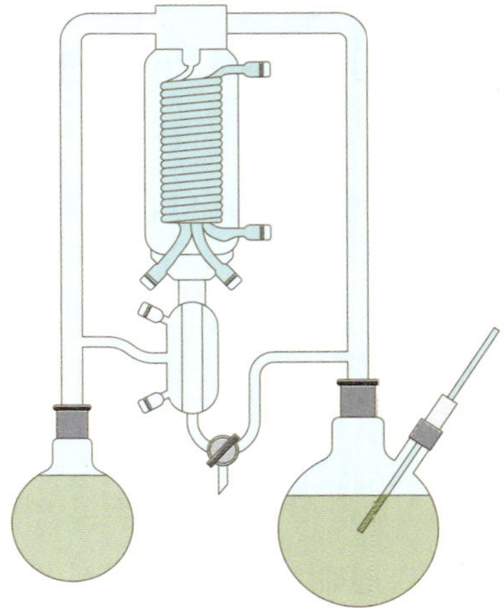

그림 11-3 | 동시 수증기 증류 추출장치

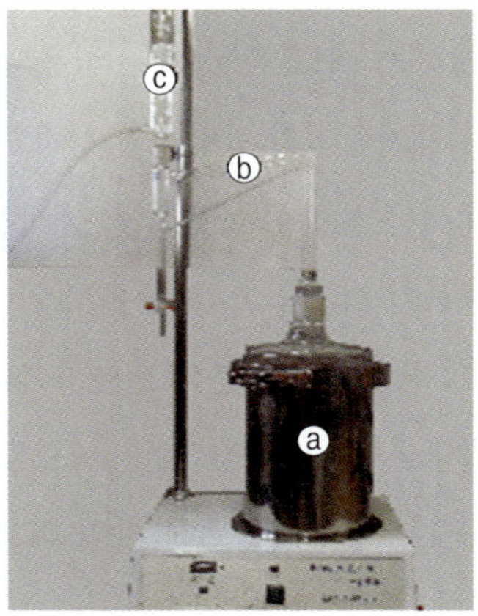

그림 11-4 | 수증기 증류 추출장치

a: 시료 용기, b: 정유 분리관, c: 냉각관

용되고 있다그림 11-5. 식품의 headspace에 모인 향기를 흡착하기 위해서는 solid-phase microextractionSPME법을 사용하며 이 방법에서는 다양한 흡착 fiber를 활용한다. 향기성분의 화학적인 구조는 핵자기 공명nuclear magnetic resonance 또는 질량 스펙트럼mass spectrum 분석방법을 이용하여 규명 가능하다.

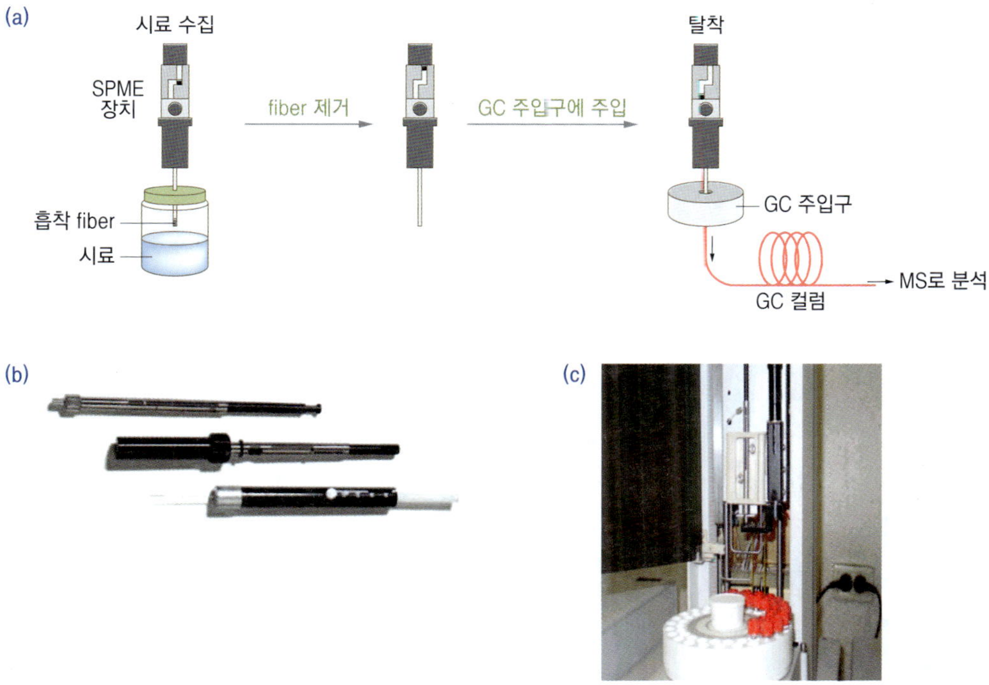

그림 11-5 | (a) Solid-phase microextraction 장치, (b) 다양한 fiber를 지닌 SPME용 syringe, (c) 질량분석기에 장착된 SPME autosampler

FOOD CHEMISTRY

FOOD CHEMISTRY

chapter

12

식품의 맛

학습목표

1. 맛의 종류를 설명할 수 있다.
2. 미각의 생리현상을 설명할 수 있다.
3. 맛의 변화에 대해 설명할 수 있다.

chapter 12

식품은 각기 고유의 맛성분을 갖고 있으며, 이 성분들은 기호성에 영향을 주는 가장 중요한 요소이다. 식품의 좋은 맛은 식욕을 증진시킬 뿐만 아니라 소화와 흡수에도 좋은 영향을 끼친다. 식품의 맛은 주로 미각에 의해 결정되나 촉각, 통각, 온각, 시각 등에 의해서도 영향을 받는다. 맛을 내는 성분은 수용성이고 대부분 비휘발성이며 냄새성분보다 높은 농도로 식품에 존재한다.

1. 식품의 맛

맛taste은 좁은 의미로는 짠맛 및 단맛, 신맛, 쓴맛, 감칠맛에 대한 혀의 지각반응을 뜻하지만 맛성분 이외에 향기, 온도, 질감 등의 요소도 맛에 중요한 영향을 미친다. 맛성분은 냄새성분보다 구조가 단순하며 수용성 특성을 나타낸다. 수용성 맛성분이 미공을 통해 미뢰에 들어가 미각세포를 자극하면 세포막의 이온 투과성이 변하여 전위 차가 발생하고, 이 전기적 충격이 미각신경을 통해 대뇌까지 전달되면 맛을 감지하게 된다. 식품의 맛은 사람의 식품에 대한 기호와 밀접한 관련이 있으며 색깔 및 냄새와 함께 식품의 품질을 결정하는 중요한 요소이다.

1) 미각기관

식품의 맛은 미각에 의하여 느껴지며 미각은 혀의 표면에서 느껴지는 감각과 맛을 인식하는 기구를 의미한다. 미각은 건강을 유지하기 위한 필수적인 감각으로 개인의 음식에 대한 선호도를 결정하여 식습관을 형성함으로써 영양 상태를 결정짓는 중요한 역할을 한다. 미각은 수용액 상태에서 혀의 미각세포가 모여 형성된 미각 수용기의 일부분과 접촉하여 화학적인 자극을 일으키게 된다. 미각기관은 혀의 표면에 돌기상으로 붙어 있는 크고 작은 여러 개의 유두乳頭, papilla와 그 상피에 있는 미

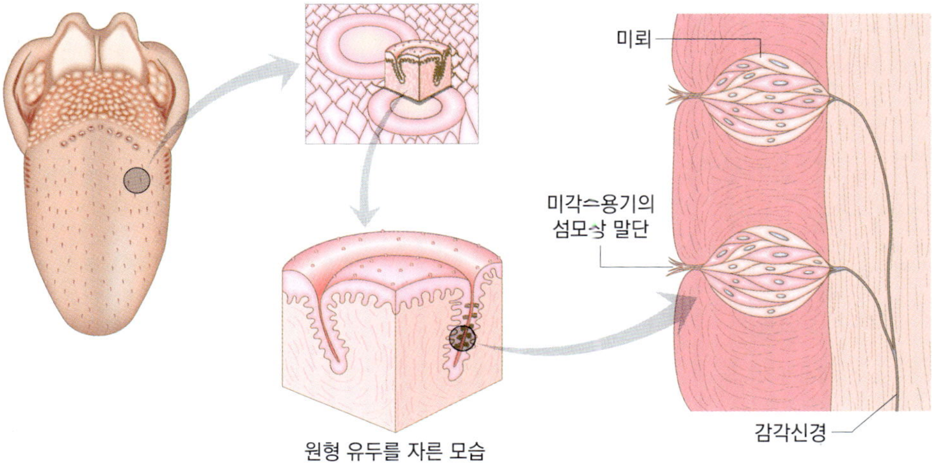

그림 12-1 | 혀의 구조

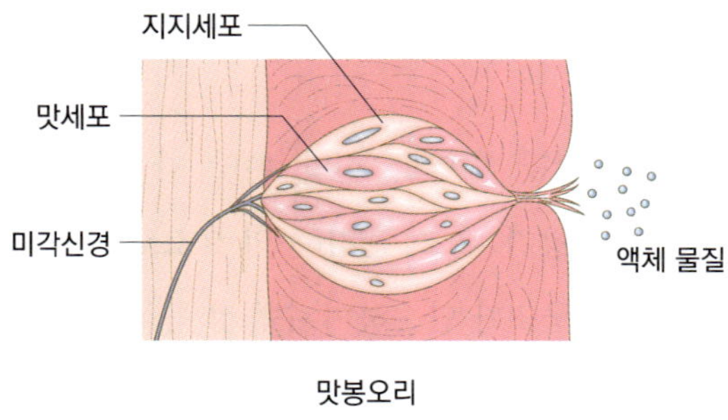

그림 12-2 | 유두의 구조

뢰味蕾, taste bud로 되어 있다그림 12-1, 12-2. 유두에는 그 모양에 따라 윤상유두輪狀乳頭, 버섯상유두, 사상유두絲狀乳頭, 엽상유두葉狀乳頭의 네 종류가 있고, 혀의 위치에 따라 그 분포가 다르다.

미뢰는 맛세포와 지지세포로 형성되어 있으며 미각신경이 연결되어 있다. 외부에서 미뢰로 들어가는 입구를 미공이라고 한다. 미공의 수는 개인에 따라 다르며 나이가 들면서 감소한다. 침이나 음식물의 즙액에 녹아 있는 정미물질은 미공을 통과하여 미뢰로 들어와 맛세포를 자극하고, 여기에서 일어나는 화학적 변화에 의해서 주변에 전위 차가 생기는데 이것은 수용기 전위 차receptor potential로 알려져 있다. 이 전위 차는 어떤 수준에 도달하면 미뢰에 연결된 미각신경섬유에 신경신호를 유발하

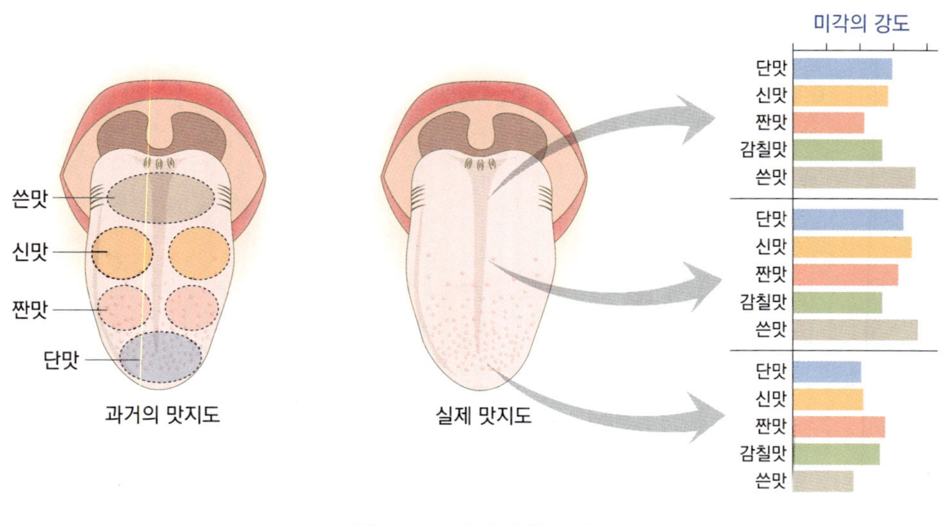

그림 12-3 | 맛에 대한 민감도

며, 이 신호는 여러 과정을 거쳐서 뇌에 전달되고 뇌에서 어떤 맛으로 인식되는 것으로 알려져 있다.

미각을 일으키는 화학물질을 정미呈味성분이라고 하는데 이 성분은 물이나 침에 녹으면서 맛을 나타낸다. 맛의 종류는 다양하나 단맛sweet, 신맛sour, 짠맛saline, salty, 쓴맛bitter을 4기본맛이라고 하고, 이 외에도 감칠맛, 매운맛, 떫은맛, 아린맛, 알칼리맛, 금속맛 등이 있으며 나라 또는 지역에 따라서 다소 차이가 있다. 혀에서 4가지 종류의 수용체는 위치상의 분포에 따라 각각의 맛에 대한 민감도가 다르게 느껴지며그림 12-3 표 12-1, 맛에 따른 반응시간도 다르다표 12-2.

표 12-1 | 혀의 각 부위에 따른 맛성분 최소 감지량

(단위: %)

맛의 종류	정미물질	혀의 앞부분	혀의 양쪽	혀의 뒷부분
짠맛	소금	0.25	0.24~0.25	0.28
신맛	염산	0.01	0.006~0.007	0.016
단맛	설탕	0.49	0.72~0.76	0.79
쓴맛	황산 퀴닌	0.00029	0.0002	0.00005

표 12-2 | 맛의 반응 시간

맛의 종류	정미물질	반응시간(초)	농도(millimole)
짠맛	소금	1.1~1.6	450
단맛	설탕	1.2~1.7	170
신맛	염산	1.4~1.7	200
쓴맛	퀴닌	1.6~2.1	16

2) 미각 역치

맛의 발현기구가 명백하게 밝혀지지 않았기 때문에 그 민감도를 수량적으로 표현할 수 없으나 맛성분이 확실히 느껴지는 최저농도를 그 성분의 역치threshold value라고 한다. 이 역치는 맛의 종류와 남녀의 성별에 따라 차이가 있다표 12-3, 12-4.

미각은 시각, 청각, 후각, 촉각 등 다른 감각들과 마찬가지로 연령이 증가함에 따라 감퇴한다고 알려져 있다. 특히 신체의 모든 기능이 저하되는 노령층에서 정상적

인 미각은 식생활을 즐기고 삶의 질을 유지하며 필요한 영양을 적절히 섭취하기 위해 아주 중요한 감각이다. 미각기능에 영향을 미치는 인자로 성별, 흡연 여부, 약물 복용 등이 보고되어 있다.

이재욱 외의 연구(2013)에 따르면, 20대 젊은 성인에 비해 50대 이상의 노령층에서 단맛, 짠맛, 신맛, 쓴맛의 민감도가 떨어지며, 연령이 증가하면서 점점 더 감소하는 양상을 보인다. 그중에서도 네 가지 기본맛의 감지 역치 및 짠맛의 인지 역치는 노령층에서 유의하게 증가하였다. 노령층에서 많이 복용하고 있는 약물의 효과를 보정하였을 때도 짠맛과 신맛의 감지 역치는 노령층에서 높게 나타났다. 즉, 연령이 증가함에 따라 네 가지 기본맛에 대한 역치가 모두 증가하였지만 그중에서도 짠맛의 역치의 증가가 가장 두드러졌다.

표 12-3 | 혀의 부위별 맛성분의 역치

(단위: g/100 mL)

맛의 종류	정미물질	혀의 부위		
		혀끝	혀둘레	혀뿌리
짠맛	염화나트륨	0.25	0.24~0.25	0.28
신맛	염산	0.01	0.006~0.007	0.016
단맛	설탕	0.49	0.72~0.76	0.79
쓴맛	퀴닌 설페이트	0.00029	0.00020	0.00005

표 12-4 | 성별에 따른 맛성분의 역치

(단위: %)

맛 성분	남자	여자
소금	0.297	0.288
설탕	0.496	0.418
아세트산	0.0181	0.0133
퀴닌 설페이트	0.00104	0.00088

3) 맛의 분류

헤닝Henning은 단맛sweet(감미), 신맛sour(산미), 쓴맛bitter(고미), 짠맛saline(염미)을 4원미four basic taste라 하고, 이 4원미의 배합에 의해서 모든 맛이 구성될 수 있다고 하였다. 4원미를 정점으로 한 4면체를 생각하고 모든 맛은 4면체상의 한 점으로 표시할 수 있다. 그러나 최근에 와서 모든 맛을 간단히 4원미로 설명하기 곤란하다고 인식하게 되었다. 그 예로 보조적인 맛인 매운맛hot taste, 맛난맛palatable taste(감칠맛), 떫은맛astringent taste, 교질맛colloidal taste, 금속맛metallic taste, 알칼리맛alkali taste, 아린맛acrid taste 등을 들 수 있는데, 이들은 생리적으로 감각을 받는 양상이 4원미와 달라 매운맛은 통감과 온도감각의 복합감각이고, 떫은맛은 점막의 수렴감이 혼합된 것이다.

맛은 온도의 차이에 따라서 느껴지는 정도가 다른데, 일반적으로 혀의 미각은 10~40°C의 범위에서 잘 느끼고, 이 온도에서 멀어질수록 둔해지며 30°C에서 가장 민감하다고 알려져 있다.

맛의 종류에 따라 맛을 잘 느낄 수 있는 최적온도의 범위는 표 12-5와 같다. 온도가 상승됨에 따라 단맛은 증가하고 짠맛과 쓴맛에 대한 반응은 감소한다. 신맛은 온도에 의하여 크게 영향을 받지 않으며, 온도의 강하로 쓴맛의 감소가 특히 심해진다.

표 12-5 | 맛 감지의 최적온도

맛의 종류	온도(°C)
단맛	20~50
짠맛	30~40
신맛	25~50
쓴맛	40~50
매운맛	50~60

(1) 단맛

단맛을 가진 물질들은 자연식품류에는 대체로 단당류, 이당류, 아미노산, 방향족 화합물, 유황 화합물, 스테비오사이드stevioside 등이 있으며, 인공(합성) 감미료 artificial sweetener에는 사카린, 아세설팜acesulfame, 아스파탐aspartame 등이 해당된다. 설탕은 수용액 상태에서 항상 일정한 단맛을 가지고 있으므로 단맛의 표준물질로 적당하다. 일반적으로 설탕의 감미도를 100 또는 1로 하고 다른 물질의 상대적 감미도를 표현한다.

일반적으로 알데하이드기-CHO, 니트릴기-CN, 옥심기-CH=NOH, 니트로기-NO_2, 아미노기-NH_2, 설폰산기-SO_3H, 설폰아마이드기-SO_2NH_2, 하이드록시기-OH와 같은 원자단을 가지는 화합물이 단맛을 나타내므로 이 원자단을 감미발현단이라고 한다. Oerstley와 Meyer 등의 감미발현단설에 의하면 감미물질이 단맛을 갖기 위해서는 이와 같은 감미발현단이 있어야 하고, 여기에 조미단(H 또는 $-CH_2OH$ 등)이 결합할 때 비로소 단맛을 나타낸다고 한다.

포도당은 α형이 β형보다 1.5배 더 달다. 결정은 α형이지만 수용액으로 되면 β형이 되고 온도 상승으로 β형이 증가되어 단맛이 감소한다. 과당은 천연당류 중 단맛이 가장 크고 단맛은 상쾌한 맛으로 표현된다. 단맛은 β형이 α형보다 3배 더 달다. β형은 불안정하여 가열하거나 방치하면 β형이 α형으로 평형을 이룬다. 설탕은 글리코사이드glycoside성 OH가 없어 비환원당으로 변선광變旋光을 나타내지 않고 α, β 이성체가 없어 감미 변화가 적어 감미 표준물질로 사용된다. 맥아당은 환원성이 있는 당으로 α와 β형이 있으며, α형이 더 달고 용액으로 가열하면 일부 β형은 α형으로 된다. 전화당은 설탕의 가수분해에 의하여 생성된 포도당과 과당의 등량 혼합물로서 벌꿀의 주성분이며, 설탕보다 약간 강한 단맛을 갖는다. 젖당은 α, β형이 있으며 β형이 조금 더 달다.

당알코올의 단맛은 친수기인 하이드록시기에 기인되는 것으로, -OH기가 증가함에 따라 단맛도 증가한다. 단맛을 내는 대표적인 당알코올은 이노시톨inositol, 소비톨sorbitol, 마니톨mannitol, 자일리톨xylitol, 둘시톨dulcitol, 에리트리올erythritol 등이다. 체내에 흡수되지 않으므로 저칼로리 감미료로 사용된다. 당알코올인 소비톨은 포도당을 니켈 촉매하에 수소 첨가로 얻어지며, 용해가 쉽고 화학적으로 안정하며, 흡습성이 있고 수분의 보유량을 일정하게 유지하여 보습제로 이용된다. 또한 당뇨병 환자에게 감미료로 사용되는데 자일리톨은 D-xylose를 환원하여 만든 당알코올로 당뇨병 환자의 감미료로 이용된다. 아미노산 중에서 글리신, 알라닌, 프롤린, 세린은 감미를 주는 것으로 알려져 있다.

글리시리진glycyrrhizin은 설탕의 300배의 단맛을 지니며 감초의 뿌리에 있다. 스테비오사이드stevioside는 설탕의 300배의 단맛을 지닌다. 국화과에 속하는 스테비아*Stevia*의 잎은 아글리콘aglycone과 당이 결합한 배당체인 스테비오사이드를 함유한다.

인공감미료인 사카린은 1879년에 Remsen, I.과 Fahlberg, C.에 의해 합성된 것으로 단맛이 매우 강한 감미료이다. 사카린은 결정성 물질로 녹는점이 229°C로 높으며 물에는 잘 녹지 않는다. 그래서 이것을 나트륨염으로 하여 용해성을 높이고 있다. 사카린은 농도가 0.5% 이상으로 높아지면 분해되지 않는 부분이 많아져서 쓴 뒷맛bitter off-taste이 나게 된다. 사카린은 다량 섭취하면 소화효소의 작용이 저해되고 콩팥장애를 야기시킬 수 있다고 한다. 아스파탐은 설탕의 150배의 단맛을 지니며 아스파트산과 페닐알라닌으로 구성된 다이펩타이드이다. 맛이 상쾌하고 독성도 적어 인공감미료로 사용된다. 아스파탐은 흰색의 분말이며 뒷맛이 없으며 설탕, 포도당, 과당, 사카린 등과 상승작용을 하는 것으로 알려져 있다. 그러나 아스파탐은 높은 온도에서 불안정하여 120°C에서 30분간 가열하면 10%, 150°C에서 10분간 가열하면 80% 정도가 아미노산으로 분해된다. 그러므로 오븐에서 구워 만드는 식품의 경우에 주의를 요한다. 이 경우에 페닐케톤뇨증phenylketonuria, PKU 환자에게는 사용이 제한되어야 한다. 또한 아스파탐은 수용액 상태로 있을 때 메틸에스터 결합이 끊어져 무미無味한 다이펩타이드의 형태로 된다. 따라서 각종 음료 및 냉동식품에 첨가할 때 유의해야 한다.

그 외의 인공감미료인 둘신dulcin은 1883년에 발견된 감미료로 설탕의 70~350배의 단맛을 가지나 인체 내에서 분해되어 파라아미노 에톡시벤졸para-amino ethoxy-benzol로 되고, 또 다시 혈액 독인 파라아미노 페놀para-amino phenol로 변하기 때문에 독이 있는 것으로 알려졌으며, 또한 간에 종양을 일으키는 발암물질인 것으로 밝혀져서 그 사용이 금지되었다. 소디움 사이클라메이트sodium cyclamate는 물에 잘 녹으며 설탕의 약 50배 단맛을 가지고 있다. 표 12-6에 여러 당류의 상대적 감미도를 제시하였다.

표 12-6 | 상대적 감미도

종류		감미도
당류	설탕	100
	과당	100~173
	전화당	120
	포도당	50~74
	람노스	60
	글루코사민	50
	맥아당	50~60
	자일로스	40
	갈락토스	27~32
	젖당	16~28
당알코올	자일리톨	75
	소비톨	48~70
	에리트리톨	45
	이노시톨	45
	마니톨	45
인공감미료	사카린	20,000~70,000
	Na-사이클로헥실 설파메이트	3,000~4,000
	둘신	7,000~35,000
기타	페릴라르틴	200,000~500,000
	글리시리진	290~500
	스테비오사이드	20,000~30,000
	필로둘신	20,000~30,000

(2) 짠맛

짠맛**saline taste, salty taste**은 4가지의 기본맛 중에서 생리적 욕구가 가장 강한 맛 성분으로, 무기 및 유기의 알칼리염이 해리하여 생긴 이온의 맛이다. 무기염이 해리하여 생긴 음이온의 경우, 짠맛의 세기는 $SO_4^{2-} > Cl^- > Br^- > I^- > HCO^- > NO_3^-$의 순으로 알려져 있다. 양이온의 경우는 $NH_4^+ > K^+ > Ca^{2+} > Na^+ > Li^+$ 순으로 짠

표 12-7 | 염류의 짠맛 비교

	Cl	I	Br	SO_4	NO_3
Na	1.00	0.77	0.91	1.25	0.17
K	1.36	0.54	1.16	0.26	0.14
Ca	1.23				
NH_4	2.38	2.44	1.83	1.26	1.03
Li	0.44	0.57	0.79		0.23
Mg	0.20			0.01	

맛을 나타내며, Ca^{2+}, Mg^{2+} 등은 쓴맛을 나타내기도 한다. 일반적으로 NaCl, KCl, NH_4Cl, NaBr, NaI은 짠맛을 강하게 나타내며, $MgCl_2$, $MgSO_4$, KI은 짠맛보다 쓴맛이 강하다. KBr, NH_4I은 짠맛과 쓴맛을 같은 정도로 나타내며, $CaCl_2$는 불쾌한 맛을 나타낸다.

짠맛 중에서 가장 대표적인 것은 소금NaCl의 맛이며 대부분 식품의 맛은 함유된 염에 기인한다고 볼 수 있다. 소금의 짠맛을 1.00으로 할 때 다른 무기물의 짠맛을 비교하면 표 12-7과 같다.

소금은 짠맛을 내는 대표적인 물질이며, 체액의 삼투압에 관여하는 등 생리적으로도 중요하다. 또 소금은 가장 순수한 짠맛을 내기 때문에 조미료로 많이 이용된다. 그러나 식탁염에는 소량의 $CaCl_2$, $MgCl_2$, $MgSO_4$, KCl 등의 불순물이 함유되어 있어서 양이온에 의한 짠맛 외에 약간의 쓴맛도 느낄 수 있다. 일반적인 음식에서 소금의 농도가 약 1%일 때에 가장 기분 좋은 짠맛을 낸다. 짠맛은 유기산이 섞이면 더 강해지고, 0.1% 정도의 소금이 감미료에 섞이면 단맛이 강해진다. 또한, 식염은 영양생리상 중요한 무기질에 속한다.

고혈압 등 각종 심장 또는 순환계 질환들에 나트륨 이온Na^+이 결정적인 역할을 하는 것으로 알려지면서 식염의 섭취량에 대해서 많은 관심이 기울여 왔다. 일부 식품에서의 나트륨 함량은 표 12-8과 같다. 소금 등은 체내에서 강하게 수화된 Na^+의 형태로 존재하여 수분이 자유로이 체외로 빠져나가는 것을 억제하며 혈압 및 체중의 증가, 심장 또는 콩팥의 과로 등의 증상을 일으킨다. 이러한 이유로 유기산의

표 12-8 | 일부 식품 중 나트륨 함량

(단위: mg/100 g)

식품의 종류	나트륨 함량	식품의 종류	나트륨 함량
셀러리	126	절임햄	860
시금치	71	베이컨	1,077
미나리	52	소시지	958
당근	47	대구	70
배추	23	치즈, 파르메산	1,848
양배추	20	가공치즈	1,421
무	18	우유	50
고추	13	버터	224
양파	10	달걀	122
고구마	10	땅콩	5
마쇄된 쇠고기	48	가염땅콩	418
쇠간	136	크래커	1,100
돼지고기	60	오이절임	5,000

알칼리염 중에서 소금과 비슷한 짠맛을 지니는 disodium malate, diammonium malonate, sodium gluconate 등이 콩팥병, 간장병, 고혈압 등 식염 제한자에게 식염 대용으로 사용되거나 무염간장 제조에 사용된다. 콩팥병에 Na^+가 영향을 주는 것으로 밝혀져 있기 때문에 최근 이와 같은 용도로 KCl이 사용되고 있다.

(3) 신맛

일상적으로 섭취하고 있는 신맛 성분은 아세트산, 젖산, 석신산, 타타르산, 시트르산 등의 유기산이다. 신맛은 아세트산에서와 같이 $CH_3COOH \rightleftarrows CH_3COO^- + H^+$처럼 해리한 경우, H^+의 맛이라고 할 수 있다. 그리고 염산, 질산, 황산 등의 무기산도 신맛을 띤다. H^+의 농도가 같은 용액 곧 pH가 같은 용액에서는 무기산보다 유기산의 신맛이 강하게 느껴진다. 무기산의 신맛은 탄산 외에는 일반적으로 불쾌하다. 탄산은 약한 산으로서 $H_2CO_3 \rightleftarrows H^+ + HCO_3^- \rightleftarrows 2H^+ 9CO_3^{2-}$와 같이 해리되는데 자극성의 약한 신맛이 상쾌한 느낌을 주기 때문에 탄산음료에 널리 첨가된다.

산들의 신맛 강도를 동일 농도에서 HCl을 100으로 하여 비교하면 시트르산은 78, 아세트산은 45이며, HCl > HNO_3 > H_2SO_4 > 폼산 > 시트르산 > 말산 > 아세트산 > 뷰티르산의 순이다. 신맛의 강도는 pH와 반드시 정비례하지는 않는다. 산은 해리되면 수소이온과 동시에 음이온을 생성하며, 이것도 신맛에 영향을 준다. 특히 신맛이 떫은맛이나 쓴맛 등을 함께 나타내는 것은 이 때문이다. 또 신맛은 온도의 상승에 의하여 단맛과 더불어 증가하지만, 짠맛과 쓴맛은 감지도가 떨어지게 된다.

동일한 pH에서도 무기산보다 유기산의 신맛이 더 강하게 느껴진다. 무기산은 대부분 해리되어 있기 때문에 수소이온이 혀점막에 닿으면 곧 중화되어 신맛의 느낌은 사라진다. 그러나 유기산은 해리도가 낮아서 해리되어 있던 수소이온이 혀점막에 접촉되어 소실되면 해리되지 않은 부분이 계속적으로 해리되어 수소이온을 방출하므로 신맛이 강하게 느껴진다.

신맛은 대체로 청량감과 고유의 향기를 동반하는 경우가 많으므로 미각을 자극시키고 식욕을 증진시켜 주는 작용을 한다. 주요한 신맛 성분의 역치는 표 12-9와 같다.

표 12-9 | 주요한 신맛 성분의 역치(mol 농도)

종류	분자식	분자량	역치
염산	HCl	36	0.0008
아세트산	CH_3COOH	60	0.0012
타타르산	$HOOC(CHOH)_2COOH \cdot 2H_2O$	168	0.0015
젖산	$CH_3CHOHCOOH$	90	0.0018
시트르산	$HOOCCH_2CHOHCOCHCH_2COOH$	192	0.0019
석신산	$HOOC(CH_2)_2COOH$	118	0.0024
말산	$HOOCCHOHCH_2COOH$	134	0.0027

아세트산acetic acid은 당질의 아세트산 발효에 의하여 생성되는 유기산으로 식초의 신맛을 내는 주요 물질이다. 식초에는 아세트산이 4~6% 함유되어 있다. 순도가 높은 아세트산(98% 이상)은 낮은 온도에서 얼음처럼 굳어지기 때문에 빙초산이라고 한다. 식초에는 석신산, 글루콘산, 젖산 등도 들어 있다.

표 12-10과 같이 식품에서의 신맛은 매우 다양하다. 젖산은 요구르트나 젖산음료

등의 유제품, 김치, 간장, 청주 등에 들어 있다. 당류에 유산균이 작용하거나 우유가 산패할 때에 생성된다. 젖산은 상쾌한 신맛과 방부성을 가지고 있다.

시트르산citric acid은 감귤류, 살구, 레몬, 매실, 포도 등의 과실에 널리 함유되어 있다. 시트르산은 상쾌한 신맛을 낼 뿐만 아니라 빠른 피로 회복 효과가 있는 유기산으로 식품첨가물로 많이 이용된다.

말산malic acid은 사과, 포도, 복숭아 등의 과일과 토마토, 시금치, 상추의 채소류에 널리 분포되어 있으며, 상쾌한 신맛을 가진다. 타타르산tartaric acid은 포도, 파인애플, 죽순 등의 식물계에 널리 존재하는 신맛이 강한 유기산이다. 청량음료, 잼, 젤리 등에 시트르산 및 젖산 등과 함께 사용된다.

석신산succinic acid은 청주, 합성청주, 된장, 간장이나, 패류, 사과, 딸기 등에 들어 있으며, 감칠맛을 내는 물질이다. 푸마르산fumaric acid은 동식물체에 소량 존재하고 있다. 분말주스, 김치, 합성주, 청량음료, 과실통조림 등에 사용된다.

이 외에도 탄산carbonic acid, 시금치, 전곡류, 취나물 등에 함유된 수산oxalic acid, 발효유 제품에 함유된 뷰티르산butyric acid, 양조식품에 함유된 글루콘산gluconic acid, 감귤류, 과실류, 채소류에 함유된 아스코르브산ascorbic acid 등이 있다.

표 12-10 | 식품 중 신맛 성분

종류	소재	특징
아세트산acetic acid	식초, 김치류	식초 중 3~4% 함유되며 널리 사용
젖산lactic acid	김치류, 젖산음료, 발효 유제품	산미뿐만 아니라 살균력, 방부성이 있어 식품공업에 널리 사용
석신산succinic acid	청주, 조개류, 사과, 딸기	감칠맛을 갖는 산미를 지니며 청주, 합성청주, 된장, 간장 등에 사용
말산malic acid	과일, 감귤류	상쾌한 산미를 지녀 과자류, 젤리, 캔디류의 산미료로 적당
시트르산citric acid	살구, 감귤류	상쾌한 산미를 지녀 청량음료, 치즈, 젤리, 잼, 캔디류에 사용
타타르산tartaric acid	포도	청량음료, 젤리, 잼 등에 시트르산, 젖산 등과 함께 사용
아스코르브산ascorbic acid	과일, 채소류	상쾌한 산미를 지니며 산화 방지 효과도 있어 과일통조림이나 주스류 제조에 사용
글루콘산gluconic acid	곶감, 양조식품	풍미 있는 산미

(4) 쓴맛

쓴맛의 역가는 매우 낮고 여러 미각 중에서 가장 예민한 것으로 알려져 있다. 쓴맛은 단독으로는 좋은 맛이라고 할 수 없으나 음식물과 조화할 수 있는 정도의 농도로 존재하면 오히려 맛에 긴장감과 힘을 부여하는데, 커피, 코코아, 차, 맥주, 초콜릿 등이 그 예이다. 쓴맛을 나타내는 대표적인 물질들은 키닌, 카페인, 테오브리민 등의 알칼로이드 성분을 비롯한 배당체, 케톤류(hop의 humulone 및 lupulone), 무기염, 아미노산, 펩타이드(치즈), 사포닌(인삼, 콩, 도토리), 리모닌(감귤), 쿠쿠비타신cucurbitacin(오이 꼭지) 등이다. 쓴맛은 여러 미각 중 가장 예민하고 낮은 온도에서도 느낄 수 있어 식품의 맛에 큰 영향을 미친다. 보통 쓴맛 성분은 분자 내에 ≡N, =N=, $-NO_2$, -SH, -S-, -S-S-, =CS, -SO2, $-SO_2(OH)$, $-SO_2H_3$ 등의 원자단을 가진다. 양이온으로는 칼슘이온Ca^{2+}, 마그네슘이온Mg^{2+}, 암모늄이온NH_4^+ 등이 쓴맛을 나타낸다. 쓴맛 성분들의 구조는 그림 12-4와 같다.

쓴맛을 나타내는 화합물에는 알칼로이드alkaloid, 배당체, 케톤ketone류, 아미노산, 펩타이드 등이 있다표 12-11. 알칼로이드는 식물체에 존재하는 함질소 염기성 화합물을 총칭하며, 이들은 대부분 쓴맛과 약리작용을 갖는다. 대표적인 알칼로이드로서는 차류와 커피에 함유되어 있는 카페인caffeine과 코코아, 초콜릿 중의 테오브로민theobromine, 키나나무에 함유되어 있는 퀴닌quinine 등이 있다.

배당체는 당류에 비당류인 아글리콘이 결합된 것으로서 식물계에 널리 분포되어 있고, 과실과 채소의 쓴맛의 대부분은 배당체에 기인한다. 주로 과실이나 채소의 쓴맛 성분으로는 감귤류의 나린진naringin과 헤스페리딘hesperidin, 오이꼭지의 쿠쿠비타신, 양파껍질의 퀘세틴quercetin 등이 있다. 케톤류로는 맥주 양조 시 단백질에 의한 혼탁 방지를 위해 사용되는 홉hop 암꽃 중의 휴물론humulone과 루풀론lupulone이 있다. 이것이 맥주의 상쾌한 쓴맛 성분이다. 흑반병에 걸린 고구마의 쓴맛 성분은 이포메아마론ipomeamarone으로, 이는 유독성분이다. 나린진은 밀감 또는 포도의 통조림이나 주스를 제조할 때에 쓴맛의 원인 물질이다. 나린진은 나린지네이스에 의하여 가수분해되면 먼저 나린진에 결합되어 있는 람노스가 분리되고, 쓴맛이 없는 프루닌prunin에 결합되어 있는 포도당도 분리되어 역시 쓴맛이 없는 나리제닌

naringenin이 형성된다. 천연의 L-아미노산 중에서 쓴맛을 나타내는 것은 루신, 아이소루신, 아르지닌, 메싸이오닌, 페닐알라닌, 트립토판, 발린, 프롤린이다.

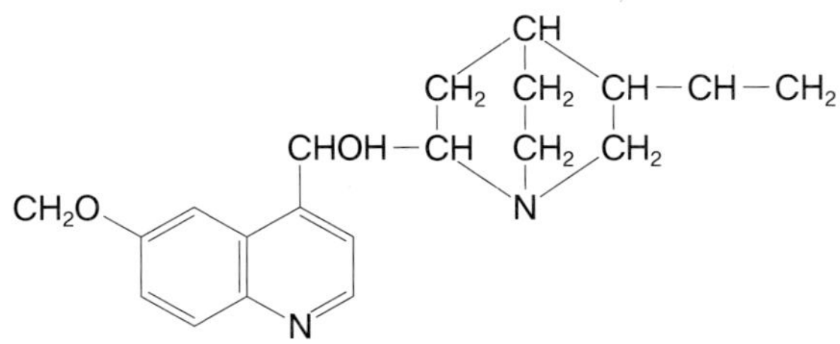

키닌

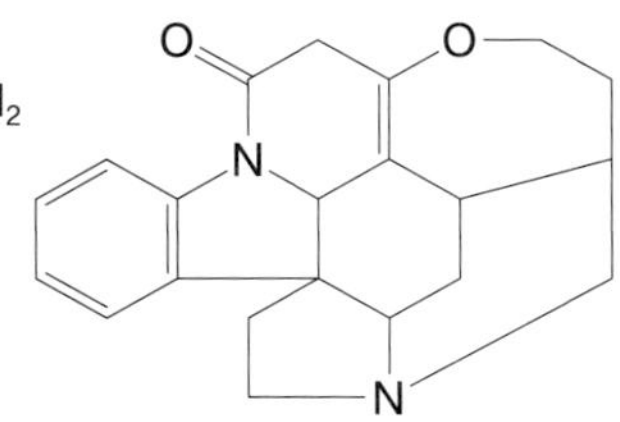

스트리크닌

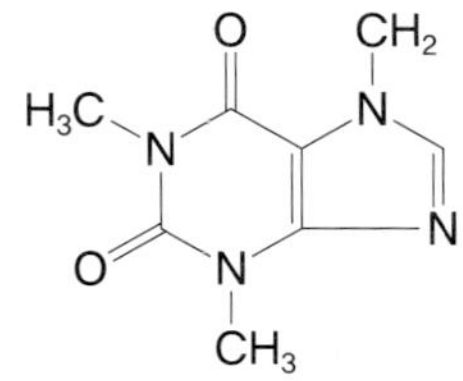

카페인

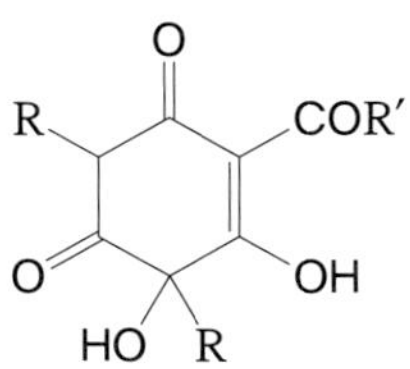

휴물론

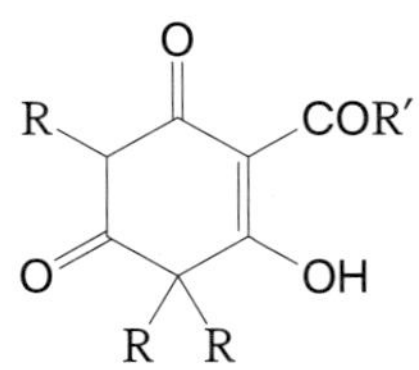

루풀론

$R : -CH_2 \cdot CH = C(CH_3)_2$

$R' : -CH_2 \cdot CH(CH_3)_x$

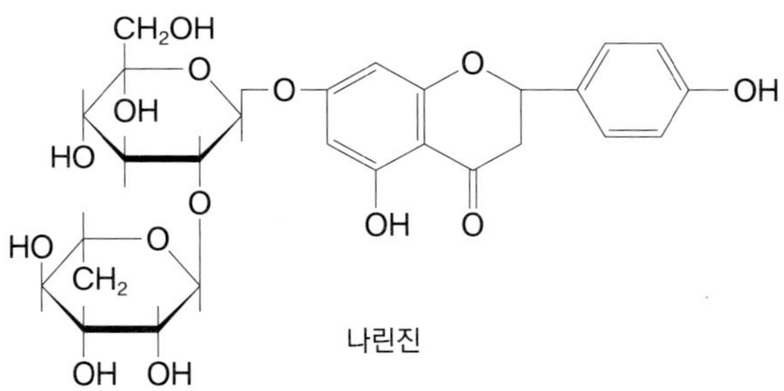

나린진

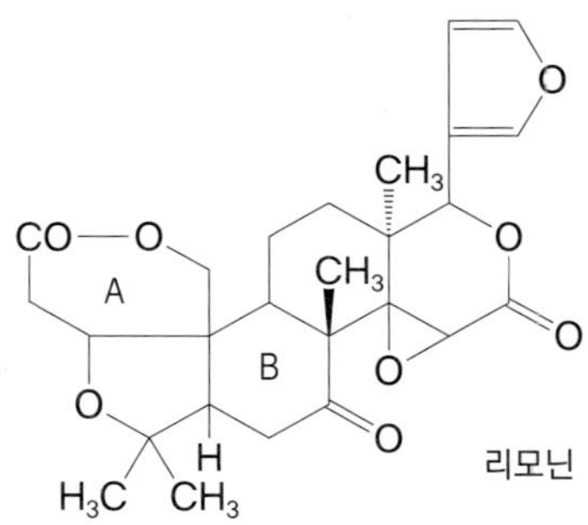

리모닌

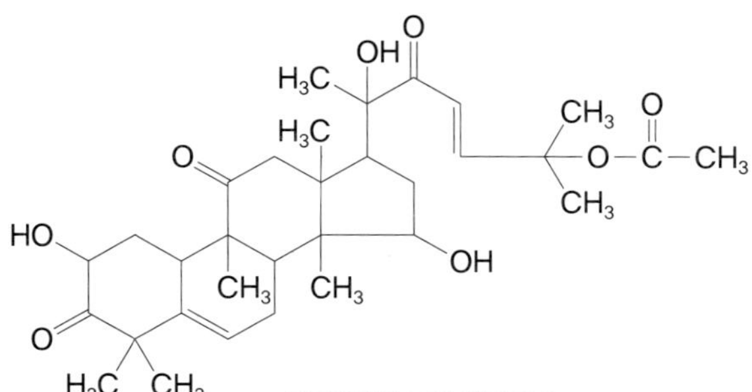

쿠쿠비타신 B의 아글리콘

그림 12-4 | 쓴맛 성분들의 구조

표 12-11 | 식품 중의 쓴맛 성분

종류		소재	비고
알칼로이드	caffeine	차, 커피	녹차는 2~3%, 홍차는 3%, 커피는 1%, 코코아는 0.2%의 카페인을 함유함. 심장, 신장, 중추신경계에 흥분작용을 함
	theobromine	코코아, 초콜릿	이뇨작용
	quinine	키나	쓴맛의 표준물질이며, 쓴맛을 느낄 수 있는 한계값은 0.0016%
배당체	naringin	감귤류	효소 나린지네이스에 의해 분해되어 당이 제거된 아글리콘(나린제닌)은 쓴맛 소실
	cucurbitacin	오이의 꼭지부	A~L까지 12종이 알려져 있음
	queretin	양파 껍질	reutin의 아글리콘
케톤류	humulone	홉	맥주의 쓴맛 외에도 발효 공정 중 이성화 또는 분해에 의해서 생성된 300여 종류의 고미성분으로 이루어짐. 기포 발생과 유지에 도움을 주며 항균력을 가짐
	lupulone		
	thujone	쑥	쓴맛을 가지나 독성이 없고 분자 안에 질소 부재
무기염류	magnesium chloride, calcium chloride	간수	두부 응고제로 쓰임. 이들의 쓴맛을 제거하기 위해 두부는 응고 후 3~4시간 물에 침지
아미노산	L-tryptophan, L-leucine, L-phenylalanine	단백분해물	콩 등의 단백질을 펩신으로 가수분해할 때 생기는 Arg-Leu, Gly-Leu처럼 말단에 Leu를 갖는 다이펩타이드는 쓴맛을 띰. 치즈가 변질하여 생기는 쓴맛도 펩타이드에 기인함
기타	ipomeamarone	흑반병, 고구마	흑반병에 걸린 고구마의 쓴맛 성분. 유독성분
	limonin	감귤류	과즙이 신선할 때는 쓴맛이 없으나 과즙을 저장하거나 가공처리하면 쓴맛을 띰. 이것은 리모닌에 기인하며 이와 같은 쓴맛을 지연성 쓴맛(delayed bitterness)이라고 함
	saponin	콩, 도토리	사포닌은 묽은 알칼리에 잘 녹으므로 콩, 도토리를 식품화하려면 묽은 알칼리로 잘 씻어 완전히 쓴맛성분을 제거해야 함

기타 쓴맛 성분으로는 두부 응고제로 사용되는 간수에서 유래되는 $CaCl_2$ 및 $MgCl_2$의 무기염류, 감귤류 외피의 내벽에 함유된 성분인 리모닌limonin, 콩이나 팥 등의 두류와 도토리에 있는 사포닌saponin 등이 있다.

(5) 매운맛

매운맛은 순수한 미각이라기보다는 미각신경을 강하게 자극할 때 형성되는 감각으로서 일종의 통각으로 볼 수 있다. 우리나라 식습관상 중요한 맛성분으로 다량 섭취하면 고통스럽고 유독하나, 적당한 양을 사용하면 식품의 풍미를 향상시키고 식욕을 돋우며 위장을 튼튼하게 하고 살균 및 살충 작용 등 이로운 작용도 한다.

식품 중 대표적 매운맛 성분은 과이어콜guaiacol 핵 화합물(생강의 진저론zingerone, 쇼가올shogaol, 진저롤gingerol 등), 방향족 아마이드류(고추의 캡사이신capsaicin, 후추의 채비신chavicine), 유황 함유 화합물(겨자유, 부추유), 아민류(부패한 간장의 히스타민이나 타이라민) 등이다. 매운맛을 내기 위한 재료는 보통 매운맛과 향기를 같이 갖는 것이 많아 요리에 향신료spice로서 다양하게 활용된다. 식품 중의 매운맛 성분은 화학구

표 12-12 | 매운맛 성분의 종류

종류		특징
산아마이드류	capsaicin(고추)	녹는점이 65°C이며 결정으로 냉수에는 불용성이지만 알코올, 에터, 클로로폼, 벤젠 등에 가용성임. 대기 중에 방치하면 차츰 휘산되며 매운맛이 강해짐. 체내에서 항산화작용을 함
	chavicine(후추)	후추에는 0.8%의 chavicine이 함유되어 있으며, *trans* 이성체인 poperine은 매운맛이 없고, *cis*형인 chavicine만이 매운맛을 지님
	sanshool(산초)	조피나무(chinese pepper) 열매
황화합물류	sinigrin (흑겨자, 고추냉이)	배당체인 sinigrin이 myrosinase(sinigrinase)의 작용으로 가수분해하여 allyl isothiocyanate를 생성하여 매운맛을 냄. CH_2=HCH_2 · N=C=S (allyl isothiocyanate)
	sinalbin(백겨자)	sinalbin이 myrosinase에 의하여 매운맛인 *p*-hydroxybenzyl isothiocyanate를 생성함
황화아릴류	divinylsulfide diallylsulfide diallyldisulfide propylallylsulfide allicin(부추유)	마늘, 파, 양파, 부추 등의 정유성분을 부추유(leek oil)라 하며 이들의 매운맛 성분임. allicin은 마늘, 양파의 매운맛 성분으로 alliin이 alliinase에 의해 가수분해된 allylsulfonic acid의 축합물
방향족 알데하이드 및 케톤류	zingerone shogaol gingerol	생강의 매운맛 성분으로 guaiacol 핵을 갖고 있으며, gingerol은 zingerone과 shogaol의 전구물질
	curcumin	심황(turmeric)의 매운맛과 황색의 성분이며 카레가루의 재료
	vanillin	Vanilla 콩의 달콤한 방향성 매운맛 성분
	cinnamic aldehyde	계피의 향기성분으로 과자나 소스 등에 사용
아민류	histamine tyramine	부패한 생선, 변패된 간장에서는 histidine 및 tyrosine이 세균에 의해 탈산화되어 매운맛을 지니는 histamine, tyramine 생성

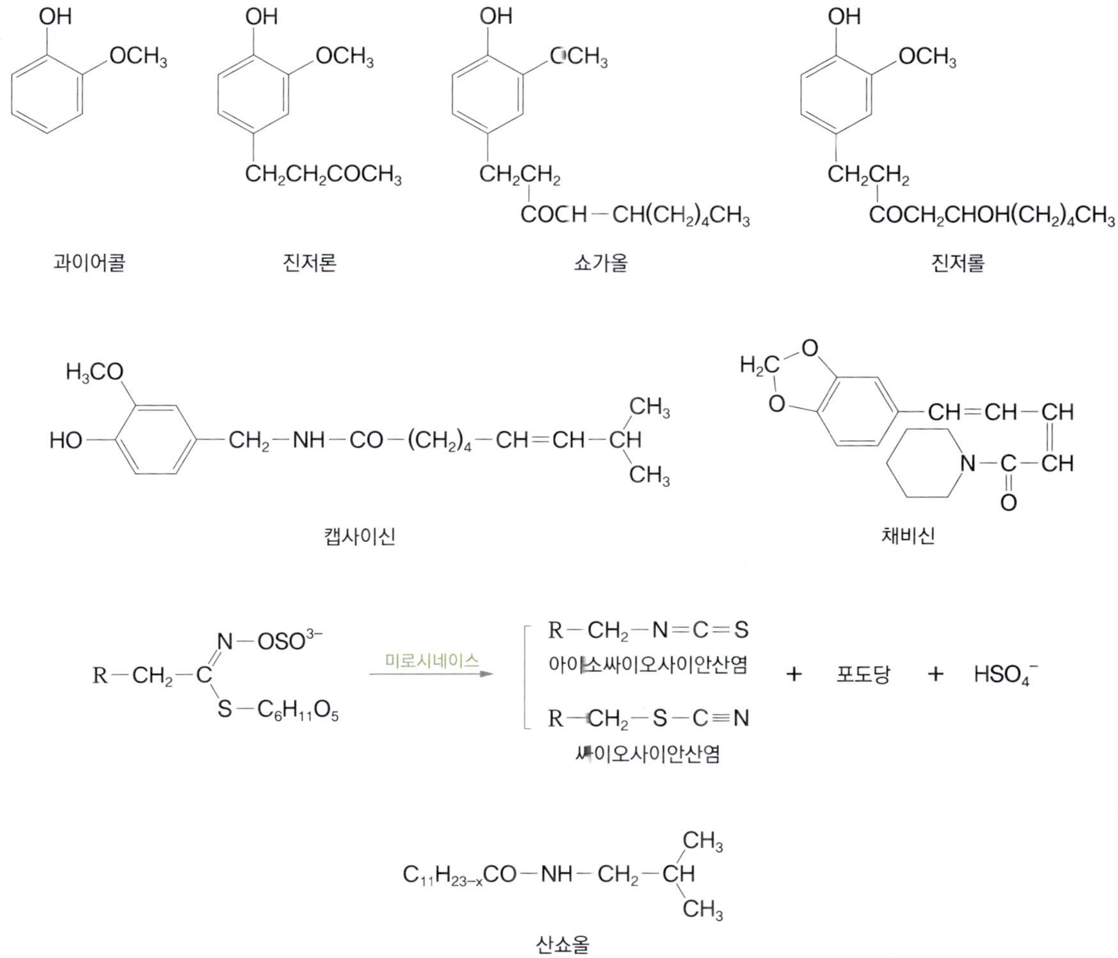

그림 12-5 | 매운맛 성분들의 구조

조에 따라 산 아마이드류, 황화합물류, 방향족 알데하이드 및 케톤류, 아민류 등으로 나눌 수 있으며표 12-12, 대표적인 매운맛 성분의 구조는 그림 12-5와 같다.

(6) 떫은맛

떫은맛astringent taste은 매운맛과 같이 입안에서 미각의 마비에 의한 피부의 수축 또는 수렴 과정에서 생기는 복잡한 감각이다. 식품의 떫은맛을 나타내는 것은 주로 폴리페놀성 물질인 타닌 성분으로 덜 익은 감, 밤, 도토리, 차 등에 많이 함유되어 있다. 타닌은 폴리페놀 구조를 지니므로 갈변과 관계가 있다. 클로로젠산chlorogenic acid은 커피에 있어서 떫은맛의 주성분이며 고구마, 감자, 가지, 사과, 배 등에도 존재한다. 엘라그산ellagic acid은 밤의 떫은맛 성분이며, 카테킨catechin은 녹차, 과일 등에 널리 존재한다. 감의 떫은맛 성분은 시부올shibuol이란 화합물이다. 대부분의 경우에는 불쾌한 맛이지만 차에서는 떫은맛이 풍미의 중요한 인자라고 할 수 있다.

타닌류는 갈산gallic acid이나 그 유도체에 페놀류가 결합한 고분자의 화합물로 식품에 함유된 대표적인 떫은맛 성분이다. 일반적으로 차류에는 갈산과 카테킨

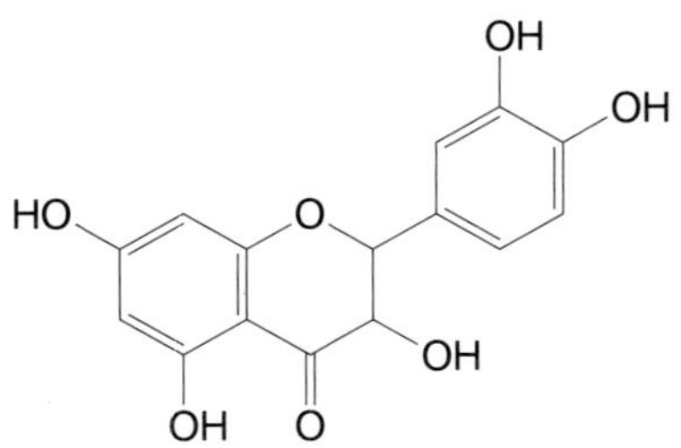
카테킨

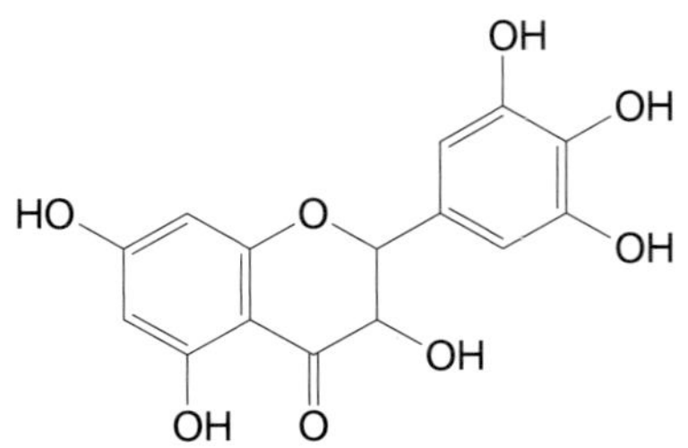
갈로카테킨

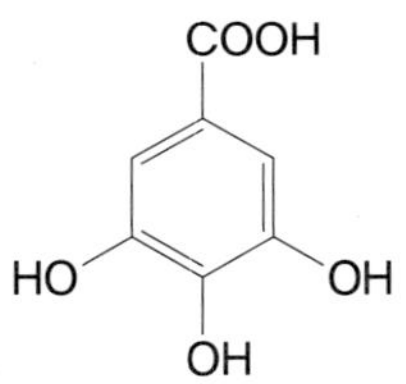
갈산

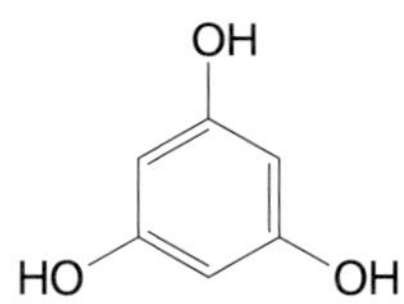
플로로글루시놀

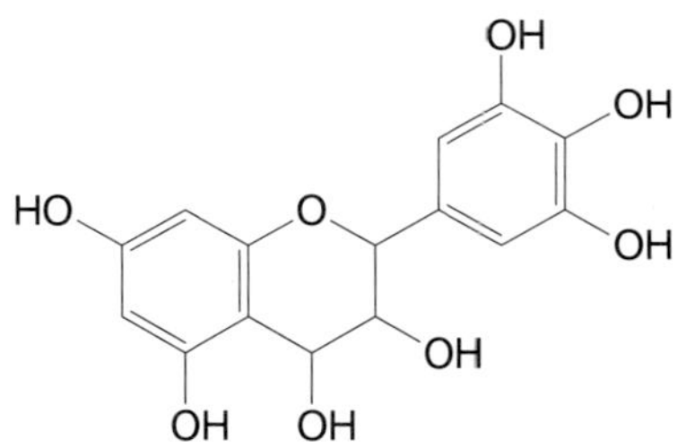
시부올

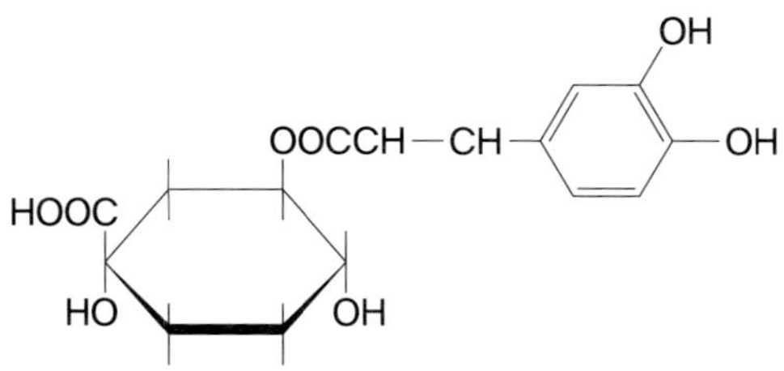
클로로젠산

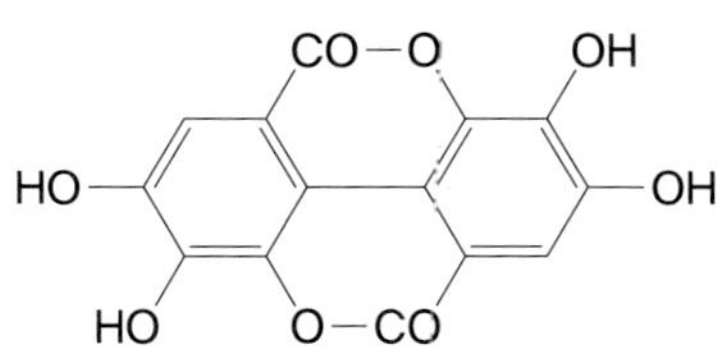
엘라그산

그림 12-6 | 타닌류의 구조

catechin이 복잡하게 결합한 타닌이 함유되어 있는데 가장 대표적인 것이 에피갈로카테킨 갈레이트epigallocatechin gallate이다. 녹차의 떫은맛은 갈산과 카테킨에 의한 것이며 이들 타닌은 홍차 제조 중 발효과정에 의하여 대부분 불용성으로 된다. 차류의 타닌은 뒷맛이 없고 청량감이 있는 떫은맛을 준다. 차류에는 페놀산phenolic acid의 일종인 테오갈린theogallin이 함유되어 있고, 이것이 차의 고유한 맛을 낸다.

감의 떫은맛은 그림 12-6과 같이 갈산과 플로로글루신phloroglucine의 축합물인 류코안토사이안leucoanthocyan의 배당체의 일종인 시부올인데, 시부올은 감의 타닌세포에 함유되며, 이 세포가 부서지면 떫은맛을 느낀다. 떫은 감에는 시부올이 약 1.5%, 미숙한 감에는 0.9%, 익은 단감에는 0.2% 정도 함유된다. 덜익은 감이 익어감에 따라 떫은맛이 적어지는 것은 과일의 호흡작용으로 발생한 알코올 및 아세트알데하이드가 시부올과 중합하여 불용성 물질이 되어 떫은맛을 느끼지 못하게 만들기 때문이다.

커피의 타닌은 카페산caffeic acid과 퀸산quinic acid이 축합한 클로로젠산chlorogenic acid이며, 밤 내피의 떫은맛은 2분자의 갈산이 축합한 엘라그산에 의한다.

타닌 이 외에도 지방산, 알데하이드류, 철Fe 및 알루미늄Al의 금속류도 떫은맛의 원인이 된다. 지방이 많은 어류의 건제품이나 훈제품 등이 떫은맛을 내는 것은 지방산과 알데하이드류가 혀의 점막에 점착하여 떫은맛을 나타내기 때문이다.

(7) 감칠맛

감칠맛은 조개류, 다시마, 고기 등의 국물에 함유된 맛성분으로 식욕을 돋우는 맛에 해당된다. 공업적으로 제조되고 있는 MSG와 5′-ribonucleotide-Na 등도 감칠맛을 내는 미각 강화제이다. 식품의 추출성분이나 비단백태 질소 화합물에는 아미노산, 펩타이드, 콜린 및 유도체, 핵산물질, 아마이드, 유기염기, 유기산 등의 감칠맛 성분들이 다양하게 존재한다. 글루탐산은 어류, 육류, 채소 등에 함유되어 있으며 감칠맛을 낸다.

조개류, 게 또는 새우 등에 함유된 독특한 감칠맛 성분은 아미노산 및 그 유도체이다. 베타인betaine, trimetyl glycine은 오징어, 새우, 문어, 전복, 조개류, 게 등에 함유된 감칠맛 성분으로서 글리신의 아미노기가 트라이메틸아민trimethylamine이 되어 고리 모양으로 된 것으로 생체 속에는 글리신이나 콜린choline에서 유도된다. 크레아틴creatine과 크레아티닌creatinine은 어류, 육류의 일반적인 감칠맛 성분이다. 글루타민은 육류나 어류, 채소 중에 들어있는 감칠맛 성분으로서 글루탐산의 γ 위치의 카복실기가 $CONH_2$로 된 아마이드이다.

테아닌theanine은 햇빛을 가리고 재배한 녹차에 들어 있는 것으로서 단맛을 띤 감칠맛 성분인데, 이 성분은 글루탐산의 에틸 아마이드ethyl amide이다. 아스파라진은 어류나 육류 및 채소 중에 들어 있는 감칠맛 성분으로서 아스파트산의 아마이드이다.

글루탐산의 Na염인 MSG는 감칠맛의 대표적인 것으로 D형은 맛이 없고, L형의 모노소듐monosodium은 맛이 있으며 다이소듐disodium은 맛이 없다. 식물성 단백질에 15~35%, 동물성 단백질에 2~3% 함유되어 있는데, 시판 중인 핵산 조미료 제품들은 MSG에 핵산이 각각 0.5, 2.5, 5.0, 8.0% 함유된 것들이 대부분이다. 글루탐산은 맛이 강하나 물에 잘 녹지 않기 때문에 1개의 -COOH를 Na염으로 만든 글루탐산 소듐monosodium glutamate으로 만들면 물에 잘 용해된다.

콜린 및 그 유도체는 일반적인 식품에 광범위하게 분포되어 있는 감칠맛 성분이다. 트라이메틸 옥사이드trimethylamine oxide는 콜린의 분해물질이며 어류의 감칠맛 성분인데, 환원되면 어류 특유의 냄새성분인 트라이메틸아민이 생성된다. 펩타이드류인 카노신carnosine, 메틸 카노신methyl carnosine, anserine은 육류, 어류 등에 들어 있는 감칠맛 성분이다. 카니틴carnitine은 일반식품, 특히 동물성 식품에 널리 분포되어 있는 것으로 감칠맛을 지니는데 이 성분은 콜린의 유도체이다.

구아닌guanine, 하이포잔틴hypoxanthine, 아데닌adenine, 잔틴xanthine과 같은 퓨린purine염기는 어육류의 감칠맛 성분으로서 이들 염기base와 리보스ribose, 그리고 한 분자의 인산이 결합한 뉴클레오타이드nucleotide가 될 때 감칠맛을 낸다. 뉴클레오타이드 중의 당은 리보스 또는 데옥시리보스deoxyribose 어느 것이라도 좋으나 리보스의 경우가 더욱 강한 맛난맛을 내는 것으로 알려져 있다. 또한 고분자 뉴클레오타이드, 뉴클레오사이드 및 염기 중에서 모노뉴클레오타이드mononucleotide에만 감칠맛을 가지는 것이 있다. 염기가 퓨린계의 것만이 감칠맛을 내며, 피리미딘계의 것에는 감칠맛이 없는 것으로 알려져 있다. 구아닌의 산화 생성물인 구아니딘guanidine, 메틸구아니딘methylguanidine 등도 어류나 육류의 감칠맛의 성분이다.

일부 핵산계 조미료 리보뉴클레오타이드ribonucleotide 중에는 감칠맛 성분들이 함유되어 있는데 5′-이노신산5′-inosinic acid은 쇠고기, 돼지고기, 생선 등에, 그리고 5′-아데닐산5′-adenylic acid은 표고버섯, 송이버섯 등에 많이 존재한다. 육류 및 어류의 리보뉴클레오타이드는 주로 근육의 ATP에서 유래한다. 핵산계 조미물질들은 식용 효모를 원료로 하여 효모 자체의 리보핵산을 특정한 미생물이 분비하는 5′-포스포다이에스터레이스5′-phosphodiesterase에 의해 분해하여 얻거나 발효 및 합성을 조합하여 생산된다.

핵산계 성분의 맛은 MSG의 맛과 다소 차이가 있는데 양자를 혼합하면 감칠맛은 상승적으로 증가한다. 이론적으로는 MSG : IMP=1 : 1일 때 감칠맛은 최대치를 나타낸다고 하나, 현재 시판중인 핵산 조미료라고 불리는 제품들은 MSG에 핵산이 각각 0.5%, 2.5%, 5.0%, 8% 함유된 것들이 대부분이다.

그 외에 청주 및 그 외의 발효생성물과 조개류 등에 들어있는 감칠맛 성분인 석신산succinic acid, 오징어, 문어 등에 함유된 타우린taurine 등이 있다.

(8) 아린맛

아린맛acrid taste은 쓴맛과 떫은맛이 섞인 불쾌한 맛으로 알칼로이드, 타닌, 알데하이드, 유기산 등과 칼슘이온, 마그네슘이온, 칼륨이온 등에 의하여 나타난다고 하는데 아직 밝혀지지 않은 것이 많다. 죽순, 고사리, 토란, 우엉, 가지 등에서 느낄 수

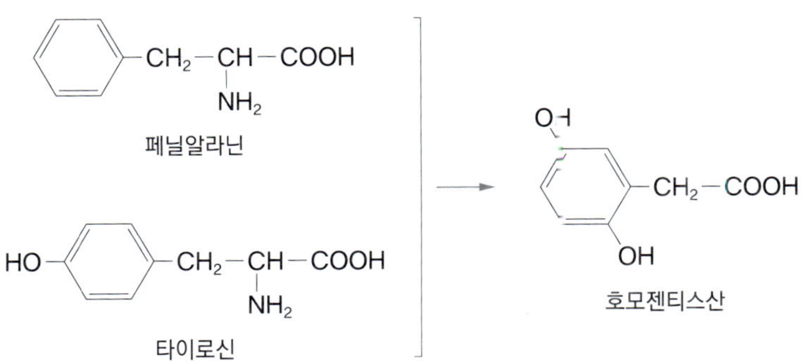

그림 12-7 | 호모젠티스산의 생성

있는데, 이들의 아린맛 성분은 방향족 아미노산인 페닐알라닌과 타이로신의 대사물질인 호모젠티스산homogentisic acid에 의한다그림 12-7. 아린맛을 제거하기 이들을 식용하기 전에 물에 담그는 것이 좋다.

(9) 교질맛

교질맛colloidal taste은 식품이 혀의 표면과 입 속의 점막에 물리적으로 접촉될 때 느껴지는 맛으로 식품 중의 고분자 화합물인 다당류나 단백질에 기인하는 경우가 많다. 예를 들면 밥이나 떡의 호화전분(α-statch), 찹쌀밥의 아밀로펙틴, 밀가루의 글루텐, 고기국의 젤라틴, 미역 등 해조의 알긴산, 한천의 갈락탄, 곤약의 글루코만난, 잼류의 펙틴질 등의 다당류는 각기 식품에 교질맛을 주는 성분이다.

단백질도 식품에 교질맛을 주기도 하는데, 육류단백질이 콩 단백질보다 맛이 좋은 것은 정미성분이 더 많은 이유도 있지만 교질성이 더 좋은 것도 한 요인이 된다.

(10) 기타

금속맛metallic taste과 알칼리맛alkalin taste이 있다. 금속맛은 철, 은, 주석 등 금속 이온의 맛으로 수저나 식기, 국자, 금속 주방용기 등에서 느낄 수 있다.

알칼리맛은 하이드록시기 이온OH^-에서 기인되는 맛으로 중조$NaHCO_3$나 나무나 풀을 태운 재에서 느끼는 맛이다.

2. 미각의 생리현상

1) 맛의 대비

서로 다른 정미성분이 혼합되어 주된 정미성분의 맛이 세어질 때 이것을 맛의 대비효과contrast effect라고 한다. 단맛 성분에 소량의 짠맛 성분, 짠맛 성분에 소량의 신맛 성분, 감칠맛 성분에 소량의 짠맛 성분을 혼합하면 주된 맛성분이 증가한다. 예를 들면, 15% 설탕용액에 0.001%의 소금을 넣거나 15% 설탕용액에 0.0001% 퀴닌 설페이드를 넣으면 설탕만인 경우보다 단맛이 더 강해진다. 소금물에 시트르산,

젖산 등의 유기산을 첨가할 경우 짠맛이 증가하는 경우와 단팥죽에 소금을 넣었을 때 단맛이 증가하는 것도 해당된다.

2) 맛의 억제

서로 다른 정미성분이 몇 가지 혼합되었을 경우, 주된 정미성분의 맛이 약하게 될 때, 이것을 맛의 억제효과inhibitory effect라고 한다. 예를 들면, 커피에 설탕을 넣어 주면 쓴맛이 단맛에 의하여 억제된다. 또한 신맛이 강한 과일에 설탕을 섞으면 신맛이 억제된다.

3) 맛의 상승

같은 종류의 맛을 가지는 두 종류의 정미물질을 서로 섞어주면 각각 가지고 있는 맛보다 훨씬 강하게 느껴지는데 이것을 맛의 상승효과synergistic effect라고 한다. 예를 들면, 10%의 설탕용액에 상당하는 단맛 용액을 만들려면 사카린은 525 mg, 둘신dulcin은 1,430 mgm이 필요하지만, 두 감미료를 혼합하면 사카린 280 mg과 둘신 120 mg으로서 충분하다(예 : 분말주스). 또한 Na-글르탐산에 10% Na-이노신산을 섞으면 감칠맛이 5배 이상 증가한다(예 : 멸치국).

4) 맛의 상쇄

소금, 설탕, 퀴닌, 염산 등을 적당한 농도로 2종류씩 섞어주면 각각의 맛은 느껴지지 않고 조화된 맛으로 느껴질 때, 이것을 맛의 상쇄효과compensating effect라고 한다.

예를 들면, 간장이나 된장은 많은 소금이 함유되어 있으면서도 감칠맛과 상쇄되어 짠맛이 강하게 느껴지지 않는다. 간장이나 된장에는 많은 소금이 있으나 맛난맛과 상쇄되어 짠맛이 강하지 않다. 술, 간장, 김치 등의 숙성은 맛의 상쇄라고 할 수 있다. 청량음료의 맛도 단맛과 신맛이 상쇄되어 조화된 맛을 이룬다.

5) 맛의 순응

특정한 정미성분을 혀에 장시간 접촉시켰을 때 미각이 차츰 약해져서 역치가 상승하고 감수성이 점차 약해지는데, 이것을 맛의 순응adaptation이라고 한다. 이 순응에 의해 설탕, 감미료, 조미료 등의 섭취가 점점 증가되어 부작용이 나타날 수 있다.

6) 맛의 변조

한 가지 정미성분을 맛본 직후 다른 종류의 정미성분을 입 속에 품으면 정상적인 미각이 일어나지 않고 다른 종류의 맛이 느껴지는 일이 있는데 이것을 맛의 변조modulation라고 한다. 예를 들면, 쓴 약을 먹은 직후에 물을 마시면 단맛을 느끼게 된다. 설탕을 맛본 직후 물을 마시면 순수한 물일지라도 신맛이나 쓴맛을 낸다.

7) 맛의 피로

같은 맛을 계속 맛보면 그 맛이 변하거나 미각이 둔해져 맛이 약할 때는 거의 느끼지 못하고 진하면 싫증이 나는 현상이다. 황산마그네슘이 처음에는 쓰게 느껴지나 조금 지나면 단맛을 약간 느끼게 된다.

8) 맛의 상실

열대지방 식물인 김네마 실베스터*Gymnema sylvestre*의 잎을 씹은 후에는 일시적으로 단맛과 쓴맛을 느낄 수 없는데, 설탕의 경우 모래같은 감촉을 느끼며 오렌지주스의 경우 신맛만 느끼고 퀴닌의 경우에는 쓴맛을 느끼지 못한다. 이 현상은 잎 중의 김넴산gymnemic acid이 단맛이나 쓴맛을 느끼는 신경 부위를 길항적으로 억제하기 때문이다.

9) 미맹

페닐싸이오유레아phenyl thiourea 또는 페닐싸이오카바마이드phenylthiocarbamide, PTC 물질에 대해 대부분의 사람들은 쓴맛을 느끼지만 일부 사람들은 그 맛을 인식할 수 없어서 맛을 느끼지 못한다. 이러한 현상을 미맹taste blindness이라고 한다. 그러나 미맹은 다만 원자단에 대하여 쓴맛을 못 느낄 뿐 다른 정미성분에 대해서는 정상이므로 일상생활에는 지장이 없다. 미맹은 유전적 요인에 의해 일어나는 것으로 알려져 있다. 멘델의 열성 형질로 유전되는데, 미맹인의 수는 백인이 약 30%, 황색인은 15%, 흑인은 2~3%이며, 남자가 25.9%, 여자가 22.2%이다.

3. 맛의 변화

1) 미생물에 의한 맛의 변화

일반적으로 식품은 발효에 의해 특유한 감칠맛을 띤다. 된장이나 간장의 맛은 주원료 중의 탄수화물이나 단백질이 미생물의 대사에 의해 생긴 아미노산, 염기류, 당분, 알코올류 등이 혼합된 맛이다. 김치류의 맛은 젖산균, 아세트산균 등에 의해 탄수화물이 분해되어 생긴 젖산, 아세트산의 맛이 큰 영향을 미치며, 부재료에서 유래되는 여러 정미성분이 혼합된 형태이다.

식품은 변패에 의해 불쾌한 맛을 낸다. 오래된 어육과 조개류는 아미노산(tyramine, histamine)의 변패에 의한 약한 매운맛이나 지방의 분해로 인해 형성된 지방산이나 알데하이드류에 의해 떫은맛이 발생하기도 한다. 오래된 청국장은 단백질의 분해로 생긴 펩톤, 암모니아 등으로 인해 쓴맛과 불쾌한 맛을 낸다. 같은 미생물의 대사작용이라 하더라도 맛에 다양한 차이를 발생하므로 식품 가공 시에 유해한 방향으로 미생물이 작용하지 않도록 세심한 주의를 해야 한다.

2) 숙성에 의한 맛의 변화

육류나 어육은 이들 식품에 함유되어 있는 단백질, 당질, 지질이 식품 자체의 효소 또는 미생물이 분비하는 효소작용으로 서서히 분해되어 일정 기간이 지난 다음에 맛이 더 좋아지는 경우가 많다. 또한 발효식품도 가공 직후보다는 일정 기간이 지난 후에 맛이 더 좋다. 이는 정미성분이 증가하거나 각종 정미성분의 조화로 인해 맛이 향상되기 때문이다. 이러한 변화를 식품의 숙성이라고 한다. 발효식품 중 각종 주류, 특히 증류주는 숙성을 통해서 알코올과 물 분자의 회합에 의한 알코올 맛의 순화와 에스터화에 의해 향기성분이 풍성해진다.

3) 조리에 의한 맛의 변화

일반적으로 가열에 의해 식품을 구성하는 세포의 조직이나 원형질에 연화가 일어나고, 세포 내에서 수분이 침출되어 삼투압의 변화에 의해 조미료를 함유하는 국물이 내부로 쉽게 침투된다. 또 식품 성분의 일부는 물리적, 화학적 변화를 일으켜 독특한 맛을 나타낸다. 예를 들어, 단백질의 변성과 전분의 호화가 일어나면 식품에 교질맛을 주게 된다. 무, 양배추, 양파를 삶으면 단맛이 나는 것은 매운맛 성분인 알릴 다이설파이드allyl disulfide가 단맛을 내는 프로필 메캅탄propyl mercaptan으로 변하기 때문이다.

FOOD CHEMISTRY

chapter

13

식품의 물성

학습목표

1. 물성의 정의를 설명할 수 있다.
2. 식품 속 물질들의 혼합 특성에 대해 설명할 수 있다.
3. 물성의 종류에 대해 설명할 수 있다.
4. 물성의 측정방법에 대해 설명할 수 있다.

chapter 13

식품의 물성은 식품의 물리적 성질에 그치는 것이 아니라, 맛과 더불어 섭취의 용이성 또는 섭취 시 거부감 등으로 나타나 식품의 기호도를 결정하는 중요한 요인으로 작용한다. 식품의 물성은 식품의 조리 가공을 쉽거나 어렵게 하는 요인으로 적극적으로 조절하여야 하는 식품의 특성이다. 식품 내에 존재하는 여러 물질들의 존재 특성은 식품의 물성에 지대한 영향을 미치기 때문에 식품 내 여러 물질의 혼합 특성을 이해하는 것은 식품의 물성을 이해하는 데 매우 중요하다.

1. 물성의 이해

식품의 물성이란 고체식품의 경우 부서짐, 강도, 탄력성 등과 액체식품은 점도 등 식품을 접했을 때 우리가 감각적으로 느낄 수 있는 식품의 물리적 특성을 의미한다. 이러한 식품의 물성은 식품 내 포함된 각종 물질의 존재 특성에 기인한다. 즉, 식품 내 존재하는 입자의 크기나 상호작용, 식품 성분 간의 결합 특성 등이 식품의 물성을 결정하는 중요한 역할을 한다. 식품의 물성은 식품의 물리적 성질에 그치는 것이 아니라, 맛과 더불어 섭취 용이성 또는 섭취 시 거브감 등으로 나타나 식품의 기호도를 결정하는 중요한 요인으로 작용한다. 또한, 식품의 물성은 조리 가공을 쉽거나 어렵게 하는 요인으로 작용하여 적극적으로 조절하여야 하는 식품의 특성이다.

2. 식품 속 물질들의 혼합 특성

우리 주위에 한 가지 물질만으로 구성되어 있는 식품은 물 외에는 존재하지 않는다. 사실 엄밀히 말하면 물도 한 가지 물질로만 구성되어 있지 않다. 물은 그 안에 포함된 무기질의 종류와 양이 다양하며, 수소이온 농도(pH)가 조금씩 달라서 미세하게 다른 물리적 특성을 보이고 있다. 이렇듯 식품 내에 존재하는 여러 물질들의 존재 특성은 식품의 물성에 지대한 역할을 미치기 때문에 식품 내 여러 물질의 혼합 특성을 이해하는 것은 식품의 물성을 이해하는 데 매우 중요하다.

1) 액체, 고체 혼합물의 특성

식품 중에는 액체 상태로 제조, 조리, 섭취되는 식품이 매우 많다. 액상의 식품에 다른 물질이 포함되어 있는 상태에는 용해와 분산이 있다. 용해dissolution는 기체, 다른 액체 또는 고체가 용매 역할을 하는 액상식품에 녹아 균질화된 상태이다. 하지만, 분산dispersion은 분산매인 액체에 분산질인 다른 물질들이 고루 퍼져 있는 상태를 의미한다. 식품의 분산 상태를 결정하는 중요한 인자는 분산질의 크기이다. 액체식품은 용해 상태 또는 둘 이상의 물질이 혼합하여 분산된 상태로 존재한다.

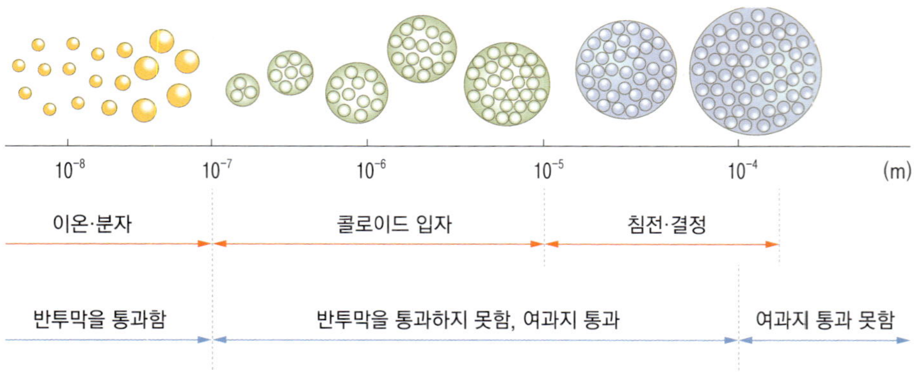

그림 13-1 | 콜로이드 입자 크기에 따른 물리적 특성

(1) 분산용액의 종류

분산용액은 분산질의 크기에 따라 진용액, 콜로이드용액, 현탁액으로 구분한다. 분산질의 크기가 1 nm 미만으로서 가장 작은 상태인 진용액은 분산질이 단일 분자 또는 이온으로 존재하여 물 분자와 화학적 결합을 하고 있는 상태로 존재한다. 설탕물과 소금물 내의 설탕과 소금은 1 nm 미만의 이온의 형태로 물 분자와 단단히 결합하고 있어 용액은 투명하며, 장기간 방치하여도 침전되지 않는 특징을 가지고 있다. 이때의 물과 소금, 설탕을 각각 용매와 용질이라고 하며, 용질이 용해됨에 따라 용액의 어는점 강하와 비등점 상승, 확산, 삼투작용 등이 일어난다.

콜로이드용액은 지름이 1～100 nm(0.1 μm)의 미립자가 액체상의 분산매에 응집, 침전되지 않고 고루 분산되어 있는 형태의 용액이다. 예를 들어, 우유와 같은 액상식품은 변질되지 않는 이상 장기간 두어도 침전이나 응집되지 않는다. 하지만, 콜로이드용액은 진용액과 같이 투명하지 않고 성분이 물에 용해되어 있는 상태가 아닌 고루 퍼져 있는 상태이다. 이와 같이 물과 같은 분산매에 분산되어 있는 미립자를 콜로이드라고 하며, 이 상태를 콜로이드 상태라고 한다표 13-1.

식품 내 콜로이드 상태는 분산매와 분산질의 상태에 따라 표 13-2와 같이 분류된다. 분산매가 액체이고 분산질이 기체인 상태로 액체 내에 기체가 고루 퍼져 있는 상태를 거품 또는 기포라고 하고, 거품이 액체의 표면에 존재하는 것을 포말이라고 한다. 미세한 거품이 액체에 분산되어 있는 탁한 액상의 상태를 기포 콜로이드라고 한다. 또한, 분산매와 분산질이 서로 섞이지 않는 액체인 콜로이드용액을 유화용액이라고 한다. 즉, 물과 기름과 같이 서로 분리되는 액체성분을 유화제 등을 이용하여 기름을 물에 분산하거나 물을 기름에 분산한 형태로 식품을 제조할 수 있으며, 이러한 식품의 예로는 각각 우유와 버터 등이 있다. 현탁액은 분산매가 액체이고 분산질이 고체인 상태를 말하며, 분산질의 입자의 크기는 0.1 μm 이상으로 교반하면 콜로이드용액처럼 탁한 액체 상태이나 방치할 경우 분산질 입자의 질량에 의한 중력 침전이 생기는 특성을 가지고 있으며, 이러한 식품의 예로는 된장국이나 미숫가루, 넥타 등이 있다.

표 13-1 | 식품 중 분산용액의 종류

항목	분산액		
	진용액	콜로이드용액	현탁액
분산질의 크기	분자 또는 이온	비교적 큰 분자	분자 덩어리
직경	1 nm 미만	1 nm~ 0.1 μm	0.1 μm 이상
관찰	현미경으로 관찰 불가	현미경으로 관찰 가능	육안으로 관찰 가능
운동성	분자운동	브라운 운동	중력에 의한 운동
예	소금물, 설탕물	난백, 휘핑크림, 마요네즈, 우유	녹말 부유액, 된장국

자료: 이숙영, 2011 일부 수정

표 13-2 | 식품의 콜로이드 상태의 종류

분산매	분산질	종류	식품
액체	기체	거품	사이다, 콜라, 맥주, 난백의 기포
	액체	유화액	마요네즈, 우유, 버터, 마가린
	고체	졸	된장국, 수프, 달걀흰자
고체	기체	고체포말질	빵, 케이크
	액체	겔	양갱, 젤리. 두부, 치즈

자료: 조신호 외, 2017 일부 수정

(2) 콜로이드용액의 성질

① 반투성

콜로이드용액은 반투성을 지닌다. 반투성이란 수용액에서 용매인 물 분자는 자유롭게 투과시키지만 용질은 투과되지 않는 성질을 말한다. 예를 들어, 식물과 동물 세포의 세포막이나 달걀의 속껍질과 같은 반투막은 콜로이드용액과 현탁액, 즉 분산질의 크기가 1 nm 이상의 분산질은 반투막을 통과하지 못하지만 분산매인 물은 통과할 수 있다. 하지만, 진용액을 구성하는 용질인 소금, 설탕과 같은 이온성 화합물이나 무기질 등은 용매인 물과 같이 반투막을 자유롭게 통과할 수 있다. 반투막을 통과할 수 없는 콜로이드용액의 분산질은 단백질, 젤라틴, 녹말, 한천 등 입자의 크기가 큰 물질들이다. 이와 같은 성질을 이용하여 단백질, 젤라틴, 전분, 한천으로부터 불순물인 염류나 무기질 등을 제거하는 방법을 투석이라고 한다.

② 브라운 운동

우유와 같은 콜로이드용액을 현미경으로 관찰하면 분산질인 유유 콜로이드 입자가 불규칙한 운동을 하는 것이 관찰되는데 이것이 브라운 운동이다그림 13-2. 이와 같은 현상은 분산매의 분자운동에 의해 분산질이 계속적으로 충돌하여 일어난다. 우유와 같은 콜로이드용액은 브라운 운동에 의하여 분산질이 중력에 의해 가라앉지 않고 침전없이 분산되어 있는 상태를 유지하게 된다. 하지만, 콜로이드용액의 온도가 낮아지거나 점성이 증가하면 콜로이드의 입자가 커지면서 브라운 운동은 감소하

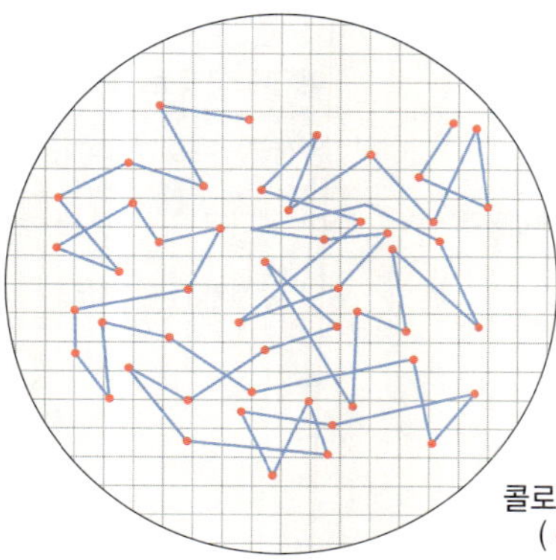

그림 13-2 | 브라운 운동

고 입자의 표면 전하에도 영향을 받는다. 이와 같이 브라운 운동은 콜로이드용액의 안정화에 기여한다.

③ 흡착성

어떤 물질이 액체나 고체 표면에 달라 붙는 현상을 흡착이라고 한다. 대부분의 콜로이드 입자들은 입자의 크기가 작기 때문에 상대적으로 표면적이 넓어 다른 물질에 흡착하는 성질이 강하다. 이를 이용하여 음이온 교환수지를 이용하면 콜로이드 입자들을 흡착, 여과하여 분리 제거할 수 있다.

④ 응고와 풀림

소수성 졸에 소량의 전해질 물질을 첨가하면 콜로이드 입자가 응고되어 침전한다. 하지만, 단백질용액과 같은 친수성 졸에 소량의 전해질 물질을 첨가하면 응고와 침전이 일어나지 않는데, 그 이유는 적은 양의 전해질 물질은 입자 간의 전기적 반발력을 중화하지만, 입자를 수화하는 물 분자를 분리하는 탈수작용에는 부족하기 때문이다. 따라서, 친수성 졸의 응고 침전에는 다량의 전해질 용액의 첨가가 필요하다. 콜로이드용액의 응고된 침전물을 전해질용액에 넣으면 침전물이 분산되어 다시 졸 형태로 전환되는데 이것을 풀림(해교)이라고 한다.

⑤ 틴들 현상

콜로이드용액은 틴들 현상을 일으킨다. 틴들tyndall 현상이란 콜로이드용액에 빛을 비추면 빛의 진로가 뚜렷히 보이는 현상이다그림 13-3. 이는 빛이 콜로이드 입자

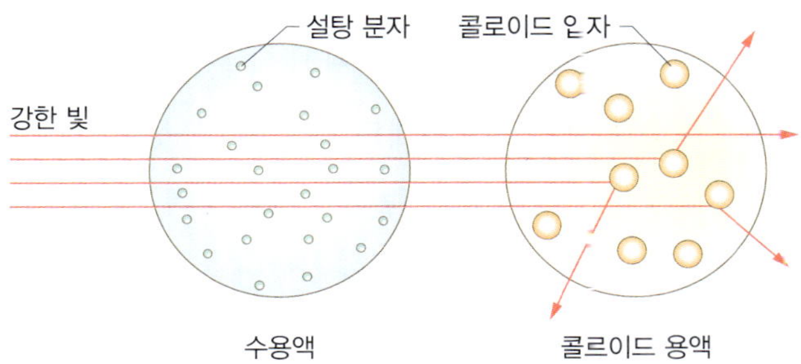

그림 13-3 | 콜로이드용액의 틴들 현상

자료: 조신호 외, 2017

를 투과하지 못하고 부딪쳐 산란을 일으키고 빛의 진로가 보이기 때문이다. 예를 들어, 창문 틈으로 들어오는 햇빛이 먼지 입자에 의해 빛의 진로가 보이는 경우가 있다. 또한, 구름 사이로 햇빛의 진로가 명확히 보이는 경우가 있는데 이는 모두 입자에 의해 햇빛이 산란되어 생기는 틴들 현상이다. 틴들 현상은 콜로이드 입자의 크기가 커질수록 명확히 일어난다.

⑥ 입자의 전하

콜로이드용액을 구성하는 분산질이 단백질인 경우 분산질은 아미노산의 전하에 의해 표면이 전하를 띠게 된다. 이렇게 전하를 띤 단백질 분자들이 전체 콜로이드용액 내에서 서로 간의 반발력으로 작용하여 응집되지 않고 콜로이드용액의 분산을 안정화하는 요인으로 작용한다.

⑦ 입자의 수화

콜로이드는 입자가 녹말과 같이 수분 흡착이 가능한 친수콜로이드와 수분 흡착되지 않는 소수콜로이드로 구분할 수 있다. 친수콜로이드 내에서는 분산 입자 주위에 두꺼운 물 분자층이 존재하여 브라운 운동으로 분산질 사이의 거리가 가까워졌을 때 침전되지 않고 분산되도록 하는 역할을 한다. 또한, 소수콜로이드에 소량의 염류를 첨가하면 침전하는데, 이 침전을 막고 안정화하기 위해서는 소량의 친수콜로이드를 첨가하면 된다. 이때 첨가하는 친수콜로이드를 보호콜로이드라고 한다.

(3) 졸과 젤

졸sol과 젤gel은 반고체형 특성을 가진 물질의 형태이다그림 12-4. 졸은 콜로이드용액(교질용액) 중에서 연속성의 특성을 가진 액체 내에 분산질인 고체나 액체 입자가 분산되어 있는 물리적 형태이다. 젤은 반대로 연속성의 특성을 가진 분산질 입자에 액상의 물질이 분산되어 있는 형태이다. 즉, 반고체형의 특성을 가진 졸과 젤의 형태 중 액상의 경향이 높은 것이 졸이고, 고체의 경향이 높은 것이 젤이다. 실제로 젤은 친수성 졸을 가열하였다가 냉각하거나 또는 수분을 증발시키면 형성된다. 예를 들어, 젤라틴이 뜨거운 상태로 높은 점성의 흐를 수 있는 액상의 형태가 되는데 이

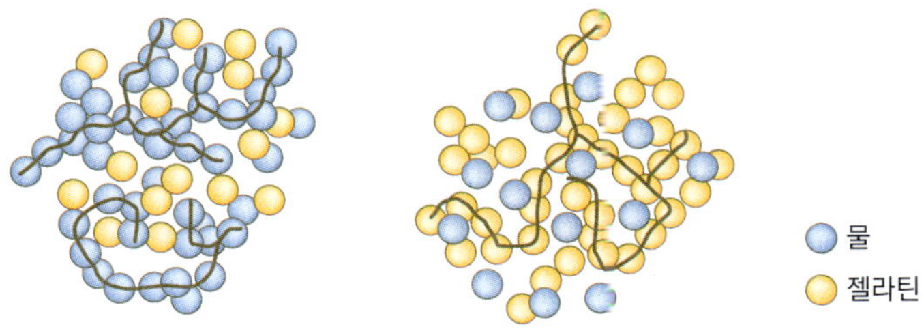

그림 13-4 | 졸과 젤의 결합 형태

자료: 정현정 외, 2015

것을 졸 상태라고 하고, 이 젤라틴을 냉각시키면 흐르지 않는 반고체형의 양갱과 같은 상태로 변하는데 이를 젤 상태라고 한다.

이처럼 졸 상태의 식품으로는 사골국, 전분 졸, 젤라틴 용액, 우유, 그레이비 소스 등이 있으며, 졸의 유동성은 졸의 온도, 고체의 농도에 따라 달라지고 온도가 높을수록 고체의 농도가 낮을수록 액체와 같이 흐르는 특성이 증가한다. 젤 상태의 식품으로는 두부, 묵, 젤리, 치즈, 젤라틴, 콜라겐, 푸딩 등이 있다. 이 중 치즈, 젤라틴, 콜라겐 등은 가열을 하면 다시 졸의 형태로 돌아가는 가역적 형태의 젤이지만, 두부, 묵, 젤리 등은 온도의 변화에 따라 졸의 형태로 바뀌지 않는 비가역적 형태의 젤이다.

또한, 젤리와 같은 젤은 오래 방치하면 형태를 이루는 망상 구조가 약화되어 분산되어 있는 수분 등의 액상성분이 밖으로 빠져 나오는데 이를 이액현상syneresis이라고 하며, 건조한천이나 젤라틴과 같이 젤을 건조시킨 것을 제로젤zerogel이라고 한다.

2) 액체, 액체 혼합물의 특성

콜로이드용액 중에서 분산매와 분산질이 액체이며 서로 섞이지 않는 두 액체가 분산되어 콜로이드 상태로 되어 있는 것을 유화라고 하고 이러한 액체를 유화액이라고 한다. 예를 들어, 물과 기름처럼 서로 섞이지 않는 액체를 레시틴과 같은 화합물이나 단백질 등 한 분자 내에 친수성과 소수성 작용기를 가지는 유화제와 혼합하면 물과 기름이 섞이는 유화가 진행된다.

유화는 기계적인 교반법, 진탕법, 초음파법으로 서로 섞이지 않는 액체들을 분산시켜 혼합하여 이룰 수 있으며, 이때 사용하는 기기로는 믹서, 콜로이드밀, 호모게나이저 등의 기기를 사용한다. 하지만, 기계적인 유화법을 사용하였을 경우, 시간이 경과하면 유화가 깨져 다시 원래의 액체 층으로 분리된다. 하지만, 기계적으로 만들어진 유화 상태를 보존시키거나 처음부터 기기를 사용하지 않고 유화를 진행할 수 있는데, 유화제를 사용하면 가능하다. 유화제는 앞서 설명한 바와 같이 한 분자 내에 $-OH$, $-CHO$, $-COOH$, $-NH_2$ 등의 친수성기와 알킬기와 같은 소수성기를 함께 지닌 화합물이다. 유화제는 친수성기에 의해 물, 소수성기에 의해 기름과 동시에 결합한다. 서로 섞이지 않는 물과 기름 사이의 계면에서 유화제는 물과 기름을 연결하여 유화 상태를 만든다. 예를 들어, 식초와 식용유가 주성분인 마요네즈는 달걀을 넣음으로써 달걀노른자의 단백질인 레시틴이 유화제로 작용하여 식초와 식용유가 분산된 형태를 이루고 있다.

식품 중 유화의 형태는 크게 수중유적형O/W과 유중수적형W/O의 형태로 나눌 수 있다그림 13-5. 수중유적형 유화는 기름성분보다 물의 함량이 많아 연속상의 물 속에 기름방울이 떠 있는 형태이며, 예로는 우유, 마요네즈, 생크림, 아이스크림 등이 있다. 반대로 유중수적형 유화는 물보다 기름성분의 함량이 많아 연속상의 기름 속에 물방울이 떠 있는 형태이며, 예로는 버터, 마가린 등이 있다. 유화액의 안정성에 미치는 요인은 연속상의 점도, 유화제의 종류와 양, 연속상과 비연속상의 비율, 분산된 비연속상의 크기 등이다.

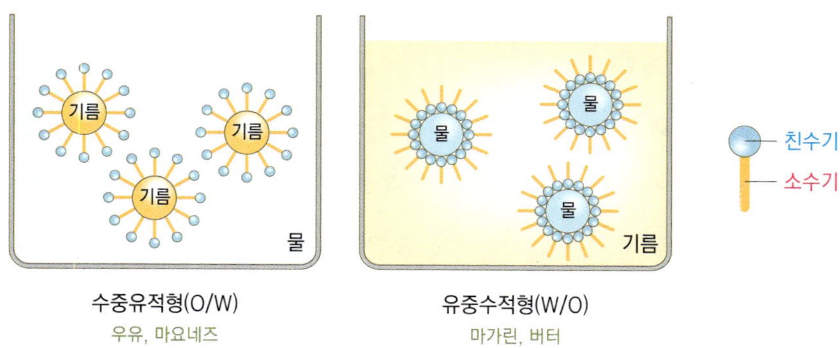

그림 13-5 | 유화액의 결합 형태

표 13-3 | 각종 유화식품의 유화 상태

식품	형태	분산상	분산매	유화제
우유	O/W	유지방	물	카세인
마요네즈	O/W	샐러드오일	식초, 물	레시틴
아이스크림	O/W	얼음, 크림	물	알긴산나트륨
버터	W/O	물, 소금, 젖산	유지방	-

자료: 김건희 외, 2018 일부 수정

3) 액체, 기체 혼합물의 특성

분산매가 액체이고 분산질이 기체일 경우 분산된 물질 형태를 기포(거품)라고 한다. 일반적으로 기포는 액체 안에 기체가 작은 방울의 형태로 분산되어 있는 것을 말하며, 거품은 액체의 표면에 기체가 올라와서 형성된 공기방울을 의미한다. 이러한 액체 안에 분산된 기포를 유지, 안정화시키는 화합물을 기포제라고 한다. 맥주의 거품을 만들고 유지하는 데 중요한 역할을 하는 것은 맥주의 원료 중에 홉hop 성분이다. 홉의 성분이 맥주 거품의 안정제 역할을 한다. 또한, 과자 제조 시 사용되는 기포제는 난백, 젤라틴, 단백질과 사포닌 등이다.

반면에 거품을 제거하거나 발생을 억제하여야 하는 공정이 있다. 예를 들어, 두부 제조시 콩 분쇄액의 가열공정이나 두유와 우유의 가공공정, 발효공정, 물엿 제조공정에서는 거품이 지나치게 발생하는데 이를 방지하기 위하여 첨가하는 것이 소포제이다. 소포제는 유지, 지방산 에스터, 에테르, 실리콘 등이고, 찬 공기를 불어넣는 것도 도움이 된다.

3. 식품의 물성

식품의 물성이란 식품의 물리적 변형에 관한 특성을 의미한다. 물성은 리올로지 rheology라고 하는데, 'rheo'는 '흐른다'는 의미여서 'rheology'란 물질의 흐름에 관한 학문이라고 할 수 있다. 즉, 외부의 힘에 의한 액체의 흐름과 고체의 변형에 관한 학문이다. 식품의 물성 정보가 중요한 이유는 단순히 식품의 물리적 성질에 그치는 것이 아니라, 맛과 더불어 식품의 기호도를 결정하는 중요한 요인일 뿐만 아니라 식품의 가공적성에도 영향을 미치기 때문이다.

1) 점성과 점조성

액체식품의 경우 식품에 따라 동일 조건에서 흐르는 속도는 각기 다르다. 예를 들어, 간장과 조청의 흐르는 속도는 동일 조건에서 명확한 차이가 나며, 국자를 이용하여 같은 속도로 저을 때 드는 힘도 큰 차이가 있다. 이와 같이 액상 식품의 흐름에 대한 저항성을 점성, 그 크기를 점도라고 한다. 특히, 액상 식품이 물, 간장, 식초 등과 같이 균일한 크기와 형태를 가진 단일 물질인 뉴턴 액체로 되어 있을 경우 흐름에 의한 저항성을 점성viscosity이라고 하고, 마요네즈나 케첩과 같이 크기와 형태가 다른 물질, 즉 비뉴턴 액체로 구성된 물질의 흐름에 대한 저항성을 점조성이라고 한다. 점성과 점조성은 용매의 점성, 용질의 종류와 농도, 주위의 온도에 영향을 받는다.

점성의 단위는 poiseP를 사용하며, 다음과 같이 정의된다.

$$1\ P = 1\ g/cm \cdot sec\ ,\ 1\ cP = 1/100P$$

예를 들어, 20°C 물의 점도는 1 cP이고, 꿀의 점도는 약 10,000 cP이다.

2) 탄성

고무줄이나 용수철 등을 손으로 잡아당긴 후 놓아주면 원래의 상태로 돌아간다. 이와 같은 성질을 탄성elasticity이라고 한다. 즉, 외부에서 힘을 가하여 변형시킨 후, 그 힘을 제거하면 원래의 모양대로 돌아오는 현상을 말한다. 외부에서 작용하는 힘에는 한계가 있어 그 한계까지는 탄성이 작용하지만 이를 벗어나는 큰 힘으로 변형을 시키면 탄성작용이 일어나지 않는데, 이 한계를 탄성한계elasticity limit라고 한다.

탄성한계 내에서 외부의 힘을 제거하면 완벽하게 원래의 모양으로 되돌아오는 물체를 완전탄성체라고 한다. 하지만, 식품에서는 완전탄성체는 존재하지 않는다. 식품에서 탄성을 가지고 있는 식품은 묵, 곤약 등이 있다. 외부에서 힘을 가하는 경우와 제거하는 경우 변형의 정도가 다른 물체를 비흑 탄성체non-Hookean elastic body 라고 한다.

3) 가소성

어떤 물질이 탄성한계 이상의 힘을 외부에서 받아 원래 상태로 회복되지 못하는 성질을 가소성plasticity 또는 소성이라고 한다. 식품에서는 으깬 삶은 감자, 마가린, 버터, 쇼트닝 등의 식품이 가소성을 가지고 있는데, 이와 같은 식품들은 탄성한계가 매우 낮아 적은 힘만을 가하여도 형태가 회복되지 못한다. 또한, 생크림과 같은 식품은 외부에서 적은 힘을 가할 경우 탄성을 보이지만, 그 한계 이상의 힘을 가할 경우 가소성을 보이는데 이와 같은 힘의 경계를 항복치라고 하며, 이때의 소성을 빙검 소성Binghum plasticity라고 한다.

4) 점탄성

외부에서 힘을 가했을 때 점성 유동과 탄성 변형을 함께 가지고 있는 성질을 점탄성viscoelasticity이라고 한다. 예를 들어, 플라스틱 필름(랩)을 힘을 가하여 당기면 탄성을 가지면서 늘어남과 동시에 평평하게 펴지는 점탄성을 가진다. 또한 빵 반죽, 추잉껌, 한천겔 등의 식품에 손가락으로 누르면 변형하고, 힘을 제거하면 변형이 서서히 없어져 탄성 회복이 되는 데 이를 점탄성이라고 한다.

이러한 점탄성체는 예사성, 신전성, 바이센베르그 효과 등의 여러 가지 성질을 가진다. 예사성은 청국장, 낫토, 달걀 흰자와 같이 길게 쭉 딸려오는 성질이며, 신전성은 국수와 같이 길게 늘어나는 성질이다. 바이센베르그 효과은 연유에 젓가락을 세워서 돌리면 연유가 젓가락을 타고 올라가는 성질이다

고체의 점탄성에는 맥스웰형 점탄성과 켈빈-보아드트형 점탄성이 있다. 맥스웰형 점탄성은 일정한 하중에서 속도의 흐름이 일정하게 계속되는 성질이며, 켈빈-보아크트형 점탄성은 일정한 하중에서 신장속도가 점차적으로 감소되어 정지에 이르는 성질이다.

5) 물성의 측정법

(1) 점도계

유동성을 가진 액상식품의 점성은 점도계를 사용하여 측정한다. 점도계는 그림 13-6에 나타낸 바와 같이 모세관 점도계와 회전형 점도계가 있다. 모세관 점도계는 점도에 따라 액상식품이 모세관을 통과하는 시간에 차이가 있는 점에 착안하여 점도를 측정하는 기구이다. 또한, 회전형 점도계는 축에 달린 원통, 원반, 원추 등을 액상식품과 접촉하여 정해진 속도로 회전시키는 데 필요한 힘의 크기로 액상식품의 점도를 측정한다.

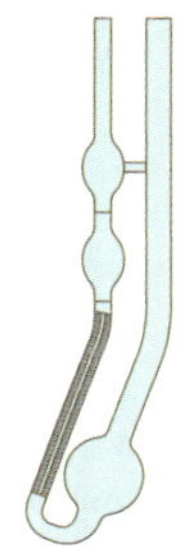

모세관 점도계

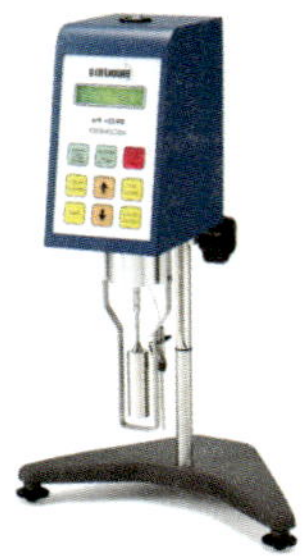

회전형 점도계

그림 13-6 | 점도계

(2) 아밀로그래프

아밀로펙틴과 아밀로스로 구성된 녹말의 호화 개시온도와 최대점도 등을 측정하

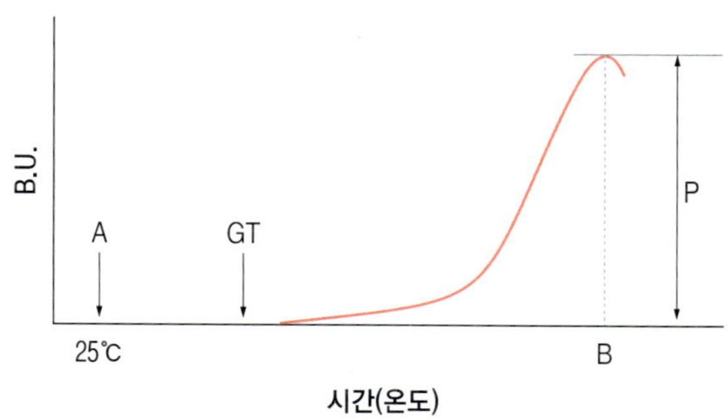

그림 13-7 | 아밀로그램

는 기기이다. 녹말을 일정 시간 동안 가열 또는 냉각시키면서 점성의 변화를 측정한다. 점도 단위인 B.U.Brabender Unit는 분석시료만의 임의 비교치로서 점도 단위로 상호 변환이 불가능하다.

(3) 파리노그래프

밀가루의 반죽 특성을 측정하는 기기이다. 밀가루 반죽의 점성이 500 B.U.에 이르기까지 밀가루에 물을 첨가하여 반죽하는 동안의 글루텐 형성을 측정하는 기기이다. 파리노그램을 이용하여 밀가루 시료가 500 B.U.에 도달시간(도착시간), 반죽 형성시간, 반죽의 안정도, 반죽의 약화도 등의 분석이 가능하다.

점탄성을 나타내는 식품의 견고성을 경점성이라고 하는데 반죽은 반고체상으로 약간의 유동과 탄성을 가진 점탄성을 가지고 있다. 반죽을 일정한 온도에서 교반할 때 생기는 점조성과 관련한 특성을 파리노그래프farinograph로 측정할 수 있다.

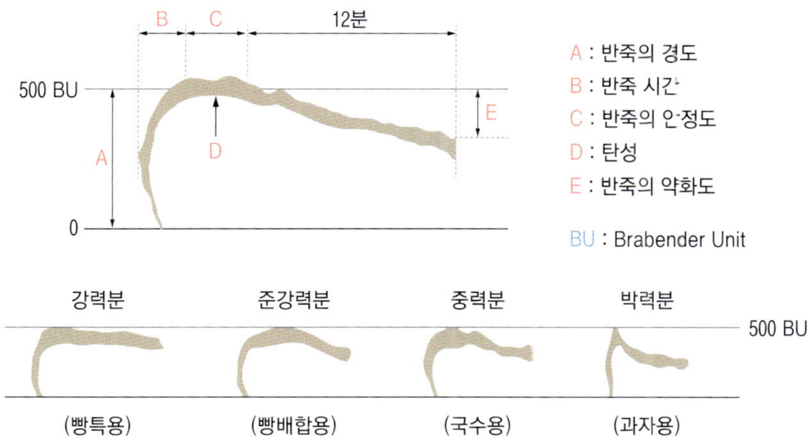

그림 13-8 | 각종 밀가루의 파리노그램

자료: 이형주 외, 2014

(4) 엑스텐소그래프

밀가루 반죽과 같이 막대기 또는 긴 끈 모양으로 늘어나는 성질을 신전성이라 하며 점탄성을 가진 식품의 특성 중 하나이다. 엑스텐소그래프는 밀가루의 물성을 측정하는 기기로서, 밀가루 반죽에 수직으로 힘을 가할 때 밀가루가 늘어나는 정도와 이때 저항하는 힘의 크기를 측정하는 장치이다. 엑스텐소그램에서 신장도(E)가 증가할수록 밀가루 반죽이 잘 늘어나고, 최대저항력(F)이 클수록 밀가루 반죽을 당기는 데 많은 힘이 소요되며, 면적(A)이 커질수록 밀가루의 탄력이 증가된다.

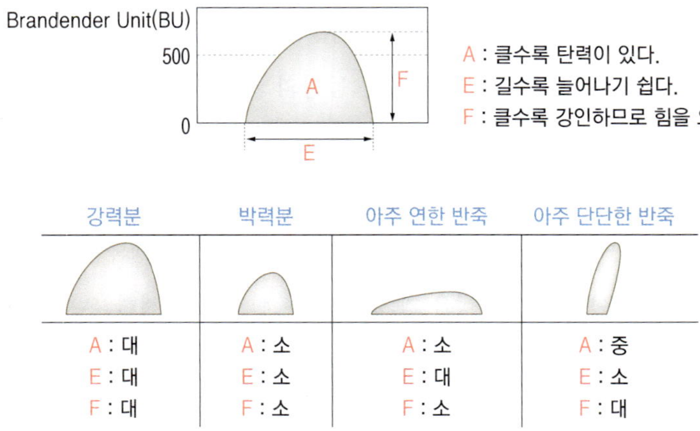

그림 13-9 | 밀가루의 종류에 따른 엑스텐소그램

자료: 김건희 외, 2018

4. 식품의 텍스처

식품의 텍스처는 식품을 입 안에 넣고 삼킬 때까지의 모든 감촉, 손의 촉감, 식감, 목 넘김, 혀의 감촉, 색을 제외한 조직감 등을 종합한 식품의 총체적인 물리적 특성이다.

식품의 텍스처를 평가하는 데는 관능적인 방법과 객관적인 방법을 사용한다. 관능적인 방법은 개개인이 식품을 섭취하면서 느끼는 텍스처에 대한 평가로서 개인의 식습관과 연령, 건강 상태 등에 영향을 받는 주관적인 품질 평가방법이다. 객관적 평가방법은 텍스투로미터나 레오미터 등의 기계를 이용하는 방법이 있다.

또한, 식품의 텍스처는 기계적 특성, 기하학적 특성, 기타 특성으로 구분할 수 있다.

1) 식품의 텍스처 특성

(1) 기계적 특성

식품 텍스처의 기계적 특성이란 외부에서 식품에 가해지는 힘의 스트레스에 대한 식품의 반응을 표준평가척도에 의해서 정량적으로 표현한 특성이다. 예를 들어, 표준 견고성 항목은 크림치즈의 낮은 견고성으로부터 캔디의 높은 견고성까지 9단계로 분류한다.

식품의 기계적 특성은 1차적 특성과 2차적 특성을 구분된다표 13-4. 1차적 특성은 기본특성으로서 식품의 견고성, 응집성, 점성, 탄성, 부착성 등이다. 또한, 식품의 2차적 특성은 기본 특성들이 복합적으로 결합한 실제 특성, 즉 부서짐성, 씹힘성, 검성 등이 있다. 부서짐성은 식품을 파쇄하는 데 필요한 힘으로 식품의 견고성, 응집성에 영향을 받는다. 또한, 씹힘성은 고체식품을 삼킬 수 있는 상태로 씹는 데 필요한 힘으로써 견고성, 응집성, 탄력성에 영향을 받고, 검성은 반고체식품을 삼킬 수 있는 상태로 씹는 데 필요한 힘으로써 견고성, 응집성에 따라 달라진다.

표 13-4 | 텍스처의 기계적 특성

특성		정의	표현 용어
1차 특성	견고성	일정한 변형을 시키는 데 필요한 힘	무른 → 단단한 → 딱딱한
	응집성	식품의 형태를 구성하는 내부 결합력	
	점성	액체가 단위 힘에 의해 유동되는 정도	묽은 → 진한 → 된
	탄력성	외부의 힘에 의해 변형된 물체가 원상태로 되돌아가려는 성질	소성이 있는 → 탄력이 있는
	부착성	식품 표면에 부착된 다른 물체의 표면을 떼어내는 데 필요한 힘	찐득찐득한 → 끈적끈적한
2차 특성	부서짐성	식품을 파쇄하는 데 필요한 힘	푸슬푸슬한 → 바삭바삭한 → 깨어지는
	씹힘성	고체식품을 삼킬 수 있는 상태까지 씹는 데 필요한 힘	연한 → 쫄깃한 → 질긴
	검성	반고체식품을 삼킬 수 있는 상태까지 씹는 데 필요한 힘	푸석푸석한

자료: 안승요 외, 2012

(2) 기하학적 특성

식품의 기하학적 특성은 구성하고 있는 입자의 크기나 모양, 입자 배열, 표면의 울퉁불퉁함 등 식품 표면과 조직의 모양, 형태에 관련된 특성이다. 주로 혀, 입 천장, 치아 감촉이나 시각으로 감지한다. 식품 입자의 크기, 모양에 관련된 특성은 '분말의', '모래의', '과립의', '거친' 등으로 표현할 수 있다. 또한 식품 입자의 배열에 관련된 특성은 식품 성분의 구조적 특성으로서 섬유상, 결정상, 박편상, 펄프상, 기포상 등으로 텍스처의 특성이 표현된다.

(3) 기타 특성

그 외 식품 텍스처의 특성은 수분과 지방 함량에 관련되어 있다. 수분과 관련된 식품 특성은 '건조하다', '축축하다', '질척하다' 등이며, 지방과 관련해서는 '기름기가 있다', '매끄럽다' 등으로 표현된다. 이와 같은 텍스처는 정량적으로는 측정하기 어려운 정성적인 특성이다.

2) 식품의 텍스처 측정

식품 텍스처의 기계적 측정에는 텍스투로미터texturometer라는 기기를 이용한다. 이 기기는 사람의 저작작용을 모사하여 그 원리를 바탕으로 식품의 텍스처를 정량적으로 측정한다. 식품을 씹는 동작과 같이 2회 압착하는 동안의 텍스처 프로필을 시간과 힘의 관계 그래프로 나타내어 식품의 견고성, 응집성, 탄력성, 부착성, 부서짐성 등을 수치로 산출한다.

그림 13-10에 식품 텍스처를 측정하는 텍스투로미터와 그 결과 곡선을 나타내었다. 식품의 견고성은 첫 번째 압착 후 높이(H)에서 산출되며, 응집성은 두 번째 압착 시 면적을 첫 번째 압착 시 면적으로 나눈 값이다. 또한, 식품의 부착성은 기준성 아래 피크의 면적으로 산출할 수 있다.

(A)

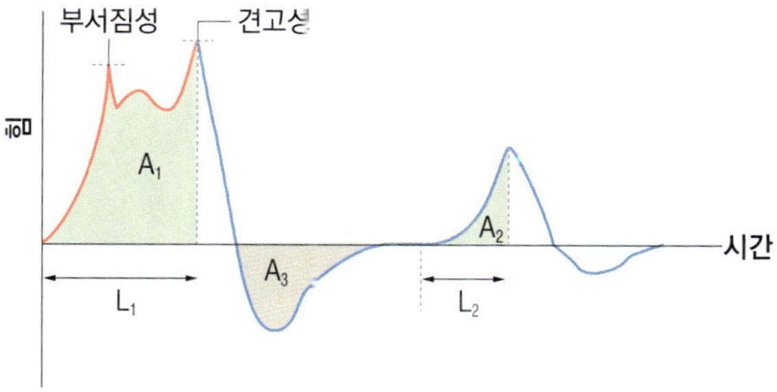

(B)

견고성 : 첫 번째 피크의 최대 높이

탄력성 : L_2/L_1

검성 : 견고성×응집성

점착성 : A_3

부서짐성 : 첫 번째로 나타나는 중간 피크

응집성 : A_1/A_2

씹힘성 : 검성×탄력성

그림 13-10 | 텍스투로미터

자료: 황인경 외, 2018

FOOD CHEMISTRY

chapter 14

식품의 독성

학습목표

1. 독성물질을 설명하고 분류할 수 있다.
2. 내인성, 외인성 그리고 유인성 독성물질에 대하여 설명할 수 있다.
3. 식품의 조리 및 가공 과정 중 생성되는 독성물질에 대하여 설명할 수 있다.

chapter 14

식품 중에 적은 양이라도 존재할지 모르는 독성물질toxic compound은 섭취 시 미량으로도 급성 중독을 일으켜 사망하게 할 수도 있고, 만성으로 중독되어 발암원으로 작용할 수도 있다. 이 독성물질은 자연 발생적 또는 조리나 가공 과정 중 그리고 우리가 모르는 사이에 외부로부터 혼입될 수도 있다. 따라서 식품에 유입될 수 있는 유독성분의 종류와 함유량을 파악하고 이들로부터 초래되는 피해를 줄여야 한다.

1. 독성물질의 분류

식품 중 독성물질은 분류하기 힘들며 그 종류도 매우 다양하여 어떤 기준을 따르느냐에 따라 달라진다. 식품 중에는 어떠한 원인에 의해 존재하느냐에 따라 내인성, 외인성 그리고 유인성으로 분류한다. 내인성 독성물질은 자연적으로 발생하여 섭취 시 인체에 유해하게 작용하는 물질이다. 외인성 독성물질은 식품의 조리, 제조, 가공 및 유통 과정 중에 혼입될 수 있는 불허용 식품첨가물, 독극물, 유해금속, 농약 등이다. 유인성 독성물질은 식품 성분에서 변형되어 생성된 물질이다표 14-1.

표 14-1 | 식품의 독성물질 분류

원인	물질
내인성	자연식품 속에 함유되어 있는 유독물질
외인성	식중독 원인균, 곰팡이 대사물, 잔류농약, 환경오염, 포장 용기, 식품첨가물 등
유인성	식품첨가물과 식품 중 성분이 물리·화학적 작용으로 생성된 물질

식품의 독성 평가방법은 급성acute, 아급성subchronic, 만성chronic 등의 일반독성법과 발암성, 변이원성, 차세대에 미치는 영향 등 특수독성법이 있다. 독성을 평가할 때 가장 먼저 하는 것이 급성 독성시험인데, 이대 물질을 여러 농도로 희석하여 1회 투여해 1~2주간 관찰하고, 그 사이 실험동물의 50%가 사망하는 양인 반수치사량LD_{50}을 구해 상대적인 독성을 결정한다. 국제암연구소International Agency for Research on Cancer, IARC에서 발암성 정도를 평가해 제시하고 있으며, 연구 결과로 제시된 근거에 따라 발암성 물질의 등급을 분류하고 암의 원인에 관한 연구를 지휘하고 조정한다. IARC는 발암물질 또는 문제되는 물질들에 대하여 다음과 같이 분류하였다.

표 14-2 | 국제암연구소(IARC) 발암물질 분류

분류	발암성	물질 예
Group 1	인체에 발암성이 있는 물질	아플라톡신, 비소, 카드뮴, 에탄올, 아세트알데하이드, PCB 등
Group 2A	인체에 발암 가능성이 높은probable 물질	아크릴아마이드, 고온으로 튀긴 음식, 질소겨자, 납 화합물 등
Group 2B	인체에 발암 가능성이 있는possible 물질	아세트알데하이드, 벤조피렌, DDT, 퓨란, 납, 톨루엔 등
Group 3	인체에 발암물질로 분류되지 않는 물질	디벤조피렌, 에틸렌, 말라싸이온, 파라싸이온, 톨루엔, 자일렌 등
Group 4	인체에 발암물질이 아닐 가능성이 높은probable not 물질	카프로락탐

2. 내인성 독성물질

1) 자연식품 속의 독성물질

식품에 자연적으로 존재하는 유독성분은 출처에 따라 식물성, 동물성 그리고 곰팡이 독으로 나눈다.

(1) 식물성 독성물질

식물성 자연독이란 식물에 함유되어 있는 유독성분을 말한다. 식중독을 일으키는 원인이 되는 독버섯이 대표적이지만, 청매, 목화씨, 콩류, 피마자, 감자 등에도 표 14-3과 같은 독성물질이 함유되어 있다.

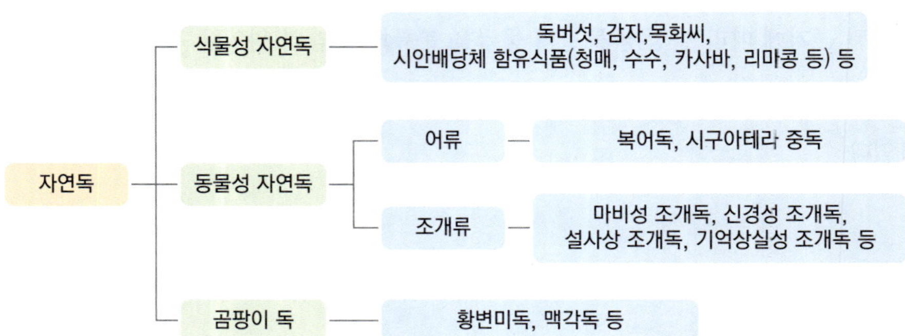

그림 14-1 | 자연독의 종류

표 14-3 | 식물성 식품 중 독성물질의 분류

독성물질	원인 식품	특징
솔라닌solanine	감자	스테로이드계 알칼로이드에 포도당, 갈락토스, 람노스가 결합된 배당체
아미그달린amygdalin, 듀린durrin, 리나마린linamarin (사이안 배당체)	청매, 복숭아씨, 살구씨, 수수	사이안 배당체로 인체에 무해하지만 산이나 효소에 의해 가수분해되어 생성
고시폴gossypol	목화씨	아미노기오 결합하여 단백질의 이용을 감소시킴
사포닌saponin	콩류, 인삼	용혈작용이 있으며 수용액에 진탕하면 거품이 생김
리신ricin	피마자	피마자유 추출 시 사용된 용매를 제거하는 과정에서 제거됨

식물에 존재하는 유독성분에 의한 식중독을 식물성 식중독 물질 또는 식물성 자연독이라고 한다. 이들은 주로 식용식물 중 유독성분과 발암성 성분 그리고 식용으로 오인하여 섭취되는 유독성분 등이다. 이들은 주로 독성 배당체toxic glycoside들이 많은데 청산 배당체cyanogenic glycoside, 글루코시놀레이트glucosinolates, 글리코알

표 14-4 | 식물 중 독성물질의 분류

독소	화학적 분류	함유식물
cyanogens	cyanogenic glucosides	완두콩, 아마인, 카사바, 장미과와 *Prunus*속 식물의 열매의 kernel
glucosinolates	thioglycosides	양배추, 순무, 평지씨, 겨자, 콩 종류
saponins	glycosides	대두, 사탕무, 견과류, 시금치, 아스파라거스
protease 저해제	proteins (분자량 4000~24000)	강낭콩, 리마콩, 팥, 이집트콩, 완두콩, 감자, 고구마
hemagglutinins	proteins (분자량 10000~124000)	아주까리열매, 대두 팥, 편두, 완두콩
safrole	alkyl 치환 벤젠	Sassafras, 흑후추
gossypol	phenol성 물질	면실
cycasin	methylazoxy-methanol	*Cycas*속 식물의 견과
pyrrolizidine alkaloid	dihydropyrroles	국화과, 능소화과 식물
α-amanitin	bicyclic octapeptide	*Amanita*속 버섯
allergens	protein으로 추정	모든 음식물 가능

칼로이드 배당체glycoalkaloids로 분류한다. 이러한 배당체 외에도 독성 페놀성 물질 toxic plant phenolics, protease 활성 억제 물질 그리고 독버섯류 등이 있다표 14-4.

① 독성 배당체toxic glycoside

배당체는 포도당의 환원기에 각종 아글리콘이 결합한 화합물의 총칭이다. 유독성분 배당체는 사이안 배당체와 함황 배당체가 있다. 식물성 청산 중독은 사이안 배당체cyanogenic glycosides인 청산 배당체에 의한 것이다. 청산칼륨 중독과 같으나 식물에는 매우 미량만 있어 많은 양을 섭취하지 않으면 청산가리 중독과 달리 사망률은 낮다. 그러나 대량 섭취하면 사망할 수도 있다. 사이안 배당체의 종류는 아미그달린amygdalin, 듀린dhurrin, 리나마린linamarin , 파세오루나틴phaseolunatin, 로토오스트랄린lotoaustralin, 푸루나신prunasin, 삼부니그린sam-bunigrin, 비시아닌vicianin 등이 있다. 함황 배당체는 70여 종의 글루코시놀레이트glucosinolate가 발견되고 매운맛을 낸다. 식물체 내에서 글루코시놀레이트가 효소와 작용하여 생기는 가수분해 산물인 아이소싸이오시아네이트isothiocyanate는 겨자, 고추냉이, 순무 등의 매운맛 또는 휘발성 성분으로 강력한 항암성분인 것으로 밝혀졌다.

② 알칼로이드alkaloids

함질소 염기성 물질로 쓴맛을 내는 알칼로이드는 약 600여 종이 있으며, 이 중 1/4이 식물체에서 발견된다. 알칼로이드는 항암·항염증 효과부터 향정신성 의약품, 담배나 커피 같은 기호식품까지 인체에 다양한 영향을 끼친다.

가. 솔라닌

솔라닌solanine은 감자싹에 있고 사과, 가지, 사탕무 등에 소량 존재하는 알칼로이드로 다량 섭취 시 신경계에 독성을 낸다. 감자가 광선에 노출되어 녹색으로 변하거나 잘못 저장되거나 병에 걸린 감자는 솔라닌 함량이 증가한다. 솔라닌이 있는 감자를 섭취하면 솔라닌 중독으로 사망할 수 있다.

나. 피롤리지딘

피롤리지딘pyrrolizidine 알칼로이드는 약 250여 가지가 알려져 있고, 주로 국화과 식물에서 발견된다. 이들은 주로 간독성을 일으키는 발암원인이다.

다. 카페인

카페인caffeine 알칼로이드는 커피의 주요 성분으로 약리효과뿐 아니라 독성에 대한 연구도 많이 이루어졌다. 커피, 차, 코코아 등에 함유된 카페인은 오랫동안 사람들이 섭취했기 때문에 큰 문제가 없는 것으로 발표되고 있다. IARC는 여러 나라의 전문가 23명으로 평가단을 구성해 커피의 발암성과 관련한 공개 문헌 1,000여 편을 철저하게 검토한 결과 커피와 방광암 간의 상관관계가 입증되지 않아 2B군 발암물질에서 제외하였다(IARC, 2016).

라. 리신

리신ricin은 피마자에서 추출되는 독성 단백질로 피마자 외에 같은 식물의 잎과 구근, 콩과식물의 종자에 널리 분포되어 있다. 헤마트글루티닌hemagglutinin 또는 피타글루티닌phytagglutinin은 적혈구를 응집시키는 물질로 많은 콩과식물에 천연으로 존재하는 독성물질이다.

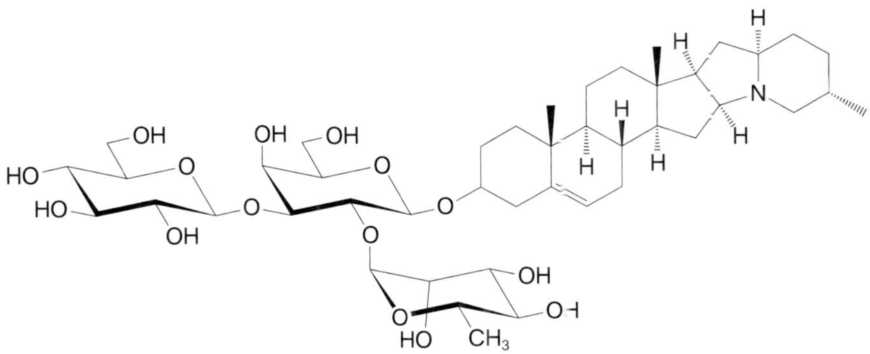

솔라닌

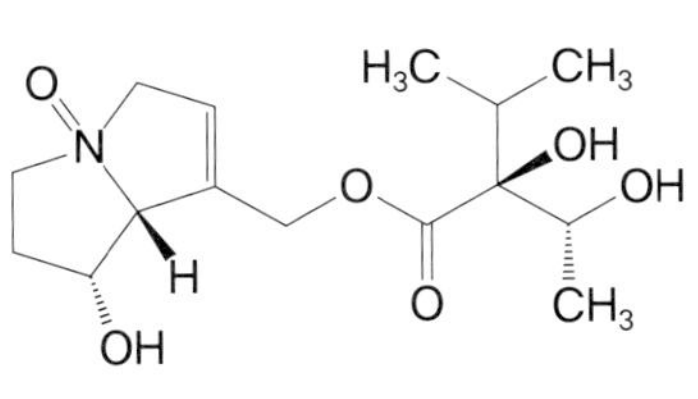

피롤리지딘

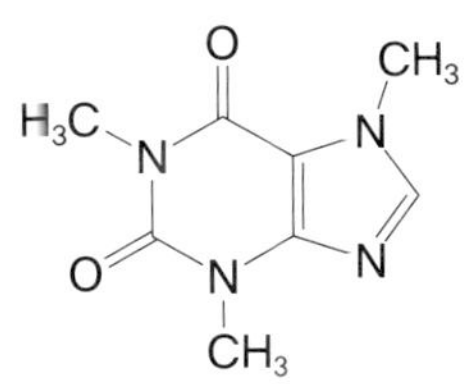

카페인

그림 14-2 | 각종 알칼로이드의 구조

③ 페놀성 물질

페놀성 물질은 식물에 함유되어 있는 유독성분으로 강한 독성을 나타낸다.

가. 고시폴

면실유에 다량 함유되어 있는 고시폴gossypol은 페놀성 물질로 면실유 제조 시 정제하지 않으면 유지에 포함되나, 정제과정 동안 제거되어 시판되는 면실유에는 포함되지 않는다. 고시폴의 페놀성 하이드록시기 및 알데하이드기는 반응성이 커서 여러 종류의 유도체로 변한다. 동물에게 나타나는 중독 증상은 심부전이나 용혈성 빈혈이다. 고시폴을 함유하는 시료를 단백질과 가열하면 고시폴의 독성이 소실된다. 이것은 고시폴의 알데하이드기가 단백질의 아미노기와 반응하기 때문인데, 동시에 단백질의 영양가도 저하된다.

나. 쿠마린

포아풀과Poaceae, 난과Orchidaceae, 산형과Umbelliferae, 운향과Rutaceae, 꿀풀과Labiatae 식물에 많이 함유되어 있는 benz(a)pyrone 골격을 갖는 phenyl propanoids 화합물이다. 쿠마린coumarins은 *Penicillium nigricans*, *P. jensi*, *Aspergillus*속 등의 여러 가지 곰팡이들에 의해 디쿠마롤dicoumarol로 대사되며, 10 ppm 이상의 농도에서 독성을 낸다. 디쿠마롤에 의한 출혈은 응집 저해작용에 의한 것인데, 와파린warfarin, 3-(α-acetonyl benzyl)-4-hydroxycoumarin은 이러한 출혈작용을 이용하여 살서제로 개발되었다. 쿠마린 핵에 furan ring이 하나 더 붙은 화합물을 총칭하여 푸라노쿠마린furanocoumarin이라고 하며 이 종류로 소랄렌psoralen이 있다. 소랄렌은 피부에 광감작작용dermal photosensitizing activity을 나타내는데 주로 파슬리, 셀러리, 무화과, 양방풀나물에 함유되어 있다. 맥각*Sclerotina sclerotium*에 오염된 셀러리에는 소랄렌이 고농도로 함유되어 있어 이로 인해 피부염을 일으킨다.

④ 영양 억제 독성물질

콩에는 렉틴과 사포닌이 함유되어 있어 단백질의 소화를 저해하고, 아미노산의 흡수 및 이용을 억제한다. 피틴산, 옥살산은 무기질의 흡수를 방해한다. 아비딘avidin은 바이오틴biotin과 결합하여 항비타민antivitamin으로 작용한다.

⑤ 버섯류의 독성물질

버섯에는 독성성분을 함유한 것들이 많은데, 이들을 섭취했을 때 중독 증상이 나타난다. 특히 광대버섯, 알광대버섯, 파리버섯, 무당버섯, 독우산 버섯, 솔땀버섯 등은 독을 함유한 버섯류이다. 독버섯에 함유되어 있는 독성물질은 표 14-5와 같다.

표 14-5 | 독버섯의 독성물질 분류

독성물질	식품명	특징
아마니타톡신amanitatoxine	흰알광대버섯, 알광대버섯, 독우산광대버섯	• 세포 독성, 용혈성 • 다른 독성분에 비해 10배 이상 강함
무스카린muscarine	파리버섯 무당버섯, 땀버섯, 붉은광대버섯	• 부교감신경의 흥분
무스카리딘muscaridine	광대버섯	• 동공 확대, 근육 경직과 같은 뇌증상
사일로시빈psilocybin 사일로신psilocyn	미치광이버섯, 목장말똥버섯	• 환각버섯속의 버섯류에 함유 • 향정신성 유독성분

⑥ 식용으로 오인되는 유독성분

가. 시큐톡신cicutoxin

독미나리*Cicuta virosa*에는 지방족 불포화 알코올인 시큐톡신cicutoxin이라는 유독성분이 함유되어 있다. 이 유독성분은 지하경(땅속줄기)에 많이 함유되어 있고, 섭취 후 수 분~2시간 내에 발병하여 약 10~20시간 후에 사망하기도 한다. 중독 증상으로 구역질, 구토, 발한, 침 흘림, 호흡곤란, 경련 등이다.

나. 테물린 알칼로이드temuline alkaloid

독맥*Lolium temulentum*은 식물의 형태가 보리와 비슷한 잡초로 그 자체에는 독이 있지 않으나 종피와 배유 사이에 균이 기생하여 균사가 발생하면 테물린temuline이라는 알칼로이드를 생성하여 곡분 중에 혼입되면 중독을 일으킨다. 중독 증상으로는 두통, 현기증, 무기력, 이명tinnitus 외에 오심, 위통, 변비, 설사 등의 위장 증상이 나타나며, 배뇨 곤란, 냉한, 부정맥, 사지 경련을 일으켜 사망하기도 한다.

다. 코리아미틴coriamyrtin

독빈도리*Coriaria japonica*의 열매에는 단물이 있어 어린이들이 먹고 중독되기도 하는데, 유독성분인 코리아미틴coriamyrtin과 투틴tutin 때문이며 구토와 경련 등의 중독 증상을 일으킨다.

라. 트로판tropane

가지과Solanaceae에 속하는 설앵초나 마와 비슷한 미치광이풀*Scopolia japonica*과 흰독말풀*Datura alba*의 뿌리와 줄기를 섭취할 경우, 트로판tropane계 알칼로이드 성분인 히오스시아민hyoscyamine, 스코폴라민scopolamine, 아트로핀atropine으로 인하여 흥분, 심계항진, 동공 확대, 최면, 호흡곤란 등의 증상을 일으켜 사망하기도 한다.

마. 디기톡신digitoxin

디기탈리스*Digitalis purpurea*에는 강심배당체인 디기톡신digitoxin이 함유되어 있다. 디기톡신은 용혈작용이 있으며 중독 증상으로 오심, 구토 등이 있고, 심할 때는 심정지를 일으켜 사망하게 된다.

바. 아코니틴 알칼로이드aconitine alkaloid

미나리아재비과Ranuculaceae에 속하는 다년생 숙근초인 부자*Aconitum japonicum*는 아코네틴aconetine이라는 맹독의 다이터펜diterpene계 알칼로이드를 함유한다. 이를 섭취할 경우 급성중독 증상이 나타나며 입술과 혀의 동통, 안면 마비, 인두 및 위의 작열감causalgia, 유연, 구토, 치통, 사지 마비 또는 동통, 산동mydriasis, 언어장애, 맥박 불규칙, 신체 표면의 냉습화, 안면 창백 등이 나타난다. 3~4시간 후에 의식이 상실되어 호흡마비respiratory paralysis로 사망한다.

⑦ 기타 유독성분

가. 메틸 피리독신methyl pyridoxine

은행나무*Ginkgo biloba*의 종자인 은행을 어린아이가 과량 섭취하면 구토 후에 의식을 잃고 심하면 간질과 같은 경련을 반복적으로 일으켜 사망한다. 이 은행 중독의 원인물질로써 비타민 B_6인 피리독신pyridoxine의 4번 위치가 메틸화된 4-O-methylpyridoxine(피리독신의 합성 중간체)이라는 물질에 의해 경련을 일으킨다.

나. 셀레노아미노산selenoamino acid

셀레늄Selenium 함량이 많은 토양에서 재배한 식물 중에는 아미노산 분자 내에 셀레늄을 함유하게 되는 셀레노아미노산selenoamino acid이 있다. 이러한 식물을 다량 섭취하면 셀레늄 중독과 같은 증상을 일으킨다. 이러한 셀레노아미노산으로는 셀레노메싸이오닌seleno-methionine, 메틸 셀레노시스테인methyl selenocysteine, 셀레노시스타싸이오닌selenocystathionine, 셀레노시스타싸이오님selenocystathionime, 셀레노시스틴selenocystine이 있다.

다. 미리스티신myristicin

셀러리, 파슬리, 양방풍나물 등의 채소 중에는 환각작용을 일으키는 미리스티신myristicin이라는 독성물질이 함유되어 있다.

라. 기타

옻나무 중의 우루시올urushiol은 피부를 발적 시키는 원인물질이다. 이는 열대성 식물 *Blighia sapida*의 열매에 존재하는 하이포글리신 Ahypoglycin A, β-methylene-cyclopropylalanine는 혈액 중의 당분을 비정상적으로 감소시킨다.

(2) 동물성 독성물질

동물성 독성물질은 동물 자체의 특정 부위 또는 특정 시기에 유독성분을 함유하고 있는 것을 먹이사슬을 통하여 인간이 섭취함으로써 식중독을 일으킨다. 주로 어류독과 조개독이 있는데, 조개류는 특정 시기에 특이한 환경 조건에 의해 독화되므로 양식 환경의 정화에 주의해야 한다.

① 어류독

가. 테트로도톡신tetrodotoxin

Tetrodotoxin은 복어puffer fish, blow fish에서 유래하여 명명된 이름으로 난소에 가장 많고 그 다음으로 간·피부·장 순이며, 근육에는 소량 함유한다. 테트로도톡신tetrodotoxin, $C_{11}H_{17}N_3O_8$은 신경독의 하나로 신경계의 나트륨 채널 작용을 방해하므로 활동전위의 교란을 일으킨다. 헤미아세탈hemiacetal 고리를 가지고 있는 매우 강력한 독소로 무색, 무취의 난수용성이고 산과 열에 안정하여 가열에도 파괴되지 않는다. 테트로도톡신은 물에 잘 녹지 않고 동시에 내열성이므로 보통의 조리조건으로는 무독화되지 않고 또 그 존재 여부를 관능적으로 감지할 수도 없다. 복어에 의한 식중독은 식후 30분~5시간 이내에 발병하며, 마비를 일으키는 것으로 시작해 다음 4단계로 분류할 수 있다. 초기 중독 증상은(제1도) 섭취 후 2~3시간 내에 먼저 입술, 혀끝, 손끝이 저리고 두통, 복통, 구토가 계속되며, 이어서 불완전 운동마비의(제2도) 상태가 되어 지각마비, 언어장애, 혈압이 떨어진 후 완전 운동마비의(제3도) 운동 불능 상태인 호흡곤란cyanosis이 나타난다. 이어서 전신마비가 되면서 의식 소실(제4도)의 단계로 진행되어 의식을 잃고, 호흡과 심장박동이 정지된다.

복어중독의 특징은 경과가 빠르며, 일반적으로 치사시간은 4~6시간으로 8시간 이내에 생사가 결정된다. 그러나 회복이 되면 경과도 빠르며 후유증도 없다. 복어탕, 찜에 사용한 유해 장기(간장)의 섭취에 의해 발생하는 중독을 예방하기 위해서 복어는 전문가에 의해 요리된 것을 먹도록 한다. 특히 알, 난소, 간, 내장, 껍질 등에 독성이 많아 폐기된 부분의 처리를 철저히 하여 다른 사람이 먹고 중독되는 일도 방지해야 한다. 복어는 우리나라 근해에 40여 종이 분포되어 있다. 그중 식용복어는 까치복, 황복, 참복, 은복, 쫄복, 말복 등 10여 종이다.

헤미아세탈(hemiacetal)

알데하이드수화물 $RCH(OH)_2$과 1분자의 알코올이 에테르 결합한 화합물을 말한다.

나. 시구아테라ciguatera 중독

시구아테라는 카리브해와 인도-태평양 연안에 서식하는 물고기로 인해 발생하는 식중독을 말한다. 이의 원인이 되는 어패류는 약 400종 이상이라고 하지만, 이 중 식품위생상 문제되는 것은 수십여 종으로 알려져 있다. 독곰치의 내장에서 분리된 시구아톡신ciguatoxin은 지용성으로 복어독과 거의 같은 정도의 독력을 나타내며, 말초신경과 중추신경에 작용하여 근육과 신경세포에서의 Na^+의 투과성을 뚜렷하게 증대시킨다.

시구아톡신ciguatoxin은 내열성이므로 보통의 조리 조건으로 무독화되지 않는다. 경증일 때는 증상의 소실도 빨라서 2~3일이면 완전히 회복되나, 중증일 때는 증상 소실이 1개월 이상 걸리는 경우도 있으나 일반적으로 치명률은 낮다. 주된 증상은 위장장애로 복통, 구토, 설사가 있고, 신경 증상으로 혀, 입술, 사지 및 전신의 마비를 들 수 있다. 시구아테라의 특이한 증상은 지각 이상인 dry ice sensitization으로 불리는 온도감각의 실조 증상인데, 이는 물과 같은 저온의 물체에 접촉하면 통증을 느끼게 되는 것이다. 해수성 플랑크톤인 나선형의 편모조류dinoflagellate인 *Gambierdiscus toxicus*가 시구아톡신의 1차 생산자이며, 이 편모조류가 해조류에 부착하여 이를 섭식한 물고기에 이행되고 이들 조식성 물고기를 섭식하는 육식성 물고기가 유독화되는 것으로 밝혀졌다.

다. 브레비톡신brevitoxin

적조red tide현상을 일으키는 해양성 편모류Dinoflagellate의 일종인 *Ptychodiscus brevis*에 의해 생성되는 독이다. 이들에 의해 생기는 적조현상은 미국의 플로리다 해변가와 멕시코만이 대표적이다. 편모류는 아가미를 통해 먹히기 때문에 조개류에는 무독하고 어류에는 독성을 갖게 한다. *P.brevis*는 적어도 2가지 이상의 폴리에터 화합물 계통의 신경독neurotoxin인 브레비톡신brevitoxin B와 C를 생산하는데 이들은 유기용매에 용해되며 산에는 안정하나 알칼리에는 불안정하다. 보통 미국 기후로 11월과 다음해 3월 사이에 독화되며, 조개나 굴을 섭취한 후 중독을 일으키고 신경독성, 오심, 설사, 지각 이상 등의 증상이 나타난다.

② 조개류의 독성물질

일부 조개류는 강력한 유독성분을 함유하고 있다. 이러한 중독의 원인이 되는 유독물질은 조개의 체내에서 형성되는 것이 아니라 바다에 서식하는 Pyrrophyta에 속하는 해양편모조류Dinoflagellate에 의해 생성된 독소를 조개류가 섭취하여 체내에 축적, 함유하게 된다. 이들 중 4종 이상이 human poisoning과 관련이 있어 인체에 독성을 나타내며, 주로 적조현상과도 관계가 있다. 조개의 독성은 특정 지역에서 발생되고, 계절적으로 독성이 증가하는 시기와 일치하는 것이 보통이므로 이 시기에는 채취와 섭식을 하지 않는 것이 좋다. 자연독을 함유한 동물성 식품의 대부분은 어패류이다. 일부 조개류, 특히 홍합, 굴, 모시조개, 바지락과 같이 껍데기가 두 장인 이매패류는 바다의 수온이 6～16°C가 되는 2～6월에 유독 플랑크톤을 섭취·축적하여 독을 함유하게 되어 섭취 시 주의해야 한다. 조개류의 독성물질은 표 14-6과 같이 분류한다.

가. 마비성 패독paralytic shellfish poisoning, PSP

해양성 플랑크톤 중 편모조류인 *Protogonyaulax catanella*, P. *tanarensis* 등이 만드는 독성 대사산물을 이매패류인 *Mytilus edulis*(섭조개), *Mytilus coruscus*(홍합), *Meretrix lusoria*(대합조개)등이 섭취하여 그 중장선이나 흡배수공에 축적되어 식중독의 원인이 된다.

처음에는 섭조개중독mussel poisoning이라고 하였으나 중독 증상의 특징이 마비 증상이기 때문에 최근에는 마비성 패독이라고 한다. 약한 수용성의 내열성 화합물이므로 보통의 조리 조건으로는 무독화되지 않으며, 취급 부주의에 의해서 다른 식품으로 옮기는 경우도 있다.

마비성 패독은 맹독성으로 중독 증상은 복어중독과 같이 신경마비가 오고 사망하기도 한다. 섭식 후 30분~3시간의 잠복기를 거쳐 말초신경의 마비 증상이 나타난다. 입술, 혀, 잇몸 등이 마비되기 시작하여 사지가 마비되고 기립 보행이 곤란해지며 언어장애, 유연, 두통, 구갈(갈증), 오심, 구토 등을 일으키고, 심하면 호흡곤란, 호흡마비로 사망한다. 보통 12시간 이내에 사망하고, 이 기간을 넘기면 회복된다. 시기적으로는 5~9월, 특히 한여름에 독성이 가장 강하다. 치료에 특효약이 없고 위세척이나 인공호흡 등 대중요법에 의존할 수밖에 없다. 독은 중장선에 국한되어 축적되므로 이를 제거하면 중독 방지에 도움이 된다. 그러나 독이 수용성이기 때문에 끓이거나 가공과정에서 다른 조직으로 이행될 수 있으므로 주의가 필요하다.

나. 설사성 패독diarrheic shellfish poisoning, DSP

독화 원인인 플랑크톤은 일본의 경우 와편모조류 *Dinophysis fortii*와 *D. acuminata*이며, 북해와 접해 있는 유럽에서는 *D. acuminata*와 *D. acuta*가 주원인 플랑크톤이다. 이 독이 만드는 독성분에 의해 섭조개, 가리비, 백합조개, 민들조개 등 다수의 이매패가 독화되어 이를 섭취할 경우 설사와 급성위장염을 일으킨다. 유독성분이 물에 녹지 않고 유기용매에 녹는다. 중장선에 존재하는 독은 내열성으로 조리에 의한 독의 감소는 기대할 수 없다. 독화는 5~8월경으로 알려져 있으나 지역이나 생산연도에 따라 다소 차이가 있다. 양식하면 수심이 깊을수록 독력이 강하여 수심 10 m 이하에서는 독화율이 높아진다. 중독 증상은 소화기계 장애이다. 가장 발증률이 높은 것은 설사이며, 그 외에 메스꺼움, 구토, 복통 등이다. 발열은 거의 없고, 복통은 장염 비브리오보다는 가벼운 정도이다. 환자의 70% 정도는 식후 4시간 이내에 발증하지만 3일 후에는 거의 회복된다.

다. 모시조개독(베네루핀venerupin 중독)

모시조개*Cyclina sinesis*, 바지락*Tapes philippinarum*, 굴*Crassostrea gigias* 등의 이매패에 의하여 일어나는 식중독으로, 바지락의 학명인 *Venerupis semidecussata*에 따라 베네루핀이라고 명명하였다. 베네루핀 중독의 발생 시기는 3~4월경으로 이 시기는 조개가 독화되어 독이 중장선과 소화관에 축적되는 2~5월과 거의 일치하며 6~11월에는 거의 독이 검출되지 않는다. 열에 안정하여 pH 5~8에서 100°C, 1시간 가열하여도 파괴되지 않지만, pH 9에서는 오랫동안 가열하면 파괴된다. 또한 물과 메탄올에는 잘 녹으나 에터, 에탄올에는 녹지 않는다. 잠복기는 12시간~7일인데, 대부분 1~2일의 잠복기를 거쳐 발병한다. 초기 증상은 불쾌감, 권태감, 식욕부진, 복통, 오심, 구토, 변비이고 피하에 반드시 출혈 반점이 나타나며, 간장비대, 황달 등의 간기능 저하를 나타낸다. 중증일 경우 토혈, 뇌증상이 나타나고 의식장애를 일으켜 7일 이내에 사망한다. 경증인 경우도 회복기간이 길어 20일이 지나도 전신권태를 호소하며, 어린이나 노인은 회복이 느리다.

표 14-6 | 조개류의 독성물질 분류

종류	원인식품	독성물질
마비성 조개독	섭조개, 홍합, 모시조개	삭시톡신, 고니어톡신, 프로토고니어톡신
설사성 조개독	가리비, 모시조개, 바지락	오카다산, 디노피시스톡신, 펙테노톡신
베네루핀독	바지락, 굴, 모시조개	베네루핀
테트라민독	소라고둥, 조각매물고둥	테트라민

(3) 곰팡이독

곰팡이독은 곡류, 과일, 채소 등의 저장 또는 유통 과정에서 생성되는 유독물질로 이를 섭취하여 일어나는 건강장해를 곰팡이독증이라 한다. 주요 원인은 탄수화물 식품이며, 고온 다습한 여름철 기후는 곰팡이 번식에 최적이므로 식품위생상 중요하다. 대부분의 곰팡이류는 열에 약해서 50~60°C에서 10분 정도로도 사멸하지만, 곰팡이독은 열에 안정하여 분해되지 않고 남아 있다. 현재 곰팡이독을 생산하는 곰팡이는 *Aspergillus*속, *Penicillium*속, *Fusarium*속 등이 알려져 있다표 14-7.

표 14-7 | 곰팡이독의 원인균 및 종류

원인균	곰팡이독	오염식품
*Aspergillus*속	aflatoxin	쌀, 보리, 땅콩, 수수, 면실 등
	ochratoxin A	쌀, 보리 등의 곡류, 두류, 향신료 등
*Penicillium*속	patulin	사과주스 등
	citrinin	덜 건조된 저장 곡류, 밀, 호밀, 보리, 귀리, 옥수수, 쌀 등
*Fusarium*속	fumonisin	옥수수, 옥수수를 이용한 식품과 사료 등
	deoxyrevalenol	밀, 옥수수, 보리, 겨, 맥아 등
	zearalenone	옥수수, 보리, 귀리, 밀, 쌀, 사탕수수 등

자료 : 한국식품의약품안전처

3. 외인성 독성물질

외인성 독성물질은 식품의 제조, 가공, 유통 과정 중에 불허용 물질, 독극물, 유해금속, 농약 등이 혼입된 것이다. 이들은 인체에 화학적 식중독을 일으키고 계절과 무관하게 발생한다. 발생 건수는 적지만 인체에 흡수되면 분해나 배설이 쉽지 않고 축적되기도 한다. 외인성 독성물질에 의한 오염은 음용수나 농·수·축산물을 섭취함으로써 발생한다.

1) 중금속에 의한 독성물질

중금속은 생물의 생육에 필수적인 금속원소이지만, 인체 내 중금속이 과량으로 혼입되면 독성을 나타낸다. 금속과 주석, 카드뮴, 수은, 납 등과 같이 생물체에 극미량이 필요하기도 하지만, 미량으로도 유해할 수 있고 농도가 높을 경우 사망에 이르게 하는 오염물질이다.

표 14-8 | 중금속에 의한 증상

중금속	증상	특징
수은Hg	미나마타병	• 어패류 농축에 의한 중독 유발
카드뮴Cd	이타이-이타이병	• 농작물을 장기간 섭취한 주민들에게 심각한 질병 유발
납Pb	빈혈	• 납이 함유된 조리기구 • 통조림 용기 등도 산성식품과의 접촉으로 오염원
주석Sn	위장염	• 산에 의해 부식되어 주석 용출

2) 잔류농약의 독성물질

농약에는 살충제, 제초제, 살균제, 성장 조절제, 훈증제 등이 있다. 화학적 성분에 따라 유기인계, 유기염소계, 카바메이트계, 유기플루오린계, 유기수은계 등으로 분류된다표 14-9. 식품의 오염은 주로 농작물 재배 시 사용된 농약이 잔류하거나, 공장 폐수나 가정에서 오염된 것도 있다. 가장 오염되기 쉬운 것은 살충제로써 크게 유기염소제와 유기인제로 분류된다.

잔류농약
농작물에 처리된 농약이 환경과 식물체내에서 분해되고 남아 있는 모체의 화합물과 그것이 분해되어 생성된 생물활성을 나타내는 물질을 말한다.

표 14-9 | 잔류농약에 의한 독성물질

독성물질	종류	특징
유기인계	파라싸이온 마라싸이온	• 유기농약 중 가장 많은 종류 차지 • 맹독성, 급성중독사고 많음
카바메이트계	-	• 체내에서 분해되므로 독성 낮음 • 만성중독의 위험성 비교적 낮음
유기염소계	DDT BHC	• 대부분 안정된 화합물로써 적용 범위가 넓음 • 값이 저렴하여 살충제로 널리 사용
유기수은계	-	• 콩나물 재배나 볍씨소독 등 종자소독, 살포, 살충 목적으로 널리 사용되다가 독성 때문에 사용 금지

3) 환경오염물질의 독성물질

환경호르몬은 생명체의 호르몬과 유사한 물질이다. 이들은 생체호르몬의 작용을 방해하여 내분비계를 교란시키고, 비정상적인 생체반응을 유도하므로 내분비 교란물질이라고 한다. 현재까지 약 74종의 화학물질을 환경호르몬으로 규정하고 있다. 우리나라는 WWF의 분류를 따르는데, WWF에서 정한 목록에는 DDT 등 농약 41종과 캔 코팅에 쓰이는 비스페놀 A 및 다이옥신류, 스티렌 이성체, 프탈레이트 등이 포함된다.

세계자연기금(World Wide Fund for Nature, 약칭 WWF)
자연보호를 위한 국제 비정부 기구를 말한다.

(1) 다이옥신류

다이옥신류는 인류가 만든 최악의 독극물로 알려져 있다. 산업 현장에서 작업 중 부산물 또는 쓰레기 소각 결과 생성되는 환경의 무법자로 동물 실험결과, 기형이나 암을 유발한다. 화학적으로 고열(700°C), 미생물, 산, 알칼리에 매우 안정하기 때문에 물, 공기, 토양 등에 오래 잔류한다. 이들은 주로 지용성으로 인체 내 지방조직에 축적되면 몸 속에 오래 남는다. 생물농축의 최종 단계에 해당되는 어패류나 육상육류의 지방조직에 많이 함유되어 먹이사슬로 인체에 들어오면 배설되지 않고 축적되는 데 약 7년의 생체반감기를 가진다.

생체반감기(half life)
생체 내에서 반응 물질의 농도가 처음의 농도의 반으로 감소되기까지의 시간을 말한다.

(2) 비스페놀 A

비스페놀 A는 에스트로겐 활성과 유사한 분자 구조를 가지고 있다. 이들은 호르몬 수용체를 인식하여 결합하고 활성화되어 내분비 교란을 일으킬 수 있는 환경 호르몬이다. 또한 유방암을 유발하고, 수컷에게 암컷 호르몬인 비테로게닌vitellogenin을 생성시켜 정자수를 감소시키고 사춘기 증상을 빨리 나타나게 한다.

> **비테로게닌(vitellogenin)**
> 1,782개 아미노산으로 구성된 성 특이성 단백질을 말한다.

(3) DDT

DDTdichloro diphenyl trichloroethane는 상온에서 므색 무취의 가루로 빛과 공기에 안정한 무극성의 지용성 물질이다. 가격이 저렴하면서 쉽게 합성되어 대량 생산할 수 있고, 살포하기도 쉽다그림 14-3. 그러나 반감기가 15년으로 자연계에서 쉽게 분해되지 않고 토양, 물, 공기, 생태계에 잔류하여 플랑크톤이나 조류에 흡수된 후 먹이연쇄로 고등동물까지 이동하면서 생물농축으로 생체 내에 고농도로 축적되어 문제를 일으킨다.

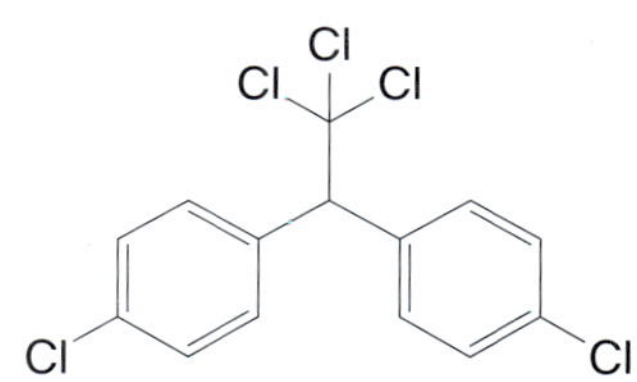
그림 14-3 | DDT의 구조

(4) PCB

다이옥신 유사화합물의 한 종류인 PCBs는 12개의 이성체가 다이옥신류와 비슷한 독성을 나타내며, 코팅제, 변압기나 전기제품 등 다양한 분야에서 사용되었다그림 14-4. 이들은 생식기관이나 내분비계의 장애 등을 일으키는 원인물질로 알려져 사용이 금지되었다. 환경성 내분비 교란물질이라고 하는데, 에스트로겐 수용체가 PCBs를 에스트로겐으로 인식하여 PCBs와 결합하고 활성화되며, 수가 많을수록 세포 유전자는 과도한 활동으로 생체나 인체에 유해한 결과를 초래한다.

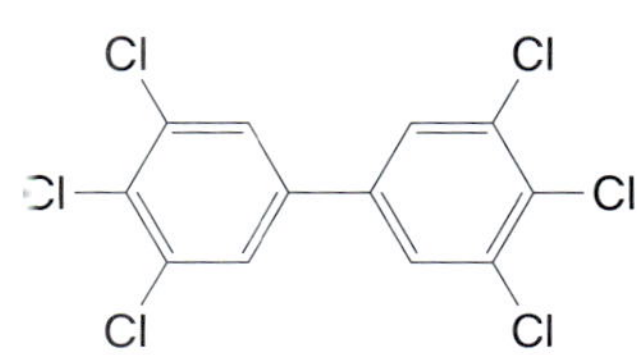
그림 14-4 | PCBs의 구조

(5) 프탈레이트

프탈레이트는 열가소성 수지 중에서 각종 PVC 제품의 제조 시 가소제로 첨가되어 유연성을 제공하여 부드러운 플라스틱이 되거나 향수, 화장품, 가정용 바닥재 등에 광범위하게 사용되었다. PVC 제품의 제조 시, 사용된 프탈레이트 가소제는 플라스틱과 단단한 결합이 어려워 플라스틱에 녹아나온다. 따라서 플라스틱으로 된 식품용 포장재나 포장용기, 알루미늄 포일로부터 녹아나온 프탈레이트는 식품으로 이행된다. 특히 프탈레이트가 지용성이므로 유지류 식품의 선택 시 주의하여야 한다.

4. 유인성 독성물질

식품의 제조, 가공, 조리, 유통 및 저장 중 변이된 성분이나 성분 간 상호작용으로 생성된 독성분을 섭취하면 식중독이나 암까지 유발될 수 있다. 식품을 고온에서 장시간 가열하면 영양소 중 탄수화물, 단백질, 지질 모두 발암 가능한 독성물질로 전환된다. 특히 지질식품은 빛, 가열, 금속용기, 보관 조건 등 여러 요인에 의해서도 유해한 물질로 변하기 때문에 저장 조건이나 유통기한 등에 주의해야 한다.

1) 가공과정 중 생성되는 독성물질

(1) *N*-니트로소화합물

질산염 및 아질산염은 발색제 및 클로스트리듐 보툴리늄*Clostridium botulinum*의 생육 억제효과를 가지고 있어 햄, 소시지, 베이컨 등 육제품의 가공에 첨가물로 사용된다. 그러나 아질산염은 산성 조건하에서 식품 중 아민류와 반응하면 니트로사민을 생성하는데, 이는 발암성과 변이원성을 지닌다그림 14-5. 식품뿐 아니라 위장 내에서도 생성된다. 2급 아민이 동물성 식품에 널리 존재하고 아질산은 아질산염 또는 질산염을 첨가제로 사용하는 햄, 소시지와 질산 비료를 사용하는 채소에 존재하기 때문에 식품이나 위장 내에서 니트로사민이 생성될 수 있다표 14-10, 표 14-11. 또한 식품의 저장, 숙성 및 발효 과정에서도 생성될 수 있다. 가공과정 중 니트로소

화합물의 생성 억제를 위해 아스코르브산, 폴리페놀류, 토코페롤 등과 같은 환원성 물질이 첨가된다.

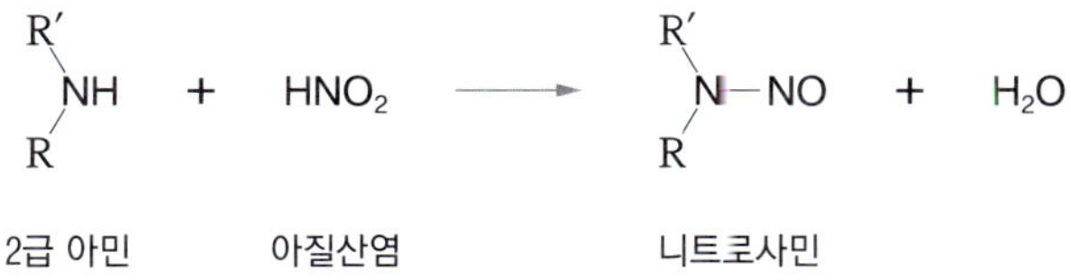

그림 14-5 | 니트로사민의 형성과정

표 14-10 | 채소 중 질산염 함량

함량별 분류	채소의 종류
고농도(1,000~4,000 mg/kg)	배추, 엔다이브, 콘 샐러드, 상추, 회향, 콜라비, 비트루트, 무, 시금치
중간농도(500~1,000 mg/kg)	꽃양배추, 케일, 사보이 양배추, 부추, 당근, 셀러리, 주키니
저농도(< 500 mg/kg)	완두콩, 오이, 감자, 마늘, 피망, 토마토, 양파

표 14-11 | 식품 중 니트로사민(N-nitrosodimethylamine)의 함량

식품	함량(μg/kg)
생선	0~4
핫도그	0~84
치즈(Danish, Blue, Gouda, Tilsiter, Goatmilk cheese)	1~4
말린생선	1~9
베이컨(훈연)	1~60
훈연생선, 아질산염 또는 질산염으로 절인 생선	4~26
살라미	10~80

(2) 포름알데하이드

포름알데하이드는 식품의 품질이나 색을 보존하기 위해 처리 시 식품 중 일부 성분이 침지액이나 식품첨가물과 반응하여 생성된다. 또한 식품 내 미생물 성장 억제와 산화표백제로 사용한 과산화수소는 글리신과 같은 아미노산과 반응하면 포름알데하이드를 형성한다. 포름알데하이드는 체내에 축적되면 소화작용을 저해하고 두

통, 구토, 현기증, 식도나 위에 염증을 유발시킨다.

(3) 트랜스지방산

지방산은 탄소와 탄소의 결합이 단일 또는 이중 결합에 따라 포화지방산과 불포화지방산으로 구분된다. 불포화지방산의 이중결합 내 수소가 결합하는 방향에 따라 시스*cis*형과 트랜스*trans*형으로 나뉜다그림 14-6. 시스형은 두 수소가 같은 방향이고, 트랜스형은 반대 방향이다. 식물성 기름에 수소를 첨가하면 가공과정에서 트랜스형의 포화지방산으로 변형되는데, 이것을 트랜스지방이라 한다. 시중에 유통되는 대부분의 가공식품과 패스트푸드에 사용하는 마가린과 쇼트닝이 대표적인 트랜스지방이다.

포화지방산	시스형-불포화지방산	트랜스형-불포화지방산
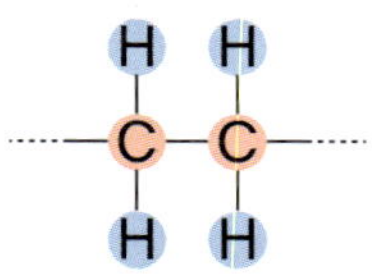	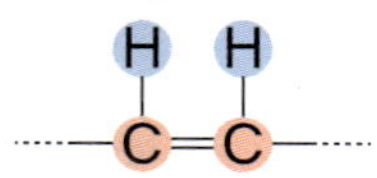	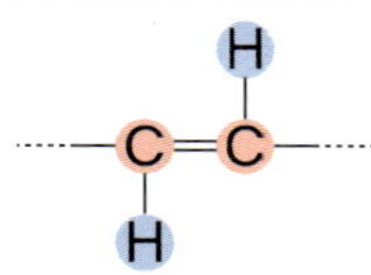
(2개의 수소 원자와 결합된) 두 포화 탄소원자는 단일 결합을 가진다.	(1개의 수소원자와 결합된) 두 불포화 탄소원자는 이중결합을 가진다.	

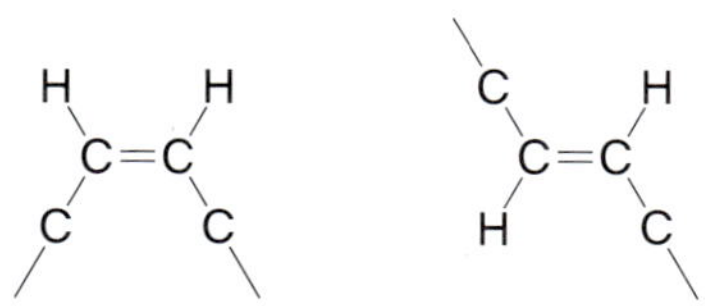

시스형 트랜스형

그림 14-6 | 시스형과 트랜스형 지방산의 구조

(4) 3-MCPD와 1,3-DCP

콩, 옥수수, 밀 등 식물성 식품의 단백질 가수분해물인 HVPhydrolyzed vegetable protein로 제조되는 수프, 소스, 양념 및 구운 빵의 제조과정 중 3-MCPD3-monochloropropane-1, 2-diol와 1,3-DCP1,3-dichloro-2-propanol가 생성된다. 최근 산분해간장에서도 검출되면서 널리 알려졌다. 원료에 함유된 지질 분해로 생성된 글리세롤에 염산의 염소기가 결합하여 생성되는데, 이때 염소기가 붙는 글리세롤의 탄소 위치에 따라 여러 형태의 이성질체가 형성된다.

국제암연구소IARC는 이들을 인체 발암 가능 물질 Group 2B로 분류하였다.

2) 조리과정 중 생성되는 독성물질

식품을 고온에서 장시간 가열 조리하였을 때 탄수화물은 아크릴아마이드, 튀김유는 아크롤레인, 단백질은 벤조피렌과 같은 다환 방향족 화합물이 생성된다. 이런 물질들의 공통점은 인체에 매우 유해하다.

(1) 다환 방향족 탄화수소와 이환 방향족 아민

헤테로사이클릭아민HCA 및 폴리사이클릭 방향족 탄화수소PAH는 쇠고기, 돼지고기, 생선 또는 가금류를 포함한 육류를 프라이팬 또는 불에 직접 구울 때 생성되는 화학 물질이다. 이들은 돌연변이를 유발하는 물질로 밝혀져 있으며, 암 발생을 증가시킬 수 있는 DNA 변화를 유발한다. HCA는 아미노산(단백질의 구성 요소), 당, 크레아틴 또는 크레아티닌(근육에서 발견되는 물질)이 고온에서 열분해할 때 생성되나, 고온에서 조리된 육류 이외의 식품에서는 많은 양이 발견되지 않는다. PAH는 가열된 표면 위에 직접 구운 고기의 지방과 주스가 표면에 떨어지거나 불이 떨어질 때 형성되어 화염과 연기를 유발하며, 연기에는 고기 표면에 달라붙는 PAH가 포함되어 있다. 또한 다른 훈제식품, 담배 연기 및 자동차 배기가스에서도 발견된다.

(2) 아크릴아마이드

아크릴아마이드는 녹말 식품(감자, 곡류)을 고온에서 튀기거나 구울 때 아스파라진과 당이 마이야르 반응에 의해 아크릴아마이드가 성성된다그림 14-7. 반면 120°C 보다 낮은 온도에서 삶거나 끓이면 생성되지 않는다. 아크릴아마이드는 감자 등 탄수화물이 많이 함유된 식품을 조리·제조·가공하는 과정에서 가열 처리 시 비의도적으로 생성되는 물질로 세계보건기구World

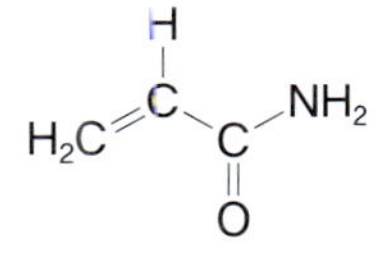

그림 14-7 | 아크릴아마이드

Health Organization, WHO, 국제암연구소IARC는 Group 2A(발암추정물질)로 분류하였다 표 14-2.

2020년 식품의약품안전처Korea Food and Drug Administration, KFDA 보고서에 의하면 식빵과 냉동감자는 에어프라이어로 200°C 이상 고온에서 오래 조리할 경우 아크릴아마이드 생성량이 증가했다. 식빵은 180°C에서 24분 또는 190°C에서 16분 이상, 냉동감자는 190°C에서 40분 이상 조리했을 때 아크릴아마이드가 EU 권고 기준 이상 검출됐다. 따라서 에어프라이어로 조리할 때 감자튀김(500 g 기준)은 최대 190°C에서 30분 이내, 토스트(빵류, 32 g 기준)는 최대 180°C에서 20분 또는 190°C에서 15분 이내로 조리하는 것이 안전한 섭취방법이라고 한다. 아크릴아마이드는 무색의 백색 결정으로 실온에서 안정하나 열이나 자외선에 민감하다.

표 14-12 | 아크릴아마이드 섭취를 줄이는 방법

• 120°C 이하로 조리 • 장시간 가열하지 않기 • 굽기보다 찌거나 삶기 • 생감자 전처리하기 • 감자를 냉장고에 보관하지 않기 • 조리 시 식품 색깔 관찰하기 • 조리 시 설탕 적게 쓰기

(3) 아크롤레인

아크롤레인은 무색의 액체로 공기 중에서 쉽게 산화하여 아크릴산으로 된다. 장기간 보존하면 중합하여 수지상 물질로 변하고, 고온으로 가열한 식용유가 탈 때 발생하는 연기에도 존재한다. 유지를 고온에서 가열하면 가수분해되어 글리세롤이 되고, 반복적으로 가열하면 다량의 글리세롤이 생성된다. 글리세롤에서 두 분자의 물이 탈수되면 발연점이 낮아져 푸른색의 연기가 발생하며, 자극적 휘발성 물질인 아크롤레인acrolein이 생성된다그림 14-8.

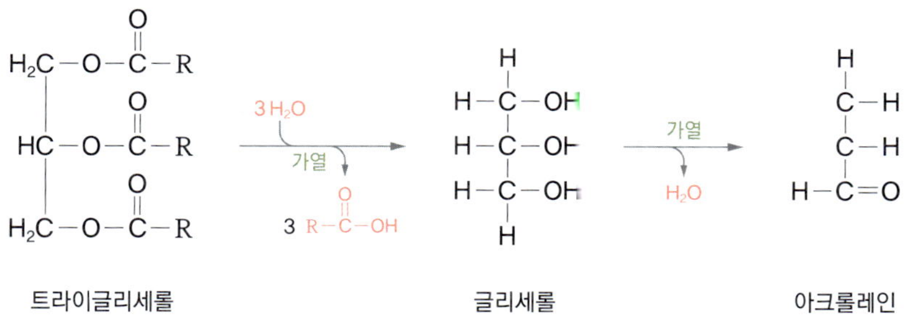

그림 14-8 | 중성지방에서 아크롤레인의 생성과정

3) 저장 중 생성되는 독성물질

(1) 과산화물

산패는 산소, 빛, 열, 금속 등에 의해 자극을 받아 시작된다. 특히 지방질 식품은 유통, 보존, 진열하는 동안 식품 중 유지가 공기 중 산소에 의해 산화되어 변색되고 풍미나 맛이 저하된다. 이렇게 산패된 식용유지나 지방질 식품에는 과산화물이 분해되어 생성된 저분자의 산화물이 함유되어 있다. 이 과산화물들은 산화된 유지와 함께 흡수 시 체내 각 기관이 조직 중 지방질 성분의 산화를 촉진하며 에폭시 지방산, 카보닐 화합물, 분해 생성물 등이 동물의 성장 방해와 독성을 나타낸다. 특히 카보닐 화합물인 말론다이알데하이드malondialdehyde는 변이성과 발암성을 나타내는 것으로 알려져 있다그림 14-9. 따라서 고기, 생선, 달걀과 같은 산성 식품과 과산화물이 함유된 건어물이나 산패된 지질 식품, 유통기간이 지난 가공식품 등의 섭취를 줄여야 한다.

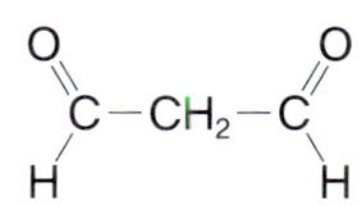

그림 14-9 | malondialdehyde

(2) 에틸카바메이트

에틸카바메이트ethyl carbarmate는 전 세계인들에게 장수식품으로 알려진 발효식품의 발효과정 중 생성되는 독성물질이다. 에틸카바메이트는 주류(포도주, 청주 등), 미소, 간장, 김치와 치즈 등에서 검출된다.

핵과류에서 발견되는 사이안 배당체는 효소반응으로 사이안화 수소산으로 분해된 후 산화되어 사이아네이트cyanate를 형성하고, 사이아네이트가 에탄올과 반응하여 에틸카바메이트를 생성한다.

HCN(cyanide) ⟶ HOCN(cyanate) + ethanol ⟶ ethyl carbamate

발효식품 제조 시, 발효과정 중 아르지닌이 효모에 의해 분해된 요소와 에탄올 사이의 반응을 통해 에틸카바메이트가 생성된다그림 14-10.

국제암연구소IARC는 동물실험상 다양한 결과와 에틸카바메이트의 동물에 대한 발암기작 등을 연구하여 에틸카바메이트를 인체 발암가능물질을 의미하는 'Group 2B'에서 인체 발암추정물질을 의미하는 'Group 2A'로 상향 조정하였다(IARC, 2007).

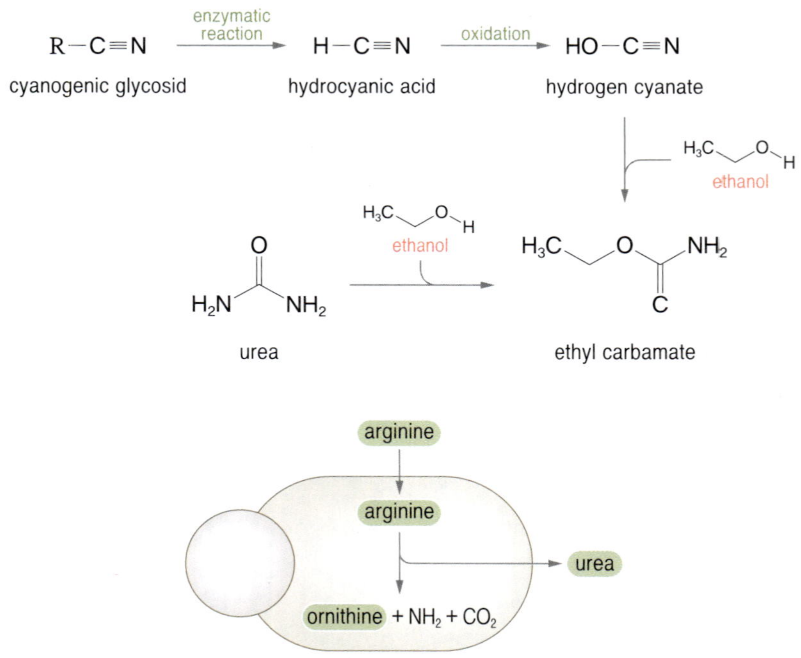

그림 14-10 | 효모에 의한 에틸카바메이트 전구체인 요소 생산

참고문헌

강일준, 강명화, 김미숙, 박성수, 변의홍, 유상호, 육홍선. 이경행, 이미경, 이영택, 이옥환, 이준수, 임순성, 임지영, 전우진, 정서진, 정윤화, 정현정. **식품화학 길라잡이**. ㈜라이프사이언스, 2015

김건희, 강일준, 정윤화, 한정아, 황은선, 윤기선, 김묘정. **재미있는 식품화학 개정판**. 수학사, 2018

노봉수, 장판식, 백형희, 김석중, 이광근, 유상호, 이재환, 이기원, 최승준, 변상균. **식품화학 개정 4판**. 수학사, 2020

농촌진흥청 국립농업과학원. **국가표준식품 성분 DB 9.0**, 2019

안승요, 황인경, 김향숙, 구난숙, 신말식. **식품화학 개정 2판**. 교문사, 2010

안용근. **효소화학 3판**. 청문각(교문사), 2017

이규한. **식품화학**. 형설출판사, 1997

이서래, 신효선. **최신 식품화학**. 신광출판사, 1994

이숙영, 정해정, 이영은, 김미리, 김미라. **식품화학**. 파워북, 2009

장판식, 노봉수, 유상호, 김묘정, 김영완. **이해하기 쉬운 식품효소공학**. 수학사, 2017

장학길. **식품가공저장학**. 라이프사이언스, 2015

정현정, 권기한, 김기명, 김지상, 신의철, 오희경, 윤경영, 이제혁. **기초가 탄탄한 식품화학**. 수학사, 2015

조신호 , 신성균 , 박헌국 , 송미란 , 차윤환 , 한명륜 , 유경미. **식품화학 3판**. 교문사, 2019

조신호, 조경련, 강명수, 송미란, 주난영. **식품학**. 교문사, 2017

조신호, 조경련, 강명수, 송미란, 주난영, 임은정, 이정은. **새로 쓰는 식품학**. 교문사, 2020

조영, 김선아. **식품학**. 한국방송통신대학교출판문화원, 2015

채수규. **표준 식품화학**. 도서출판 효일, 2007

홍윤호. **식품의 이화학적 특성과 품질관리**. 전남대학교 출판부, 1998

황인경, 김정원, 변진원, 한진숙, 김수희. **스마트 식품학**. 수학사, 2018

세화편집부 편. **화학대사전**, 2008

채범석 외. **영양학사전**, 1998

한국식품과학회 편. **식품과학기술대사전**, 2004

한국식품과학회 편. **식품과학용어집제판**, 2015

화학용어사전편찬회 편. **화학용어사전**, 2015

식품음료신문(http://www.thinkfood.co.kr)

한국수자원공사 K-water(https://www.kwater.or.kr/). '물의 성질'

Ahn MS. A study on the changes in physico-chemical properties of vegetables by Korean traditional cooking methods. *Korean J Diet Cult 14*(2): 177-188, 1999

Ahn MS. *Cookery science of Korean food*. Shinkwang Publishing Company, Seoul, Korea. pp.285-287, 2000

Arctander S. *Perfume and Flavor Chemicals*. Published by Author. NJ, USA, 1969

Chi MA, Oh MS. CHanges in mineral content in several leaf vegetables by various cooking methods. *Korean J. Soc. Food Sci 12*: 1, 34-39, 1996

Choi HS. A Comparison of Volatile Flavor Characteristics of Chwi-namuls by Terpenoid Analysis. *Korean J. Food & Nutr. 25*: 930-940, 2012

Choi HS. Volatile Flavor Composition of White-flowered Lotus by Solid-phase Microextraction. *Korean J. Food Nutr. 30*: 363-370, 2017

Cross AJ, Sinha R. Meat-related mutagens/carcinogens in the etiology of colorectal cancer. *Environmental and Molecular Mutagenesis 44*(1): 44-55, 2004

Dionisio Borsato, Diego Galvan, Jaqueline L. Pereira, Juliane R. Orives, Karina G. Angilelli, Rodolfo L. Coppo Kinetic and thermodynamic parameters of biodiesel oxidation with synthetic antioxidants: simplex centroid mixture design *J. Braz. Chem. Soc.* vol.25 no.11 São Paulo Nov., 2014

Erman WF. *An Encylopedic Handbook: Chemistry of the Monoterpenes*. pp.34-126. Dekker, 1985

Fennema, OR. *Food Chemistry* 3rd ed. Marcel Dekker Inc., NY, USA, 1996

Gorissen SHM et al. Protein content and amino acid composition of commercially available plant-based protein isolates. *Amino acids* 50: 1685-1695, 2018

Hatanaka A, Harada T. ormation of *cis*-3-hexenal, *trans*-2-hexenal and *cis*-3-

hexenol in macerated Thea sinensis leaves. *Phytochemistry 12*: 2341-2346, 1973

Heath HB. *Flavor Chemistry and Technology*. Macmillan Publishers. London, England. pp.71-111, 1986

Jae Wook Lee, Seung Heon Shin, Mee Ra Rhyu, Jong Yeon Kim, Mi Kyung Ye. The Effect of Aging on Taste Thresholds in Korean. *Korean Journal of Otorhinolaryngology-Head and Neck Surgery*. *56*(5): 286-290, 2013

Jägerstad M, Skog K. Genotoxicity of heat-processed foods. *Mutation Research* 574(1-2): 156-172, 2005

Joseph F. Zayas. Foaming properties of proteins. *Functionality of proteins in food* pp.260-309, 1997

Kim HJ, Ryu SK, Roh JC, Lee SJ, Park SK. Changes in lipoxygenase activity and volatile compounds of fresh tea leaves during early growing season. *J Korean Soc Agric Biol Chem* 46: 23-27, 2003

Okuyama K et al. Crystal structure of (Gly-Pro-Hyp)9: Implications for the collagen molecular model. *Biopolymers* 97: 607-616, 2012

Robert W. Hutkins. *Microbiology and Technology of Fermented Foods*. Blackwell Publishing, 2006

Sinha R, Rothman N, Mark SD, et al. Lower levels of urinary 2-amino-3,8-dimethylimidazo[4,5-f]-quinoxaline (MeIQx) in humans with higher CYP1A2 activity. *Carcinogenesis 16*(11): 2859-2861, 1995

Whitaker, JR. *Principles of enzymology for the Food Sciences* 2nd ed. Marcel Dekker Inc., NY, USA, 1994

Whitehurst RJ, van Oort M. *Enzymes in Food Technology* 2nd ed. Blackwell Publishing Ltd., Iowa, USA, 2010

찾아보기

저자 소개

강명화
나고야대학교 대학원 농학박사
현재 호서대학교 식품영양학과 교수

이수정
단국대학교 대학원 이학박사
현재 부천대학교 식품영양학과 교수

최향숙
덕성여자대학교 대학원 이학박사
현재 경인여자대학교 식품영양학과 교수

이제혁
경희대학교 대학원 이학박사
현재 공주대학교 식품영양학과 교수

임은정
고려대학교 대학원 이학박사
현재 한양여자대학교 식품영양과 교수

김미숙
루이지애나주립대학교 대학원 이학박사
현재 단국대학교 식품영양학과 교수

이해하기 쉬운
식품화학

2021년 9월 5일 초판 발행
2025년 3월 5일 2쇄 발행

지은이 | 강명화 · 이수정 · 최향숙 · 이제혁 · 임은정 · 김미숙
발행인 | 유제구
발행처 | 파워북
주 소 | 경기도 고양시 일산동구 호수로 358-25
동문타워 2차 529호
전 화 | (02) 730-1412
팩 스 | (031) 908-1410
등 록 | 1997. 1. 31. 제2014-000067호

정 가 24,000원
ISBN 978-89-8160-444-8 (93590)

잘못된 책은 바꿔드립니다.